U. Steinhardt / M. Volk (Hrsg.)

Regionalisierung in der Landschaftsökologie

UFZ – Umweltforschungszentrum Leipzig–Halle im Überblick

Das UFZ – gegründet im Dezember 1991 – beschäftigt sich als erste und einzige Forschungseinrichtung der Hermann von Helmholtz-Gemeinschaft Deutscher Forschungszentren (HGF) ausschließlich mit Umweltforschung. Das Zentrum hat zur Zeit rund 600 Mitarbeiter (einschließlich Annex-Personal) – beim Start waren es noch 380. Finanziert wird das Zentrum zu neunzig Prozent vom BMBF (Bundesministerium für Bildung, Wissenschaft, Forschung und Technologie), der Freistaat Sachsen und das Land Sachsen-Anhalt beteiligen sich mit jeweils fünf Prozent.

Umweltforschung heute verlangt Interdisziplinarität und Flexibilität. Die Großwetterlage im Umweltbereich hat sich geändert, denn nicht Spezialisation und Akademisierung, sondern Anwendungsbezug und Interdisziplinarität sind die Charakteristika dieser Forschung, so auch der HGF und des Umweltforschungszentrums Leipzig–Halle.

Gegründet mit Blick auf die stark belastete Landschaft des Mitteldeutschen Raumes ist das UFZ bereits heute ein anerkanntes Kompetenzzentrum für die Sanierung und Renaturierung belasteter beziehungsweise die Erhaltung naturnaher Landschaften – nicht nur für diese Region. Die Umweltforschung am UFZ richtet sich zunehmend an globalen Problemen und Fragestellungen aus und präsentiert sich international; zu Osteuropa, Nord- und Südamerika und dem südlichen Afrika bestehen bereits enge Forschungskontakte. Sie sollen in den nächsten Jahren weiter vertieft werden.

Aufbauend auf eine solide wissenschaftliche Basis wird in interdisziplinären Forschungsverbünden die landschaftsorientierte, naturwissenschaftliche Forschung und Umweltmedizin eng mit Sozialwissenschaften, der ökologischen Ökonomie und dem Umweltrecht verbunden. Kulturlandschaften, also vom Menschen genutzte und veränderte Landschaften, mit ihren typischen terrestrischen und aquatischen Ökosystemen und den darin lebenden Tieren, Pflanzen und Mikroorganismen sollen nachhaltig gestaltet werden. Dem geht ein Verstehen dieser hochkomplexen, vernetzten und dynamischen Systeme voraus, um vorhersagen bzw. abschätzen zu können, wie sich anthropogene Eingriffe – z. B. Flußbegradigungen, Tagebauflutung, Ver- und Entsiegelung von Flächen oder Zergliederung von Landschaften – auf solche Ökosysteme auswirken. Für den jeweiligen Typ von Kulturlandschaft sollen dann dynamische und realisierbare Leitbilder und Umweltqualitätsziele entwickelt und in der Landnutzung umgesetzt werden.

Regionalisierung in der Landschaftsökologie

Forschung – Planung – Praxis

Herausgegeben von

Dr. Uta Steinhardt
Dr. Martin Volk

B. G. Teubner Stuttgart · Leipzig 1999

Dr. Uta Steinhardt
Dr. Martin Volk
UFZ – Umweltforschungszentrum Leipzig – Halle GmbH
Sektion Angewandte Landschaftsökologie

Gedruckt auf chlorfrei gebleichtem Papier.

Die Deutsche Bibliothek – CIP-Einheitsaufnahme

Regionalisierung in der Landschaftsökologie :
Forschung – Planung – Praxis / hrsg. von Uta Steinhardt ; Martin Volk.
[UFZ, Umweltforschungszentrum Leipzig-Halle GmbH]. –
Stuttgart ; Leipzig : Teubner, 1999
ISBN 978-3-519-00281-9 ISBN 978-3-322-90880-3 (eBook)
DOI 10.1007/978-3-322-90880-3

Umschlaggestaltung: E. Kretschmer, Leipzig

Geleitwort

Bereits im Titel „Regionalisierung in der Landschaftsökologie" werden zwei Begriffe verwendet, über deren Definition und Bedeutung in der Fachliteratur teilweise kontrovers diskutiert wird. Zum Begriff sowie zu Methoden der Regionalisierung sind in diesem Band zahlreiche Beiträge zusammengestellt, so daß an dieser Stelle darauf nicht eingegangen werden soll. Angesichts der interdisziplinären Zusammensetzung dieser Wissenschaftsdisziplin, wird die Landschaftsökologie zu einem schillernden Begriff mit vielfältigen Inhalten. Beispiele hierfür geben die folgenden Definitionen:

„Landscape ecology is a young branch of modern ecology that dealth with the interrelationship between man and his open and built up landscapes. .... Landscape ecology evolved in central Europe as a result of the holistic approach adopted by geographers, ecologists, landscape planners, designers, and managers in their attempt to bridge the gap between natural, agricultural, human, and urban systems."(NAVEH UND LIEBERMANN 1994)

„Landschaftsökologie ist der Fachbereich, der sich mit den Wechselwirkungen der Faktoren des Landschaftsökosystems beschäftigt. ...... Die Vielfalt der Betrachtungs- und Untersuchungsaspekte der Landschaft wird von verschiedenen Fachbereichen erforscht. Diese Fachbereiche haben unterschiedliche Interessensphären und können deswegen, wie auch aus methodischen Gründen, immer nur mehr oder weniger umfassende Teilausschnitte des Landschaftsökosystems untersuchen." (LESER 1991)

„Landscape ecology explores how a heterogeneous combination of ecosystems - such as woods, meadows, marshes, corridors and villages - is structured, functions, and changes. From wilderness to urban landscapes, our focus is on
a) the distribution patterns of landscape elements or ecosystems
b) the flows of animals, plants, energy, mineral nutrients, and water among these elements and
c) the ecological changes in the landscape mosaic over time." (FORMAN UND GODRON 1986)

Es wird immer wieder betont, daß Landschaftsökologie nur interdisziplinär, multidisziplinär oder transdisziplinär erfolgen könne. Auf keinen Fall ist sie ein Fachbereich, der nur einer der traditionellen Wissenschaften zugeordnet werden kann. Entsprechend hatten wir Kollegen aus verschiedenen Disziplinen und Einrichtungen, die sich der Landschaftsforschung und -planung verbunden fühlen, zu einer Tagung mit dem Titel „Regionalisierung in der Landschaftsökologie" eingeladen. Die Resonanz überstieg unsere Erwartungen und zeigte die Bereitschaft zum Erfahrungsaustausch und zur Zusammenarbeit über Disziplingrenzen hinweg.

Der Termin der Tagung wurde so gelegt, daß sie mit einer Beratung der deutschen Sektion der International Association of Landscape Ecology (IALE), die am 03.04.1998 in Leipzig stattfand, gekoppelt werden konnte. Wir meinen, daß sich die deutsche Landschaftsökologie stärker international einbringen kann und muß, wie dies auch von unseren europäischen Kollegen erwartet wird. Zielstellung der Tagung „Regionalisierung in der Landschaftsökologie" und des vorliegenden daraus resultierenden Bandes war und ist es, entsprechende Impulse zu setzen.

Die Initiative für diese Tagung ging von Uta Steinhardt und Martin Volk aus, denen ich an dieser Stelle herzlich auch für die organisatorische Vorbereitung und Durchführung der Veranstaltung sowie für die Herausgabe dieses Bandes danken möchte. Das besondere Verdienst der beiden Herausgeber liegt auch darin, sowohl die inhaltlichen Schwerpunkte der Vorträge als auch die Ergebnisse der Diskussionen zu den einzelnen Themenblöcken jeweils in einem Fazit am Ende des entsprechenden Abschnittes zu dokumentieren. Durch diese Synthese gewinnt der Band an Gewicht, da er weit über eine Aneinanderreihung der Beiträge hinausgeht und zugleich auch aktuelle Trends bei der Behandlung der Thematik deutlich herausgestellt werden.

Last but not least sei allen Autoren gedankt für ihre Mitarbeit. Besonderer Dank gebührt dem Umweltforschungszentrum Leipzig-Halle für die finanzielle Unterstützung, die die Publikation dieses Bandes ermöglichte.

Leipzig, November 1998 Rudolf Krönert

Inhalt

Themenblock 2
Ableitung dimensionsspezifischer Indikatoren und Parameter für die Landschaftsbewertung

Themenblock 3
Regionale Bewertungs- und Bezugseinheiten

Themenblock 4
Landschaftsbewertungsverfahren auf regionaler Ebene

Einführung: Regionalisierung in der Landschaftsökologie - Stand der Forschung: Offene Fragen, Trends und Lösungsansätze

Martin Volk und Uta Steinhardt

1 Einleitung

Die rege Beteiligung an der Tagung "Regionalisierung in der Landschaftsökologie" zeigte deutlich, daß das Interesse an der Lösung von vielen offenen Fragen in diesem Themenbereich innerhalb der interdisziplinär zusammen-gesetzten Landschaftsökologie sehr groß und damit brandaktuell ist. Auf die Schwierigkeiten, die eben aus dieser interdisziplinären Zusammensetzung der Landschaftsökologie in Form von definitionsbedingten Mißverständnissen zwischen den einzelnen Fachbereichen entstehen können, soll hier zunächst nicht weiter eingegangen werden. Die Probleme in dem Themenbereich, den die Tagung behandeln soll, beginnen bereits mit der Frage: Warum Regionalisierung? Wir möchten uns in unserem Beitrag größtenteils auf unsere Erfahrungen mit der mesoskaligen Ebene stützen.

Um die ökologischen Bedingungen und Risiken, die Nutzungseignungen von Gebieten auf mesoskaliger Ebene bewerten zu können, sind neue Ansätze erforderlich. Die meisten der wichtigen Aspekte von Umweltveränderungen kommen großräumig in allen Landschaften vor und haben Auswirkungen weit über die lokale Ebene hinaus - und können damit nicht in kleinräumigen Studien ermittelt werden (vgl. auch KISTENMACHER 1996).

Der regionale Ansatz soll zunächst einmal die Einordnung und Charakterisierung räumlicher Einheiten und Prozesse ermöglichen. Dies erfolgt derzeit je nach Fragestellung und persönlicher Überzeugung anhand der Nutzungsstruktur, der naturräumlichen Ausstattung oder des Entwicklungsbedarfs und -potentials von Natur und Landschaft. Nach SENSTADTUM (1990) soll die ökologische Planung - als eine Planung primär mit räumlichen Bezug - "auf der Grundlage bestehender regional differenzierter naturräumlicher Gegebenheiten und gegebenen Nutzungsstrukturen versuchen, die Nutzung der Umwelt durch den Menschen so zu optimieren, daß zukünftige Entwicklungen möglichst geringe Schäden hervorrufen (Vorsorge) und bestehende Schäden möglichst abgebaut werden". Strukturen und Prozesse sollten in ihrer Bedeutung und in ihrer Stellung innerhalb des gesamten Raumes als Bestandteil eines integrierten Systems erfaßt und bewertet werden. Als Beispiel seien die Bedeutung eines Gewässerlaufes für Biotopverbundsysteme oder die Berücksichtigung von Klima, Boden und Landnutzung bei der Entwicklung von Konzepten zur nachhaltigen Nutzung von Grundwasser für die Trinkwassergewinnung genannt. Dafür müssen jedoch von administrativer Seite Landschaftsprogramme, regionale Entwicklungsprogramme, Landschaftsrahmenpläne und agrarstrukturelle Vor- und Entwicklungspläne zumeist inhaltlich als auch räumlich konkretisiert werden, um dem regionalen Ansatz in seiner übergeordneten Leitfunktion gerecht werden zu können. Bei dieser Anforderung tut sich aber nicht nur die administrative Seite schwer, auch für die landschaftsökologische Forschung stellt dies aus den hier behandelten Gründen eine besondere Herausforderung dar (vgl. auch HOBBS 1997).

Wir haben versucht, die damit zusammenhängenden Problemkreise im Umfeld "Regionalisierung in der Landschaftsökologie" in den folgenden fünf Themenblöcken festzuhalten, deren charakteristische Merkmale hier kurz umrissen werden sollen.

2 Die Themenblöcke der Tagung „Regionalisierung in der Landschaftsökologie"

2.1 Upscaling von Prozessen und Standorteigenschaften

Die Betrachtung und Übertragbarkeit von Prozessen, Standorteigenschaften und Bewertungsverfahren auf unterschiedliche Maßstabsebenen spielt eine zentrale Rolle sowohl in der landschaftsökologischen Forschung als auch in der raumplanerischen Praxis. Das Hauptproblem in diesem Themenbereich besteht - wie in vielen anderen Bereichen in der Landschaftsökologie auch (vgl. MÜLLER & VOLK 1998) - darin, daß auch hier noch keine allgemeingültige Theorie existiert, die eine Ableitung von Regeln für die Regionalisierung erlaubt (vgl. auch RICHTER et al. 1997).

Bisher sind zwei grundsätzlich verschiedene Ansichten zu verzeichnen:
Entwicklung von Methoden, die eine Übertragung kleinräumig gültiger Aussagen/Vorgehensweisen auf größere Areale mittels geeigneter Indikatoren oder Transferfunktionen erlauben (vgl. z.B. TIETJE & TAPKENHINRICHS 1993).
oder
Für jedes Betrachtungsniveau sind spezifische Arbeitsweisen erforderlich.

2.2 Ableitung dimensionsspezifischer Indikatoren für die Landschaftsbewertung

Im Ergebnis der Betrachtung und Übertragung von Prozessen und Standorteigenschaften auf unterschiedliche Maßstabsebenen sollten dimensionsspezifische Parameter und Indikatoren für die Landschaftsbewertung stehen.
Die zu beantwortenden Fragen in diesem Themenblock müssen also lauten:

- Welche Parameter und Indikatoren sind maßgeblich in bezug auf relevante Prozesse, Funktionen und Landschaftszustände einer Bezugseinheit auf mesoskaliger Ebene?

- Müssen und können die maßgeblichen Parameter und Indikatoren für eine sinnvolle Anwendung bei der Landschaftsbewertung größerer Räume "generalisiert" werden?

Über die Definition von Gewichtungskriterien für die Parameter und Indikatoren in der regionischen Dimension kommt man zu der Frage:

- Was ist in diesem Maßstab überhaupt bewertbar und welche Bezugseinheiten können für die Bewertung verwendet werden?

2.3 Regionale Bewertungs- und Bezugseinheiten

Als Grundlage für die Landschaftsbewertung dienen die Bezugseinheiten. Dabei sind derzeit mindestens vier Möglichkeiten in Betracht zu ziehen sind.

Planungsrelevante Behörden beziehen sich zumeist auf *naturräumliche Einheiten*, die jedoch beim Planungsprozeß an den Verwaltungs- und damit Zuständigkeitsgrenzen enden. Landschaftsökologische Prozess-/Korrelationszusammenhänge können dabei auf der Strecke bleiben, da sie sich einerseits nicht an Verwaltungsgrenzen "halten" und anderseits bei den naturräumlichen Bezugseinheiten die Landnutzung oft außer Acht gelassen wird, die jedoch großen Einfluß auf das Prozeßgeschehen hat.

Unter Berücksichtigung der Landnutzung ausgewiesene *Landschaftseinheiten* haben häufig noch immer das Problem der schwer nachvollziehbaren Methodik/Kriterien.

Verwendet man für die Bewertung *Wassereinzugsgebiete*, wird der Systembetrachtung Vorrang gegeben.

Als Alternative werden gerade in letzter Zeit aus der Verschneidung verschiedener Datenebenen resultierende *kleinste gemeinsame Geometrien* verwendet, da man so scheinbar Einheiten mit vielen gemeinsamen Merkmalen ausweisen kann. Dagegen richtet sich die Kritik, daß man auf diese Weise keinen Landschaftsbezug im eigentlichen Sinne mehr hat, sondern über isolierte Teilerkenntnisse für gleiche, geometrisch ermittelte Flächen "informiert" (vgl. z.B. INSTITUT FÜR ANGEWANDTE FORSCHUNG, HRSG. 1996). Zudem kann die Verschneidung unterschiedlich aggregierter Daten unter Umständen zu falschen Ergebnissen führen.

2.4 Landschaftsbewertungsverfahren auf regionaler Ebene

Aufgrund der genannten Probleme ist man folglich auch bei den Landschaftsbewertungsverfahren auf regionaler Ebene noch weit von standardisierten, allgemeingültigen Methoden entfernt. Die Entwicklung von Landschaftsbewertungsverfahren im regionalen Maßstab erfordert daher ebenfalls eine neuartige Herangehensweise.

Die Datenerhebung stellt bei integrativen Ansätzen zur Ableitung von Landschaftsbewertungen in der chorischen und/oder regionischen Dimension einen problematischen Teil dar, die flächendeckende Verfügbarkeit der erforderlichen Basisdaten zu den relevanten Geokompartimenten ist derzeit noch problematisch. Die Größe der zu bewertenden Gebiete der regionischen und chorischen Dimension macht eine flächendeckende Erhebung der Daten fast unmöglich.

Daher muß als Datengrundlage neben Fernerkundungsdaten - soweit möglich - auf die "öffentlich" verfügbaren Datensätze und die analogen Informationen von Ämtern und Behörden zurückgegegriffen werden, was aus verschiedenen Gründen (rechtliche Seite des Datenaustauschs, sehr unterschiedliche Maßstäbe, Aktualität und Weiterführung der Daten, Kompatibilität) problematisch ist. Bei der Erhebung und Verwendung der verschiedenen Informationen in Verbindung zu der oben bereits genannten Flächengröße und Heterogenität der Bezugeinheiten ist es unvermeidlich, daß Datensätze nur unsicher bzw. unvollständig vorliegen und man folglich versucht, mathematische Verfahren anzuwenden (z.B. *Fuzzy-Set-Daten-Modell* : Theorie der unscharfen Mengen), die auch unter diesen Bedingungen eine Bewertungsabschätzung erlauben (vgl. z.B. GRABAUM UND STEINHARDT 1998).

Unter - der allerdings bisher noch immer eher seltenen Möglichkeit - der Verwendung flächendeckender Kartierungen verschiedener Art, wie zum Beispiel die Standortkartierung von Baden-Württemberg oder Biotoptypen- und Nutzungstypenkartierungen, werden derzeit an verschiedenster Stelle an Geoinformationssysteme gekoppelte Methodiken für das Landschaftsmonitoring mit Fernerkundungsdaten entwickelt und in ihrer Anwendbarkeit für die Landschaftsbewertung und ihre Integration in Modelle getestet. Diese Methoden sind, neben anderen integrativen Verfahren, allerdings meist noch sehr kompliziert und aufwendig, was zum nächsten Themenblock führt:

2.5 Akzeptanz regionaler Bewertungsverfahren aus der Forschung bei relevanten Behörden

In enger Verbindung mit den oben genannten Problemkreisen steht daher die schwierige Frage der Anwendbarkeit und der Akzeptanz von Landschaftsbewertungsverfahren, die in Forschungseinrichtungen ohne expliziten Praxisbezug erarbeitet werden - wobei die Bedeutung und die Aufgaben der heutigen Regionalplanung in Deutschland selbst nicht unumstritten ist (vgl. FÜRST 1996), was aber auch mit der "Mittelstellung" dieser planerischen Disziplin zusammenhängt. Während man in der rein wissenschaftlich orientierten landschaftsökologischen Grundlagenforschung die "holistische" Herangehensweise anstrebt, erfolgt im Rahmen praxisorientierter Arbeiten bereits eine bewußte Auswahl der zu erhebenden Daten. Dabei muß sich aus Kosten- und Zeitgründen auf das Wesentliche beschränkt werden, wobei dann ökologische Gesichtspunkte zu kurz kommen können. Es muß aber auch betont werden, daß mangels ausgereifter Methoden und Bewertungsverfahren sowie politisch-gesellschaftlicher Verhältnisse oft der Nachweis der Beeinträchtigung von Umweltbelangen nicht flächenhaft, exakt und mit den Wechselwirkungen durchgeführt werden kann (vgl. dazu KIEMSTEDT 1979; KLEYER et al. 1992). Zudem gilt noch immer die Feststellung von FINKE (1994), daß Bewertungsverfahren für die Praxis "möglichst einfach und nachvollziehbar sein müssen, damit auch der interessierte Bürger die Ergebnisse rekonstruieren und damit begründete Entscheidungen nachvollziehen kann". Diese gegensätzlichen Anforderungen machen den notwendigen *Kompromiß aus der wissenschaftlich-holistischen Herangehensweise der Forschung* und *der "übersichtlichen, wirtschaftlichen und nachvollziehbaren Methodik" für den Anwender* deutlich (vgl auch FÜRST 1996).

3 Derzeitige Tendenzen und Ausblick

Im Zusammenhang zu den oben aufgeführten Themenblöcken bzw. Problemkreisen ist aber auch auf die Tendenz hinzuweisen, daß in den letzten Jahren in den Ämtern und Behörden immer öfter Umweltinformationssysteme aufgebaut werden, die den Einsatz von Geoinformationssystemen zur Folge haben und auch Ansätze zu komplexeren landschaftsökologischen Bewertungen zeigen (vgl. SENSTADTUM 1990; ANDERS 1997). Gemeinsam mit der Novellierung des Raumordnungsgesetzes (ROG) von 1989, mit der der Anspruch verfolgt wurde, die Raumplanung noch stärker ökologisch auszurichten (vgl. auch KISTENMACHER 1996), verspricht dies eine Annäherung und gegenseitige Ergänzung zwischen landschaftsökologischer Forschung und planerischer Praxis, die sich positiv auf die regionale Raumentwicklung auswirken kann.

Insgesamt kann festgehalten werden, daß neben einer inhaltlichen und räumlichen Konkretisierung bei regionalen Fragestellungen auch die Entwicklung allgemeingültiger Verfahren erforderlich ist. Im vorliegenden Beitrag konnte nur ein kleiner Teil der zahlreichen Probleme und offenen Fragen im Themenkreis "Regionalisierung in der Landschaftsökologie" angesprochen werden, es wird somit aber die Bedeutung von Tagungen und Workshops deutlich, die sich mit diesen Fragestellungen beschäftigen. Daher hoffen wir, daß die Beiträge zu dieser Tagung und der interdisziplinären Austausch zur Lösung einiger Probleme und zur Beantwortung einiger offener Fragen in der Landschaftsökologie beigetragen hat.

Literatur

ANDERS, V. (1997): Das Umweltinformationssystem des Kreises Merseburg-Querfurt. - Workshop "Digitale Geowissenschaftliche Daten - Bedarf, Nutzung, administrative Regelungen", Halle, Tagungsband: 13-14.

FINKE, L. (1994): Landschaftsökologie. - Das Geographische Seminar, Westermann, 2. Aufl., 232 pp.

FÜRST, D. (1996): Regionalplanung - für einen "ökologischen Umbau der Gesellschaft" überflüssig? - Z. f. angewandte Umweltforschung 9, 3: 411-418.

GRABAUM, R. & U. STEINHARDT (HRSG., 1998): Fortschritte in der Landschaftsbewertung. - UFZ-Bericht (im Druck).

HOBBS, R. (1997): Future landscapes and the future of landscape ecology. - Landscape and Urban Planning 37 (1997): 1-9.

INSTITUT FÜR ANGEWANDTE FORSCHUNG "LANSCHFTSENTWICKLUNG & LANDSCHAFTSINFORMATIK“ (HRSG., 1996): Dokumentation zum Digitalen Landschaftsökologischer Atlas Baden-Württemberg. - CD-ROM

KIEMSTEDT, H. (1979): Methodischer Stand und Durchsetzungsprobleme ökologischer Planung. - FuS 131: 46-62.

KISTENMACHER, H. (1996): Umweltvorsorge durch die Regional- und Landesplanung und ihre Bedeutung für die Flächennutzungsplanung. - Z. f. angewandte Umweltforschung 9, 3: 15-35.

KLEYER, M. et al. (1992): Landschaftsbezogene Ökosystemforschung für die Umwelt- und Landschaftsplanung. - Z. Ökologie u. Landschaftsplanung 1: 35-50.

MÜLLER, E. & M. VOLK (1998): Entwicklung, Stand und Perspektiven der Landschaftsbewertung. - In: STEINHARDT, U. UND R. GRABAUM (HRSG., 1998): Fortschritte in der Landschaftsbewertung (UFZ-Bericht, im Druck).

RICHTER, O. et al. (1997): Koppelung Geographischer Informationssysteme (GIS) mit ökologischen Modellen im Naturschutzmanagement. - In KRATZ, R. UND F. SUHLING (HRSG., 1997): GIS im Naturschutz: Forschung, Planung, Praxis, S. 5-29.

SENSTADTUM (SENATSVERWALTUNG FÜR STADTENTWICKLUNG UND UMWELTSCHUTZ HRSG., 1990): Ökologisches Planungsinstument Naturhaushalt/Umwelt. - Berlin, 183 pp.

TIETJE, O. & M. TAPKENHINRICHS (1993): Evaluation of Pedo-Transfer-Functions. - Soil Sci. Soc. Am. J. 57: 1088-1095.

Themenblock 1

Upscaling von Prozessen und Standorteigenschaften

Vom Punkt zur Fläche - das Skalierungs- bzw. Regionalisierungsproblem aus der Sicht der Landschaftsmodellierung

Karl-Otto Wenkel und Alfred Schultz

1 Einleitung

Die raumzeitliche Beobachtung und Beschreibung von Prozessen, die großflächig im Rahmen von Landschaften ablaufen, ist von grundlegendem Interesse für das Studium und die Bewertung der Auswirkungen möglicher Landnutzungsänderungen, aber aufgrund der natürlichen Variabilität der realen Prozesse und der Heterogenität des Bezugsraumes schwierig. Daher ist nach wie vor ungeklärt, welche Methoden bzw. Modellansätze zur Lösung wissenschaftlicher und praktischer Problemstellungen auf unterschiedlichen räumlichen und zeitlichen Skalen gewählt werden sollten.

Viele Abläufe in Landschaften, an denen wir im Sinne von Erklärung und Vorausschau interessiert sind, finden auf unterschiedlichen räumlichen und zeitlichen Skalen statt, was eine um- und zusammenfassende Sicht erschwert. Das betrifft sowohl abiotische als auch biotische Prozesse, aber auch sozioökonomische Auswirkungen. So kann ein uns interessierender Vorgang, wie z.B. die Grundwasserneubildung in einem bestimmten Gebiet, durch Faktoren, die auf unterschiedlichen räumlichen und zeitlichen Ebenen wirken, beeinflußt werden (Niederschlagsverteilung, Standort- bzw. Bodeneigenschaften, Art der Landnutzung u.a.). Andererseits ist es aber auch nicht sinnvoll und notwendig, ein bestimmtes Phänomen, wie z.B. die Biomasseprimärproduktion, genau einer räumlichen oder zeitlichen Ebene zuzuordnen. Der Informationsbedarf, belastbare raumbezogene Aussagen zu gewinnen, kann in Abhängigkeit vom Problem sehr unterschiedlich sein. Für die Charakterisierung der phänologischen Situation bei Akkerkulturen in einem Gebiet sind z.B. weniger Informationen notwendig als für die Ermittlung möglicher Pflanzenschutzmitteleinträge in das Grundwasser.

Ein universelles, für viele unterschiedliche Fragestellungen gleichermaßen gut geeignetes Konzept zur Beobachtung und Modellierung von Abläufen in Landschaften ist deshalb - gleichwohl wünschenswert - nur schwer vorstellbar. Sowohl aus inhaltlichen als auch aus rein praktischen Gründen gibt es keine eindeutige Korrespondenz zwischen den räumlichen und zeitlichen Skalen, auf denen Prozesse wirklich ablaufen, auf denen sie beobachtet werden können und auf denen sie schließlich als Abstraktion beschrieben bzw. modelliert werden. Solche Skalensprünge bzw. -übergänge sind sowohl in aggregierender als auch in disaggregierender Richtung möglich, z.B. als Ableitung langfristigen, globalen Verhaltens aus zeitlich begrenzten, lokalen Informationen oder als Rekonstruktion lokalen Prozeßverhaltens aus integrierten regionalen Beobachtungen (Abbildung 1). Eine besondere Herausforderung für die Landschaftsforschung besteht deshalb darin, die Skalen zu identifizieren, auf denen interessierende Phänomene mit einer bekannten Sicherheit vorhersagbar sind, und die dafür geeigneten Prognoseinstrumente zu entwickeln.

Die Landschaftsmodellierung als junge Teildisziplin der angewandten Landschaftsforschung versucht, sowohl unterschiedliche fachlichdisziplinäre Sichten als auch deren unterschiedliche räumliche und zeitliche Betrachtungsebenen in einem einheitlichen formalen, operationalisierbaren Konzept zu integrieren, um auf diese Weise den Schritt von punktbezogenen sektoralen zu flächenbezogenen ganzheitlichen Betrachtungen zu gehen. Ziel des vorliegenden Beitrages ist, den Inhalt der Begriffe Regionalisierung und Skalierung aus Sicht der Landschaftsmodellierung zu erörtern, Probleme der Skalen- und Modellwahl darzustellen, zu diskutieren und Vorschläge zu unterbreiten, wie man zu praktisch nutzbaren Landschaftsmodellen gelangen kann.

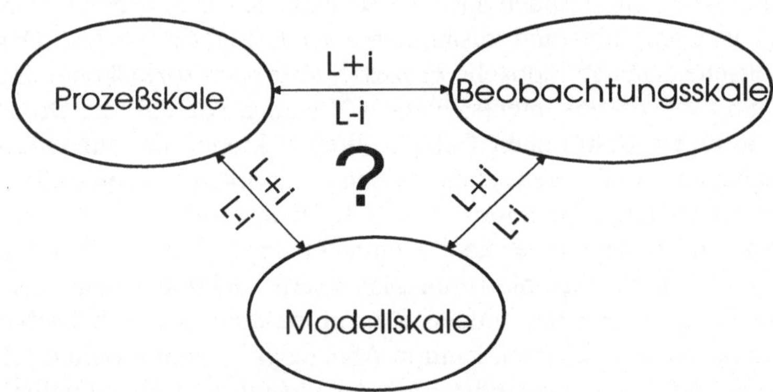

Abb.1: Räumliche und zeitliche Skalensprünge bei der Beobachtung und Modellierung natürlicher Systeme

2 Das Skalierungs- bzw. Regionalisierungsproblem aus der Sicht der Landschaftsmodellierung

2.1 Grundproblematik

Die meisten ökologischen Probleme sind auf natürliche Weise raumbezogen, d.h. sie sind überhaupt nur in einem größeren räumlichen Kontext sinnvoll darstell-, erklär- oder aber interpretierbar. Deshalb ist die Gewinnung zuverlässiger raumbezogener Aussagen von essentieller Bedeutung für die landschafts-ökologische Forschung und Praxis. Die Umweltwissenschaften haben in jahr-zehntelanger intensiver Arbeit einen umfangreichen Pool von Daten, Methoden, Modellen und Theorien zur Analyse und Bewertung des Zustandes von Ökosystemen sowie zur Erklärung ihrer funktionellen Struktur erarbeitet. Diese Erkenntnisse wurden aus methodologischen, meßtechnischen und nicht zuletzt finanziellen Gründen vorwiegend durch experimentelle Arbeiten gewonnen, die in räumlich eng begrenzten Gebieten durchgeführt wurden - also gewissermaßen am Punkt. Hier verbirgt sich, was umgangssprachlich immer als "vom Punkt zur Fläche"-Problem bezeichnet wird: Wie können belastbare flächenbezogene Daten oder Informationen aus punktbezogenen Daten oder Informationen gewonnen werden? Zur Notwendigkeit dieser Fragestellung schreiben z.B. OSTENDORF & TENHUNEN (1995) treffend: "Experimentelle Untersuchungen zur Beantwortung der Frage, wie Ökosysteme auf Umweltfaktoren reagieren, lassen sich nur in einem räumlich eng begrenztem Rahmen durchführen, während die Auswirkungen zu erwartender Umweltveränderungen oft für Flächen von mehreren hundert bis tausend Quadratkilometern berechnet werden müssen."

Es ist unstrittig, daß das aus punktbezogener Forschung erworbene Wissen wesentlich dazu beigetragen hat, die Funktions-, Organisations- und Regulationsmechanismen von Ökosystemen zunehmend besser zu verstehen. Dennoch mangelt es noch immer an validen Methoden, um die raumbezogenen mittel- bis langfristigen Auswirkungen menschlichen Handelns auf die Umwelt abschätzen zu können. Angesichts der Tatsache, daß die Möglichkeiten menschlichen Handelns derzeit offenbar die Möglichkeiten, die langfristigen Konsequenzen dieses Handelns zuverlässig vorherzusagen, übersteigen, ist es umso dringlicher, zuverlässige Prognoseinstrumente zu entwickeln, die neben den Veränderungen der abiotischen und biotischen Verhältnisse ebenso die Verbindungen und Rückkopplungen von natürlichem und sozioökonomischem System beinhalten.

Im engeren Sinn wird unter Skalierung die Extra- bzw. Interpolation von ökologischen Informationen zwischen unterschiedlichen Ebenen verstanden. SHUGART & URBAN (1988) definieren 'scaling up' z.B. als die Übertragung oder Extrapolation von ökologischen Informationen von der kleinskaligen lokalen Ebene auf die regionale bzw. globale Ebene. Die Modellierung verwendet für den Begriff 'scaling up' häufig den Begriff Modellregionalisierung (RICHTER &

DIEKKRÜGER, 1997). Insgesamt zeigt eine Literaturauswertung, daß die Begriffe Skalierung und Regionalisierung von mehreren Fachdisziplinen gebraucht werden, aber mit sehr unterschiedlichen Inhalten versehen sind. Allein der unterschiedliche Gebrauch der Ausdrücke *kleiner* und *großer Maßstab* durch Geographen, Biologen oder Modellierer sowie die Unschärfe in den Begriffen Region, Landschaft und Skale können viel Verwirrung stiften (Abbildung 2).

Der Versuch, allgemeingültige Definitionen zu geben, soll hier deshalb auch gar nicht unternommen werden. Eine umfassende, viele Aspekte des Problemkreises der Regionalisierung umfassende Darstellung aus Sicht der Hydrologie findet man beispielsweise bei KLEEBERG (1992). Hier soll im folgenden stattdessen beschrieben werden, wie sich das Skalierungs- oder Regionalisierungsproblem aus der speziellen Sicht der Landschaftsmodellierung darstellt. Bezogen auf die Landschaftsmodellierung geht es beim Skalierungs- oder Regiona-lisierungsproblem im Kern um die Ermittlung von raumbezogenen Informationen oder Daten unter der folgenden Rahmenbedingung: Wir beobachten räumlich begrenzt und relativ kurzfristig Details, möchten aber räumlich verallge-meinerbare und langfristig belastbare Gesamtaussagen treffen.

Zu der räumlichen Seite des Problems kommt – im Unterschied zu anderen Fachdisziplinen – auch ein ausgeprägterer zeitlicher Aspekt. In vielen Fällen interessiert nicht der aktuelle Zustand einer Landschaft, sondern seine Veränderung in der Zeit. Vonseiten der Modellierung kann Skalierung als Teil der Modellregionalisierung betrachtet werden. Ziel ist in jedem Fall, durch Kopplung von Daten und Modellen aussagekräftige raumbezogene Informationen zu gewinnen. Unterschiede gibt es im konzeptionellen Herangehen, d.h. wie der Informationstransfer innerhalb einer Skale oder zwischen unterschiedlichen Skalen vonstatten gehen soll, ob eher auf Daten basierende empirische Modelle (Skalierung) oder auf funktionellen Vorstellungen basierende mechanistische Modelle (Regionalisierung) verwendet werden, ob beschreibende oder funktionelle Aspekte priorisiert werden. Zum Informationsaustausch zwischen unterschiedlichen räumlichen und zeitlichen Ebenen schreibt bezogen auf den Wasser- und Stoffhaushalt WAGENET (1998) wie folgt: "Ein grundsätzliches konzeptionelles und praktisches Skalierungsproblem besteht darin, zu bestimmen, in welchem Grad ein mechanistisches Verständnis der auf niedrigeren Skalen ablaufenden Prozesse notwendig ist, um ein bestimmtes Phänomen auf einer höheren Skale zu verstehen und wie umgekehrt, eine auf einer höheren Skale vorliegende Information so zerlegt werden kann, daß sie für die zu betrachtende niedrigere Skale eine nützliche Information ergibt."

Selbst wenn man Skalierung vordergründig mit dem Transfer von Daten zwischen unterschiedlichen räumlichen Skalen und Regionalisierung mit der Übertragung von Modellen in Verbindung bringt ist klar, daß man für den Datentransfer eine Regel – ein Modell – und für den Modelltransfer skalenadäquate Eingangsinformationen – Daten – benötigt. Auf diese Dualität wird in 2.3 näher eingegangen.

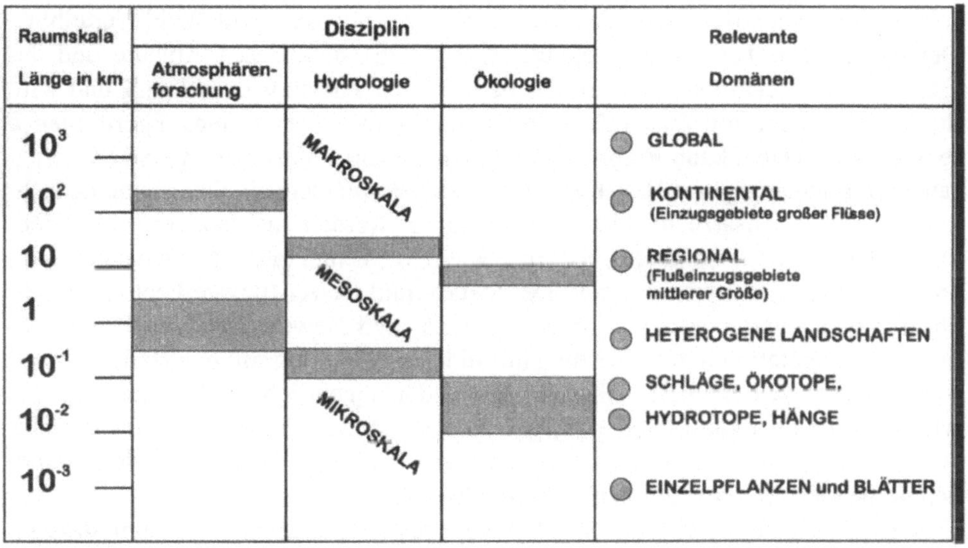

Raumskala Länge in km	Disziplin			Relevante Domänen
	Atmosphärenforschung	Hydrologie	Ökologie	
10^3		MAKROSKALA		GLOBAL
10^2				KONTINENTAL (Einzugsgebiete großer Flüsse)
10				REGIONAL (Flußeinzugsgebiete mittlerer Größe)
1		MESOSKALA		HETEROGENE LANDSCHAFTEN
10^{-1}				SCHLÄGE, ÖKOTOPE,
10^{-2}		MIKROSKALA		HYDROTOPE, HÄNGE
10^{-3}				EINZELPFLANZEN und BLÄTTER

Abb.2: Raumskalen verschiedener Wissenschaftsdisziplinen (in Anlehnung an VÖROSMARTY et al., 1997)

2.2 Modellregionalisierung und Landschaftsmodellierung

2.2.1 Begriffsbeschreibung - was ist ein Landschaftsmodell?

Als *Landschaftsmodell* oder *dynamisches räumliches Modell* wird eine geeignete mathematisch-kybernetische Formulierung **F** verstanden, mit deren Hilfe auf einer bestimmten räumlichen Skale Veränderungen des räumlichen Musters $\underline{\mathbf{X}}$ von interessierenden Zustandsvariablen in einer Landschaft in Abhängigkeit von anderen Variablen $\underline{\mathbf{Y}}$, sowie von für den Betrachtungszeitraum konstanten Zustandsvariablen $\underline{\mathbf{C}}$ und Steuerparametern $\underline{\mathbf{p}}$ in der Zeit t beschrieben werden können.

$$\underline{\mathbf{X}}(t+1) = \mathbf{F}(\underline{\mathbf{X}}(t), \underline{\mathbf{Y}}(t), \underline{\mathbf{C}}, \underline{\mathbf{p}}(t)) \qquad \text{(Gl. 1)}$$

Ziel eines solchen Landschaftsmodells ist die Verbindung von räumlichen und zeitlichen Zustandsbeschreibungen von Landschaften. Landschaftsmodelle lassen sich in einen statischen, einen dynamischen sowie einen Steuer- und Bewertungsteil strukturieren (LUTZE et al., 1993). Der statische Teil enthält die für den Betrachtungszeitraum konstanten Eigenschaften der Landschaft, wird durch den Vektor $\underline{\mathbf{C}}$ repräsentiert und in der Regel mittels einer geographischen Datenbasis dargestellt. Typische statische Elemente sind z.B. die Orographie einer Landschaft, Bodeneigenschaften, das Gewässernetz oder die Feld-Wald-Verteilung. Der dynamische Teil enthält das Wissen über die natürlichen Abläufe und das raumzeitliche Reaktionsverhalten der betrachteten Zustandsvariablen $\underline{\mathbf{X}}$ und wird durch ein System von Zustandsbeschreibungs- und –überführungs-algorithmen **F** repräsentiert. Dabei kann **F** von weiteren dynamischen Variablen $\underline{\mathbf{Y}}$ und Steuerparametern $\underline{\mathbf{p}}$ abhängig sein. Für **F** ist eine Vielzahl unterschiedlicher mathematisch-kybernetischer Ansätze denkbar. Im Vektor $\underline{\mathbf{Y}}$ werden insbesondere die Triebkräfte des betrachteten realen Systems wie z.B. Temperatur, Niederschlag oder andere Witterungselemente erfaßt. Der Steuer- und Bewer-tungsteil enthält mögliche Handlungsvarianten sowie Interpretations- und Bewertungsalgorithmen, wobei die Interpretation und Bewertung nur in loser Kopplung mit den statischen und dynamischen Modellteilen stehen muß und den eigentlichen Modellrechnungen nachgeordnet sein kann. Der Steuerteil wird durch den Parametervektor $\underline{\mathbf{p}}$ repräsentiert. Abbildung 3 gibt einen schematischen Überblick über die Modellkomponenten und ihre wechselseitigen Abhängigkeiten.

Welche Eigenschaften der betrachteten realen Landschaft in dem dazugehörigen Landschaftsmodell als dynamisch, statisch oder auch als Steuerparameter angesehen werden, hängt davon ab, welche Zielstellung verfolgt wird, und wo die Grenzen zwischen dem betrachteten System und seiner Umwelt gezogen werden. Ein und dieselbe Systemeigenschaft kann deshalb für eine Fragestellung dynamische Zustandsvariable, für eine andere jedoch konstante Randbedingung sein. Im Falle der Modellierung der Biomasseprimärproduktion ist die Landnutzung beispielsweise als statische Größe zu betrachten, im Falle der Modellierung von Landnutzungsveränderungen hingegen als dynamische Größe.

Ein wesentliches Element eines Landschaftsmodells ist sein expliziter Flächenbezug und die intendierte Integration unterschiedlichen disziplinären Wissens. Die Qualität eines Landschaftsmodells wird deshalb maßgeblich durch die Qualität der dargestellten Wechselwirkungen zwischen Kompartimenten und Variablen bestimmt. Hier liegt sicher auch das Schwergewicht zukünftiger Forschungs- und Modellierungsaktivitäten. Sektorale Modelle haben mittlerweile ein Entwicklungsniveau erreicht, das für viele Fragestellungen ausreicht und nur mit erheblichem Aufwand anhebbar wäre. Einen Überblick über den derzeitigen Entwicklungsstand der Landschaftsmodellierung aus der vorrangigen Sicht der Agrarlandschaftsforschung geben WENKEL et al. (1997).

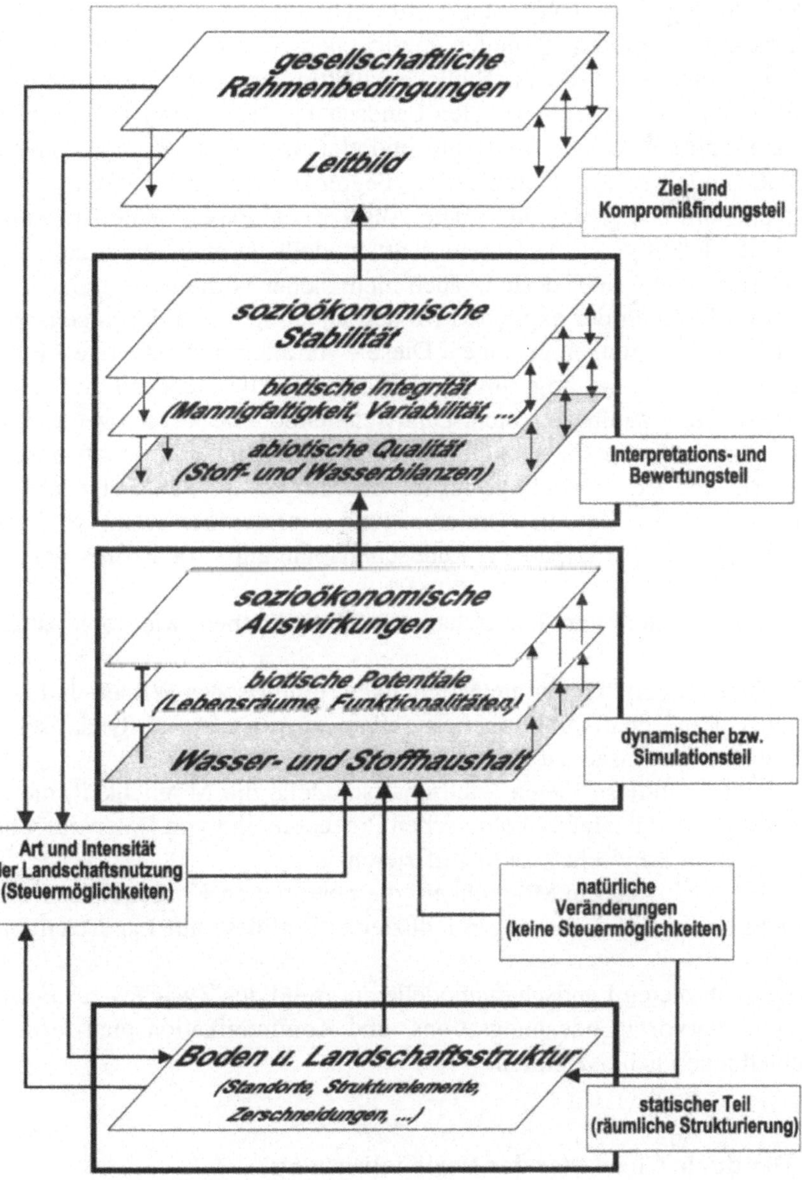

Abb.3: Wirk- und Steuerpfade in einem Landschaftsmodell (Modellhypothese)

2.2.2 Möglichkeiten und Grenzen von Landschaftsmodellen

Wie Modelle allgemein sind auch Landschaftsmodelle eine Vereinfachung der Realität basierend auf dem aktuellen empirischen Wissensstand und der theoretischen Vorstellung über das tatsächliche Funktionieren der korrespon-dierenden realen Systeme - hier das einer realen Landschaft. Die allgemeinen Probleme der Ökosystem- und Landschaftsforschung sind gleichzeitig die Randbedingungen der Landschaftsmodellierung: Komplexität, begrenzte Beobachtbarkeit, Datenunsicherheit und oftmals skaleninadäquate Ansätze zur experimentellen Aufklärung (WENKEL & SCHULTZ, 1997). Landschaftsmodelle können die zukünftige Entwicklung einer Landschaft deshalb auch nicht sicher vorhersagen, sondern nur zu Aussagen im Rahmen der expliziten Modell-annahmen und der ungenannten impliziten Nebenbedingungen gelangen. Diese - vor allem nutzerseitige - Einschränkung zu erwähnen ist wichtig, um Landschafts-modelle nicht mit einer zu großen Erwartungshaltung zu überfrachten. Land-schaftsmodelle werden weder Probleme lösen, noch selbständig Entscheidungen finden oder gar Landschaftsnutzung optimieren. Sie sind jedoch wichtige Instrumente für komplexere Folgenabschätzungen im Rahmen von Szenarien-untersuchungen und somit wichtige Werkzeuge zur Unterstützung partizipativer Landschaftsplanungs- und Entscheidungsfindungsprozesse.

Die Möglichkeiten von Landschaftsmodellen können wie folgt zusammengefaßt werden:

- Landschaftsmodelle bieten die Möglichkeit, empirisches Wissen und Hypothesen über Landschaftsfunktionen in einem gemeinsamen dynamischen und raumbezogenen Ansatz zu formalisieren.
- Auf dieser Grundlage bieten Landschaftsmodelle die Möglichkeit, die relative Bedeutung von einzelnen ökologischen Prozessen und von Daten zur Charakterisierung einer Landschaft zu identifizieren.
- Weiterhin bieten sie die Möglichkeit, die potentiellen Konsequenzen und Risiken natürlicher und anthropogen induzierter Einflüsse auf Landschaften zu ermitteln.
- Letztendlich bieten Landschaftsmodelle aufgrund des Zwanges zur Formalisierung eine hervorragende Integrations- und Kommunikationsplatt-form für unterschiedliche Fachdisziplinen.

2.3 Der duale Charakter der Regionalisierung

Wie bereits vorstehend dargestellt, besteht das wesentliche Ziel der Landschaftsmodellierung darin, auf der Basis von Zustandserhebungen und von Vorstellungen über Funktionen und Regelmechanismen von Ökosystemen und Landschaften geeignete, vorrangig räumlich explizite, dynamische Simulations-modelle zu entwickeln, die es gestatten, vor allem die Konsequenzen anthropo-gener Eingriffe in Landschaften problem-, raum,- und zeitbezogen abzuschätzen. In dieser Zielstellung wird deutlich, daß die problemorientierte, modellseitige und die datenseitige Komponente eines Landschaftsmodells eine Einheit bilden müssen. Dieser duale Charakter hat wesentlichen Einfluß auf die Methodenwahl. Einerseits geht es um die Übertragung oder Verallgemeinerung einer modellierten Funktion, andererseits um die Übertragung einer gemessenen, erhobenen oder kartierten Größe. Daraus resultieren die beiden folgenden Grundfragen:

- Ist es möglich, und wenn ja wie, solche Modellansätze zu finden, die zwischen verschiedenen Skalen in einem definierten Genauigkeitsbereich übertragbar sind oder sind für verschiedene Skalen grundsätzlich verschiedenen Modelle notwendig? Wirken ein und dieselben oder grundsätzlich verschiedenen Gesetzmäßigkeiten auf unterschiedlichen Skalen?
- Ist es möglich, und wenn ja wie, die für einzelne Modelle notwendigen skalenbezogenen Daten zur Parametrisierung und zur Abarbeitung aus Daten anderer Skalenniveaus abzuleiten oder haben Modelle für verschiedene Skalen grundsätzlich inkompatible Datenanforderungen?

Vonseiten der Landschaftsmodellierung ist es durchaus zweckmäßig, mit Skalierung den Transfer von Daten zwischen unterschiedlichen räumlichen und zeitlichen Skalen, mit Regionalisierung die Übertragung von Modellen zwischen unterschiedlichen räumlichen und zeitlichen Skalen zu bezeichnen.

2.3.1 Regionalisierung und Modelle

Der Idealfall für Modellentwickler und -anwender wäre sicherlich, über ein skaleninvariantes, generisches Modell zu verfügen, das für verschiedene inhaltliche Fragestellungen und Skalen gleichermaßen gut geeignet und durch eine genau definierte Menge von Parametern und Inputvariablen steuerbar wäre. Diese Hoffnung läßt sich jedoch vonseiten der Modellierung nicht erfüllen. Rein formal ließe sich sicher ein solch komplexes Modell entwickeln, das auf unter-schiedlichen Skalen anwendbar wäre, nur wäre dann aufgrund der ungeklärten Fehlerinteraktionen keine zuverlässige Aussage über die Genauigkeit von vorausschauenden Simulationen mehr möglich. ZADEH (1983) formuliert das wie folgt: "In dem Maße, in dem die Komplexität eines Systems ansteigt, nimmt unsere Fähigkeit, präzise und damit signifikante Aussagen über sein Verhalten zu machen, ab. Präzision und Signifikanz schließen sich ab einem gewissen Komplexitätsgrad gegenseitig aus". Anders ausgedrückt: Reales Verhalten von ökologischen Systemen ist nur bis zu einem gewissen Grad berechenbar. Es mag zwar paradox klingen, jedoch ist ein gewisses Maß an Vereinheitlichung und Abstraktion (oder Ungenauigkeit) notwendig, um überhaupt zu relevanten Aussagen zu gelangen und um die aufgrund mathematisch-kybernetischer Gesetz-mäßigkeiten existierende obere

Schwelle der Modellkomplexität (ausgedrückt z.B. durch die Summe von Modellzustandsvariablen und -parametern) nicht zu überschreiten (SHANNON, 1975). Abbildung 4 veranschaulicht den Zusammen-hang zwischen Modellkomplexität und Unsicherheit von Modellaussagen. Der Zusammenhang zwischen Modellkomplexität und Unsicherheit legt den Schluß nahe, im Falle der Modellierung komplexer Zusammenhänge nicht unbedingt nach skaleninvarianten, allgemeingültigen Lösungen zu suchen, sondern nach skalenadäquaten, problemspezifisch suboptimalen Lösungen. Höhere zeitliche und räumliche Auflösung eines Problems sollte nicht automatisch mit höherem wissenschaftlichen Anspruch gleichgesetzt werden (BUTTERFIELD et al., 1997).

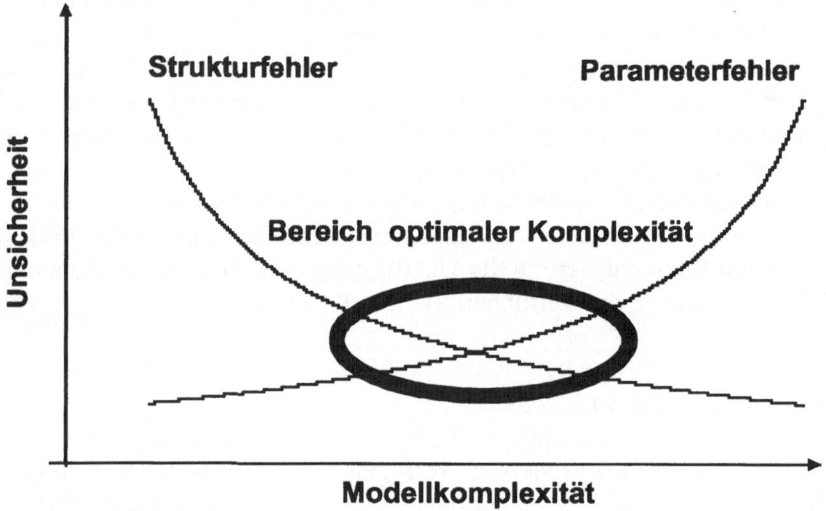

Abb.4: Zusammenhang zwischen Modellkomplexität und Unsicherheit (modifiziert nach GRUNWALD, 1997)

Für viele Fragestellungen besteht in der Tat kein Zwang, riesig große Modelle zu entwickeln oder sich auf einen Modelltyp zu kaprizieren. Offenbar können sehr unterschiedliche Modellansätze zu sehr ähnlichen Modellaussagen bezüglich einer begrenzten Frage führen. Dafür gibt es zahlreiche Beispiele aus unterschiedlichen Anwendungsgebieten. REFSGARD & KNUDSEN (1996) zeigen das für hydrologische Modelle, wobei sie einen konzeptionellen, einen physikalisch basierten und einen gemischten Ansatz vergleichen. SCHULTZ (1997) zeigt das für Biomasse- und Kornertragsmodelle bei einem Vergleich von deterministisch-algorithmischen Ansätzen und neuronalen Netzen, VEREECKEN et al. (1991) für unterschiedliche Bodenstickstoffmodelle und VAN GRINSVEN et al. (1995) für Forstökosystemmodelle. Obwohl es wiederum paradox klingt, ist es nicht so, daß gute Vorhersagen ausschließlich mit Modellen erzielt werden können, die mechanistisch korrekt sind (RYKIEL, 1996). Ebenso richtig ist, daß auch vermeintlich mechanistisch korrekte Modelle mitunter falsche Vorhersagen liefern können. Für die Landschaftsmodellierung ist es deshalb wichtig, nicht nur raum-bezogene Aussagen zu liefern, sondern diese auch bezüglich ihrer tatsächlichen Relevanz beurteilbar zu machen. Besonders notwendig sind deshalb solche raumbezogenen Modellierungsansätze, die diese Möglichkeit überhaupt erst zulassen.

2.3.2 Skalierung und Daten

Wenn auch die Wahl des Modellansatzes und der notwendigen Parametrisierungs- und Inputdaten nur von der Modellzielstellung abhängen sollte, um Aussagen der gewünschten Güte zu garantieren, spielt die reale Datenverfügbarkeit in der praktischen Landschaftsmodellierung eine wichtige Rolle. Nicht selten dominieren die vorhandenen Daten die Modellwahl, ohne allerdings immer eine vollständige Übereinstimmung zwischen erforderlichen Modellinputs und wirklich verfügbaren, skalenrelevanten Daten gewährleisten zu können. Das führt dazu, daß Daten der geforderten Detailgenauigkeit (gröber oder feiner) aus anderen Datenquellen abgeleitet werden müssen.

Analog zum oben besprochenen Problem der Modellwahl ist auch die Beschaffung der notwendigen Parameterinformationen und Inputdaten ein Abstraktions- bzw. Homogenisierungs- oder Zuordnungsproblem. Im Ergebnis dieser Homogenisierung oder Zuordnung wird eine Information als für die Fläche insgesamt zutreffend angesehen. Welche Flächengröße (Auflösung, Detailgenauigkeit) gewählt wird, ist problemspezifisch. Im wesentlichen lassen sich die drei folgenden Fallgruppen einteilen:

- *Interpolation*: Innerhalb einer räumlichen Skale wird die flächenhafte Verteilung einer Variablen aus punktförmig vorhandenen, aber unvollständigen Informationen über diese Variable durch Interpolation gewonnen.
  Beispiele für diese Art der Datengewinnung sind z.B. die Ermittlung der Niederschlagsverteilung in einem Gebiet aufgrund eines Meßstellennetzes oder die Ermittlung von Schadstoffkontaminationen im Boden aufgrund von Probebohrungen.
  Verfahren: z.B. räumliche Interpolationsverfahren wie geostatistische Verfahren (z.B. Blockkriging)
- *'scaling up'*: Der Wert einer Variablen auf einer höheren räumlichen Skale wird aus detailreicheren Daten einer niedrigeren räumlichen Skale generiert.
  Beispiele für diese Art der Datengewinnung sind z.B. die Ermittlung der durchschnittlichen Fließgewässerlänge oder der dominierenden Ackerkultur innerhalb einer Rasterfläche.

Verfahren: z.B. Mittelwertbildung

- *'scaling down'*: Der Wert einer Variablen auf einer niedrigeren räumlichen Skale wird aus detailärmeren Daten einer höheren räumlichen Skale generiert. Hierfür sind allerdings in der Regel zusätzliche Informationen notwendig und selbst schon ein Modell, das die unterschiedlichen Daten in Beziehung setzt. Beispiele für diese Art der Datengewinnung sind z.B. die Projektion von statistischen Informationen über Anbauverhältnisse, Tierbesatzstärken u.a. auf Kreisebene auf die Ebene von Gemeinden bzw. Betrieben
Verfahren: z.B. empirische oder modellgestützte Disaggregation

Im Kern geht es bei der Regionalisierung also darum, für das zu lösende wissenschaftliche oder praktische raumbezogene Problem ein adäquates Modell (funktionelles Modell) einschließlich der zugehörigen räumlichen Datenbasis (Datenmodell) zu finden. Damit stellt sich das Regionalisierungsproblem in der Landschaftsmodellierung nicht mehr nur allein als ein Problem der Übertragung von Daten oder funktionellen Zusammenhängen zwischen unterschiedlichen Skalen dar, sondern wandelt sich zum allgemeineren Problem der Findung eines Modells zur problemadäquaten Beschreibung des dynamischen Verhaltens von Landschaftsökosystemen und der Bewertung der damit verbundenen Unsicherheit.

2.4 Variabilität von ökologischen Daten – Unsicherheitsquellen von Landschaftsmodellen

Im vorherigen Abschnitt wurde darauf hingewiesen, daß es bei der Modellregionalisierung nicht nur darum gehen kann, flächenbezogene Aussagen zu generieren, sondern daß diese auch hinsichtlich ihrer Validität zu bewerten sind. Durch Regionalisierung entstehen zwangsläufig fehlerbehaftete Ergebnisse, was einerseits in der Unsicherheit der Datenbasis (natürliche räumliche Heterogenität und zeitliche Variabilität sowie systematische und zufällige Meß- und Beobachtungsfehler), andererseits in der Unsicherheit des konkret gewählten methodischen Ansatzes zum Daten- und Modelltransfer begründet ist. Im mathematisch-statistischen Sinn sind gemessene oder beobachtete ökologische Zustandsvariablen oft verzerrt und weisen eine hohe Fehlervarianz auf. Es ist deshalb natürlich nicht zu erwarten, daß ein Landschaftsmodell genauer ist als die Daten und Algorithmen, auf denen es basiert. Da die Effekte einzelner Fehler-quellen aufgrund von Kombinationswirkungen nachträglich nur schwer separierbar sind, ist es wichtig, über ein möglichst genaues Bild einzelner Fehlerbeiträge zu verfügen. 'Fehler' ist in diesem Zusammenhang eigentlich ein unangebrachter Ausdruck, weil er suggerieren könnte, daß er durch erhöhten Meß- und Modellierungsaufwand beliebig reduzierbar wäre. 'Unsicherheit' wird der tatsächlichen Problemlage bei der quantitativen Beschreibung von natürlichen Systemen gerechter, weil es sich letztlich um eine reale Systemeigenschaft handelt.

Im folgenden soll an einigen Beispielen dargestellt werden, welche Unsicherheiten durch Modelltriebkräfte, gemessene Zustandsvariablen des realen Systems und Modellparameter in ein Modell eingebracht werden können.

2.4.1 Variabilität von Modelltriebkräften

Als Triebkräfte werden hier solche zeitlich und räumlich veränderlichen Variablen bezeichnet, die von außen auf das zu modellierende System einwirken ohne selbst vom System beeinflußt zu werden (z.B. Witterungselemente wie Niederschlag, Temperatur, Strahlung; Teil des Variablenvektors $\underline{\mathbf{Y}}$ des Landschaftsmodells).

Von 1993 bis 1997 wurden an 9 verschiedenen Meßpunkten in einem kleinen Ausschnitt der Agrarlandschaft Chorin (15 km x 10 km) jeweils in der Hauptvegetationszeit vom 01.04. bis 30.09. Niederschlagsmessungen durchgeführt, um die Variabilität dieser für Pflanzenstreß- und Wasserhaushaltsberechnungen außerordentlich wichtigen Größe abschätzen zu können. Abbildung 5 gibt einen Überblick über die Lage der Meßpunkte. Tabelle 1 enthält die gemessenen Niederschlagssummen in den jährlichen Beobachtungszeiträumen an den einzelnen Meßstellen und ausgewählte statistische Maßzahlen.

Tab.1: Gemessene Niederschläge in der Hauptvegetationsperiode an 9 Meßstellen (MS) in der Agrarlandschaft Chorin, Spannweite (d) und Standardabweichung (s). Alle Angaben in mm

Meß-stelle	**MS1**	**MS2**	**MS3**	**MS4**	**MS5**	**MS6**	**MS7**	**MS8**	**MS9**	**d**	**s**
Meßzeit-raum											
1.4.-30.9.1993	317.6	321.3	291.1	294.4	283.6	306.6	300.4	303.8	-	37.7	12.86
1.4.-30.9.1994	303.7	303.8	295.9	287.1	293.6	304.4	-	-	347.6	60.5	19.80
1.4.-30.9.1995	391.9	396.7	399.1	376.7	388.8	379.4	373.5	379.9	403.9	30.4	10.87
29.4.-28.10.1996	377.9	387.6	401.9	386.2	363.0	381.5	319.6	323.4	391.5	82.3	29.59
1.4.-30.9.1997	351.6	355.2	336.0	323.6	332.3	338.2	349.2	356.2	399.6	76.0	21.96

Abb.5: Lage der Niederschlagsmeßstellen in der Agrarlandschaft Chorin

An Meßstelle 9 wurde der Niederschlag mit einer automatischen Kleinwetterstation, an den Meßstellen 1 bis 8 mit Hellmann-Niederschlagsmessern erfaßt. D.h., die gemessenen Unterschiede in den Niederschlagssummen resultieren aus lokalen Unterschieden, sind bezüglich Meßpunkt 9 jedoch auch im Meßverfahren begründet. Die maximalen Differenzen zwischen dem kleinsten und größten Wert innerhalb der Meßpunkte 1 bis 8 betragen in der Reihenfolge der Jahre 37.7 mm, 17.3 mm, 25.6 mm, 82.3 mm und 32.6 mm. Das entspricht relativen Unterschieden bezogen auf den jeweils kleineren Wert von 13.3 %, 6.0 %, 6.9 %, 25.8 % und 10.1 %. Bezieht man Meßpunkt 9 mit ein, ergeben sich von 1994 bis 1997 Unterschiede von maximal 60.5 mm, 30.4 mm, 82.3 und 76.0 mm. Das entspricht relativen Unterschieden von 21.0 %, 8.1 %, 25.8 % und 23.5 %. Es ist anzunehmen, daß sich diese Variabilität in einem Simulationsmodell, das im wesentlichen auf Niederschlagsinputs beruht, bis zum Modelloutput fortschreiben würde. Bei simulierten Bilanzgrößen für einen Landschaftsausschnitt bzw. ein Gebiet, die auf einer von diesen als repräsentativ aufgefaßten Meßreihe beruhen, wären dann auch - egal ob tatsächlicher Unterschied, verfahrensbedingter oder subjektiv beeinflußter Meßfehler - Fehler in vergleichbarer Größenordnung zu erwarten. Niederschlag ist zweifelsfrei eine der Triebkraftvariablen, die klein-räumig am meisten variiert. Die Annahme jedoch, daß durch den Einfluß der Triebkräfte eine Variabilität in den Outputs des ökologischen Modells von bis zu 20 % erzeugt wird, erscheint dennoch durchaus realistisch.

2.4.2 Variabilität von ökologischen Zustandsvariablen

Als Zustandsvariablen werden solche systeminternen, zeitlich und räumlich veränderlichen Variablen bezeichnet, deren konkrete Ausprägungen das zu modellierende System charakterisieren (z.B. Wasser- und Nährstoffgehalte, Artenzahlen, Individuendichten).

Auf standörtlich homogen kartierten Ackerflächen (Versuchsstation Hohenfinow) wurden von 1993 bis 1997 im Frühjahr und nach der Ernte im Spätsommer Beprobungen hinsichtlich Bodenfeuchte und mineralischem Stickstoff unter Winterweizenflächen in der Bodenschicht 0 - 90 cm durchgeführt, um die kleinräumige Heterogenität solcher Messungen zu untersuchen. Die Probenahme erfolgte in einem Quadrat mit 10 m Kantenlänge und jeweils 4 Einstichen im 10 cm Abstand um jeden Eckpunkt und um den Diagonalenschnittpunkt des Quadrates. Abbildung 6 summiert die Meßergebnisse für die Bodenfeuchte in der Schicht 0 - 90 cm in einem Box-Plot.

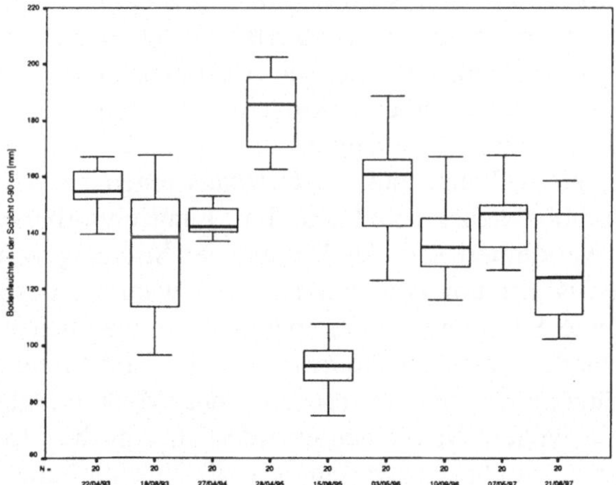

Abb.6: Box-Plot von kleinräumigen Bodenfeuchtemessungen aus jeweils 20 Wiederholungen zu verschiedenenTerminen

Die Variabilitäten der Messungen resultieren zum überwiegenden Teil aus den vorhandenen Unterschieden im realen System. Durch Blindproben konnte gezeigt werden, daß bei der Bodenfeuchte Verfahrensfehler hinsichtlich der ermittelten Unterschiede weitgehend vernachlässigbar sind. Die festgestellten numerischen Ergebnisse zeigen, daß es sowohl Variationsunterschiede zwischen den untersuchten Merkmalen als auch zwischen den Terminen gibt. Auch hier kann man von einer Streuung der Meßwerte von 20 - 30 % ausgehen.

Bei den Bodenstickstoffmessungen fiel auf, daß selbst auf einer so kleinen Fläche anders als bei der Bodenfeuchte Mittelwerte und Streuungsmaße entgegen der standörtlichen Homogenitätsannahme erheblich von Ausreißern und Extremwerten beeinflußt werden. Für zwei Termine 1995 wurden das Stichprobenmaterial zufällig geteilt und zweimal analysiert (Stichprobe 1 und 2) sowie zweimal statistisch ausgewertet (vollständige und reduzierte Stichprobe). Die reduzierten Stichproben wurden dabei aus den vollständigen Stichproben durch Ausschluß von Ausreißern und Extremwerten gebildet. Als Ausreißer werden Werte aufgefaßt, die mehr als das 1.5 x (75%-Perzentil - 25%-Perzentil)-fache vom 25 %- bzw. 75 %-Perzentil entfernt liegen, als Extremwerte werden Werte aufgefaßt, die mehr als das 3.0 x (75%-Perzentil - 25%-Perzentil)-fache vom 25 %- bzw. 75 %-Perzentil entfernt liegen. Tabelle 2 faßt die Ergebnisse zusammen. Der Ausschluß weniger Ausreißer und Extremwerte reduziert die Streuung erheblich, kann aber parallel auch zu einer wachsenden Mittelwertdifferenz zwischen zwei Stichproben führen (15.08.1995). Hier wird deutlich, daß bei bestimmten Zustandsvariablen auch ein nicht vernachlässigbarer Verfahrensfehler möglich ist.

Allgemein gilt für Zustandsvariablen wie Bodenfeuchte oder -nährstoffgehalte, die einer erheblichen Dynamik in einer kurzen Zeit unterliegen, daß sie Intervallwerte darstellen und mit einer Streuung behaftet sind, die sich sowohl zeitlich als auch räumlich verändern kann, und die durchaus einen beträchtlichen Teil der absoluten Meßwerthöhe annehmen kann. Für Langzeitvorhersagen bestimmter Zustandsvariablen verkleinert sich der Einfluß der Streuung von Anfangswerten über den Simulationszeitraum zwar wieder, weil während des Simulationszeitraumes Zustände wie Sättigungen oder maximale Entnahmen auftreten, die anfängliche Unterschiede nivellieren können. Für die Ermittlung von Prozeßgleichungen, die Schätzung von Parametern oder den Modellvergleich sind jedoch umfangreichere und längere Meßreihen erforderlich, um die Streuung zu verringern. Durch geeignete Stichprobenverfahren muß für eine hohe Treffgenauigkeit und eine definierte Streuung gesorgt werden. Nur so läßt sich die Variation in den Outputs zuverlässig schätzen und die Güte der Simulationsergebnisse bewerten.

Tab.2: Statistische Maßzahlen für Bodenstickstoffmessungen

		mineralischer Bodenstickstoff 0-90 cm [g/m²]							
Datum	**Stichprobe**	**vollständige Stichprobe**				**reduzierte Stichprobe**			
		n	$\bar{x}$	s	95%-Konf.-intervall	n	$\bar{x}$	s	95%-Konf.-intervall
28.04.95	1	20	7.06	11.61	1.63 ... 12.49	18	3.69	1.35	3.02 ... 4.36
	2	20	5.25	5.86	2.51 ... 8.00	19	4.00	1.73	3.16 ... 4.83
15.08.95	1	20	1.56	0.57	1.29 ... 1.83	17	1.35	0.17	1.26 ... 1.44
	2	20	1.55	0.45	1.34 ... 1.76	19	1.48	0.33	1.33 ... 1.64

2.4.3 Variabilität von Modellparametern

Als Modellparameter werden Konstanten bezeichnet, die bestimmte Eigenschaften des realen Systems repräsentieren und für einen zeitlich und räumlich begrenzten Ausschnitt des realen Systems keinen Veränderungen unterliegen (z.B. Sorten- und Standorteigenschaften, aber auch Parameter in Reaktionsgleichungen).

Da Modellparameter in der Regel aus Messungen und Beobachtungen von Zustandsvariablen abgeleitet oder geschätzt werden, trifft das zur Variabilität von ökologischen Zustandsvariablen Gesagte im wesentlichen auch für Modellparameter zu.

2.4.4 Variabilität durch Interaktion von Daten und Verfahren

Das folgende Beispiel zeigt, wie das Zusammenspiel von Daten und Verfahren zu offensichtlich unterschiedlichen Ergebnissen beim 'scaling up' führen kann.

Das Beispiel zeigt ausgewählte geostatistische Auswertungsergebnisse einer großräumigen Beprobung verschiedener Bodenzustandsvariablen in einem Gebietsausschnitt der Agrarlandschaft Chorin nach Abschluß der Hauptvegetationsperiode (6.11.1996). Die Ausgangsdaten wurden nach zwei verschiedenen Methoden erhoben. In der ersten Variante wurden die Beprobungspunkte systematisch in einer Rasteranordnung mit einer Maschenweite von 500 m in der Landschaft verteilt (insgesamt 100 Punkte); in der zweiten Variante wurden die Probepunkte auf der Grundlage einer Schlag- und Bodenkarte des Gebietes intuitiv-empirisch so verteilt, daß alle unterschiedlichen Schläge erfaßt wurden und die Wahl des Punktes als repräsentativ für den Schlag angenommen wurde (insgesamt 94 Punkte). Auf großen Schlägen wurden mehrere Probepunkte gewählt. Die Werte für alle Probepunkte sind das Ergebnis einer Mischprobe aus 10 zufälligen Einstichen in einem Umkreis von 5 m um den jeweiligen Probepunkt. Abbildung 7 zeigt das für das Gebiet interpolierte Ergebnis der Ermittlung der Bodenfeuchteverteilung in der Schicht 0 - 60 cm auf Grundlage der unterschiedlichen Probenahmestrategien.

Für die geostatistische Auswertung wurde eine spezielle für die FAO entwikkelte Software genutzt (BOGAERT et al., 1995). Auf der Grundlage der Analyse der Meßergebnisse in den einzelnen Punkten wurden zusammengesetzte Variogramm-Modelle für beide Varianten abgeleitet und geschätzt (Nugget-Effekt + Sinus-Komponente + sphärische Komponente). Die konkrete Datenlage bewirkt, daß unterschiedlich parametrisierte Variogramm-Modelle resultieren. Unter Zuhilfenahme der Variogramm-Modelle wurden dann mittels 2D-Cokriging unter Einbeziehung der Feldkapazität und des permanenten Welkepunktes als Covariablen Bodenfeuchtewerte für die gesamte Fläche geschätzt. Um typische Feuchteverteilungsmuster besser zu erkennen, wurden aus den Schätzwerten Klassen gebildet und mit Hilfe des Programms ArcView dargestellt. Schon aus der visuellen Analyse der beiden Bilder in Abbildung 7 wird deutlich, daß im Falle des gewählten 'scaling up'-Konzeptes die Meßpunktallokation das Regionalisierungsresultat dominiert.

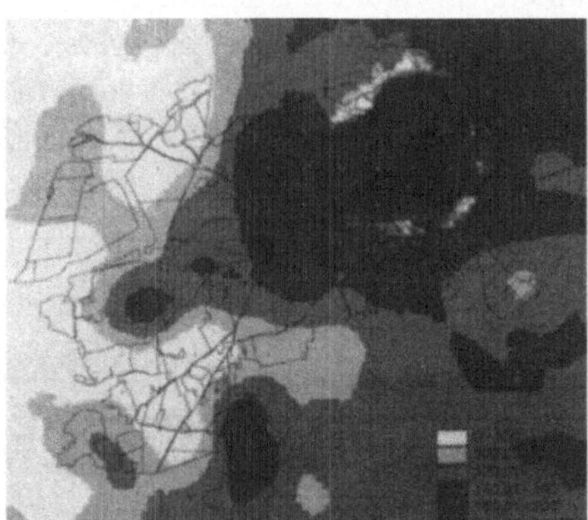

Abb.7: Verteilung der Bodenfeuchte in der Schicht 0 - 60 cm [mm] in der Agrarlandschaft Chorin nach Ende der Vegetationsperiode (links systematische Anordnung der Probenahmepunkte, rechts intuitiv-empirische Anordnung der Probenahmepunkte)

3 Methoden der Modellregionalisierung

Aus der Sicht der Landschaftsmodellierung bestimmt der Inhalt der gewünschten Aussage die Wahl der Skale, d.h. welche Informationen in welcher räumlichen und zeitlichen Auflösung gebraucht werden. Die Modellregionalisierung ist deshalb in erster Linie ein Modellbildungs- bzw. Modellwahlproblem und die Methoden der Modellregionalisierung sind demzufolge die der raumbezogenen Modellierung.

Eine detaillierte Beschreibung einzelner Verfahren soll im Rahmen dieser Arbeit nicht vorgenommen werden. Es wird auf das umfangreiche Schrifttum verwiesen. Die fortgeschrittensten Techniken der Modellregionalisierung bzw. der raumbezogenen Modellierung findet man derzeit in der Klima- und Wetterforschung (statistisches 'scaling down' von globalen Klimamodellen, flächendeckende modellgestützte Interpolation von Messungen und modellgestützte zeitliche Fortschreibung, Kombination von statistischen und geostatistischen Verfahren; BUTTERFIELD et al., 1997) sowie in der Hydrologie (KLEEBERG, 1992; DIEKKRÜGER & RICHTER, 1997).

Biotische Prozesse sind bislang – aus nachvollziehbaren inhaltlichen Schwierigkeiten – nicht in demselben Maß Gegenstand von Forschungs-anstrengungen gewesen wie abiotische Prozesse. Einen guten Überblick über theoretische und praktische Aspekte der Regionalisierung biologischer Prozesse findet man bei EHLERINGER & FIELD (1993) oder bei MIGLIETTA (1997).

4 Praktische Landschaftsmodellierung – Lösungsansätze

Landschaftsökologische - und Umweltprobleme haben unterschiedliche räumliche und zeitliche Dimensionen. Deshalb ist es sinnvoll, unterschiedliche Modelle mit spezifischen Funktionen für unterschiedliche Fragestellungen zu entwickeln. Der Modellierungserfolg hängt dabei von der Wahl eines geeigneten Komplexitätsniveaus (Prozeßdetailliertheit und Wechselwirkungen zwischen Prozessen, räumliche und zeitliche Auflösung) ab, das einerseits mit dem Modellierungsziel korrespondieren muß, aber andererseits auch die konkrete Datenlage be-rücksichtigen sollte. Die Erhöhung der räumlichen und zeitlichen Auflösung von Modellen sowie ein umfangreicherer mathematisch-kybernetischer Aufwand mögen im Einzelfall zwar bessere numerische Ergebnisse liefern, ziehen aber sofort Probleme bei der Bewertung der Simulationsergebnisse und der Über-tragbarkeit der Modelle in einen anderen räumlichen, zeitlichen oder auch sachlichen Kontext nach sich.

Für Szenarienanalysen oder Variantenvergleiche sind oftmals relative Ergebnisse ausreichend. Bei der Entwicklung von Landschaftsmodellen sollte deshalb Ziel sein, nicht möglichst große und detailreiche Modelle zu entwickeln, sondern komplexe Zusammenhänge so auf überschaubare Bausteine zu reduzieren, daß es möglich wird, vor allem Wechselwirkungen zwischen System-komponenten abzubilden.

Akzeptiert man dieses prinzipielle Vorgehen, so sind bei jeder raumbezogenen Modellierung in Abhängigkeit von der konkreten Problemstellung die drei folgenden Problembereiche zu klären:

- Wahl eines geeigneten inhaltlichen und raumzeitlichen Abstraktionsniveaus,
- Wahl eines geeigneten mathematisch-kybernetischen Verfahrens,
- Wahl eines geeigneten Diskretisierungs- und Modellparametrisierungsverfahrens.

Diese heuristische Vorgehensweise läßt sich mit dem Begriff *ingenieurökologische Modellierung* beschreiben.

4.1 Wahl eines geeigneten inhaltlichen und raumzeitlichen Abstraktionsniveaus

Die problem- und skalenadäquate Auswahl und Festlegung des Modellkonzeptes (physikalisch begründet, halbempirisch oder konzeptionell, deterministisch oder stochastisch, räumlich verteilt oder aggregiert) ist ein kritischer und entscheidender Punkt bei der Modellentwicklung. Das Modellkonzept bestimmt im wesentlichen die Einsatzgrenzen des Modells sowie die erforderlichen Eingangsdaten und Parameter. Der Versuch, ein reales Ökosystem möglichst realitätsnah als dynamisches System zu beschreiben, führt häufig zu Modellen, die genauso schwer zu analysieren und zu verstehen sind, wie das zu modellierende Ökosystem selbst (KASTNER-MARESCH & HAUHS, 1995). Darüber hinaus können solche Modelle leicht überparametrisiert und instabil werden. Es ist daher von fundamentaler Bedeutung, daß das Modellkonzept in Abhängigkeit von der Problemstellung sowie der räumlichen und zeitlichen Skale, für die es angewendet werden soll, so gewählt wird, daß die wesentlichen Prozeßabläufe des zu modellierenden realen Phänomens unter Beachtung der verfügbaren Daten hinreichend gut beschrieben werden können. Hochauflösende, physikalisch begründete Modelle generieren sehr exakte Outputs, solange sie mit sehr exakten Eingabedaten versorgt werden. Dies ist im Landschaftsmaßstab, trotz vielfältiger Fortschritte im Bereich der Fernerkundung und der Bereitstellung raumbezogener digitaler Datenbestände, nicht möglich. Die in 2.4 dargestellten Beispiele zur Variabilität von Modelleingangsdaten mögen das unterstreichen. Die ungeklärte Fehlerfortpflanzung in komplexen Modellen kommt überdies hinzu. Die Parameterkenntnis nimmt mit zunehmender Flächengröße ab, und die Unschärfe der Simulationsresultate steigt folglich mit der raumzeitlichen Reichweite an. D.h., daß bei der Auswahl des Modellkonzeptes ebenso wie bei der Modellkopplung jeweils zwischen dem Genauigkeitsanspruch, dem Raum- und Zeitbezug und der optimalen Komplexität Abwägungen vorgenommen werden müssen (MÜLLER et al., 1996). Soll ein Modell unmittelbar zur Lösung praktischer Probleme eingesetzt werden, so muß dieses oft einfacher und robuster sein als ein vorrangig für wissenschaftliche Fragestellungen vorgesehenes. Ein allgemein-gültiges Modell, das für alle Fragestellungen und Skalen gleich gut geeignet wäre, gibt es nicht. Auch gibt es keine Regel für die Wahl des geeignetsten Ansatzes. Oft liefern alternative Modellansätze ähnlich gute Ergebnisse. Auf entsprechende Untersuchungen und Beispiele wurde in 2.3 im Detail verwiesen. Als Faustregel kann allenfalls gelten, daß bei vergleichbarer Modellaussage und -güte nach dem Einsteinschen Grundsatz verfahren werden sollte, der besagt, daß ein Modell so einfach wie möglich, aber nicht einfacher sein sollte (zitiert bei PLATE, 1990).

4.2 Wahl eines geeigneten mathematisch-kybernetischen Verfahrens

Für die Modellierung landschaftsökologischer Sachverhalte steht inzwischen eine Vielzahl unterschiedlicher Methoden für unterschiedliche Modellierungsziele zur Verfügung. Diese reichen von statistischen und geostatistischen Verfahren, über Differentialgleichungssysteme, neuronale Netze und Fuzzy-Methoden bis zu zellulären Automaten und objektorientierten Modellierungsverfahren. Es gibt keine allgemeine Regel, welchem Verfahren der Vorzug zu geben ist. Kaum eine Fragestellung erzwingt einen eindeutigen oder logisch notwendigen Modellansatz. Verschiedene Modellansätze können gut koexistieren. Die Unterschiede zwischen koexistierenden Modellansätzen liegen vor allem im unterschiedlichen Erklärungspotential, weniger in der numerischen Genauigkeit bei der Vorhersage von ökologischen Zustandsvariablen. Wissenschaftlich orientierte Landschaftsmodellierung sollte auf Systemverständnis, Erklärungsvermögen und Theoriebildung, praktisch orientierte Landschaftsmodellierung vor allem auf Überschaubarkeit, Systemwechselwirkungen und Robustheit orientieren.

Wichtig ist, die jeweiligen Modellansätze in einen räumlichen Kontext einzubinden, d.h. in der Regel mit einem geographischen Informationssystem zu koppeln. Die Methodik hierfür ist an vielen Stellen in der Entwicklung und wird zu neuen, effizienten Werkzeugen in der landschaftsökologischen Forschung und im landschaftsökologischen Management führen (RICHTER & SÖNDGERATH, 1997).

4.3 Wahl eines geeigneten Diskretisierungs- und Modellparametrisierungsverfahrens

Neben der Wahl eines geeigneten problem- und skalenadäquaten inhaltlichen Abstraktionsniveaus bestimmt die Art und Weise der räumlichen und zeitlichen Diskretisierung sowie die Güte der Modellparametrisierung die Güte der raumbezogenen Simulationen. Die zunehmend bessere Verfügbarkeit und Qualität digitaler Datenbestände in geographischen Informationssystemen wird es ermöglichen, räumlich explizite Modelle nach neuen Gesichtspunkten zu strukturieren und die Heterogenität realer Landschaften besser als zuvor zu erfassen. Die Berücksichtigung der Verteilung heterogener Gebietscharakteristika kann dabei auf unterschiedlichem Wege erfolgen. Entweder durch ein vektororientiertes (gemeinsame homogene Flächen, Hydrotope, ...) oder durch ein rasterorientiertes Vorgehen (Gliederung der Landschaft in ein regelmäßiges geometrisches Design). Beide Methoden haben Vor- und Nachteile. Welcher Methode im konkreten Fall der Vorzug zu geben ist, hängt wiederum vom Modellierungsziel, der geforderten Genauigkeit sowie der Datenlage ab, ist jedoch auch nicht gänzlich frei von subjektiven Vorlieben und Erfahrungen. Je kleiner z.B. die Maschenweite gewählt wird, desto differenzierter können Heterogenitäten der Landschaft erfaßt werden. Andererseits steigen dabei der Aufwand zur Modellparametrisierung und die erforderliche Rechenzeit für Szenarien-rechnungen häufig exponentiell. Da Modellparameter auf größeren Skalen (d.h. hier in größeren Gebieten) oft nicht mehr gemessen werden können, müssen sie häufig unter Beachtung der Parametervariabilität (z.B. Variabilität einer Raster-zelle) aus verfügbaren Kartenunterlagen mit Hilfe von Transferfunktionen abge-leitet werden. Im Ergebnis entstehen dann sogenannte effektive oder repräsentative Parameter für einzelne Teilflächen, die jedoch ihren eigentlichen physikalischen Charakter (Meßbarkeit) eingebüßt haben. Mitunter wird die Suche nach geeigneten Verfahren zur Ableitung räumlich integraler Modellparameter als das Hauptproblem der Modellregionalisierung bezeichnet (KLEEBERG, 1992; DIEKKRÜGER, 1997).

5 Schlußbemerkungen

Landschaftsökologische Prozesse sind skalenabhängig. Die Skalenhierarchie und die Wechselwirkungen zwischen unterschiedlichen Skalen bestimmen die Art der Prozeßdarstellung seitens der Modellierung. Die Zielsetzung bestimmt die Wahl der Skale, in der modelliert, aber auch gemessen werden muß. Modelle der einen Skale lassen sich selten konfliktfrei auf eine andere Skale transformieren. Auf verschiedenen Skalen ist es praktisch nicht möglich, für die Modellierung und Modellanwendung notwendige Detailinformationen mit der erforderlichen Genauigkeit zu ermitteln. Deshalb ist es wichtig, die Skalen zu identifizieren, auf denen Prozesse beschreib- und vorhersagbar sind. Aus Sicht der Landschaftsmodellierung ist das Modellregionalisierungsproblem in erster Linie ein Modellbildungs- bzw. Modellwahlproblem. Angesichts des derzeitigen Erkenntnisstandes führt eine problembezogene, heuristische oder ingenieur-ökologische Art der Modellierung am ehesten zu praktisch nutzbaren Landschaftsmodellen.

Danksagung

Diese Arbeit wurde durch das Bundesministerium für Ernährung, Landwirtschaft und Forsten (BML) und das Ministerium für Ernährung, Landwirtschaft und Forsten des Landes Brandenburg (MELF) gefördert.

Literatur

BOGAERT, P., P. MAHAU, F. BECKERS (1995): The spatial interpolation of agro-climatic data. - Agrometeorology Series Working Paper Number 12, FAO, Rome.

BUTTERFIELD, R.E., T.E. DOWNING, P.E. HARRISON & J. ORR (1997): Integrating spatial data for impact assessment. - Paper to the "Seminar on data spatial distribution in meteorology and climatology", Volterra, Oct. 1997 (to be published).

DIEKKRÜGER, B. (1997): Regionalization in hydrology – a special research programme financed by the German research Society. In: Diekkrüger, B. & O. Richter (Eds.): Regionalization in Hydrology. Landschaftsökologie und Umweltforschung Heft 25, Braunschweig, S. 53-57.

DIEKKRÜGER, B. & O. RICHTER (Eds.) (1997): Regionalization in Hydrology. Landschaftsökologie und Umweltforschung Heft 25, Braunschweig.

EHLERINGER, J.R. & B. FIELD (Eds.) (1993): Scaling Physiological Processes. Leaf to Globe. - London, 367 pp.

GRUNWALD, S. (1997): GIS-gestützte Modellierung des Landschaftswasser- und Stoffhaushaltes mit dem Modell AGNPSm. In: Boden und Landschaft Band 14, Gießen.

KASTNER-MARESCH, A. & M. HAUHS (1995): Die Modellierung des Wachstums von Waldbeständen über längere Zeiträume. - Bayreuther Forum Ökologie 13, S. 31-44.

KLEEBERG, H.-B. (Hrsg.) (1992): Regionalisierung in der Hydrologie. - Weinheim, Basel, Cambridge, New York.

LUTZE, G., A. SCHULTZ & K.-O. WENKEL (1993): Vom Populationsmodell zum Landschaftsmodell - Neue Herausforderungen und Wege zur Nutzung von Modellen in der Agrarlandschaftsforschung. - Z. f. Agrarinformatik 1, S. 19 - 25.

MIGLIETTA, F. (1997): Upscaling of biological information. Paper to the "Seminar on data spatial distribution in meteorology and climatology", Volterra, Oct. 1997 (to be published).

MÜLLER, F., O. FRÄNZLE, P. WIDMOSER & W. WINDHORST (1996): Modellbildung in der Ökosystemanalyse als Integrationsmittel von Empirie, Theorie und Anwendung. - In: Breckling, B. & M. Asshoff (Hg.): Modellbildung und Simulation im Projektzentrum Ökosystemforschung. EcoSys Bd. 4, S. 1-16.

OSTENDORF, B. & J.D. TENHUNEN (1995): Möglichkeiten zur räumlichen differenzierten Parametrisierung von Bestandesmodellen. - In: Ostendorf, B. (Hg.): Räumlich differenzierte Modellierung von Ökosystemen. Bayreuther Forum Ökologie 13, S. 17-29.

PLATE, E.J. (1990): Skalen in der Hydrologie: Zur Definition von Begriffen. - In: Regionalisierung hydrologischer Parameter. Arbeitsmaterialien der Senatskommission für Wasserforschung der DFG, S. 10.

REFSGARD, J. C. & J. KNUDSEN (1996): Operational validation and intercomparison of different types of hydrological models. - Water Resources Research 32, p. 2189-2202.

RICHTER, O. & B. DIEKKRÜGER (1997): Translating Hydrological Site Model across Scales in the Landscape. - In: In: Diekkrüger, B. & O. Richter (Eds.): Regionalization in Hydrology. Landschaftsökologie und Umweltforschung Heft 25, Braunschweig, S. 221-226.

RICHTER, O. & D. SÖNDGERATH (1997): Kopplung Geographischer Informationssysteme (GIS) mit ökologischen Modellen im Naturschutzmanagement. - In: Kratz, R. & F. Suhling (Hg.): GIS im Naturschutz: Forschung, Planung, Praxis, Magdeburg, S. 5-29.

RYKIEL, E. J., Jr. (1996): Testing ecological models: the meaning of validation. - Ecological Modelling 90, p. 229-240.

SCHULTZ, A. (1997): Informationsbedarf, Komplexitaet und Aussagegenauigkeit von landschaftsbezogenen Simulationsmodellen. Arch. für Nat.-Lands. 36, S. 107-124.

SHANNON, R.E. (1975): Simulation - The Art and Science. - Prentice-Hall, Englewood Cliffs.

SHUGART, H.H. & D.L. URBAN (1988): Scale, synthesis and ecosystem dynamics. - In: Pomeroy, L.R. & D.L. Albers (Eds.): Concepts of ecosystem ecology. Ecological Studies 67, Berlin, Heidelberg, New York, S. 279-290.

VAN GRINSVEN, H. J. M., C. T. DRISCOLL & A. TIKTAK (1995): Workshop on comparison of forest-soil-atmosphere models: preface. - Ecological Modelling 83, p. 1-6.

VEREECKEN, H., E.J. JANSEN, M.J.D. HACK-TEN BROECKE, M. SWERTS, R. ENGELKE, S. FABREWITZ & S. HANSEN (1991): Comparison of simulation results of five nitrogen models using different data sets. - In: Thomasson, A. J., J. Bouma & H. Lieth (Eds.) Nitrate in soils. Commission of the European Communities, p. 321-338.

VÖRÖSMARTY, C.J., A. BECKER & M. BONDL (1994): Integrating a hydrological perspective into coupled models of the land surface and atmosphere. - Unveröffentl. Arbeitspapier, 267 S.

WAGENET, R.J. (1998): Scale issues in agroecological research chains. - Nutrient Cycling in Agroecosystems 50, p. 23-34.

WENKEL, K.-O., A. SCHULTZ, A. & G. LUTZE (1997): Landschaftsmodellierung - Anspruch und Realität. - Arch. für Nat.-Lands. 36, S. 61-85.

WENKEL, K.-O. A. SCHULTZ (1997): Modellierung von Umweltveränderungen auf unterschiedlichen räumlichen und zeitlichen Skalen. - Vortrag auf dem 51. Deutschen Geographentag, Bonn 1997.

ZADEH, L.A. (1983): The Role of Fuzzy Logic in the Managemment of Uncertainty in Expert Systems. Fuzzy Sets and Systems 11, p. 199-227.

Vom Punkt zur Fläche - Erstellung digitaler Bodenbelastungskarten

Bernd Murschel, Regine Moevius und Dieter Wolf

Zusammenfassung

Mit welchen Methoden können vorhandene Punktdaten zu Schwermetallgehalten in Böden Baden-Württembergs in die Fläche interpoliert werden? Dieses Aufgabe wurde im Auftrag der Landesanstalt für Umweltschutz (Karlsruhe) von dem Ingenieurbüro Dr. Murschel + Dr. Borkowski (Leonberg) bearbeitet.

Der Grundgedanke des angewandten Verfahrens besteht darin, daß die Interpolation von Konzentrationsmeßdaten nur nach Einbindung bzw. adäquater Berücksichtigung von Zusatzinformationen die besten Ergebnisse liefern kann. Damit werden also nicht lediglich Meßdaten interpoliert, sondern auch das ökologische Verhalten, das Transport- und Ausbreitungsverhalten der Schadstoffe berücksichtigt.

Im ersten Schritt werden nach einer Bereinigung der Meßdaten die Anteile an der gemessenen Konzentration bestimmt, die durch den geogenen Grundgehalt des Bodens sowie seine spezifische Nutzung und einen möglichen Einfluß von Überschwemmungen verursacht werden. Die erforderlichen Landnutzungsdaten werden aus ATKIS, die Bodendaten der digitalen Bodenübersichtskarte (BÜK 200) und die geogenen Grundgehalte der digitalen geologischen Karte entnommen. Überschwemmungsgebiete werden mit Hilfe einer Reliefanalyse ausgewiesen. Berechnungsgrundlage bildet ein Digitales Höhenmodell.

Nach der Bereinigung der Punktdaten um diese Anteile entsteht ein Datensatz, der dem flächenhaften, ubiquitären Lufteintrag des Schadstoffes entspricht.

Dieser Datensatz wird mit Hilfe eines Kriging-Verfahrens interpoliert. Kriging ist ein geostatistisches Verfahren, das die Konzentrationswerte an den Meßpunkten exakt reproduziert und im Gegensatz zu anderen Interpolationsverfahren die Verteilung im Raum berücksichtigt. Nachdem interpolierte Konzentrationswerte bestimmt sind, werden die im ersten Schritt auf alle Punktdaten angewandten Korrekturen wieder zurückgerechnet.

Das vorgestellte Verfahren wurde am Beispiel des Schwermetalls Nickel in einem ausgewählten Testgebiet von etwa 900 km^2 Größe getestet und die Ergebnisse auf Plausibilität überprüft. Dabei zeigen statistische Rechnungen eine relativ gute Übereinstimmung zwischen Schätzung und Meßwerten. Allerdings wurden auch die Grenzen der Interpolation deutlich.

1 Einleitung, Problemstellung, Zielsetzung

Mit dem Vorhaben vom Punkt zur Fläche wurde in Baden-Württemberg ein erster Versuch unternommen, eine flächendeckende Karte im Maßstab 1:50.000 mit Stoffgehalten in Oberböden für den Vollzug in der Bodenschutzverwaltung und die Politikberatung zu erarbeiten.

Wie in einer Reihe von anderen Bundesländern auch, liegen in Baden-Württemberg systematische Datensammlungen von Schadstoffuntersuchungen von Böden vor. In der Bodendatenbank Baden-Württemberg sind von über 10.000 Standorten Untersuchungsergebnisse zu Schwermetallen, PCB, PAK, Dioxinen und Pestiziden erfaßt.

In der Regel stammen die Ergebnisse aus Untersuchungen von Oberböden mit Probenahmeflächen in der Größenordnung von wenigen m^2 bis zu 100 m^2. Die Informationen können im wesentlichen auf Katastermaßstab, also flurstücksbezogen, von den Bodenschutzbehörden für den Vollzug genutzt werden. Hauptanwendungsgebiete sind Stellungnahmen der Bodenschutzbehörden in Planungsverfahren, dem Umgang mit Bodenaushub sowie die Bearbeitung von Bodenbelastungen.

Aus geographischer Sicht handelt es sich bei den Informationen um Punktdaten. Dementsprechend sind die Untersuchungsergebnisse in kartographischen Darstellungen auch als Punkte abgebildet. Ziel des Vorhabens vom Punkt zur Fläche war es, über eine raumbezogene Interpretation der Punktdaten flächendeckende Schadstoffkarten zu erzeugen. Unter Berücksichtigung der Topographie, Geologie und anderer Einflußgrößen soll eine neue Qualität der Aufarbeitung von Untersuchungsergebnissen zur Unterstützung der Bodenschutzbehörden erreicht werden.

Bislang bleibt es erfahrenen, bodenkundlich gut ausgebildeten Fachleuten vorbehalten, flächenbezogene Auswertungen der Punktinformationen und deren Beziehung vorzunehmen. Solche individuellen Verfahren haben aber erhebliche Nachteile. Sie sind u.a. wegen der Beschaffung von Zusatzinformationen sehr zeitaufwendig, kaum reproduzierbar, nicht standardisiert und werden nur im Einzelfall erstellt. Für die Aufgaben des Vollzugs sind aber flächendeckende Bodeninformationen mittels standardisierter Verfahren notwendig. Im folgenden sind einige Aufgabenfelder beschrieben für deren Erledigung solche Karten hilfreich bzw. unentbehrlich sind.

- *Bodenschutz - Vorsorgende Maßnahmen*
  Bei der Prüfung der Besorgnis einer schädlichen Bodenveränderung sind die geogenen oder großflächig siedlungsbedingten Schadstoffgehalte zu berücksichtigen (BBodSchG §8 Abs. 2). Karten zu geogenen oder großflächig siedlungsbedingten Schadstoffgehalten könnten über solche Verfahren erzeugt werden.

Aus Vorsorgegründen sind Anreicherungen von Schadstoffen in Böden zu vermeiden. Dies wird insbesondere dort geregelt, wo Flächen mit Überschreitungen der Vorsorgewerte, d.h. Flächen mit der Besorgnis des Entstehens einer schädlichen Bodenveränderung vorliegen.

- *Meßplanung*
  Die Karten enthalten Informationen über die Güte der Schätzung von Schadstoffgehalten. Diese Informationen können für Entscheidungen über den weiteren Bedarf von Bodenuntersuchungen herangezogen werden. Sie bieten eine Grundlage, um gezielt Umfang und Ort der Probenahme festzulegen.
- *Ursachenermittlung*
  Die räumliche Ausweisung und Abgrenzung spezifischer Schadstoffkontaminationen kann wertvolle Hinweise zur Belastungsursache erbringen, um damit gezielt Minderungsmaßnahmen ergreifen zu können.
- *Öffentlichkeitsarbeit, Umweltberichte etc.*
  Eine flächenhafte Darstellung von Schadstoffgehalten in Böden bietet einen wesentlich höheren Informationsgehalt als eine reine Punktdarstellung. So können Bodenschutzbelange wesentlich besser vermittelt und transportiert werden. Ein weites Spektrum von Einsatzmöglichkeiten wie Umweltberichte, Politikberatung, Öffentlichkeitsarbeit, kommt für die Nutzung der Karten in Frage.

Neben den Bodenschutzbehörden kommen als Nutzer der Karten auch Planer, Ing. Büros, aber auch Nutzer aus anderen Bereichen wie der Wasserwirtschaft in Frage. Entscheidend für die sachgerechte Nutzung ist es, daß die Grenzen der Interpretation solcher regionaler Darstellungen deutlich gemacht werden. Die Karten liefern im großmaßstäblichen Bereich lediglich Anhaltspunkte und keine katasterverwertbaren Aussagen. Außerdem sind nur regelhafte und damit erfaßbare Einflüsse umsetzbar.

Grundsätzlich sind flächenhafte, in Karten darstellbare Stoffgehalte durch a) Messungen in einem dichten Raster, b) Anwendung geeigneter Modelle oder c) Anwendung geeigneter Interpolationsverfahren zu erhalten. Welches Verfahren im Einzelfall geeignet ist, läßt sich nur anhand der Fragestellung und der Rahmenbedingungen klären. Für landesweite und regionale Fragestellungen scheiden die ersten beiden Verfahren aus, da sie entweder zu aufwendig (Messungen) oder nicht auf andere Untersuchungsgebiete übertragbar sind.

Vor der Anwendung von Interpolationsverfahren ist prinzipiell zu klären, ob bodenchemische und -physikalische Aspekte überhaupt in eines der existierenden (geostatistischen) Interpolationsmodelle passen, denn das Ziel geostatistischer Verfahren ist die bestmögliche Schätzung der zu erwartenden Werte anhand einer Stichprobe, nicht aber die Ableitung auf der Basis eines Modells des zugrunde liegenden Prozesses. Dabei wird von einigen Annahmen über den zugrundeliegenden Prozeß ausgegangen, die nicht unbedingt erfüllt sein müssen.

Interpolationsverfahren erst nach Einbindung von Zusatzinformationen zur Datenbereinigung anzuwenden, stellt eine Art Mittelweg dar. Eine Interpolation der Rohdaten alleine kann nicht zu sinnvollen Ergebnissen führen, da der Prozeß- und Ausbreitungsgedanke ausgeklammert wird. Die Einbindung von Zusatzinformationen wird technisch durch Geoinformationsysteme ermöglicht. Diese erlauben es, digitale Meßwerte mit digitalen Zusatzinformationen zu verschneiden, zu verrechnen, räumlich zu interpolieren und darzustellen.

2 Charakterisierung der Schadstoffe

Um das Vorkommen von Schadstoffen in Böden beschreiben und quantifizieren zu können, sind Informationen über das ökologische Verhalten der Stoffe notwendig. Die Kenntnis der Quellen und des Ausbreitungspfades ergibt Hinweise auf das räumliche Verteilungsmuster in den Böden. Stoffe, die die belebte Natur in irgendeiner Weise stören oder schädigen können, werden meist anthropogen durch technische Prozesse erzeugt, manche entstehen aber auch durch natürliche Prozesse. Um einen nachhaltigen Einfluß auf die Umwelt ausüben zu können, müssen sie genügend persistent sein. Dies trifft zunächst auf die Schwermetalle zu, die prinzipiell nicht abbaubar sind und weiterhin auf alle Stoffe, die entweder in großen Mengen gezielt erzeugt werden oder die ungezielt entstehen und eine sehr starke Schadwirkung besitzen. Hierzu gehören in erster Linie die PAK, PCB und PCDD/PCDF, sowie weitere Kohlenwasserstoffe und Halogenkohlenwasserstoffe.

Praktisch alle bekannten Schwermetalle kommen in der Natur nicht elementar vor, sondern als Mineralien bzw. Erze in oxidischer, carbonatischer oder sulfidischer Form. Die bodenbildenen Prozesse setzen sie hieraus frei, was zu den geogen bedingten Schwermetallgehalten der Böden führt. Diese überlagern sich mit anthropogen bedingten Einträgen über den Luftpfad einerseits und Einträgen durch Abwässer, Abfälle und Klärschlammverwertung andererseits. Die Zuordnung der in Böden gemessenen Schwermetallgehalte zu diesen Faktoren ist bis jetzt nicht widerspruchsfrei möglich (HINDEL UND FLEIGE 1991).

Die Herkunft und Beweglichkeit von Schwermetallen in Böden läßt sich nach LFU (1995) wie folgt charakterisieren: Chrom ist immobil und vorwiegend geogen, Blei ist überwiegend immobil und in Auflagen stark emissionsgeprägt. Nickel ist ebenfalls überwiegend immobil, aber geogenen Ursprungs. Hinweise auf ubiquitäre anthropogene Nickel-Einträge über die Luft werden nicht gefunden. Cadmium dagegen ist mobil und in Auflagen stark immissionsgeprägt. Ähnliche Aussagen trifft die LABO (1995), wogegen BRÜCK (1995) für Nickel in Auböden als hauptsächliche Quellen den Lufteintrag durch die Verbrennung von Kohle, Erdöl und Benzin und weiterhin die Stahlindustrie sowie Kommunalabwässer und

Klärschlämme angibt. Belegt wird dies von BRÜCK durch Tiefenprofile der Nikkelkonzentration, die der geogenen Herkunft des Metalls durch "Aufsteigen" aus tieferen Bodenschichten widersprechen. Die Faktoren, die die Mobilität der Schwermetalle im Boden bestimmen, sind in erster Linie der pH-Wert sowie der Ton- und Humusgehalt des Bodens.

Schwermetalle haben ihre maximale Konzentration in Stäuben mit Korngrößen unter 0.5 µm, deshalb ist neben der Belastung der Straßenränder auch der Ferntransport von Bedeutung. Entsprechend werden Blei und Cadmium auch noch in 100 m Abstand von Autobahnen in höheren Konzentrationen gefunden. Für Nikkel und Chrom werden dagegen kaum Grenzwertüberschreitungen festgestellt (Ministerium für Umwelt Baden-Württemberg 1992).

3 Methoden

Die Erstellung digitaler Bodenzustandskarten basiert auf dem Grundgedanken, vorhandene Meßwerte mit Hilfe von Sekundärinformationen in die Fläche zu interpolieren. Eine ausschließliche Verwendung der punktbezogenen Bodendaten kann nur unter der Annahme ungestörter Proben innerhalb einer homogenen Landschaft zum Erfolg führen. Diese Voraussetzung ist in Süddeutschland praktisch nirgendwo zu finden. Um die notwendigen Sekundärinformation zu definieren, sind grundlegende Kenntnisse über Quellen, Transportmechanismen und Transformationsprozesse der einzelnen Schadstoffe nötig.

Das schematische Vorgehen zur Interpolation von Schwermetallen ist in Abbildung 1 dargestellt. Als Sekundärinformation werden Daten zur Landnutzung (ATKIS), zum Boden (BK 25 / BÜK 200) und zum Relief verwendet. Hieraus werden homogene Raumeinheiten gebildet, für die die punktbezogenen Sachdaten angepaßt werden. Dies bedeutet, daß für jede Raumeinheit Korrekturfaktoren zur Nutzung, zur Lage und zum geogenen Hintergrundgehalt bestimmt werden. Mit diesen Korrekturfaktoren werden die Sachdaten bereinigt. Erst nach diesem Schritt findet eine Interpolation statt. Anschließend werden die so erhaltenen Flächenwerte zurückgerechnet, d.h. nach der Interpolation werden die vorher angewandten Korrekturfaktoren wieder entfernt. Das gesamte Vorgehen wird am Beispiel von Nickel im Testgebiet des Rhein-Neckar-Raumes (Abbildung 1) im folgenden erläutert.

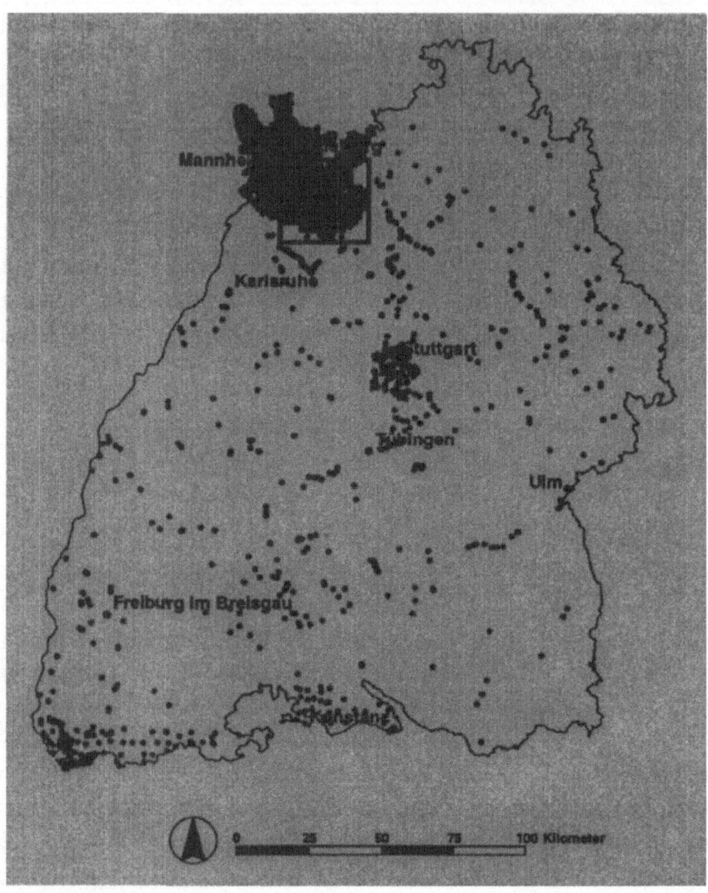

Abb.1: Übersicht über die Lage der Meßpunkte und das Testgebiet (Rhein-Neckar-Raum)

Zusammenfassend werden folgende Arbeitsschritte durchgeführt:

- Bestimmung des Schwermetallanteiles im Oberboden, der durch das Ausgangssubstrat verursacht wurde (geogener Anteil).
- Bestimmung des Schwermetallanteiles, der durch Überflutung verursacht wurde (Überschwemmungsfaktor).
- Bestimmung des Schwermetallanteiles, der durch die unterschiedliche Landnutzung verursacht wurde (Nutzungsfaktor).

Für diese Arbeitsschritte werden folgende digitale Daten und Hilfsmittel verwendet:

- Bodendatenbank mit den Nickelgehalten der Oberböden

- Bodenübersichtskarte BÜK 200
- Digitales Höhenmodell DHM
- Amtlich-Topographisch-Kartographisches Informationssystem (ATKIS)
- Geologische Karte
- Geographische Informationssysteme ARC/INFO, ARCVIEW
- Reliefananalyseprogramm SARA
- Geostatistikprogramm VARIOWIN

3.1 Bereinigung des Datenbestandes

In einem ersten Schritt werden aus der Bodendatenbank alle Meßwerte selektiert die von flächenhafter Aussage sind. Nicht berücksichtigt werden Informationen in Zusammenhang mit lokalen Belastungsschwerpunkten (Altlasten, Emittenten entlang Verkehrsflächen, Industriestandorte). Weiterhin werden nur Meßwerte gleicher Analytik verwendet. Diese werden ebenfalls entfernt. Im letzten Schritt werden nutzungsspezifisch Meßwerte selektiert[1]. Im Testgebiet Rhein-Neckar erhält man somit einen bereinigten Datensatz mit rund 500 Meßwerten.

Es werden homogene Raumeinheiten gebildet, damit ein für alle Berechnungen gemeinsamer Flächenbezug hergestellt werden kann. Unter homogen ist dabei eine Fläche zu verstehen, die hinsichtlich bodenkundlicher Eigenschaften, der Landnutzung und der Lage (Reliefposition) weitgehend einheitlich ist. Während Landnutzung und Reliefposition gut abgrenzbar sind, variieren die Bodentypen und deren Eigenschaften oft stark. Für das Testgebietes muß auf die aggregierte Bodenkarte der BÜK 200 zurückgegriffen werden. Die Kartiereinheiten der BÜK 200 werden dann mit Hilfe der Nutzung und der Lage zu Untereinheiten disaggregiert, und die Bildung homogener Raumeinheiten erfolgt durch die Überlagerung der Nutzungskarte, der Bodenkarte und dem Ergebnis der Reliefanalyse (Scheitel, Hang, Überschwemmungsfläche). Jeder so festgelegten homogenen Raumeinheit werden stoffspezifische Eigenschaften (Anreicherungs-faktoren und geogener Hintergrundwert) zugewiesen. Diese erhält man aus der Auswertung der Punktdaten in den homogenen Raumeinheiten.

---

[1] Nur Meßwerte im A-Horizcnt bei Acker und Grünland; maximale Horizonttiefe 30 cm in Acker und 10 cm im Grünland. Für Wald werden A-Horizonte und/oder O-Horizonte, allerdings nicht Ol-Horizonte gewählt

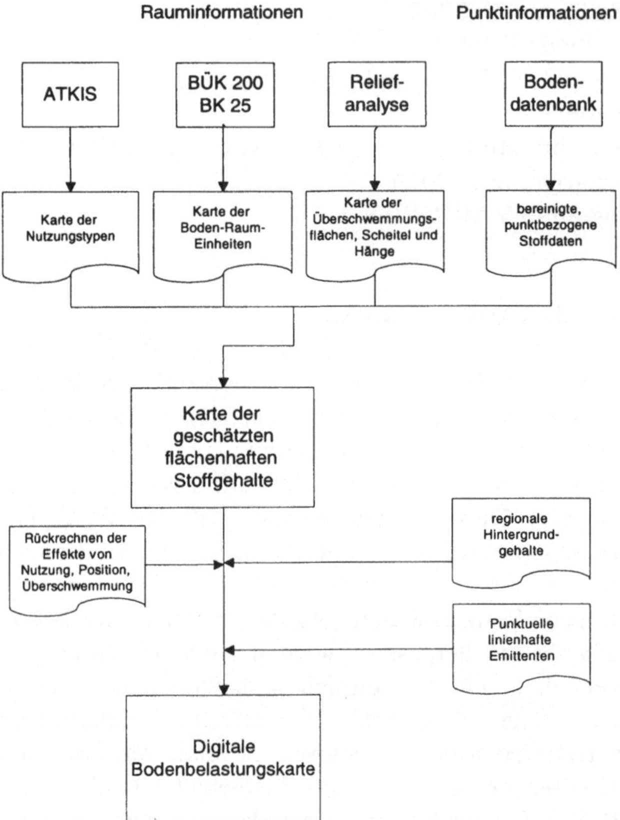

Abb.2: Schematischer Ablauf der Erstellung von Digitalen Bodenzustandskarten

3.2 Berechnung der Korrekturfaktoren

3.2.1 Geogener Hintergrundgehalt

Dieser Arbeitsschritt schätzt den Anteil Nickel im Oberboden außerhalb von Überschwemmungsflächen, der geogenen Ursprungs ist. Dazu wird zunächst der geogene Grundgehalt und anschließend der sich in den Oberboden durchpausende Wert bestimmt.

Der Hintergrundgehalt eines Bodens setzt sich definitionsgemäß aus dem geogenen Grundgehalt des Bodens und der ubiquitären Stoffverteilung als Folge diffuser Einträge in den Boden zusammen. Die geogene Komponente wird durch die Gehalte des Ausgangsgesteins (lithogene Gehalte) sowie die durch Bodenentwicklung (pedogene Gehalte) bedingten Stoffgehalte beeinflußt. Der Hintergrundgehalt grenzt sich dadurch von anderen Standorten mit punktuell erhöhten Konzentrationen (Altlasten, Emittenten) ab, daß dieser Gehalt typisch und repräsentativ für einen bestimmten Boden bzw. ein Gebiet oder eine Nutzung ist.

Die natürlichen Gehalte an Schwermetallen in den verschiedenen Gesteinstypen variieren sehr stark. Durch die Prozesse der Bodenbildung kann es zu An- oder Abreicherungen der Schwermetalle im Bodenprofil kommen. Hinzu kommt, daß im Bereich periglazialer Deckschichten der lithogene Schwermetall-gehalt durch die Überlagerung von Fremdmaterial, z.B. Löß, geprägt wird.

Zur Bestimmung des geogenen Grundgehaltes wurden drei Möglichkeiten getestet.

- Geogener Grundgehalt ist der kleinste Wert in einer Raumeinheit

In einem ersten Ansatz wurde in diesem Projekt der Versuch unternommen, in jeder Raumeinheit (Nutzungstyp innerhalb einer BÜK Kartiereinheit) den kleinsten vorkommenden Meßwert als oberflächennahen geogenen Grundgehalt festzulegen. Dieser Ansatz scheiterte an der zu geringen Meßnetzdichte, denn häufig lagen nur ein oder wenige Meßpunkte innerhalb einer Raumeinheit.

- Geogener Grundgehalt aus Tongehaltsstufen

Für Baden-Württemberg können die Hintergrundwerte nach der 3. Verwaltungsvorschrift zum Bodenschutzgesetz Baden-Württemberg verwendet werden. Diese Hintergrundwerte wurden durch Auswertung der Bodendatenbank der LFU Karlsruhe ermittelt und beinhalten auch Siedlungs- und Verdichtungsräume. Eine Klassifizierung der Hintergrundgehalte erfolgt, mit Ausnahme schwermetallreicher Gesteine, über Tongehaltsstufen. Daher eignet sich diese Methodik für Gebiete, deren Stoffgehalte stärker durch pedogene Einflüsse (Lößbeimischungen, Umlagerungen...) als durch die lithogene Komponenete beeinflußt werden. Auch diese Methode scheitert letztendlich an den fehlenden Informationen zu den Tongehalten in den Böden. Die Bodenübersichtskarte 1:200.000 liefert dafür keine flächenscharfen Aussagen.

- Geogener Grundgehalt durch Verschneidung der Geologie mit der Bodenkarte

Sehr häufig werden geogene Schwermetallgehalte aus Ausgangsgesteinen abgeleitet. Durch die Landesanstalt für Umweltschutz Karlsruhe wurden Karten für Schwermetallgehalte in Böden Baden-Württembergs erstellt (LFU 1994). Dazu wurden den Ausgangsgesteinen mittlere Schwermetallgehalte zugeordnet.
Durch die Verschneidung der Geologischen Karte mit der BÜK 200 können zuerst die Flächenanteile der geologischen Substrate innerhalb einer BÜK-Kartiereinheit bestimmt und dann über Nickelgehalte im Gestein mittlere Nickelgehalte für eine Kartiereinheit definiert werden. Durch Multiplikation der Flächenanteile mit den Gehalten erhält man einen mittleren Gehalt für die Kartiereinheit.

Die Ableitung geogener Grundgehalte aus dem Ausgangssubstrat ist mit Unsicherheiten verbunden, denn bei der Geologischen Karte handelt es sich um eine stark generalisierte petrographische Karte der anstehenden Gesteine, in der Lößüberdeckungen, kleinräumiger Wechsel des bodenbildenden Gesteins, sowie Vererzungen nicht berücksichtigt werden. Hinzu kommt, daß für Aueböden keine Bewertung der Schwermetallgehalte anhand des Ausgangsgesteins erfolgt (LFU 1994). Für Auenböden wurden daher keine geogenen Grundgehalte abgeleitet, sondern ihr Einfluß wurde durch einen Überschwemmungsfaktor ausgedrückt.[2]

Um den geogenen bedingten Nickelgehalt im Oberboden zu bestimmen, werden aus den Informationen der Bodendauerbeobachtungsflächen Nickelkonzentrationen in verschiedenen Horizonten von 8 Standorten ausgewertet. Im Mittel finden sich 40% des geogenen Grundgehaltes in Oberböden wieder. Eine Abschätzung der Korrelation der Meßwerte zum geogenen Ausgangsgehalt ist durch den Vergleich aller gemessenen Werte in einer Kartiereinheit mit den berechneten geogenen Gehalten im Oberboden dieser Kartiereinheit (Abbildung 3) möglich. Dazu wird der Median aller Meßwerte in einer Kartiereinheit und der berechnete geogene Gehalt im Oberboden für diese Kartiereinheit in Beziehung gesetzt. Der Korrelationskoeffizient von r=0,76 zeigt, daß ein Zusammenhang darstellbar ist, der mit zunehmender Homogenität der gewählten Raumeinheit und geringerem anthropogenen Einfluß enger wird.

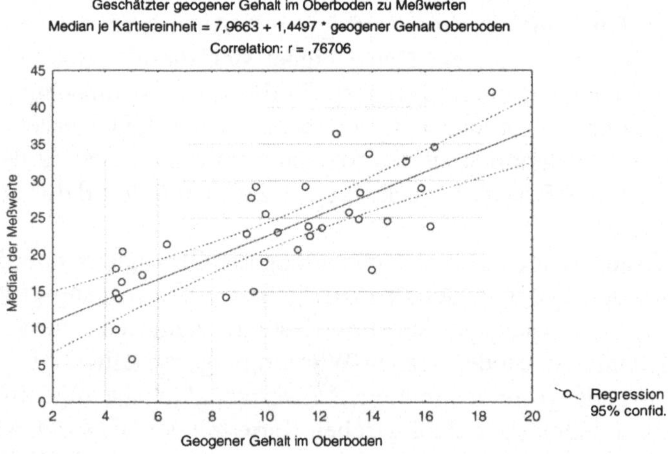

Abb.3: Korrelation zwischen geogenem Gehalt im Oberboden und dem Median der Meßwerte in einer Kartiereinheit

2 In diesem Modell wird die Annahme getroffen, daß ein möglicher geogener Einfluß in Auen gering gegenüber dem Einfluß der Überschwemmung und dem Eintrag von Bodenmaterial aus den Hangbereichen ist.

3.2.2 Überschwemmungsfaktor

Der Einfluß periodischer Überschwemmungen auf den Nickelgehalt in Auen wird durch einen Anreicherungsfaktor ausgedrückt. Dazu wird der Median der Meßwerte außerhalb der Aue durch den Median der Meßwerte in den Auen dividiert. Selektierbar werden die Daten durch die Abgrenzung von Senken, Hang- und Scheitelbereichen mit Hilfe der Reliefanalyse.

3.2.3 Nutzungsfaktor

Der Nutzungsfaktor wird für die Objekte der ATKIS-Daten berechnet, indem der Median aller Meßwerte einer Nutzung, zum Nutzungsfaktor Acker normiert wird. Es werden nur Meßwerte außerhalb der Überschwemmungsflächen zur Berechnung herangezogen, damit der Einfluß der Überschwemmung nicht zu einer Überlagerung führt (Tabelle 1).

Tab.1: Auf Ackerflächen normierte Nutzungsfaktoren für Nickel (NI)

	Siedlung	Ackerland	Grünland	Gartenland	Wald	Hopfen	Wein	andere Nutzung	Obstbau	Gewässer
Anzahl n	23	342	66	10	98	2	4	28	1	
NI	1,1923	1	1,008	1,2751	1,569	1,0312	0,988	1,1121	1	0

3.2.4 Gesamtfaktor

Jeder Meßwert wird durch die Korrekturfaktoren modifiziert. Dieser Datensatz ist Grundlage für die anschließende Interpolation.

3.3 Interpolationsverfahren

Für die Interpolation des bereinigten Datensatzes wurden verschiedene Verfahren geprüft. Die besten Ergebnisse sind mit einem Kriging-Verfahren zu erwarten. Dies begründet sich aus den folgenden Anforderungen:

- Gesucht wird ein exaktes Verfahren, d.h. die Beobachtungswerte sollen durch das Interpolationsverfahren nicht verändert werden.
- Es ist ein stochastisches Verfahren erforderlich, weil die nutzungsbedingten, geogenen sowie die reliefabhängigen Komponenten in einem vorgelagerten Schritt berücksichtigt werden und bei der Interpolation die Realisation der zufälligen autokorrelierten Komponente abgebildet werden soll.
- Ein weiterer wichtiger Vorteil des Kriging ist die Möglichkeit der Fehlerschätzung, die bei keinem anderen Verfahren in dieser Form gegeben ist. Über die Berechnung des Schätzfehlers σ^2 können neben dem Variogramm zusätzliche Informationen über die Glaubwürdigkeit der Schätzung abgeleitet werden.

- Es ist ein vom Maßstab unabhängiges Verfahren notwendig.

Vor der Anwendung des Kriging-Verfahrens ist die Durchführung einer umfangreichen Analyse der Daten erforderlich. Erst danach ist die Auswahl einer der geeigneten Krigingvarianten möglich.

Mit der Schätzung der Semivariogramme wird eine erste Näherung an das Kriging-Verfahren mit den Ausgangsdaten realisiert. Für das Untersuchungsgebiet wurde die Güte der Anpassung des theoretischen Modells an das experimentelle Variogramm mit Hilfe von Variowin überprüft. Dies ergab, daß mit einem sphärischen Modell die besten Ergebnisse erzielt werden konnten (Indicative Goodness of Fit: 0,03). Es zeigt sich nur eine sehr geringe Richtungsabhängigkeit, d.h. eine Anisotropie kann vernachlässigt werden. Ebenfalls zeigt sich keine wesentliche Verbesserung der Anpassung durch eine Berücksichtigung des Nugget-Effektes, womit sich die Vermutung bestätigt, daß dieser hier weniger auf Meßfehler, denn auf die schlechte Autokorrelation der Meßwerte zurückzuführen ist.

Interpolation mit Kriging

Beim Kriging wird das Modell eines theoretischen Variogramms genutzt, um die Gewichte für die Interpolation der Werte zu bestimmen. Dies wird ähnlich der Berechnung von Durchschnittswerten über ein sog. moving window durchgeführt. Dabei wird jeder Knotenpunkt des Rasters als Mittelwert der Werte einer definierten Nachbarschaft ermittelt, die von Rasterzelle zu Rasterzelle bewegt wird. Die Gewichtungsfaktoren (λ_i) für die Mittelwertbildung werden lokal aus dem Variogramm[3] abgeleitet.

Diese Methode garantiert, daß die Summe der Gewichtungsfaktoren gleich eins ist, die ursprünglichen Werte damit nicht verzerrt werden, und die Schätzung der Varianz geringer ist als für jede andere lineare Kombination der beobachteten Werte. Der Wert für λ an einem bestimmten Punkt entspricht der Varianz zwischen den Beobachtungswerten der Umgebung und dem zu schätzenden Punktwert und wird aus dem theoretischen Variogramm abgeleitet. Über einen Langrange'schen Multiplikator wird diese Differenz minimiert. Ausführliche Darstellungen der Gleichungssysteme bzw. der Kriging-Systeme finden sich bei CRESSIE (1993), WACKERNAGEL (1995), ISAAKS (1989).

4 Ergebnisse

Um die Durchführbarkeit des Kriging-Verfahrens für die flächenhafte Darstellung der Werte der Bodendatenbank zeigen zu können, wurde für die Nickelwerte die Interpolation exemplarisch durchgeführt. Aus den Gründen der Einfachheit und

[3] Ein weiterer, jedoch nicht so häufig verwendeter Ansatz ist die Ableitung der Gewichtungsfaktoren aus der Funktion der Autokorrelation.

Klarheit wurden die zur Konstruktion einer geschlossenen Oberfläche fehlenden Punkte über ein Ordinary Punkt Kriging Verfahren interpoliert. Dazu wurden die zwölf nächstgelegenen Punkte, ohne Begrenzung ihrer Entfernung zueinander, verwendet

Um eine Abschätzung über die Schätzgenauigkeit zu erhalten, wurden aus dem bereinigten Datensatz zufällig 10% der Werte entfernt und diese durch das Interpolationsverfahren geschätzt. Der Vergleich zwischen den Meßwerten und den interpolierten Werten ergab eine relativ gute Übereinstimmung (Abbildung 4)

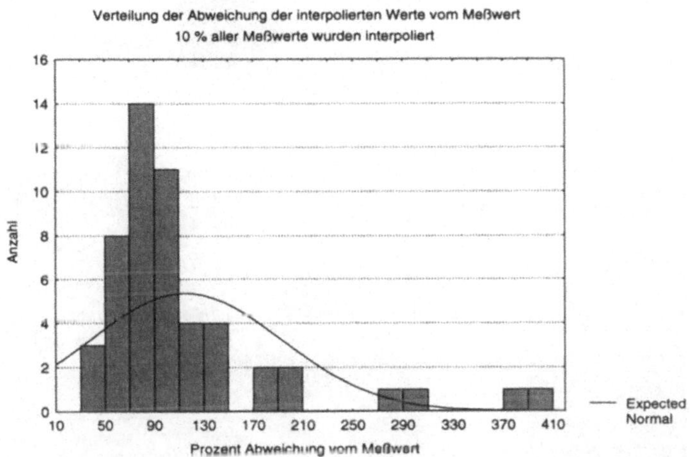

Abb.4: Prozent Abweichung vom Meßwert (aus dem Datensatz wurden 10% der Werte entfernt und diese Werte mit den interpolierten Werten verglichen).

Im Verlauf des Kriging wird eine Karte der Schätzvarianzen erzeugt. Sie zeigt den Unterschied zwischen der vorhergesagten und der berechneten Varianz für jede Rasterzelle.

Auffällig ist, daß die Schätzvarianz nicht sehr hoch ist, ein stärkerer Abfall der Werte zeigt sich nur an den Rändern der Karte, was durch die Integration weiterer Datenpunkte in das Interpolationsverfahren über die Grenzen des Untersuchungsgebietes hinaus verbessert werden kann.

In Abbildung 5 (Geschätzte NI01 Werte) sind die Ergebnisse der Interpolation des bereinigten Datensatzes für das Untersuchungsgebiet dargestellt. Ein Zusammenhang zur Nutzung, der Lage in Senken (Überschwemmungsgebieten) oder der Bodenkarte läßt sich bei Detailansicht gut erkennen. Im Maßstab 1:200.000 schlagen die geologischen Verhältnisse im Bereich des Odenwaldes durch. Dies kann als Indiz dafür gewertet werden, daß die Effektbereinigung bis auf die geogenen Hintergrundgehalte des Odenwaldes weitgehend ihr Ziel erreichte. Höhere Werte finden sich im östlichen Teil des Blattes bis zum Rand des Odenwaldes und im

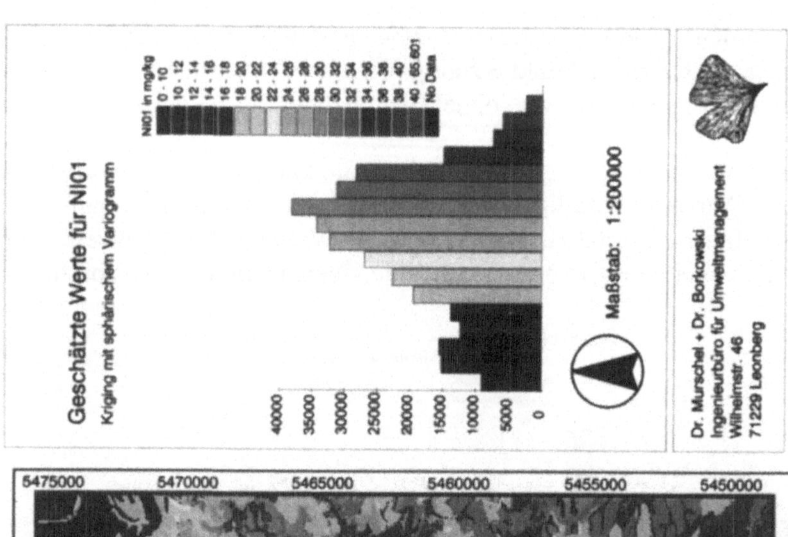

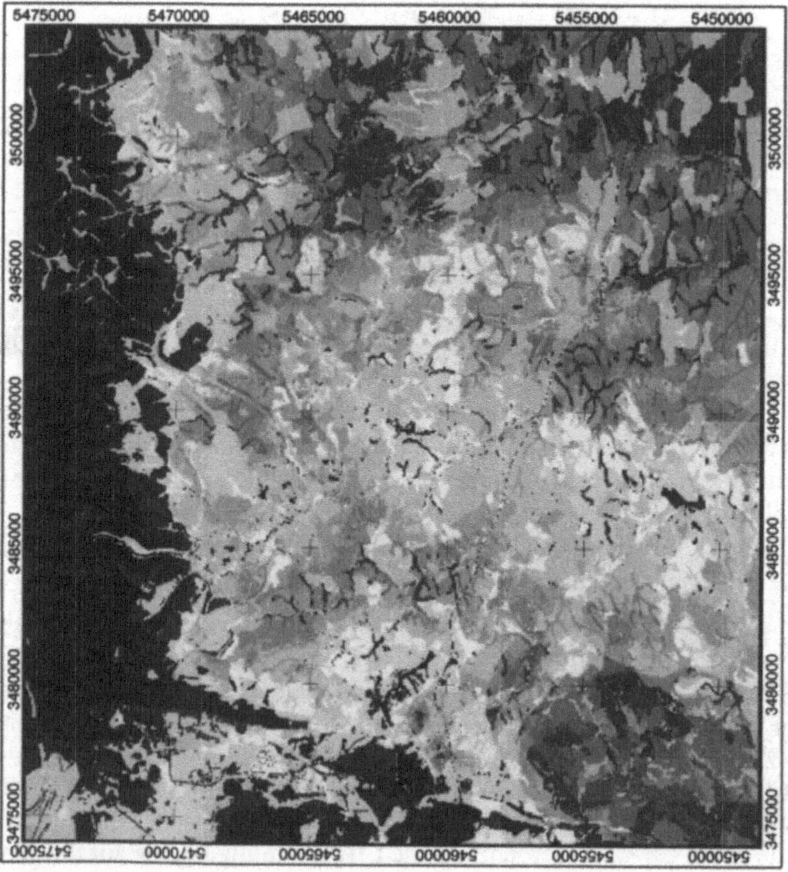

Abb. 5 Geschätzte Werte für NI01

südwestlichen Teil, südlich von Mühlhausen und Östringen. Aus den Auswertungen der Schwermetallgehalte von MÜLLER ET AL. (1987) wurden gleichfalls mit die höchsten Werte in diesen Orten bestimmt.

Literatur

BRÜCK, D. (1995). Schwermetalle in Aueböden. Bewertung von Gefahrenpotentialen am Beispiel der saarländischen Blies. Arbeiten aus dem Geographischen Institut der Universität des Saarlandes. Band 42. Saarbrücken.

CRESSIE, N. A. (1993). Statistics for Spatial Data. John Wiley & Son Ltd, New York.

HESS, G. (1996). RIPS-Meta-Auskunftssystem – Harmonisierung von Auskunftssystemen über raumbezogene Daten des Landes Baden-Württemberg für das Umweltinformationssystem Baden-Württemberg. Universität Ulm. Forschungsinstitut für anwendungsorientierte Wissensverarbeitung . Studie im Auftrag des Umweltministeriums Baden-Württemberg.

HINDEL, R. UND H. FLEIGE (1991). Schwermetalle in Böden der Bundesrepublik Deutschland – geogene und anthropogene Anteile. Herausgeber: Umweltbundesamt. UBA-F+E 107 01 001. UBA-Texte 10/91.

ISAAKS, E. H UND R.M. SRIVASTAVA (1989). Applied Geostatistics. Oxford University Press, New York.

LABO, BUND-LÄNDER-ARBEITSGEMEINSCHAFT BODENSCHUTZ (1995). Hintergrund und Referenzwerte für Böden. Bodenschutz Heft 4. Herausgeber: Bayer. Staatsministerium für Landesentwicklung und Umweltfragen.

LFU, LANDESANSTALT FÜR UMWELTSCHUTZ BADEN-WÜRTTEMBERG (1994). Schwermetallgehalte in Böden aus verschiedenen Ausgangsgesteinen Baden-Württembergs. Materialien zum Bodenschutz 3. Karlsruhe.

LFU, LANDESANSTALT FÜR UMWELTSCHUTZ BADEN-WÜRTTEMBERG (1995). Bodendauerbeobachtung in Baden-Württemberg. Schwermetalle, Arsen, Organochlorverbindungen. Materialien zum Bodenschutz Band 2. Karlsruhe.

LANDESUMWELTAMT NORDRHEIN.WESTFALEN (1996). Fachinformationssystem Stoffliche Bodenbelastung (FIS StoBo). Essen.

MINISTERIUM FÜR UMWELT BADEN-WÜRTTEMBERG (1992). Verkehrsbedingte Immissionen in Baden-Württemberg – Schwermetalle und organische Fremdstoffe in straßennahen Böden und Aufwuchs. Stuttgart.

MÜLLER, G., L. HAAMANN, R. KUBAT UND K. NOE (1987). Schwermetalle und Nährstoffe in den Böden des Rhein-Neckar-Raums: Ergebnisse flächendeckender Untersuchungen. Heidelberger Geowissenschaftlicher Abhandlungen Band 13. Ruprecht-Karls-Universität Heidelberg.

WACKERNAGEL, H. (1995). Multivariate Geostatistics: An Introduction with Applications. Springer Berlin & Heidelberg.

Regionalisierung als methodische Aufgabe im Sonderforschungsbereich 299 "Landnutzungskonzepte für periphere Regionen"

Martin Bach und Hans-Georg Frede

Zusammenfassung

Im Zentrum des SFB 299 steht die Modellierung multipler Landschaftsfunktionen für ein Untersuchungsgebiet im mesoskaligen Bereich, wobei die erforderlichen Modelleingabedaten im Regelfall aus anderen Daten abgeleitet werden müssen. Daten zeichnen sich durch drei Attribute aus: Objektbezug, Merkmal sowie Skalenabhängigkeit. Unter "Regionalisierung" wird im SFB 299 jede Form der Modifikation eines Datums verstanden, bei der mindestens eines der drei Attribute verändert wird. Entsprechend werden drei elementare Operationen zur Regionalisierung von Daten definiert: Translokation, Trans-formation und Skalenwechsel.

1 Veranlassung

Technische und biologische Fortschritte in Verbindung mit einer mengenmäßig kaum noch steigenden Nachfrage nach Agrarprodukten werden die Struktur der europäischen Landwirtschaft in den nächsten Jahrzehnten tiefgreifend verändern. Großräumig könnte sich eine Konzentration der landwirtschaftlichen Produktion in solchen Regionen ergeben, die aufgrund pedologischer und klimatischer Gegebenheiten relativ vorzügliche Voraussetzungen für eine kostengünstige Erzeugung bieten. Parallel dazu werden jedoch auf der anderen Seite größere Gebiete zukünftig nicht mehr in der seitherigen Weise genutzt werden können, weil sich dort die wachsenden Ertragspotentiale nicht realisieren lassen. Das betrifft vor allem diejenigen Gebiete, in denen relativ ungünstige natürliche Bedingungen mit relativ ungünstigen agrarstrukturellen Gegebenheiten für die landwirtschaftliche Nutzung zusammenfallen. In diesen Regionen besteht die Gefahr, daß Landwirtschaftsflächen in größerem Umfang nicht mehr genutzt werden und brachfallen.

2 Zielsetzung des SFB 299

Für solche Landschaftsräume gibt es bislang keine Antworten auf die Frage, wie sich ihre verschiedenen Nutzungspotentiale zukünftig entwickeln werden. Die Aufgabe der seitherigen landwirtschaftlichen Nutzung führt zu Veränderungen der Kulturlandschaft und ihrer Funktionen, die – abhängig von den natürlichen und wirtschaftlichen Standortgegebenheiten - mehr oder weniger großen Einfluß auf das Leistungsvermögen der übrigen Komponenten haben, wie beispielsweise auf den Landschaftswasserhaushalt oder die Vielfalt floristischer und faunistischer Lebensräume. Die vielfältigen Folgen solcher Prozesse sind bisher für größere Landschaftsräume noch nicht untersucht worden. Der SFB 299 verfolgt daher als Oberziel:

Entwicklung einer integrierten Methodik zur Erarbeitung und Bewertung von ökonomisch und ökologisch nachhaltigen, natur- und wirtschaftsräumlich differenzierten Optionen der regionalen Landnutzungen.

Die mit dem SFB 299 zu entwickelnde Methodik wird anhand einer konkreten Beispielsregion - dem Lahn-Dill-Bergland - im einzelnen erarbeitet. Die Methodik wird aber so gestaltet, daß sie auf andere Regionen angewendet werden kann. Ein zentrales Element bildet daher die Regionalisierung der methodischen Ansätze, die von den einzelnen Teilprojekten zur Ermittlung von Landschaftsfunktionen herangezogen werden. Eine ausführliche Darstellung zum methodischen Konzept des SFB 299 geben FREDE & BACH (1998).

Tab.1: Funktionen und Nutzungspotentiale einer Landschaft, die Untersuchungsgegenstand im SFB 299 sind

- Land- und forstwirtschaftliche Produktion
- Lebensraum für landschaftstypische bzw. besonders schützenswerte Flora und Fauna
- Klimaregulation (lokal, regional, global)
- Trinkwassererzeugung
- Hochwasserschutz
- Rohstoffgewinnung
- Freizeit- und Erholung, Tourismus
- Aufnahme und Verwertung von organischen Siedlungsabfällen

Bei der Erarbeitung von Nutzungsoptionen gilt es, die Funktionen und Nutzungspotentiale einer Landschaft möglichst in ihrer ganzen Bandbreite zu erfassen. Im Unterschied zu anderen agrarwissenschaftlichen Forschungsvorhaben steht im SFB 299 eine *multifunktionale Betrachtung der Landschaft* im Mittelpunkt, wobei zunächst die in Tabelle 1 aufgeführten Funktionen untersucht werden.

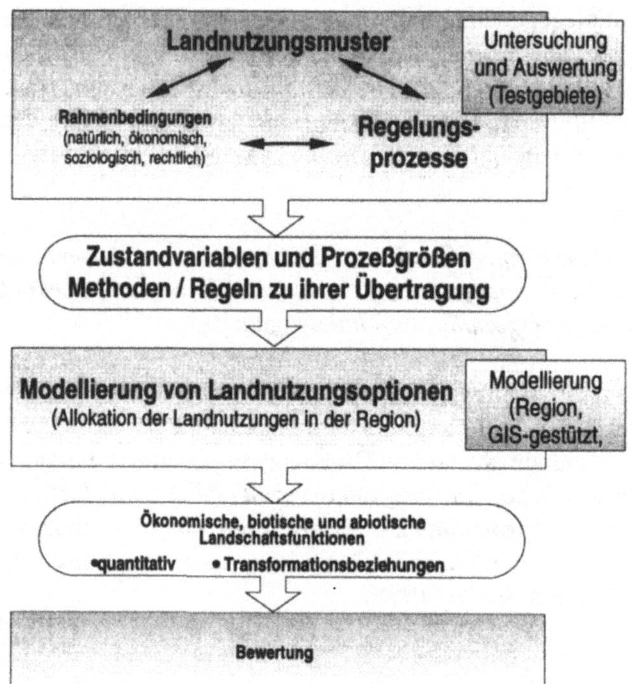

Abb.1: Arbeitsschritte zur Entwicklung von regional differenzierten Landnutzungskonzepten

Bei der Entwicklung von regional differenzierten Landnutzungskonzepten wird von zwei Hypothesen ausgegangen:

- Jede Landnutzung ist mit typischen - abiotischen, biotischen und sozialen - Funktionen gekoppelt. Diese Landschaftsfunktionen lassen sich mit geeigneten Untersuchungsverfahren ermitteln.
- Wenn hinreichend detailscharfe Informationen über die zugrundeliegenden Zustände und Prozesse vorhanden sind, dann können die räumliche Verteilung von Landnutzungsformen und die Landschaftsfunktionen, die damit gekoppelt sind, im regionalen Maßstab modellhaft abgebildet werden.

Unter "Zustandsvariablen und Prozeßgrößen" werden im SFB 299 Systemzustände und -parameter im Sinne von WENKEL & SCHULZ verstanden. Mit dem Arbeitsschritt "Bewertung" wird versucht, durch Ermittlung von Transformationsbeziehungen zwischen einzelnen Landschaftsleistungen in Verbindung mit Nutzenfunktionen (Indifferenzfunktionen) verschiedener gesellschaftlicher Gruppen, die Landschaftsleistungen nachfragen, eine nutzenzentrierte Betrachtung von Landschaftsleistungen durchzuführen, worauf MÜLLER ET AL. ausführlich eingehen (vgl. auch PLACHTER, 1995).

3 Regionalisierung im SFB 299

3.1 Regionalisierung als Bestandteil der Modellierung

Für die Modellierung der Landschaftsfunktionen in Abhängigkeit von abiotischen, biotischen und sozioökonomischen Einflußfaktoren sind Eingangsdaten auf sehr unterschiedlichen räumlichen, zeitlichen und sachlichen Ebenen erforderlich..

Im SFB 299 sind nahezu alle denkbaren Kombination aus den in Abbildung 2 aufgeführten räumlichen, zeitlichen und sachlichen Bereichen vertreten. Die naturwissenschaftlichen Teilprojekte untersuchen Zustandsgrößen und Prozesse vorrangig im Punkt- bis Parzellenmaßstab, im sozio-ökonomischen Bereich werden dagegen vornehmlich Zusammenhänge auf Betriebsebene, auf kommunaler oder regionaler Ebene analysiert. Im Normalfall liegen Daten zunächst nur für diejenigen Objekte, Merkmale und auf derjenigen Skalenebene vor, dic unmittelbar untersucht worden sind. Zur weiteren Verwendung innerhalb der Modellierung der Landschaftsfunktionen müssen die *Daten* jedoch auf *andere Objekte, Merkmale bzw. Skalenebenen übertragen* werden, die als Eingabedaten für die Modellierung benötigt werden: dieser Vorgang wird im SFB 299 mit *"Regionalisierung"* bezeichnet.

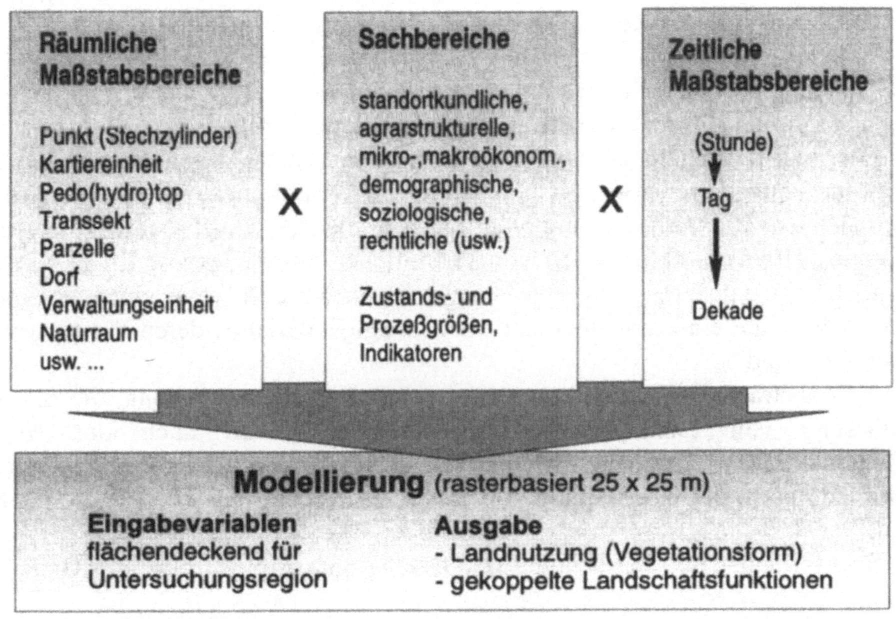

Abb.2: Regionalisierung als Bestandteil der Modellierung von Landnutzungsoptionen

Die Modellierung erfolgt im SFB 299 rasterbasiert (z.Zt. 25 x 25 m Raster); alternative Ansätze zur Raumgliederung wurde im Vorfeld verworfen.

- Die Erzeugung kleinster gemeinsamer Geometrien durch Verschneiden verschiedener thematischer Karten scheitert - in Anbetracht der großen Zahl von Karten, die bei eine multifunktionalen Landschaftsbetrachtung notwendigerweise Berücksichtigt werden müssen - auf absehbare Zeit an der Kapazität der verfügbaren GIS-Systeme (und wird zudem schnell unübersichtlich).
- Eine Strukturierung in Landschaftseinheiten (chorische bzw. topische Ebenen) wird im Regelfall der sachlichen Heterogenität einer Landschaft nicht gerecht, sobald eine größere Zahl von Landschaftsfunktionen gleichzeitig (und gleichberechtigt) Berücksichtigung finden müssen.

3.2 Zum Begriffverständnis

Aus dem Forschungskonzept des SFB 299 leitet sich für alle Teilprojekte die Vorgabe ab, daß sie ihre Ergebnisse über Zustandsvariablen und Prozeßgrößen mit der identischen räumlichen Auflösung des (vorgegebenen) Rasters für das gesamte Untersuchungsgebiet bereitstellen müssen. Vielfach erfordert dies - parallel zu den eigentlichen Untersuchungen, in denen die Primärdaten ermittelt werden - die Entwicklung geeigneter Übertragungsregeln, mit deren Hilfe aus Primärdaten Ergebnisse für die geforderte Maßstabsebene abgeleitet werden können.

Der Begriff Regionalisierung wird bislang in verschiedenen Disziplinen keineswegs einheitlich verwendet. In den Geowissenschaften ist mit "Regionalisierung" u.a. die "Ausweisung von Flächen gleicher Eigenschaften" gemeint. Hornung (1995) hat eine Reihe von Definitionen zusammengestellt, er faßt den Begriff Regionalisierung eng und versteht -mathematisch- unter einer "regionalisierten Variable eine zeit- und/oder ortsabhängige Variable, deren Werte zufallsbeeinflußt sind".

Im Anbetracht der wesentlich weiter gefaßten Aufgabenstellung, die die Modellierung von Landschaftsfunktionen darstellt, wird auch der Begriff "Regionalisierung" im SFB 299 viel breiter verstanden: unter Regionalisierung wird jede Form der Übertragung von Daten, auch nicht-raumbezogenen, verstanden.

In einer formalisierten Betrachtung sind Daten durch drei Attribute charakterisiert:

- Daten beziehen sich auf *Objekte*. Sofern es sich dabei um verortbare Objekte handelt, sind Daten auch in einem geografischen Koordinatensystem räumlich festgelegt. Untersuchungsobjekte sind im SFB 299 bspw. Raumeinheiten, Floren- u. Faunenelemente, Landwirtschaftsbetriebe, Einzelpersonen, usw.

- Daten bezeichnen die Ausprägung eines spezifischen *Merkmals* des Objektes. Ein Datum kann bspw. eine einzelne Variable, eine Aussage, eine Funktion oder ein Parameter in einem Modell sein.
- Daten und/oder die Methoden ihrer Ermittlung sind i.d.R. skalenabhängig, d.h. nur innerhalb eines begrenzten Maßstabsbereiches für Objekte gültig. Daten beziehen sich daher auf eine bestimmte *Skalenebene*.

"Regionalisierung" im Begriffsverständnis des SFB 299 ist dann wie folgt definiert:

Regionalisierung bezeichnet die Modifikation (Übertragung) von Daten, bei der aus einem oder mehreren Ausgangsdaten ein oder mehrere Zieldaten generiert werden, wobei sich das Zieldatum mindestens in einem der drei Attribute "Bezugsobjekt", "Merkmal" und "Skale" vom Ausgangsdatum unterscheidet.

Hinweis: Auf die zeitliche Dimension des Datenbegriffs wird an dieser Stelle nicht eingegangen. Für die vollständige Definition eines Datums ist zusätzlich auch das Attribut "Zeitpunkt" maßgeblich.

In Abhängigkeit davon, welches der drei Attribute eines Datums regionalisiert wird, können drei "elementare" Operationen der Regionalisierung unterschieden werden:

Translokation
Das gleiche Merkmal wird von einem Objekt einer Skalenebene auf *andere Objekte* der gleichen Objektklasse und gleichen Skalenebene übertragen.

Für Objekte, die in einem geographischen Referenzsystem verortbar sind (wie z.B. alle unbeweglichen biotischen und abiotischen Naturraumelemente), stellt die Translokation eine räumliche Übertragung dar. Zu den raumbezogenen Übertragungsregeln zählen z.B. die gängigen Interpolations- bzw. Extrapolationsverfahren, mit denen allen Objekten (z.B. Raumelementen) innerhalb eines Gebietes eine Größe zugewiesen wird. In diesem Zusammenhang entspricht eine Translokation dem Begriff "Regionalisierung" nach Hornung (1995).

In einem erweiterten Begriffsverständnis von Regionalisierung wird unter Translokation jedoch auch die Übertragung von Merkmalen für nicht-verortbare bzw. nicht-raumbezogene Objekte verstanden (z.B. aus dem soziologischen oder ökonomischen Bereich: Individuen als Teil von sozialen Systemen; Wirtschaftssubjekte).

Beispiele:

- Aus Punktmessungen beispielsweise eines Klimaelementes (z.B. mittlere Jahresniederschlagssumme, Tagesmitteltemperatur) oder einer Bodeneigenschaft (z.B. nutzbare Feldkapazität) an wenigen Meßstellen ⇒ Ermittlung der räumlichen Verteilung des jeweiligen Merkmals für alle Rasterelemente (d.h. andere

Objekte - hier: Bodenareale - der gleichen Objektklasse) in einem Betrachtungsgebiet.

- Empirische Ermittlung der Deckungsbeiträge eines Produktionsverfahrens (z.B. Winterweizen, Milchproduktion) in einzelnen Betrieben (= Objekt, charakterisiert z.B. durch Betriebstyp, -größe, Ausbildung des Betriebsleiters) in einem Wirtschaftsgebiet ⇒ Übertragung auf alle Betriebe des gleichen Betriebstyps innerhalb des Wirtschaftsgebietes.

Transformation

Aus einem oder mehreren Merkmal(en) für Objekte einer Skalenebene wird ein *anderes Merkmal* für die identischen Objekte der gleichen Skalenebene abgeleitet. Beispiele:

- Verrechnung von Eingangsdaten für eine Einschlagstelle (z.B. Bodenart, Humusgehalt, Lagerungsdichte; aus der Profilbeschreibung der Bodenschätzung) mittels Verknüpfungsregeln (Tabellenwerke, Regressionsgleichung) zu ⇒ Kennwerten unterschiedlicher Komplexität (z.B. nFK_{We}, Schwermetall-Retention) für die gleiche Einschlagstelle. Die NIBIS-Methodenbank ist ein Beispiel für eine Sammlung von z.T. sehr komplexen pedologischen Transformationsregeln (MÜLLER ET AL. 1992).
- Erhebung (Umfrage) zur Anzahl der Gesprächskontakte zu einem ausgewählten Themenspektrum eines Individuums innerhalb einer Gruppe von Kommunikationspersonen ⇒ Berechnung der Indikatorvariable "Kommunikationsdichte" (Verhältnis der aktuellen zu den potentiell möglichen Kontakten). Die Kommunikationsdichte dient als abgeleitete Indikatorvariable zur Kennzeichnung des Merkmals "Kommunikations-verhalten einer Person".

An dieser Stelle ist einschränkend darauf hinzuweisen, daß eine Transformation, d.h. die Berechnung einer neuen Variablen aus vorhandenen, für sich allein noch keine Regionalisierung im üblichen Sinne darstellt. Im Zusammenhang mit dem hier verwendeten Datumsbegriff wird jedoch auch die Transformation von Daten darunter aufgeführt, da in der Praxis häufig auch eine Modifikation der betrachteten Variable (des Merkmals) Bestandteil eines Regionalisierungsverfahren ist. Aus Gründen der methodischen Transparenz soll daher dieser Schritt separat ausgewiesen werden.

Skalenwechsel (Up-, Downscaling)

Das gleiche Merkmal wird von den Objekten bzw. der Objektklasse einer Skalenebene auf das gleiche Objekt mit einer *anderen Skalierung* übertragen.

Dazu gehören unter anderem auch die Aggregierung bzw. Disaggregierung (Distribution) von statistischen Daten, die insbesondere im sozio-ökonomischen Bereich von zentraler Bedeutung sind.

Beispiele:

- Ermittlung einer Größe (z.B. Gewässernetzdichte) durch Auswertung von TK im Maßstab 1:25.000 ⇒ Schätzung der Größe ("tatsächliche" Gewässernetzdichte) für die räumlichen Einheiten der Modellierung (d.h. Rasterelemente 25 x 25 m).
- Erhebung (aus Agrarstatistik) zum Anteil der LF mit HEKUL-Förderung in einem Kreis ⇒ Schätzung des Mittelwertes und der Standardabweichung der HEKUL-geförderten LF für die einzelnen Betriebe in diesem Kreis, ggf. in Abhängigkeit von Betriebstyp und natürlichen Standortverhältnissen.

Abbildung 3 verdeutlicht die drei Regionalisierungsoperationen Translokation, Transformation und Skalenwechsel in grafischer Form. Regionalisierung bedeutet demnach jede Veränderung des Datums $D_{i,j,k}$ in einem oder mehreren seiner Attribute.

Alle drei Operationen können separat oder miteinander kombiniert durchgeführt werden. Dafür stehen teilweise sehr unterschiedliche methodische Ansätze zur Verfügung (oder müssen im SFB 299 in den nächsten Jahren entwickelt werden), die als Regionalisierungsverfahren (synonym: *Übertragungsregeln, Übertragungsfunktionen*) beschreiben, mit welchen Algorithmen das/die Zieldaten aus den Ausgangsdaten generiert werden. Ein Beispiel für Regionalisierungsansätze aus dem Bereich der Modellierung von Landnutzungsoptionen im SFB 299 wird von FOHRER ET AL. vorgestellt. In vielen Regionalisierungverfahren wird die Auftrennung in die elementaren Operationen nicht explizit vorgenommen, und in der Übertragungsregel sind bereits zwei oder drei Operationen zusammengefaßt.

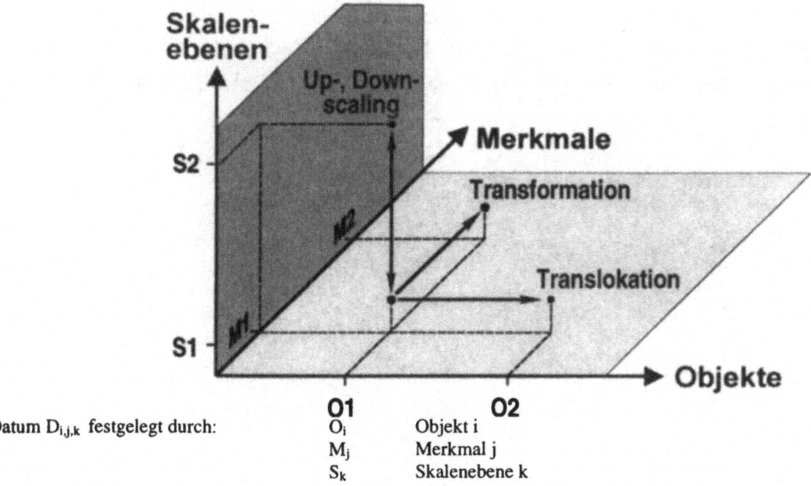

Abb.3: Elementare Regionalisierungs-Operationen im Begriffsverständnis des SFB 299

Mit dem vorstehenden Beitrag wird der Versuch unternommen, die methodische Diskussion zum Begriff "Regionalisierung" voranzutreiben werden und das bisherige Verständnis von Regionalisierung - das in einzelnen Disziplinen eher eng gefaßt wird, aber zwischen diesen Disziplinen widersprüchlich ist - zu formalisieren sowie den Erfordernissen eines interdisziplinären Forschungsvorhabens entsprechend zu erweitern.

Literatur

FOHRER, N. ET AL. (1998): Regionalisierungsansätze bei der Modellierung des Landschaftswasserhaushalts im SFB 299. (In diesem Band)

FREDE, H.-G., & M. BACH (1998): Leitbilder für Agrarlandschaften. Z. Kulturtechnik Landentwicklung (im Druck)

HORNUNG, U. (1995): Regionalisierung als mathematisches Problem. - In: K. Totsche et al.: Ökobilanzen, Produktlinienanalysen, Öko-Audit, UVP, Intergrierter Umweltschutz, Modellierung und Risikoabschätzung, Ökometrie. Tagungsband zur Ecoinforma 1994, Umweltbundesamt, Wien

MÜLLER, U., C. DEGEN & C. JÜRGING (1992) Dokumentation zur Methodenbank des Fachinformationssystems Bodenkunde. Nieders. Landesamt Bodenforschg., Hannover (Hrsg.). Technische Berichte z. NIBIS, H. 3,. Schweizerbart'sche Verlagsbuchhandlg., Stuttgart, 5. Auflg.

MÜLLER, M., H. THIELE & P. M. SCHMITZ (1998): Bewertung von Landschaftsfunktionen – Vergleichende Betrachtung disziplinärer Ansätze. (In diesem Band)

PLACHTER, H. (1995): Naturschutz in Kulturlandschaften: Wege zu einem ganzheitlichen Konzept der Umweltsicherung. – In: J. Gepp (Ed.): Naturschutz außerhalb von Schutzgebieten. Inst. f. Naturschutz, Graz 1995, 47-96

WENKEL, K.-O. & A. SCHULTZ (1998): Vom Punkt zur Fläche: das Skalierungs- bzw. Regionalisierungsproblem aus der Sicht der Landschaftsmodellierung. (In diesem Band)

Regionalisierung von Wasserquantität und -qualität - Konzepte und Methoden

Bernd Diekkrüger

Zusammenfassung

Die mit dem wachsenden Bedarf an regionalen Vorhersagen verbundenen Probleme der Modellierung von Wasserqualität und -quantität werden diskutiert. Es werden Methoden dargestellt, wie mit einem durchgängigen Modell- und Regionalisierungskonzept sowohl einzelne Standorte als auch Regionen simuliert werden können. Von entscheidender Bedeutung ist auch, wie die Ergebnisse bewertet werden und die mit einem Skalenwechsel verbundenen Unsicherheiten quantifiziert werden können.

1 Einleitung

In den letzten Jahrzehnten wurde eine Vielzahl von Wasserqualitäts- und Wasserquantitätsmodellen für sämtliche Skalen, d.h. von der lokalen bis zur regionalen (Meso- und Makroskala) entwickelt. Abhängig von der jeweiligen Intention sind diese Modelle in der Lage, einzelne Ereignisse bzw. kontinuierlich die Wasser- und Stoffflüsse auf einer bestimmten Skala zu simulieren. Zunehmend steht jedoch die regionale gbertragbarkeit und alle mit einem Skalenwechsel verbundenen Fragestellungen im Mittelpunkt des Interesses (BLÖSCHL, 1996).

Unter Regionalisierung versteht man neben der Ausweisung z.B. hydrologisch oder ökologisch ähnlicher Areale und der räumlichen und zeitlichen gbertragbarkeit eines Modells ohne Wechsel der Skala insbesondere alle mit einem Wechsel der betrachteten Skala verbundenen Probleme (upscaling, downscaling, Aggregierung, Disaggregierung). Vielfach werden die mit der Regionalisierung verbundenen Probleme umgangen, indem für jede Skala und für jede Fragestellung ein eigenes Modell realisiert wird. Diese Vorgehensweise ist nicht nur aufwendig, sondern verhindert auch, daß skalenübergreifende Konzepte entwickelt werden.

Das Thema Regionalisierung wird seit vielen Jahren in verschiedenen Fachdisziplinen bearbeitet. So wurde u.a. in den Jahren 1992-1998 das Schwerpunktprogramm "Regionalisierung in der Hydrologie" von der Deutschen Forschungsgemeinschaft gefördert (KLEEBERG, 1998). Auch in der Bodenkunde ist dieses Thema aktuell. Auf der Tagung " Soil and water quality at different scales" 1996 in Wageningen, Niederlande, hat Prof. Dr. J. Bouma versucht, die Probleme in der Bodenkunde zusammenzufassen. Da diese direkt auf die Probleme in der Landschaftsökologie übertragbar sind, seien sie hier etwas abgewandelt dargestellt:

Oft wird nicht genug Zeit dafür verwendet, das eigentlich zu lösende Problem exakt zu definieren. Dieses führt dazu, daß die eigenen Methoden oder Modelle favorisiert werden, unabhängig davon, ob es bessere oder einfachere Verfahren gibt. Oft werden mit dem Wechsel der Skala einfachere Methoden oder Modelle verwandt, ohne exakt die Grenzen der Anwendbarkeit darzulegen. Dieses trifft natürlich auch für komplexere Ansätze zu, da hier erklärt werden muß, worin der Vorteil der komplexeren Methode liegt. Es wird empfohlen, die Modellklassifikation in Anlehnung an das Schema von Hoosbeck & Bryant (1992) vorzunehmen, die eine skalenabhängige Einteilung der Ansätze in qualitativ-quantitativ und empirisch-mechanistisch vorsieht. Durch eine genaue, skalenabhängige Definition der Methoden und Modelle wird offensichtlich, ob mit einem Skalenwechsel auch ein Wechsel im Konzept und somit der Klassifikation verbunden ist. Daher ist in jedem Fall anzugeben, wie der Skalenwechsel (upscaling-downscaling) methodisch realisiert wird. Hierzu gehören neben den grundlegenden Annahmen insbesondere die damit verbundenen Unsicherheiten. Bei Verwendung von Daten (auf welcher Skala erhoben und für welche Skala repräsentativ?) muß genau dargelegt werden, woher sie stammen und ob es Messungen oder Schätzungen sind. Es muß quantifiziert werden, wie groß der Güteverlust ist, wenn Schätzungen bzw. Ableitungen von Daten anstelle von Messungen verwendet werden. Dieses führt direkt zur Frage, wie die Unsicherheiten in den grundlegenden Daten und in den Randbedingungen sich auf die Modellergebnisse auswirken. Dieses hängt natürlich auch mit der Frage zusammen, wie die Fehlerfortpflanzung in Modellen ist und welche Parameter besonders sensitiv sind.

Für die Darstellung der Ergebnisse raumbezogener Analysen werden zunehmend Geo-Informationssysteme (GIS) eingesetzt. Sie bieten exzellente Möglichkeiten, die Ergebnisse attraktiv darzustellen. Allerdings ist zu beobachten, daß in den letzten Jahren die Darstellung immer mehr in den Vordergrund rückt und die methodisch-inhaltliche Ebene nebensächlich wird. Dabei muß gerade bei der regionalen Analyse darauf geachtet werden, daß die Ergebnisse so dargestellt werden können, daß sie auch die Unsicherheiten aufgrund von Datenproblemen bzw. Modellannahmen reflektieren.

2 Methoden

Für die Vorhersage der Wasser- und Stoffflüsse wird auf allen Skalen das Modellsystem SIMULAT (Diekkrüger, 1996) verwendet. Es ist ein Punktmodell, das in der zeitlichen Skala von Stunden bis zu Jahrzehnten eingesetzt werden kann. Es berechnet neben dem Wassertransport (Richardsgleichung), Stofftransport (Konvektions-

Dispersiongleichung), Bodenwärmetransport, Evapotranspiration (Penman-Monteith) alle fhr Agrarökosystemanalysen wichtigen Prozesse (u.a Pflanzenschutzmittel, Stickstoff, Schwefel, Pflanzenwachstum). Die für hydrologische Fragestellungen wichtigen Prozesse werden ebenfalls berücksichtigt (Interflow, Abflußbildung, räumliche Variabilität).

Eine Region ist in diesem Zusammenhang definiert als ein Ensemble von homogenen Einheiten, d.h. nach der bodenkundlichen Definition ein Ensemble von Polypedons, nach der hydrologischen ein Ensemble von Hydro-Pedotopen und der landschaftsökologischen ein Ensemble von Ökotopen. Da die Ausweisung dieser kleinsten Einheiten häufig mit einem GIS vorgenommen wird, werden sie auch kleinste gemeinsame Geometrien genannt. Es ist festzuhalten, daß diese Ausweisung skalenabhängig ist, d.h. abhängig von der Auflösung der verfügbaren Daten kann eine unterschiedliche Unterteilung des Gebietes resultieren. Im folgenden werden einzelne Probleme bei der Regionalisierung skalenabhängig diskutiert.

2.1 Vom Punkt zur Fläche

Häufig wird versucht, upscaling durch eine Aggregation von Parametern zu ermöglichen. Es werden somit effektive Parameter gesucht, die das Ensemble von Realisationen in einem Gebiet durch nur einen Wert ersetzen, z.B. für den Wasserfluß:

$$Q_{eff} = \Gamma q\,(M_{eff})1 \qquad \text{(Gl. 1)}$$

wobei Φ_{eff} der effektive Parametervektor ist. Dieses ist für einfache, lineare Modell, wie z.B. Grundwassermodelle, eingeschränkt möglich. Da aber die Parameter des hier verwendeten Modells nicht-linear sind (Retentionskurve, unges. Wasserleitfähigkeit) und somit die Erwartungswerte der Wasserflüsse $E[q]$ nicht aus den Erwartungswerten der Modellparameter $E[M]$ ableitbar sind, ist dieses Konzept hier nicht anwendbar:

$$E[q(x,t,M)] \neq q(x,t,E[M])\,2 \qquad \text{(Gl. 2)}$$

Es müssen daher repräsentative Parameter gefunden werden, die das mittlere Verhalten auf der höheren Skala beschreiben. Diese können durch folgende Schritte bestimmt werden:

- Berechne mittlere Zeitreihen (z.B. Wassergehalte, Stoffkonzentrationen) entweder durch Simulation aller gemessenen Bodeneigenschaften (empirische Verteilung) oder durch direkte Integration bzw. Anwendung der Latin-Hypercube-Methode wenn die Warscheinlichkeitsdichtefunktion der Parameter bekannt ist.

- Konstruiere Hüllkurven aus der Standardabweichung der Simulationsergebnisse für jeden Ort und jeden Zeitpunkt.
- Jeder Parametersatz, der zu Modellergebnissen innerhalb der einhüllenden Funktion führt, kann als repräsentativ angesehen werden. Üblicherweise wird jedoch der Parametersatz als repräsentativ bezeichnet, der das mittlere Verhalten am besten annähert.

Im Rahmen einer Untersuchung zur kleinräumigen Variabilität von Bodeneigenschaften (DIEKKRÜGER ET AL., 1996) wurden auf einem Standort an 86 Meßstellen in zwei verschieden Tiefen Bodenproben entnommen und u.a. die Retentionskurve, die gesättigte Wasserleitfähigkeit, der Humusgehalt und das Sorptionsvermögen fhr das Pflanzenschutzmittel Chlortoluron (CT) ermittelt. Mit diesen Daten wurden Simulationen der Evapotranspiration, der Grundwasserneubildung, des Stofftransportes (Bromid, CT) und des Abbaus von CT durchgeführt. Die Ergebnisse der Simulation der Vegetationsperiode vom 1.3.-31.10.94 sind in Abbildung 1 dargestellt. Es ist zu sehen, daß, obwohl in der Bodenkarte 1:5000 als homogen kartiert, die kleinräumige Variabilität der Bodeneigenschaften einen deutlichen Einfluß auf den Wasser- und Stoffhaushalt hat. Diese Variabilität hat einen entscheidenden Einfluß auf die Transportprozesse und kann nicht einfach ausgemittelt werden.

Abhängig von der Fragestellung (Problemdefinition) kann es aber auch notwendig sein, einen anderen Parametersatz als den der das mittlere Verhalten abbildet, als repräsentativ zu bezeichnen. Wenn die Abschätzung der Grundwasserkontamination im Vordergrund steht, kann eventuell im Rahmen der Vorsorge der Parametersatz repräsentativ sein, mit dem das höchste Risiko berechnet wird.

2.2 Von der Fläche zum kleinen Einzugsgebiet

Wie zuvor dargestellt, ist ein Einzugsgebiet aus vielen kleinen homogenen Einheiten zusammengesetzt. Sofern laterale Flüsse keine große Rolle spielen, kann das (kleine) Einzugsgebiet vollständig durch Simulation aller Einheiten berechnet werden. Im Gegensatz zu der vorher zitieren Studie, ist man allerdings darauf angewiesen, die Modellparameter aus Kartenwerken (Bodenkarte, Geologische Karte) abzuleiten. Hierbei treten zwei Probleme auf:

Die Kartenwerke enthalten nur Nominaldaten, d.h. es wurden Klassen z.B. der Bodenart gebildet. Fhr die Anwendung von Pedotransferfunktionen zur Ableitung der bodenhydrologischen Eigenschaften aus der Bodenart müssen den klassifizierten Daten Anteile der Korngrößenfraktion zugewiesen werden. Hierbei stellt sich die Frage, ob z.B. der Schwerpunkt der Fläche einer Bodenart im Korngrößendreieck einen geeigneten Wert liefert.

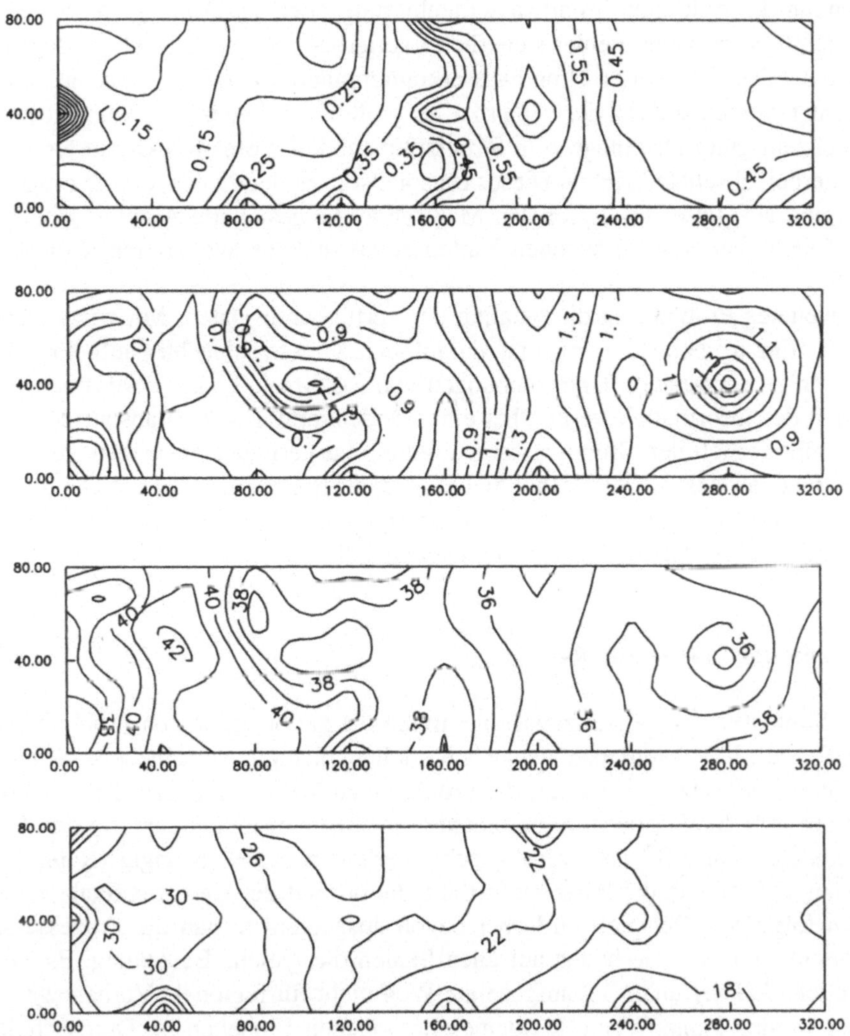

Abb.1: Simulierte Chlortoluron-Rückstände [kg/ha], Tiefe des Bromid-Peaks [m], kumulative Evapotranspiration [cm], Summe des Ton- und des Schluffgehaltes [Gew.%] (von oben)

Die Pedotransferfunktion liefert zwar eine Schätzung der bodenhydrologischen Eigenschaften, die Schätzung ist aber mit großen Unsicherheiten verbunden (TIETJE & TAPKENHINRICHS, 1993). Wie wirken sich die mit der Verschlechterung der Eingangsdaten verbundenen Unsicherheiten auf die Simulationsergebnisse aus ? Ob die möglichen Fehler akzeptabel sind, hängt wiederum von der Fragestellung ab. Für die Berechnung der mittleren Grundwasserneubildung oder des Austrags an Stickstoff ist der damit verbundene Fehler sicherlich tolerierbar. Wenn aber, wie in dem Beispiel zuvor, das Riskio der Grundwasserkontamination mit Pflanzenschutzmitteln abgeschätzt werden soll, ist der Fehler i.a. zu groß. Es ist leider auch kein Trost, daß selbst bei sehr guter Datenlage kein Simulationsmodell dieses Risiko mit einer großen Sicherheit abschätzen kann. Dieses Beispiel soll verdeutlichen, daß es Fragestellungen gibt, auf die es im regionalen Maßstab keine gesicherte Antwort gibt, auch wenn Modellergebnisse in schönen Karten etwas anderes suggerieren (LÜCKE ET AL., 1995)

Ein weiteres Problem ist die Qualität der verfügbaren Daten. Mit zunehmender Größe des Einzugsgebiets ist man i.a. darauf angewiesen, schlechter aufgelöste Eingangsdaten zu verwenden. Untersuchungen von BORMANN ET AL. (1996) haben gezeigt, daß der Informationsverlust bei einer Bodenkarte 1:50.000 anstatt der Karte 1:5.000 hinsichtlich der Grundwasserneubildung zu geringen Abweichungen führt. Jedoch sollte der Maßstab 1:50.000 nicht unterschritten werden, da die Generalisierung der Kartenwerke ja nicht unter der Fragestellung vorgenommen wurde, die jetzt bei dem Einsatz der Karten beantwortet werden soll.

2.3 Von der Fläche zur Region

Bei der Simulation großer Einzugsgebiet treten die zuvor genannten Problem ebenfalls auf. Natürlich kann man versuchen, skalenabhängig verschiedene Simulationsmodelle einzusetzen und somit die Probleme zu umgehen. Dieses kann sinnvoll sein, wenn jede Skala über ihre dominanten Prozesse charakterisiert werden kann. Somit könnte man z.B. das hydrologische Verhalten skalenabhängig (Raum-Zeit) berechnen, indem man die Prozesse fortläßt, die nur auf der kleineren Skala wichtig sind. Im folgenden Beispiel wird aber davon ausgegangen, daß die Prozesse skaleninvariant sind, d.h. sie haben auf allen Skalen die gleiche Bedeutung. Es ist offensichtlich, daß der unter 3.2 aufgezeigte Weg nicht für regionale Vorhersagen beschritten werden kann. Wenn die kleinen homogenen Einheiten im Durchschnitt 5 ha groß sind, müßten bei 1.000 km^2 schon 20.000 simuliert werden. Aufgrund des Rechenzeitbedarfs ist es notwendig, die Anzahl der zu simulierenden Einheiten zu reduzieren. Wie zuvor dargestellt, kann dieses nicht über eine Aggregation der Modellparameter geschehen, da sie nicht-linear sind. Vergröberte Eingangsdaten sollten nicht verwandt werden, da nicht gewährleistet ist, daß die Generalisierung sinnvoll im Hinblick auf die untersuchte Fragestellung ist. Zur Simulation der regionalen Wasserflüsse (1.000 km^2) mit dem Modellsystem SIMULAT wird daher folgende Vorgehensweise vorgeschlagen:

Die aus der Überlagerung aller Informationen entstandenen kleinsten homogenen Einheiten werden zu Gruppen mit hydrologisch ähnlichem Verhalten zusammengefaßt. Diese Klassifikation erfolgt mit einer Clusteranalyse, wobei sich das Furthest Neighbour Verfahren mit der Euklidischen Distanz bewährt hat. In die Clusteranalyse gehen die berechneten monatlichen Wasserflüsse ein, um die zeitliche Dynamik der Landnutzung mitzuberücksichtigen. Da die Anzahl der zu simulierenden Einheiten reduziert werden soll, kann die Clusteranalyse nicht auf den Simulationsergebnissen aller vorhandenen basieren. Stattdessen werden für die Klassifikation einmalig sogenannte Modellbodensäulen berechnet, die alle überhaupt vorkommenden Eigenschaften (bodenhydrologisch, Relief, Landnutzung) besitzen. Durch die Clusteranalyse werden die hydrologisch ähnlichen Modellbodensäulen in Gruppen zusammengefaßt. Die Definition der Ähnlichkeit bedingt, daß später für jedes dieser Cluster nur jeweils ein Vertreter simuliert werden muß.

Das Hauptproblem besteht in der Zuweisung der real in einem Gebiet vorhandenen homogenen Einheiten zu den Modellbodensäulen. Abhängig von der Datenbasis kann das Bodenprofil aus mehreren Horizonten variabler Mächtigkeit bestehen. Jedes dieser Horizonte ist durch einen Satz von Bodeneigenschaften gekennzeichnet, der z.B. Textur, Lagerungsdichte und Humusgehalt umfaßt. Eine Mittelung der Modellparameter macht genausowenig Sinn wie die Berechnung mittlerer Eigenschaften z.B. der Textur. Es müssen daher integrale Größen berechnet werden, die die komplexen Bodeneigenschaften zu einem Wert zusammenzufassen. Die Kombination verschiedener, als Regionalisierung-kenngrößen bezeichneter integraler Größen ermöglicht eine eindeutige Zuordnung der real vorhandenen Einheiten zu den Modellbodensäulen. Es sind dieses z.B. die nutzbare Feldkapazität und die "travel time", wobei mit der travel time berechnet wird, wie lange ein Wassermolekül unter der Annahme des nicht dispersiven, vertikalen Wasserflusses für das Durchströmen der durchwurzelten Zone benötigt. Die Bestimmung des jeweiligen Vertreters jedes Clusters kann nach verschiedenen Verfahren erfolgen. Da jedoch laut Definition alle in dem Cluster vorhandenen Modellbodensäulen hydrologisch ähnlich sind, ist die Auswahl des Vertreters bei einer nicht zu groben Klassifikation von untergeordneter Bedeutung. Diese Vertreter werden als repräsentative Hydro-Pedotope bezeichnet, da sie zwar das mittlere Verhalten nachvollziehen, aber keine effektiven Parameter im eigentlichen Sinne sind.

Dieses Konzept ist schematisch in Abbildung 2 dargestellt. Nach der einmaligen Klassifikation erfolgt für jedes zu simulierende Gebiet die Bestimmung der Regionalisierungskenngrößen. Da dieses statische Größen sind, ist der benötigte Aufwand minimal. Nach der Zuordnung der realen Einheiten zu den Clustern kann die Simulation der wenigen, repräsentativen Hydro-Pedotope für den betrachteten Zeitraum und das Gebiet erfolgen. Bei diesem Konzept erfolgt somit keine zeitliche bzw. räumliche Aggregierung. Das sich bei der GIS-Analyse ergebende räumliche Muster bleibt erhalten, die zeitliche Diskretisierung der Modellergebnisse ebenfalls. Für weitergehende Informationen sei in diesem Zusammenhang auf die Arbeiten von NIESCHULZ (1997), LÜCKE (1997) und DIEKKRÜGER ET AL. (1998) verwiesen.

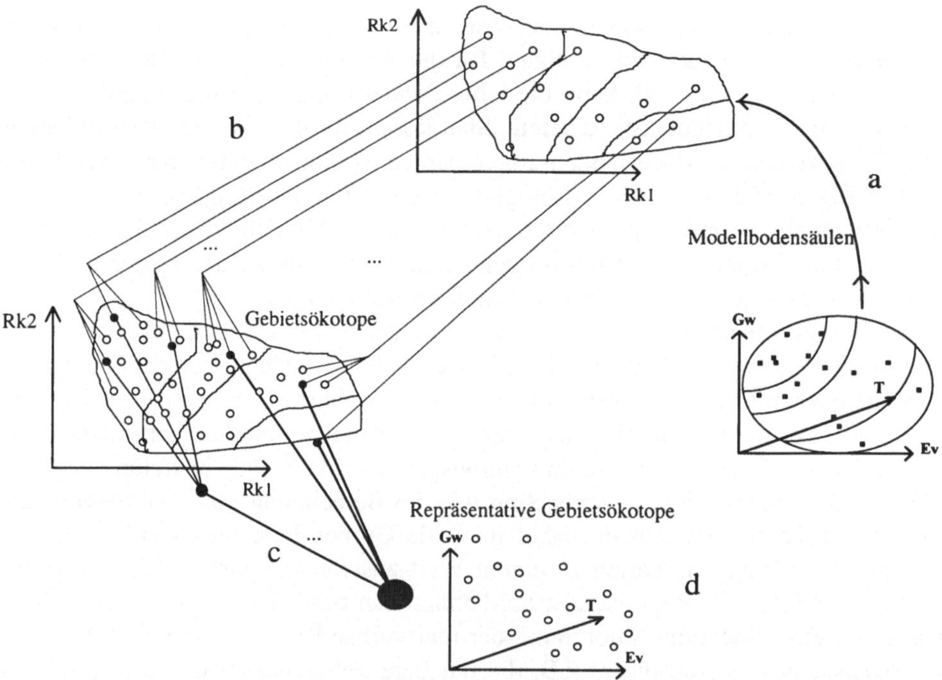

Abb.2: Schematische Darstellung des Regionalisierungsverfahren: a) Simulation und Klassifikation der Modellbodensäulen und Definition der Regionalisierungskenngrößen rk. b) Bestimmung der Regionalisierungskenngrößen aller Einheiten und Zuordnung zu den Clustern der Modellbodenssäulen. c) Auswahl der repräsentativen Hydro-Pedotope. d) Simulation der repräsentativen Hydro-Pedotope zur Berechnung des regionalen Wasserhaushalts.

Dieses Verfahren wurde zur Simulation der Wasserflüsse im Einzugsgebiet des Pegels Leineturm (ca. 1.000 km^2), angewendet. Zum Vergleich der gemessenen mit der simulierten Abflußganglinie war es notwendig, die Fließzeiten von den einzelnen homogenen Einheiten bis zum Gebietsauslaß mittels eines einfachen Translationsansatzes zu berechnen. Der Simulationszeitraum betrug 9 Jahre, und zwar vom Januar 1981 bis zum November 1989. Entsprechend dem Regionalisierungsansatz wurde der Gebietswasserhaushalt des Einzugsgebietes auf der Basis von wenigen, repräsentativen Hydro-Pedotopen berechnet. Die Anzahlen der durchgeführten Simulationsläufe sind in Tabelle 1 aufgeführt. Aufgrund der Tatsache, daß viele Flächen in mehreren Niederschlagsregionen liegen, waren mehr Simulationsläufe durchzuführen, als es homogene Einheiten gibt. Deutlich wird die erhebliche Reduktion des Rechenaufwandes. Bei den durchgeführten Simulationen mit 2 bis 30 repräsentativen Hydro-Pedotope liegt die Anzahl der Rechenläufe bei 0.6 bis 6.6 % der für alle tatsächlichen Einheiten benötigten Simulationsläufe. Trotz der immensen Reduktion des Rechenaufwands wird dabei die räumliche Auflösung der Ergebnisse nicht aufgegeben.

Tab.1 Anzahl der verwendeten repräsentativen Hydro-Pedotope und der benötigten Simulationsläufe bei verschiedenen Hierarchiestufen der Clusteranalyse. Die Gesamtzahl der vorhandenen Einheiten beträgt 9266, die notwendigen Simulationsläufe 16631.

Anzahl Cluster	2	5	11	18	24	30
durchzufhhrende Simulationen	107	255	509	751	947	1102
durchzufhhrende Simulationen in [%]	0,6	1,5	3,1	4,5	5,7	6,6

Eine genaue Darstellung und Diskussion aller mit der regionalen Simulation verbundenen Probleme kann hier nicht erfolgen. Es seien hierbei auf die Arbeiten von THIEKEN ET AL. (1997), BORMANN ET AL. (1996), und BORMANN ET AL. (1998) verwiesen. Generell ergibt sich durch das Modell eine Unterschätzung der Abflußsummen um ca. 20%. Mögliche Ursachen für die Unterschätzung des Abflusses sind die Nicht-Berücksichtigung versiegelter Flächen und fehlerhafte Niederschlagsdaten. Abbildung 3 zeigt die gemessenen und simulierten Monatswerte fhr den gesamten Zeitraum. Der allgemeine Trend wird gut nachvollzogen, aber die simulierten Abflußwerte sind generell niedriger als die gemessenen. Es muß allerdings in diesem Zusammenhang betont werden, daß das Modell nicht kalibriert wurde. Alle Parameter und Randbedingungen wurden so verwendet, wie sie zur Verfügung gestellt bzw. aus der Bodenkarte abgeleitet wurden.

Wie zuvor erwähnt, wird trotz der Reduktion des Rechenaufwands die räumliche Auflösung und der Ergebnisse beibehalten. So kann für jeden Zeitpunkt der Simulation an jedem Ort im Einzugsgebiet ein Simulationswert angegeben werden. In Abbildung 4 ist die aktuelle Evapotranspiration des Jahres 1987 für das gesamte Einzugsgebiet der oberen Leine dargestellt. Dominant ist in dieser Abbildung die Landnutzung, die eine grobe Unterteilung in dunkle Flächen (Gewässer, Wald) mit hohen Verdunstungswerten und helle Flächen (Acker-, Grünland) mit niedrigen Verdunstungswerten hervorruft. Die weiteren Differenzierungen sind durch Bodeneigenschaften, Topographie und Wetterdaten bedingt.

Wie die Ergebnisse weiter gezeigt haben, sind die Grenzen der Anwendbarkeit nicht im Modell bzw. im Regionalisierungsverfahren sondern in der Datenverfügbarkeit zu sehen. Mit zunehmender Größe des Einzugsgebietes wird die Informationsdichte geringer. Ab einer bestimmten Dichte werden die Fehler bei der Interpolation und bei der Disaggregierung der Daten so groß, daß eine dynamische Modellierung mit physikalisch basierten Modellen nicht mehr sinnvoll ist.

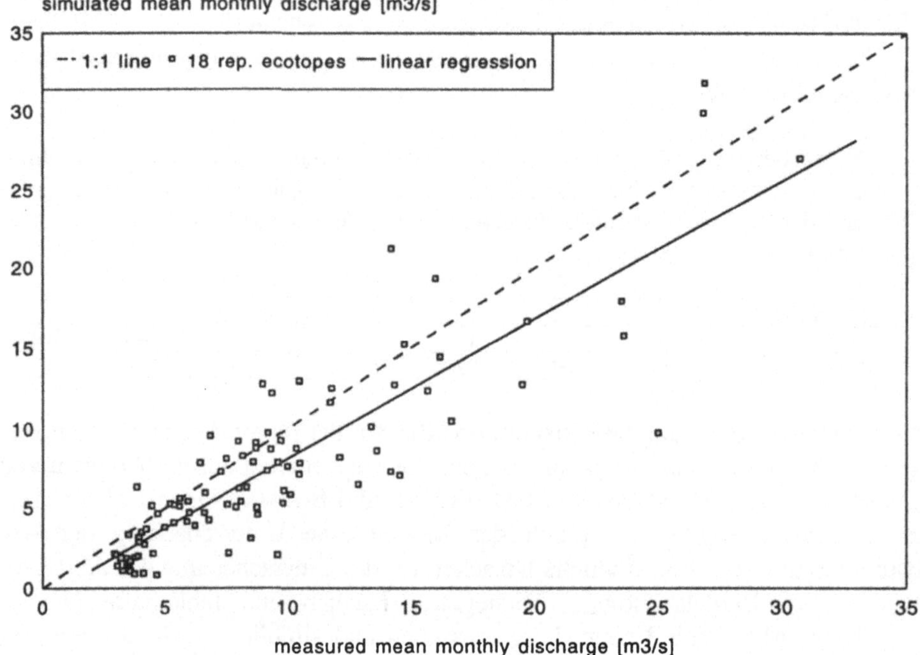

Abb. 3 Gemessene und simulierte (18 repräsentative Hydro-Pedotope) monatliche Abflüsse (R=0,89)

3 Diskussion und Schlußfolgerungen

Im Rahmen dieses Betrags wurde versucht, einige Methoden und Konzepte zur skalenabhängigen Analyse der Wasser- und Stoffflüsse darzustellen. Es sei noch einmal betont, daß bei der Wahl von Modellen und Regionalisierungsverfahren immer klar definiert werden muß, welches Problem eigentlich gelöst werden soll. Regionale Aussagen beinhalten eine große Unsicherheit, aber diese muß man akzeptieren und vor allem darstellen. Es kann nicht erwartet werden, daß regionale Aussagen die gleiche Güte aufweisen wie lokale.

Die nun bereits mehrfach angemahnte Quantifizierung der Unsicherheiten wird z.Z. fhr die Simulation des Einzugsgebietes der oberen Leine vorgenommen (BORMANN ET AL., 1998). Erst anhand dieser Berechnungen kann eine Bewertung vorgenommen werden, denn die guten Ergebnisse bei der Simulation des 1.000 km^2

großen Gebietes mit Ansätzen, die für Standorte entwickelt und bislang höchstens für kleine Einzugsgebiet eingesetzt wurden, kann auch zufällig entstanden sein.

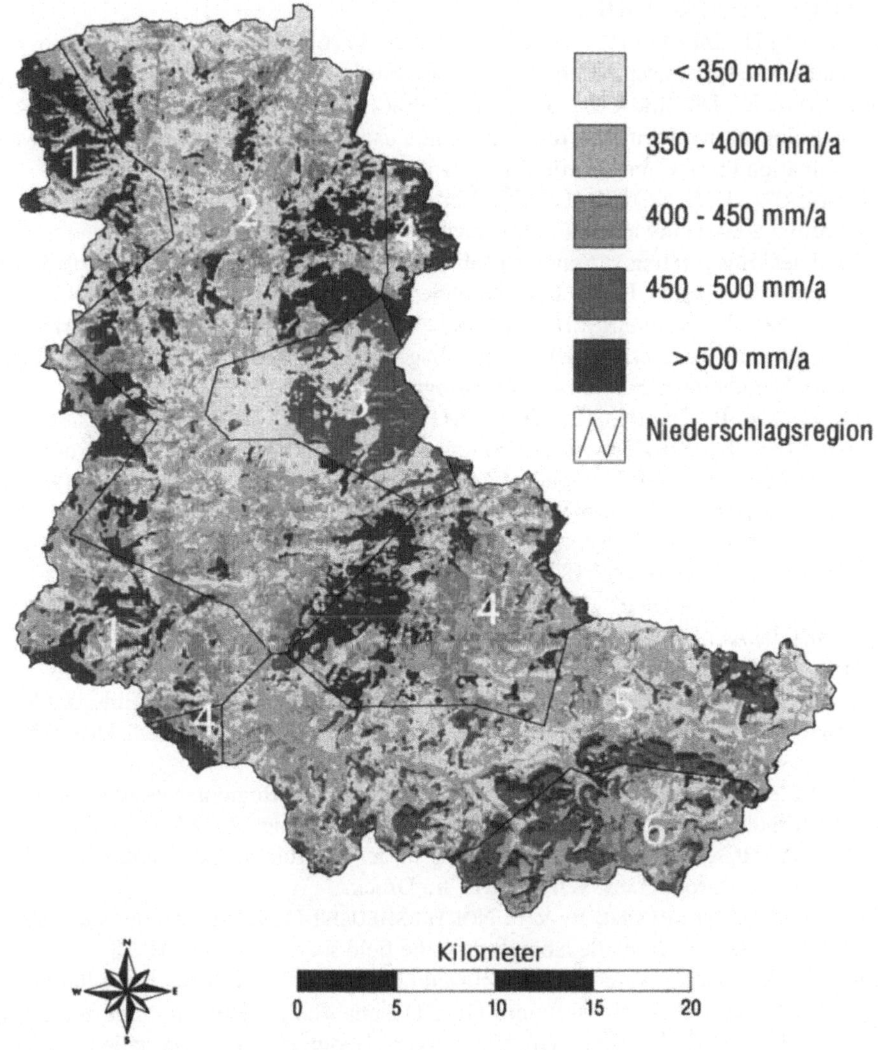

Abb.4 Flächenhafte Darstellung der aktuellen Evapotranspiration für das hydrologische Jahr 1987 im Einzugsgebiet der oberen Leine

Literatur

BLÖSCHL, G. (1996): Scale and scaling in hydrology. Habilitationsschrift. Wiener Mitteilungen, Band 132, 346 S.

BORMANN, H., DIEKKRÜGER, B. & O. RICHTER (1996): Effects of data availability on estimation of evapotranspiration. Phys. Chem. Earth. 21.3:171-175.

BORMANN, H., DIEKKRÜGER, B. & CH. RENSCHLER (1998): Regionalization concept for hydrological modelling on different scales using a physically based model: results and evaluation.Phys. Chem. Earth. Eingereicht zur Veröffentlichung.

DIEKKRÜGER, B. (1996): SIMULAT - Ein Modellsystem zur Berechnung der Wasser- und Stoffdynamik landwirtschaftlich genutzter Standorte. In: Richter, O., Söndgerath, D. & B. Diekkrüger (Hrsg.): Sonderforschungsbereich 179 "Wasser- und Stoffdynamik in Agrarökosystemen". Landschaftsökologie und Umweltforschung 24, S. 30-47.

DIEKKRÜGER, B., BORMANN, H., RENSCHLER, CH. & O. RICHTER (1998): Kurzbericht AG Diekkrüger / Richter. In: Kleeberg (Hrsg.): Regionalisierung in der Hydrologie. Abschlußbericht des DFG-Schwerpunktprogramms. Wiley-VCH. Im Druck.

DIEKKRÜGER, B., FLAKE, M., KUHN, M., NORDMEYER, H., RÜHLING, I. & D. SÖNDGERATH (1996): Arbeitsgruppe "Räumliche Variabilität". In: Richter, O, Söndgerath, D. & B. Diekkrüger (Eds.): Sonderforschungsbereich 179 "Wasser- und Stoffdynamik in Agrarökosystemen". Landschaftsökologie und Umweltforschung 24, S. 1232-1306.

HOOSBECK, M.R. & R. BRYANT (1992): Towards the quantitative modeling of pedogenesis - A review. Geoderma 55:183-210.

LÜCKE, A., GÜNTHER, P., DIEKKRÜGER, B., PESTEMER, W. & O. RICHTER (1995): Implementation of a herbicide simulation model in a geographical information system with an example of a site specific application. Weed Research 35:333-342.

LÜCKE, A. (1996): Regionalisierung des Oberflächenabflusses unter Einsatz Geographischer Informationssysteme und multivariater statistischer Verfahren. Dissertation, Naturwissenschaftliche Fakultät, TU Braunschweig. 149 S.

NIESCHULZ, K.-P. (1996): Mathematisch-bodenkundliche Regionalisierung des Bodenwasserhaushalts. Landschaftsökologie und Umweltforschung 27, 227 S.

KLEEBERG (HRSG., 1998): Regionalisierung in der Hydrologie. Abschlußbericht des DFG-Schwerpunktprogramms. Wiley-VCH. Im Druck.

RICHTER, O., DIEKKRÜGER, B. & P. NÖRTERSHEUSER (1996): Environmental fate modelling of pesticides: from the laboratory to the field scale. Wiley-VCH. 281 S.

THIEKEN, A., LÜCKE, A. & B. DIEKKRÜGER (1997): Einfluß von Datenqualität und DHM-Analysen auf die Ergebnisse eines Oberflächenabflußmodells. Beiträge zur Geographischen Informationswissenschaft. Salzburger Geographische Materialien, Heft 26:153-162.

TIETJE, O. & M. TAPKENHINRICHS (1993): Evaluation of pedo-transfer functions. Soil Sci. Soc. Am. J. 57:1088-1995.

Regionalisierung und Upscaling des Wasserumsatzes in Einzugsgebieten

Gerhard Gerold

1 Einführung, Skalenproblem und Zielsetzung

Die Abschätzung der Auswirkungen zukünftiger Umweltveränderungen auf den Wasserhaushalt von Einzugsgebieten erfordert den Einsatz deterministisch-numerischer Simulationsmodelle zur räumlichen Beschreibung des hydrologischen Prozeßgefüges. Die Anwendung hydrologischer Modelle setzt mehr oder weniger (modellabhängig) umfangreiche Gebietsinformationen voraus, zu deren räumlicher Verteilung in größeren Gebieten häufig keine oder ungenaue Angaben vorliegen. Es müssen somit Methoden und Modellansätze entwickelt werden, deren Parameter aus allgemein verfügbaren Gebietsinformationen abgeleitet werden können und eine gebietsdifferenzierte Untersuchung des Wasserhaushaltes ermöglichen (BORK 1992).

Um die Auswirkungen von Klima- oder Landnutzungsänderungen auf den Wasserhaushalt quantitativ erfassen zu können, insbesondere regionalspezifische Änderungen in ihrem Einfluß auf den Wasserumsatz abschätzen zu können, ist neben der geeigneten Auswahl von Modellen auch eine geeignete Flächendiskretisierung zur Parametrisierung und Erfassung der Wasserhaushaltskomponenten notwendig. Dabei treten folgende Probleme auf, die Teil der Regionalisierungs- bzw. Skalenproblematik sind:

- Für welche Skalen (regionale Maßstabsebene) ist das Wasserhaushaltsmodell mit der zugehörigen Parametrisierung einsetzbar und gültig (upscaling ohne Modellwechsel)?
- Wie wirkt sich die skalenabhängige Verfügbarkeit der Basisdaten auf die Güte der Wasserhaushaltssimulation aus (Skalenebene und Informationsdichte)?
- Wie können bei großen Einzugsgebieten Flächen ähnlichen hydrologischen Verhaltens zusammengefaßt werden, ohne daß sich die charakteristischen Gebietseigenschaften verändern und die Güte der Wasserhaushaltssimulation deutlich schlechter wird (Aggregierungsproblematik)?

Im Rahmen des DFG-SPP „Regionalisierung in der Hydrologie“ (s. DIEKKRÜGER&RICHTER 1997) wurde vor allem der Frage der Aggregierung (Hydrotopkonzept) und der Modellanwendung in unterschiedlichen Einzugsgebietsgrößen („upscaling“) nachgegangen. Dabei steht besonders der Wasserumsatz in der ungesättigten Bodenzone (Parametrisierung pedohydrologischer Kennwerte) mit den schnellen Abflußkomponenten und die langjährige Wasserhaushaltssimulation im Vordergrund der Untersuchungen. Es wurde versucht, Modell- und

GIS-gestützte Regionalsisierungsansätze soweit zu entwickeln, daß bis in die Größenordnung des Einzugsgebietes der Oberen Leine (Tabelle1) skalenunabhängige Verfahren und damit räumlich übertragbare Aussagen zum gebietesdifferenzierten langjährigen Wasser-umsatz möglich sind. Für kleinere Einzugsgebiete wurde das Hydrotopkonzept (HRU´s = hydrological response units) in der hyrologischen Modellierung erfolgreich nachgewiesen (s.z.B. DIEKKRÜGER 1992, FLÜGEL 1995, MERZ 1996).

Mit der Vergrößerung der untersuchten Einzugsgebiete (Tabelle 1) mußten die pedohydrologischen Kennwerte aus unterschiedlichen Bodeninformationen abgeleitet und im Sinne der effektiven Parameter zusammengefaßt werden. Die Regionalisierungstrategie wurde im Gewässerkundlichen Forschungsgebiet Ziegenhagen umgesetzt und mittels der langjährigen Pegelabflußmessungen sowie der standörtlichen komplexen Bodenwasserhaushaltsmessungen verifiziert und getestet. Mit der Übertragung auf das Einzugsgebiet der Oberen Leine wurde der Skalensprung bis in die Obere Mesoskala erreicht.

Tab.1: Skalenebene der Untersuchungsgebiete und bodenkundliche Grundlagen

Gebiet	Größe (km²)	Skala	Bodenkundl.Grundlage
Lindengrund	1,35	Obere Mikro-/untere Mesoskala	Eigene Kartierungen, Forstl. Standortskartierung
GFZ	14,7	Mesoskala	„
Eschenberg	1,95	Obere Mikro-/untere Mesoskala	Reichsbodenschätzung, Forstl. Standortskartierung
Wernersbach	4,60	Mesoskala	Karte der Bodenarten (AG Peschke)
Obere Leine	992,0	Obere Meso-/untere Makroskala	Bodenübersichtskarten 1:50.000, 1:200.000

Damit können zusammengefaßt zu folgenden Fragen einige Ergebnisse dargelegt werden:

- Aus allgemeine verfügbaren Gebietsinformationen werden Modellparameter abgeleitet und für die Güte der Wasserhaushaltssimulation getestet.
- Welche Auswirkung hat die Aggregierung zu Hydrotopen auf die Abflußbildung und Wasserhaushaltssimulation?
- Bis zu welcher Einzugsgebietsskala sind die Regionalsierungsansätze anwendbar?

2 Regionalisierungsmethoden

Die Regionalisierungsansätze wurden aus der Kopplung von GIS (ARC/INFO) im sogenannten Preprocessing (KOVARN&NACHTNEBEL 1996) mit der digitalen Reliefanalyse (Programmpaket SARA s.KÖTHE 1997) und dem Wasserhaushaltsmodell WASMOD (REICHE 1991) entwickelt (GEROLD&CYFFKA 1998). Es wurden zwei Regionalisierungsverfahren entwickelt, mit denen die Ausweisung und Aggregierung von HRU`s für den Wassertransport in der ungesättigten Bodenzone und für die Abflußbildung durchgeführt wird. Die Bestimung der Wasserhaushaltskomponenten erfolgt mit dem von REICHE (1991) entwickelten Wasserhaushaltsmodell WASMOD. Das Modell berechnet für jede ausgewiesene Fläche anhand der gebildeten repräsentativen Parameterfelder die vertikalen Bodenwasserflüsse. Als Ergebnis der Simulation aller Teilflächen (HRU`s) des Untersuchungsgebietes werden die Wasserhaushaltsgrößen Verdunstung, Oberflächenabfluß und Grundwasserabfluß gebietsdifferenziert ermittelt.

In Ansatz 1 (.Abbildung. 1) werden durch die Verschneidung von Nutzungs-, Boden und Geologiemerkmalsdateien in ARC/INFO kleinste gemeinsame Geometrien vergleichbar den „Representative Elementary Areas (REA)" erzeugt (BLÖSCHEL 1996), die als Flächen mit gleicher Gebietsausstattung definiert sind. Auf die Ergebnisse der Modellsimulation wird für die Wasserhaushaltskomponenten Evapotranspiration nach HAUDE, Oberflächenabfluß und Grundwasserabfluß eine Clusteranalyse (hierarchisch agglomerativ nach WARD) angewendet und damit Flächen zu Wasserumsatztypen im Sinne der HRU´s zusammengefaßt.

Auf der Grundlage digitaler Höhenmodelle wird im zweiten Ansatz mit dem Programmpaket SARA (KÖTHE 1997) eine automatische geomorphometrische und gemorphologische Relief-analyse durchgeführt. Die berechneten flächenhaften Reliefeinheiten wurden mit mehrjährigen Messungen zur Erfassung der Bodenfeuchte im GFZ in Beziehung gesetzt und der Zusammenhang von Bodenfeuchte und Reliefeinheiten geprüft. Im Sinne der effektiven Parameter konnten vier verschiedene Reliefeinheiten als HRU´s mit charakteristischen Unterschieden in der Bodenfeuchte statistisch abgesichert werden. Dabei nimmt die Bodenfeuchte im Mittel von den Senken- über die Konvergenz- und Intermediär-/Divergenzbereiche bis zu den Scheitelflächen kontinuierlich ab (s. Abbildung 3 u. SCHMITT 1995).

Die Anwendung von WASMOD setzt eine Vielzahl von Eingabeparametern voraus, die aus flächenhaften Gebietsinformationen zu Boden (Tabelle 1), Geologie, Nutzung und Relief abgeleitet werden und den mittels ARC/INFO gebildeten Geometrien der REA´s (Representative Elementary Areas) im Einzugsgebiet zugewiesen werden (Abbildung 2). Aus der Varianz der Gebietsmerkmale (z.B. Bodenart) innrhalb der über die Clusteranalyse und der Relief-Feuchte-Klassen zusammengefaßten Flächen ergibt sich die Problematik der Zuweisung „effektiver

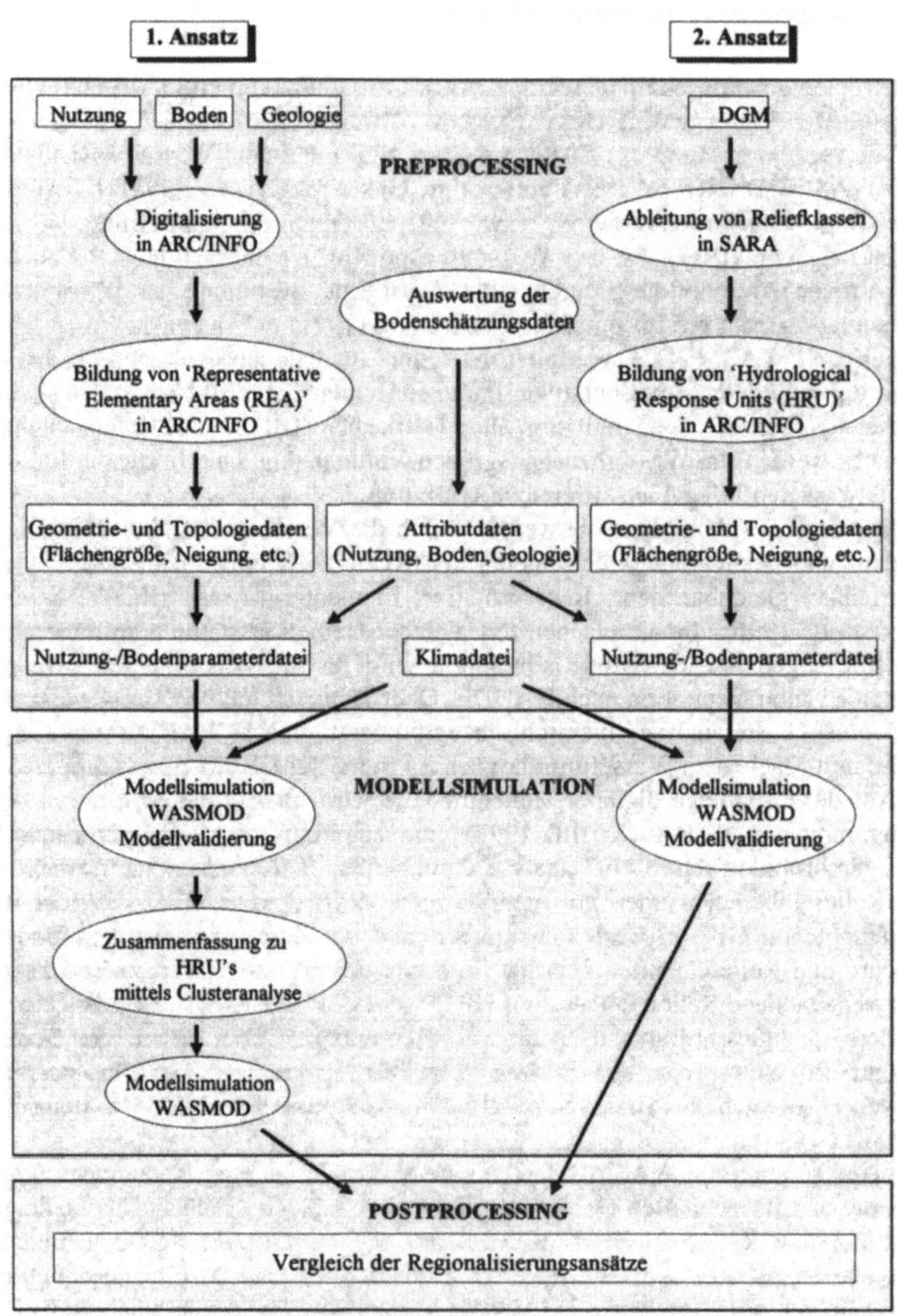

Abb.1: Schema der Regionalisierungsverfahren

Parameter" für die Modellanwendung. Nach Tests der Güte der Wasserhaushaltssimulation auf Basis verschiedener Mittelungsverfahren und Häufigkeitsverteilung pedohydrologischer Parameter im GFZ erwies sich die flächengewichtete Zuweisung der Nutzungs- und Bodenparameter zu den HRU´s als geeigneter Weg zur Herausarbeitung dominanter Einzugsgebietsstrukturen. Erforderlich ist ferner eine Integration zu kleiner Splitterpolygone („Sliverpolygone") in das Nachbarpolygon mit längster gemeinsamer Grenze und die Teileinzugsgebietsdiskretisierung zur eindeutigen Festlegung der Entwässerungsrichtung bei Scheitelflächen (über einen Vorfluter-Flächenindex). Für den Aufbau der Oberflächenabflußkaskade und Nachbildung des Grundwasserabflusses ist um das Vorfluternetz ein Flächenpuffer zu legen (z.B. im GFZ 10m).

3 Anwendung der Regionalisierungsansätze

3.1 Gewässerkundliches Forschungsgebiet Ziegenhagen (GFZ)

Aus der Verschneidung der Basisinformationen zu Boden, Geologie und Nutzung entstanden im Einzugsgebiet Ziegenhagen 713 REA´s (.Abbildung.2). Die Clusteranalyse auf der Basis der Wasserhaushaltsgrößen Evapotranspiration, Oberflächenabfluß und Grundwasserabfluß (8 Cluster) bewirkte eine Reduzierung der Polygone auf 268 Flächen. – Die Anwendung von SARA („Digitale Reliefanalyse") auf der Grundlage eines DGM mit 20m Rasterweite ergab für die vier Relief-Feuchte-Klassen unter Berücksichtigung der Teileinzugsgebietsdiskretisierung eine Flächenzahl von 400 (Abbildung.3).

Der vierjährige Simulationszeitraum (1992-1995) im Gewässerkundlichen Forchungsgebiet Ziegenhagen umfaßte von der Jahresniederschlagssumme und dem Abflußgeschehen Normal-, Trocken- und Feuchtjahre (854mm 1995, 788mm 1994 und 904mm 1993). Die anhand der Simulation ermittelten Wasserhaushaltsbilanzen entsprechen den von CYFFKA (1991) und SUTMÖLLER (1992) ermittelten langjährigen Werten. Zwischen den Aggregationsverfahren (REA, Cluster, Relief-Feuchte-Klassen) ergeben sich nur geringe Unterschiede, was mit der Dominanz schneller Abflußkomponenten (Zwischenabfluß, Sättigungsflächenabfluß) im Bergland mit tiefen Taleinschnitten zusammenhängt (zu 54% Hangneigungen zwischen 10-20%). Insgesamt wird die Dynamik der Abflüsse bei allen Aggregationsansätzen gut nachgebildet (Abbildung .4). Die Zusammenfasung der REA´s zu den HRU´s ist nicht mit einer Verschlechterung der Simulationsgüte verbunden, was anhand verschiedener geostatistischer Gütemaße nachgewiesen werden konnte (SAAD=Sum of Absolute Areas of Divergence n. GREEN&STEPHENSON 1986; IA=Index of Agreement n. WILLMOTT 1981). Die simulierte Abflußkurve der „Relief-Feuchte-Klassen" bildet einzelne Hochwasserereignisse, wie im April und Dezember 1992, am genauesten ab (Abbildung 4). Größere Divergenzen zwischen Abflußsimulation und realem Abfluß treten vor allem modellbedingt bei Hochwasserspitzen aus Schneeschmelzereignissen auf (Jan. u. Feb. 1992). Der Einbau eines einfachen Schneemoduls in WASMOD verbesserte die Abflußsimulation.

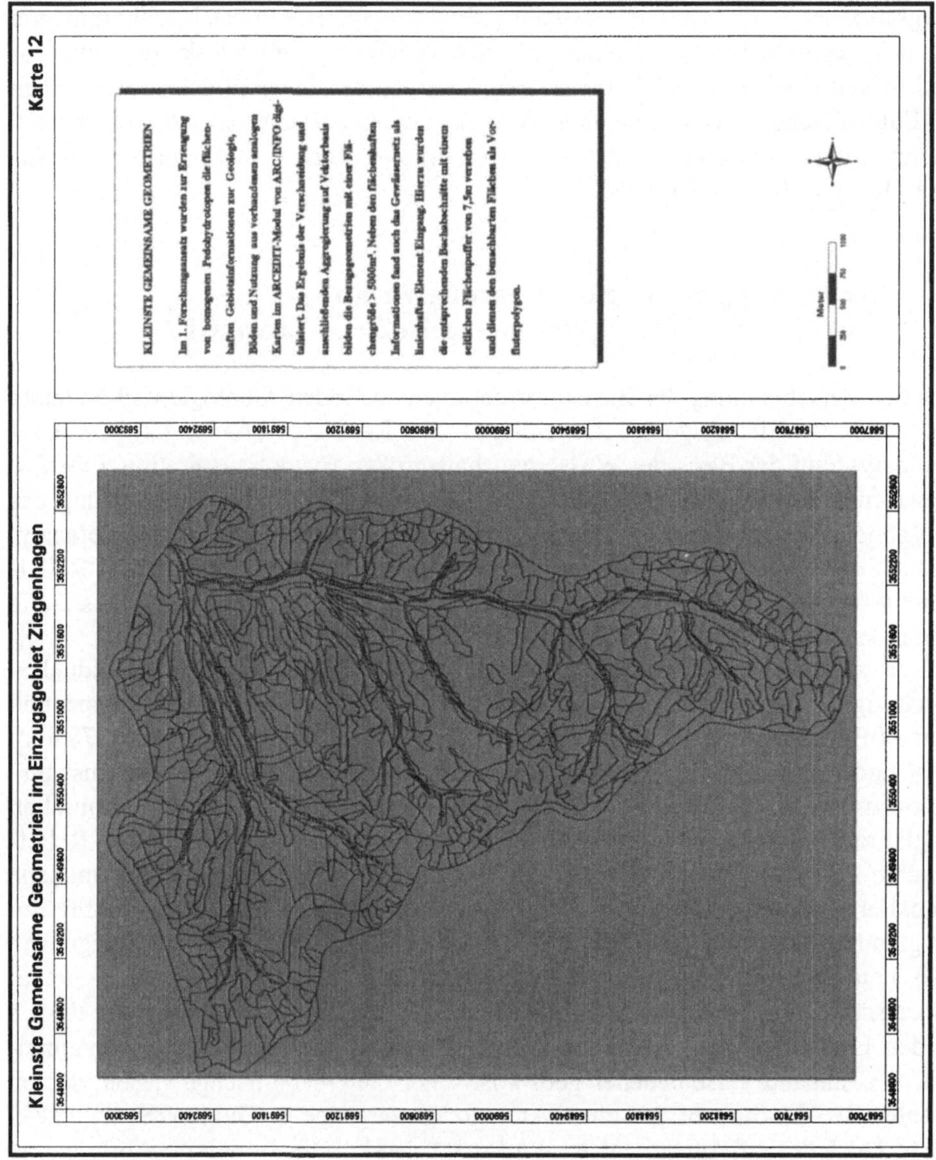

Abb.2: Kleinste Gemeinsame Geometrien im Einzugsgebiet Ziegenhagen

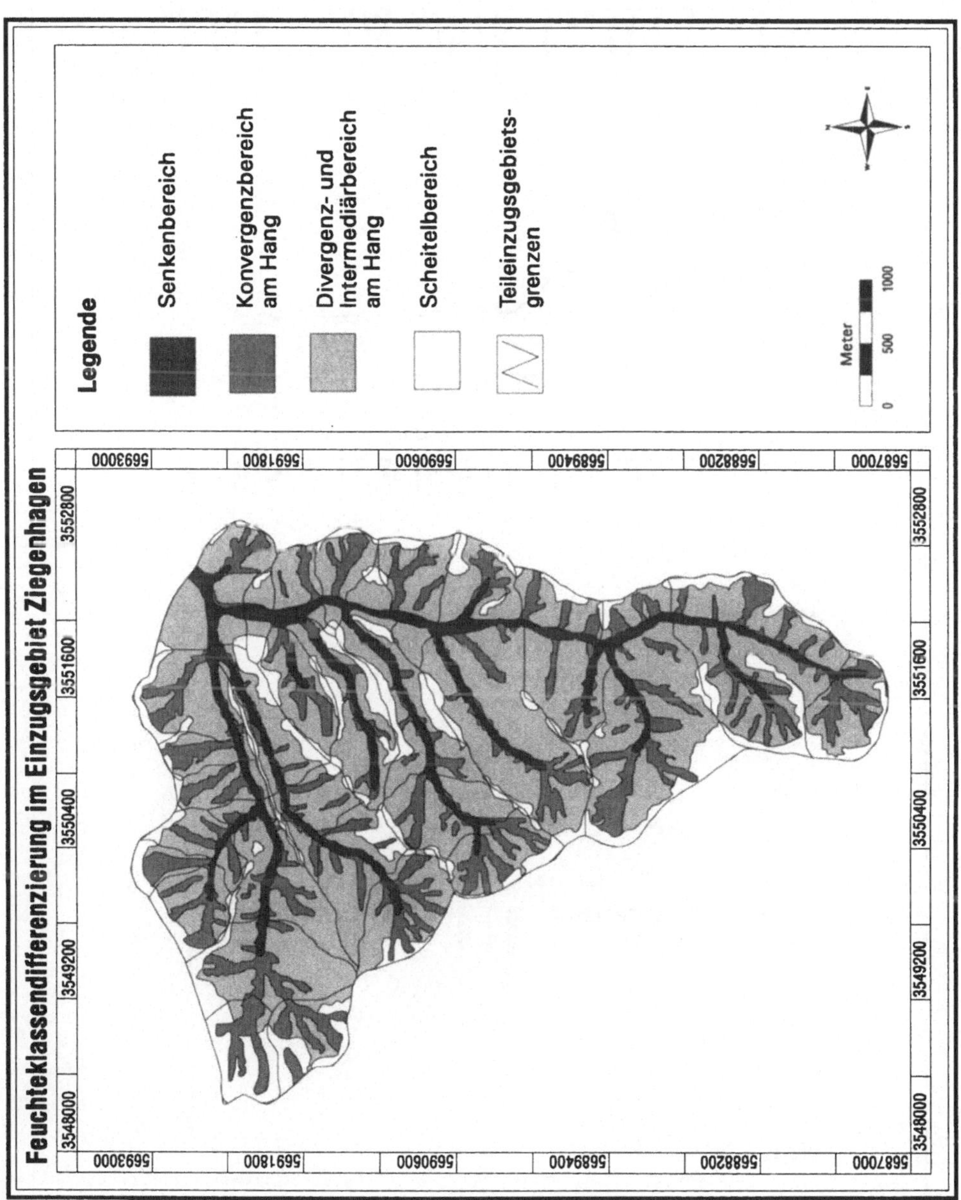

Abb.3: Relief-Feuchte-Klassendifferenzierung (nach SARA) im Einzugsgebiet Ziegenhagen

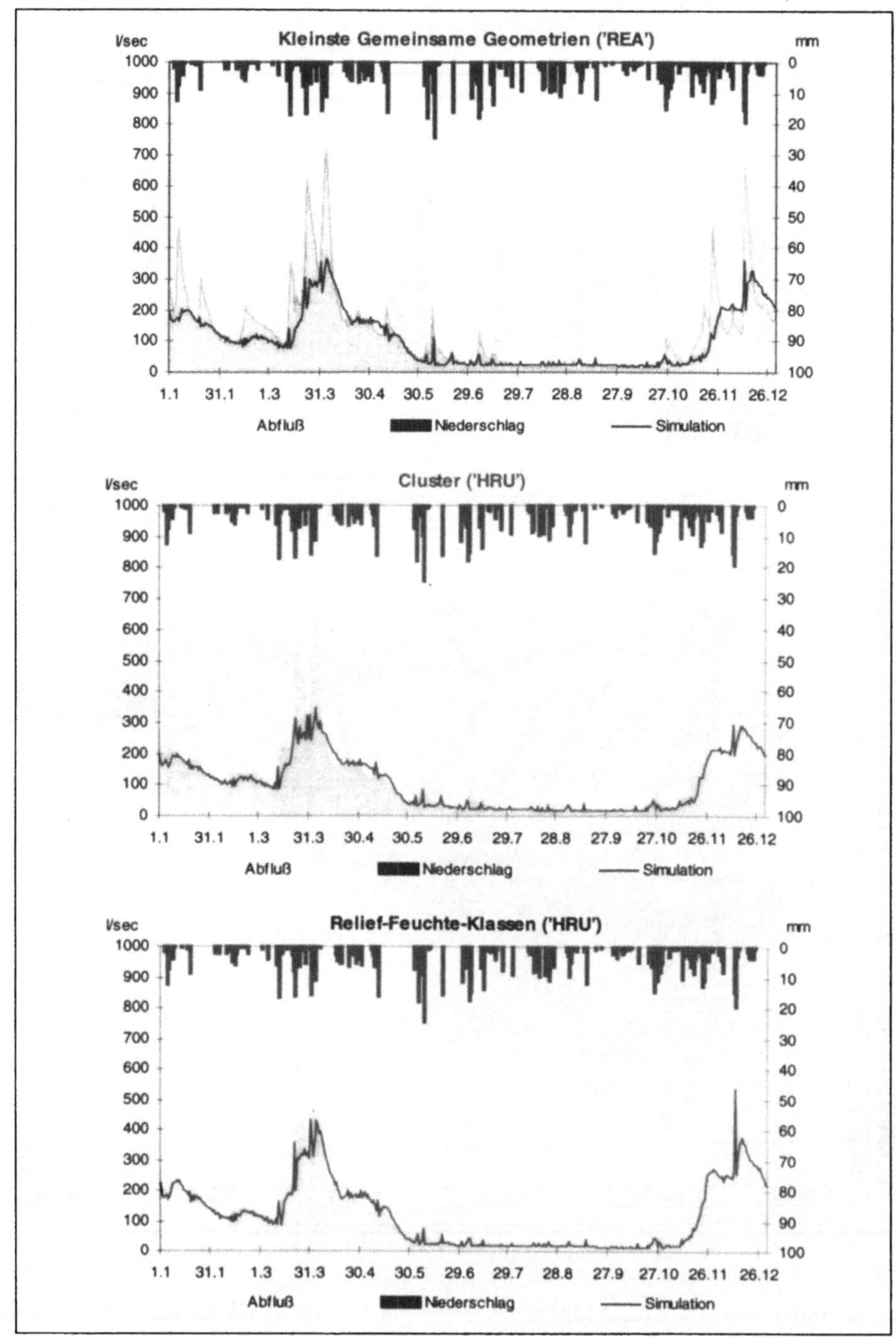

Abb.4: Gemessene und simulierte Abflüsse im Einzugsgebiet Ziegenhagen 1992

3.2 Wernersbach

Die entwickelten Regionalisierungsverfahren wurden in einem weiteren Testgebiet, dem hydrologischen Versuchs- und Repräsentativgebiet Wernersbach, in Kooperation mit der AG Peschke (PESCHKE et al. 1990) überprüft (HERBST 1997). Die morphologische, hydrogeologische und pedohydrologische Varianz im Einzugsgebiet erzeugt ein komplexes Abflußgeschehen. Aufgrund gering durchlässigen Gesteinsuntergrundes und der niedrigen Wasserleitfähigkeit der Böden ergibt sich trotz Bewaldung des Einzugsgebietes eine relativ hohe Abflußspende (10,2 l/s*km2) mit einzelnen extremen Hochwasserabflüssen (ETZENBERG 1996). Die schnellen Abflußkomponenten sind vor allem für die großen Schwankungen im Abflußgeschehen verantwortlich. Dabei spielt die Ausdehnung der Sättigungsflächen und die verstärkte Bildung von Sättigungsflächenabfluß mit zunemender Gebietsfeuchte eine entscheidende Rolle. Auch die potentiellen Zwischenabflußflächen tragen wie in Ziegenhagen bei hoher Gebietsfeuchte zu einer schnellen Abflußreaktion des Einzugsgebietes bei. Der von WASMOD simulierte Oberflächenabfluß umfaßt sowohl Horton´schen Oberflächenabfluß und Sättigungsflächenabfluß. Die zeitvariabel simulierten Oberflächenabflußanteile im Einzugsgebiet des Wernersbaches werden durch Feucht- und Sättigungsflächen geprägt (Horton´scher Oberflächenabfluß nur auf Wegen, Abbildung 5). Der Vergleich des niederschlagsarmen Jahres 1993 (814mm) mit dem niederschlagsreichen Jahr 1995 (1123mm) zeigt deutlich die Ausweitung der oberflächenabflußbeitragenden Flächen, die in Feuchtjahren nach den Ergebnissen der AG Peschke auch Zwischenabflußflächen mit umfaßt (Konvergenzbereiche nach den Relief-Feuchte-Klassen).

Die Simulation des Oberflächenabflusses zeigt in den vier Jahren ähnliche räumliche Strukturen (s. Abbildung 5). Für Feuchtjahre wie 1995 wird die beste Abflußsimulation erzielt, in trockenen Jahren wird vom Modell die Gebietsretention unterschätzt (zu hoher Basisabfluß). Eine Ursache dürfte mit an der Unterbewertung des Verdunstungsoutputs liegen (Haude-ET), wie in der Gegenüberstellung der realen Gebietswasserhaushaltsbilanzierung nach GOLF (1976) und der simulierten deutlich wird (Tabelle.2). Das zeitliche Abflußverhalten wird auch im Wernersbach realistisch simuliert.

Tab.2: Mittlere Wasserhaushaltsbilanzierung im Einzugsgebiet Wernersbach

Methode	N	A	ETP	Speicher
n. GOLF 1969-1974 [mm/a]	851	229	636	- 10
[%]	100	26,9	74,7	- 1,2
mit WASMOD u. Relief-Feuchte-Klassen 1993-1996 [mm/a]	894	306	580	+ 8
[%]	100	31,1	64,9	+ 0,9

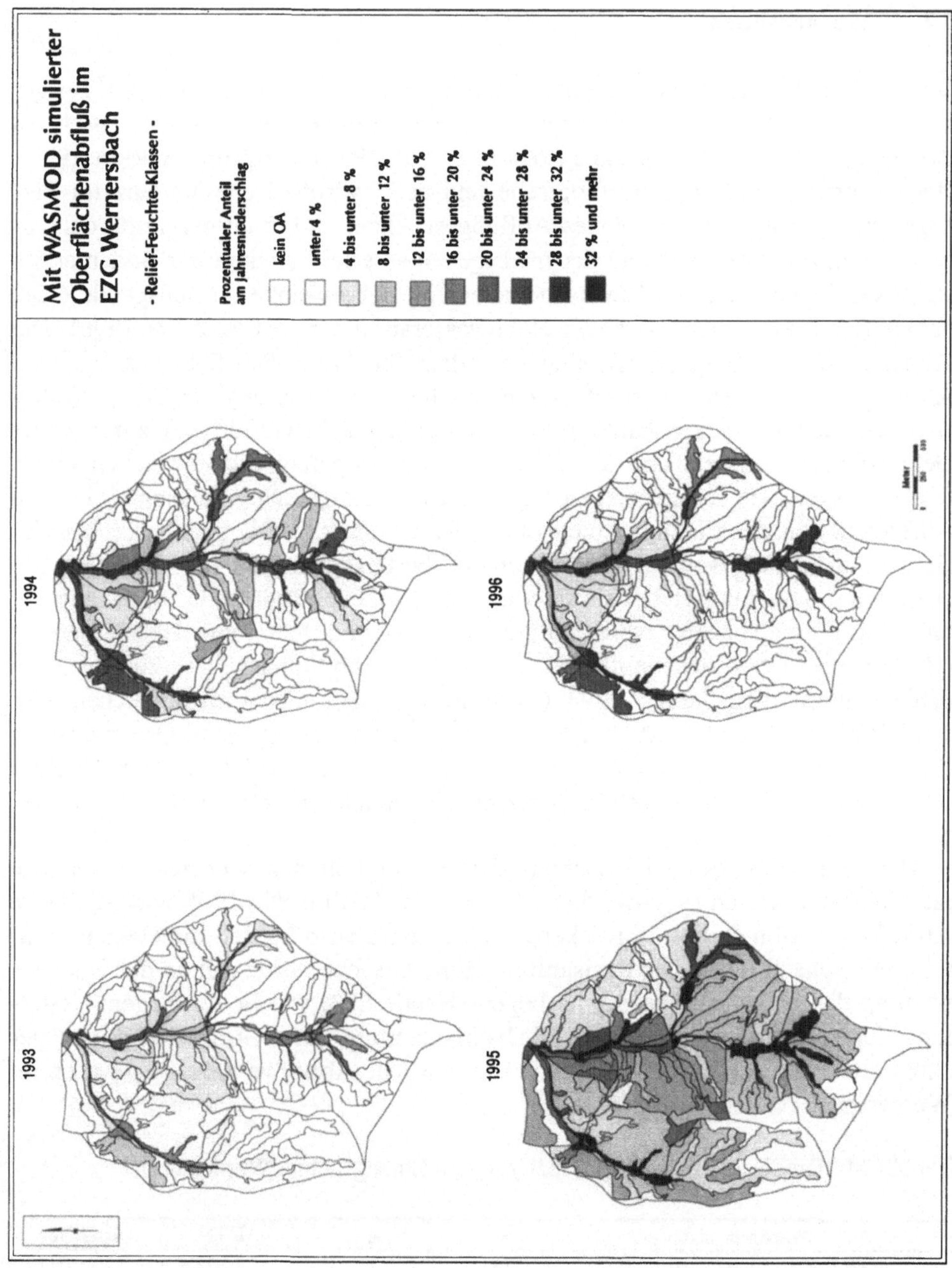

Abb.5: Mit WASMOD und Relief-Feuchte-Klassen simulierter Oberflächenabfluß im EZG Wernersbach

3.3 Obere Leine

Mit der Übertragung der Verfahren und der Wasserhaushaltssimulation auf das Einzugsgebiet der Oberen Leine mußten die Modellparameter aus allgemein verfügbaren Gebietsinformationen abgeleitet werden. Folgende Datengrundlagen wurden verwendet:

- Bodenübersichtskarten Maßstab 1 : 50.000 und 1 : 200.000 des Niedersächsischen Landesamtes für Bodenforschung
- Bodengeologische Übersichtskarte im Maßstab 1 : 100.000 der Thüringer Landesanstalt für Geologie
- Karte der Lithofazieseinheiten der AG Schwarze
- Überwachte Landnutzungsklassifikation LANDSAT – TM Daten (1993)
- Digitales Geländemodell des Amtes für Militärisches Geowesen, 30m Rasterweite

Mit der GIS-Verarbeitung zu den Flächen der Kleinsten Gemeinsamen Geometrien (REA´s) ergibt sich ein Flächenmosaik von über 10.000 Einzelpolygonen, was rechentechnisch nicht akzeptabel ist (1 Modellrechnung mehrere Tage). Polygone bis zu 500.000 m^2 wurden daher in Nachbarpolygone integriert, so daß mit den REA´s für den Zeitraum 1985-1993 jeweils die Wasserhaushaltskomponenten auf 737 Einzelflächen berechnet wurden. Die Aggregationsverfahren (Abbildung 1) erbrachten eine reduktion auf 401 Flächen (Clusteransatz) bzw. 740 Flächen (Relief-Feuchteklassen Abbildung 6). Dominante Einzugsgebietsstrukturen für das Abflußgeschehen konnten damit herausgearbeitet werden. Für die Eingangsdaten der Modellanwendung zeigten sich die Nutzungsdaten und die Parametrisierung der pedohydrologischen Kennwerte als problematisch. Die Landsat-TM-Daten zeigten Ungenauigkeiten hinsichtlich der Differenzierung Grünland-Ackerland. Die digital vorliegenden Bodenübersichtskarten des NLfB mußten mit der Bodengeologischen Übersichtskarte von Thüringen abgeglichen werden. Es wurden 12 Leitprofile erarbeitet und mit der BÜK 50 verknüpft. Mit Hilfe der NIBIS-Methodenbank (NLfB 1992) wurden auf der Basis der Bodendifferenzierung nach der BÜK 50 die Bodenmodellparameter über Algorithmen abgeleitet, wobei für den besonders sensitiven kf-Parameter Skelettgehalte von über 40% als Korrekturfaktor berücksichtigt wurde. Bereits in den kleineren Einzugsgebieten konnten damit bessere Ergebnisse erzielt werden.

Als Grundlage für die Modellvalidierung wurden die gemessenen Tagesabflüsse am Pegel Leineturm herangezogen. Die Simulationsergebnisse konnten mit den Ergebnissen zur allgemeinen Wasserbilanz nach dem Wasserwirtschaftlichen Rahmenplan Obere Leine verglichen werden. Es wird ein mittlerer Abflußanteil von 34% gegenüber dem dreißigjährigen gemessenen Mittel von 38% simuliert. Die Flächendiskretisierung mit der komplexen Parameterzuordnung wurde einer qualitativen Plausibilitätspüfung unterzogen. Die simulierten Abflußganglinien (1985-1993) spiegeln im zeitlichen Verlauf die gemessenen Abflüsse wieder (Abbildung 7). Der mittlere Korrelationskoeffizient beträgt 0,79; bei der Relief-Feuchte-Klassifikation sogar zwischen 0,80-0,90. Es treten die aus den anderen Einzugsgebieten bekannten Probleme auf:

- Einzelereignisse werden z.T. in ihrer Abflußspitze zu hoch simuliert
- DieTrockenwetterrückgangslinie fällt zu schnell ab
- Trotz des implementierten Schneemoduls werden nicht alle winterlichen Hochwasserereignisse richtig erfaßt
- In sommerlichen Trockenperioden bleibt das simulierte Basisabflußniveau zu hoch

Sowohl die Hochwasserereignisse wie auch der Grundwasserabfluß werden auf Grundlage der Relief-Feuchte-Differenzierung am besten abgebildet. Mit der Einzugsgebietsgröße macht sich der Effekt der Reinfiltration gebildeter Oberflächenabflüsse bemerkbar, was mit dem Relief-Feuchte-Ansatz besser erfaßt wird (Abbildung 6).

Als äußerst sensitiv und problematisch für die Anwendung von Pedotransferfunktionen im Berg- und Hügelland hat sich der Einfluß von Lagerungsdichte und Skelettgehalt gezeigt. Die an Substrat-/Schichtwechsel gebundenen Veränderungen werden in Anlehnung an die NIBIS-Methodenbank zur Ableitung der effektiven Parameter (kf-Werte) berücksichtigt. Im Unterschied zu den kleinen Einzugsgebieten ergibt die Clusteranalyse für die Obere Leine eine kleinere Anzahl, was auf den Genauigkeitsverlust der Basisdaten zurückgeführt werden kann.

Die Simulationsergebnisse der Regionalisierungsansätze lassen auch bei der Oberen Leine keine signifikanten Unterschiede erkennen. Durch die Betonung der Reliefparameter bei der Relief-Feuchte-Klassifikation werden dominante Gebietscharakteristika der Abflußbildung etwas besser herausgearbeitet. Die Unterbewertung der Gebietsverdunstung ist modellbedingt und wird durch ein Verdunstungsmodul nach Penman-Monteith verbessert. In großen Einzugsgebieten erhalten vorflutnahe Flächen z.T. aus Nachbarflächen hohe unrealistische Zuflußraten (Abflußgeneration über Baumstruktur). Insgesamt lassen die simulierten Wasserhaushaltsgrößen hohe Zusammenhänge mit den berücksichtigten Gebietskennwerten erkennen. Die Dominanz eines Prozesses ist flächenspezifisch das Ergebnis einer Faktorenkombination der zugrundeliegenden Eingangsparameter, was bei 740 Flächen für die Obere Leine die empirisch-quantitative Überprüfung der simulierten Wasserhaushaltskomponenten äußerst erschwert. Die Regionalisierungsverfahren in Kombination mit Modellanwendung schafft jedoch neue gute Möglichkeiten für gebietsdifferenzierte Sensitivitätsstudien, z.B. für die Frage der Auswirkungen von Klima- und Landnutzungsänderungen auf den Wasserhaushalt im Einzugsgebiet und nicht mehr nur für das Abflußgeschehen (z.B. Hochwasserszenarien).

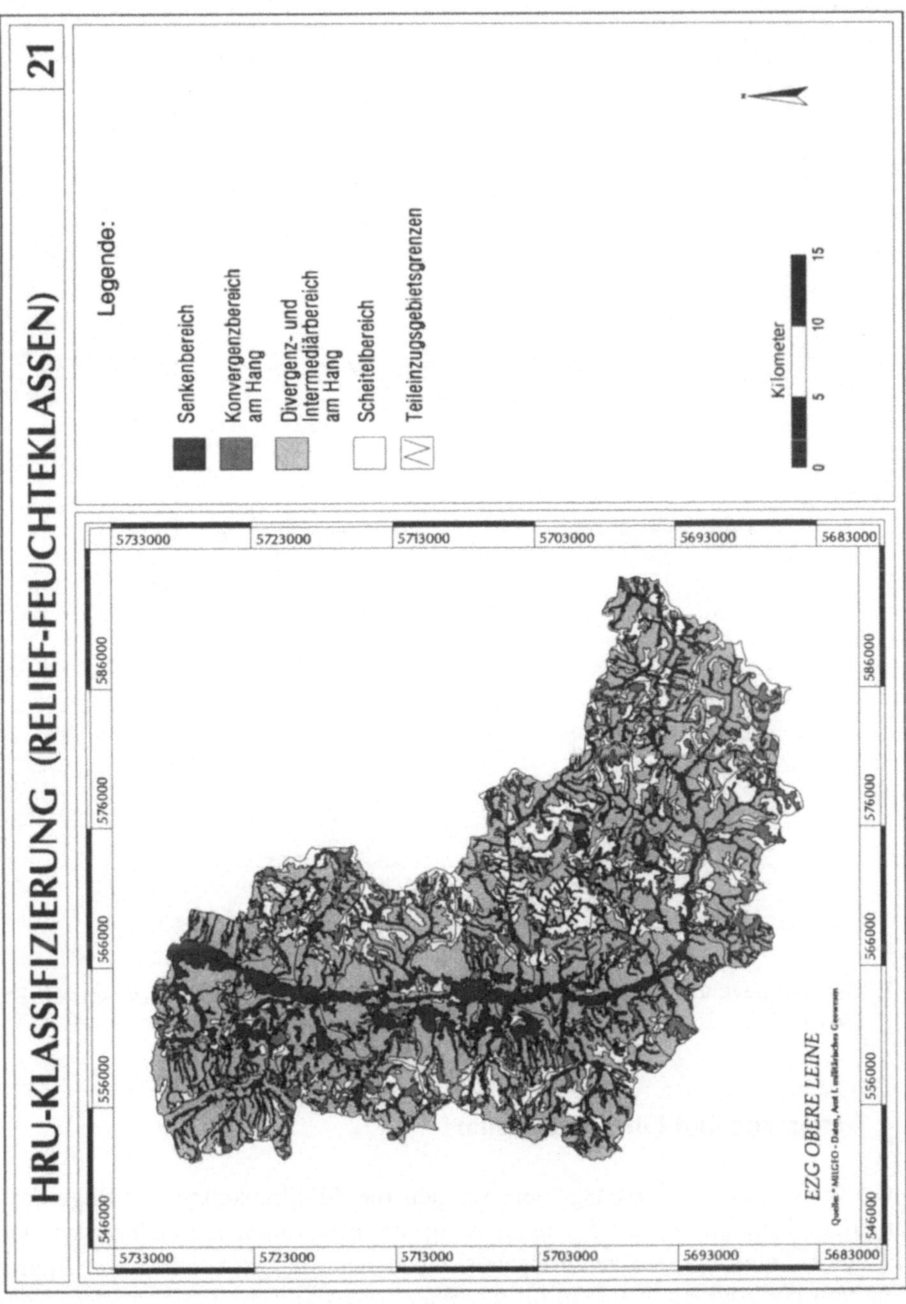

Abb.6: Relief-Feuchte-Klassendifferenzierung über SARA im Einzugsgebiet Obere Leine

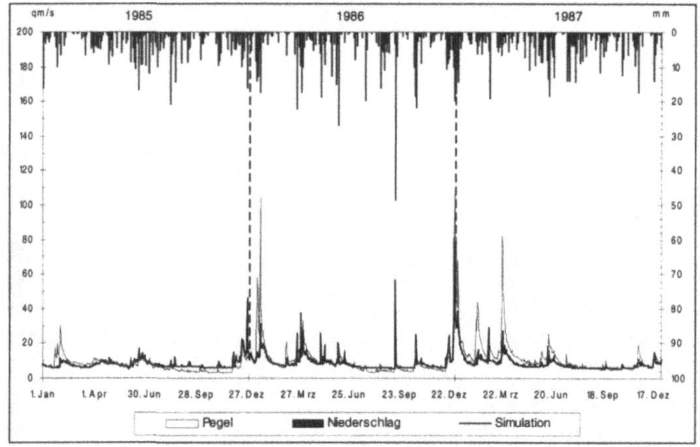

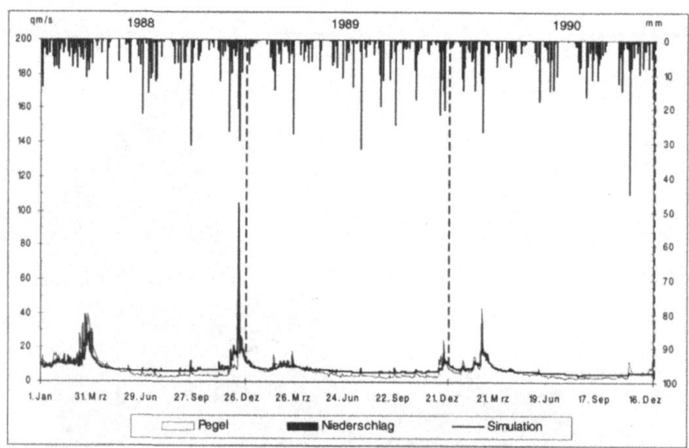

Abb.7: Gemessene und simulierte Abflußganglinie der Relief-Feuchte-Klassen (1985-1990)

4 Bewertung und Forschungsbedarf

Anhand verschiedener Einzugsgebiete wurden die Möglichkeiten der Regionalisierung der Abflußbildung im Sinne eines „upscalings" untersucht. Hierzu wurden zwei Regionalisierungsansätze entwickelt, mit denen die Ausweisung und Aggregierung von Hydrotopen (HRU's) für die Wasserhaushaltssimulation und Abflußbildung unter Einbeziehung von ARC/INFO und SARA durchgeführt wird. Die Umsetzung in ein physikalisch basiertes Modell wurde mit WASMOD realisiert. Die Einteilung in vier Relief-Feuchte-Klassen hat sich in allen Untersuchungsgebieten als sehr effektiv erwiesen. Die Vorgehensweise bei der Ausweisung der Reliefeinheiten ist aufgrund der definierten Klasseneinteilung eindeutig, wobei die Genauigkeit der HRU´s maßgeblich durch das zugrundeliegende DGM bestimmt wird.

Die Ergebnisse des mit WASMOD simulierten Abflußverhaltens sind sowohl in der Mikro- und Mesoskala (kleine Einzugsgebiete) wie auch in der Oberen Leine insgesamt als gut zu bewerten. Die Dynamik der gemessenen Abflußganglinien und der jahreszeitliche Verlauf werden realistisch nachgezeichnet. Damit kann die Zielvorstellung, langfristige Wasserflüsse statt Einzelereignissse zu simulieren, erfüllt werden.

Die Ergebnisse aus en verschiedenen Einzugsgebieten belegen, daß mit den entwickelten Regionalisierungsansätzen das komplexe Abflußgeschehen auf der Grundlage allgemein verfügbarer Geodaten abgebildet werden kann. Die Verfahren sind prinzipiell gebiets- und skalenunabhängig anwendbar und lassen keine signifikanten Unterschiede in den Simulationsergebnissen erkennen. Im Vergleich zur Clusteranalyse stellt die Aggregierung über die Relief-Feuchte-Klassen den effektiveren Regionalisierungsansatz dar, da außerdem die Aggregierung bereits im Preprocessing vorgenommen wird. Mit der Vergröberung der Eingangsdaten beim DGM und insbesondere im Substrat-/Bodenkompartiment (z.B. Bodenübersichtskarte 1: 200.000) wird die Ableitung gebietsdifferenzierter Modellparameter für deterministische Modelle wie WASMOD zu ungenau. Die Ausweitung des Einsatzbereiches auf Einzugsgebiete über 1000 km² erfordert zur Zeit eine Vereinfachung der Modellstruktur oder flächendeckend verfügbare Geodaten mit ausreichender Diskretisierung (z.B. DGM 20m, BÜK 50), die über die entwickelten Verfahren dann ausreichend aggregiert werden können.

Die Abschätzung der Auswirkungen möglicher Landnutzungs- und Klimaveränderungen auf das hydrologische Prozeßgefüge meso- bis makroskaliger Einzugsgebiete wird in Zukunft eine immer wichtigere Rolle für landschaftsplanerische Entscheidungen spielen. Mit der entwickelten Regionalisierungsstrategie steht eine Methodik zur Verfügung, mit deren Hilfe die Folgen möglicher Veränderungen regional differenziert herausgearbeitet und in grundsätzliche Strategien für Problemlösungen umgesetzt werden können. Aus der Kopplung prognosefähiger Einzugsgebietsmodelle und der Regionalsierungsverfahren können Veränderungen im Landschaftswasserhaushalt gebietsdifferenziert pronostiziert werden.

Danksagung

Ohne die finanzielle Förderung der Arbeiten seitens der DFG im Rahmen des SPP "Regionalisierung in der Hydrologie“ (GE 431/6-1 bis 6-4) wären die umfangreichen Untersuchungen nicht möglich gewesen. Persönlich möchte ich der durchführenden Arbeitsgruppe mit G. Busch, M.Herbst, Dr.A.Kenkel, J.-P.Krüger, J. Sutmöller für die Projektarbeiten herzlichst danken.

Literatur

BLÖSCHEL, G. (1996): Scale and scaling in hydrology.- Wiener Mitt. Wasser-Abwasser-Gewässer, Bd.132

BORK, H.–R. (1992): Regionalisierung bodenhydrologischer Parameter und Zustandsvariablen. In: Kleeberg, H. –G. (Hrsg.): Regionalisierung in der Hydrologie. Weinheim; S. 201-220.

CYFFKA, B. (1991): Das Abflußverhalten in kleinen Buntsandstein-Einzugsgebieten. Untersuchungen im Gewässerkundlichen Forschungsgebiet Ziegenhagen.- Göttinger Geogr.Abh. 93

DIEKKRÜGER; B & O. RICHTER (1997): Regionalization in Hydrology.- Landschaftsökologie und Umweltforschung H.25 (Hrsg.), 366 S.

DIEKKRÜGER, B. (1992): Standort- und Gebietsmodelle zur Simulation der Wasserbewegung in Agrarökosystemen. – Landschaftsökologie und Umweltforschung, H. 19, 169 S. Braunschweig.

ETZENBERG, C. (1996): Hydrologische Untersuchungen im Repräsentativ- und Versuchsgebiet Wernersbach – ein kurzer Abriß, IHI-Schriften, H.2, S. 149-163

FLÜGEL, W.–A. (1995): Delineating hydrological response units by geographical information system analysis for regional hydrological modelling using PRMS/MMS in the drainage basin of the river Bröl, Germany. In: Hydrological processes, Vol. 9, S. 423-436.

GOLF, W. (1976): Wasserhaushaltsberechnungen für das Versuchsgebiet Wernersbach.- Geodätische und Geophysikalische Veröffentlichungen, Reihe IV, H.20

GREEN, I.R.A.& STEPHENSON, D. (1986): Criteria for comparison of single event models.- Hydrologic Sciences Journal, H.31

HERBST, M. (1997): GIS- und SARA-gestützte Aggregierung von Pedohydrotopen für die Wasserhaushaltsmodellierung am Bsp. des Wernersbaches (Erzgebirge).- Diplomarbeit Geogr. Inst. Göttingen

KÖTHE, R. (1998): SARA – Ein Programmsystem zur automatischen Reliefanalyse und seine Anwendung am Beispiel der Bodenkartierung. Dissertation Geogr. Inst. Univ. Göttingen (in Vorbereitung).

KOVAR, K. & H. P. NACHTNEBEL (1996): Application of geographic information systems in hydrology and water resources management: Proceedings of the HydroGIS ´96 conference held in Vienna, Austria from 19. To 19. April 1996. IHAS Publikation No. 235, 711 S. Wallingford.

PESCHKE, G.&MIEGEL, K.& ETZENBERG, C.& H. HEBENTANZ (1990): On the spatial variability of hydrologic processes in a small mountainous basin.- Hydrology in Mountainious Regions, IAHS Publ. No.93

REICHE, E. W. (1991): Entwicklung, Validierung und Anwendung eines Modellsystems zur Beschreibung und flächenhaften Bilanzierung der Wasser- und Stickstoffdynamik in Böden. Kieler Geogr. Schr. 29.

SCHMITT, G. (1995): Pedohydrologische Differenzierung des Linnengrundes mit Hilfe eines Geographischen Informationssystems und eines Systems zur Automatischen Reliefanalyse.- Diplomarbeit Geogr. Inst. Göttingen

SUTMÖLLER, J. (1992): Ein intraregionaler Vergleich der Einzugsgebiete im Gewässerkundlichen Forschungsgebiet Ziegenhagen mit Hilfe des forsthydrologischen Einzugsgebietsmodells BROOK.- Diplomarbeit Geogr. Inst. Göttingen

WILLMOTT, C. J. (1981): On the validation of models.- Physical Geography, H.2

Regionalisierungsansätze bei der GIS-gestützten Modellierung des Landschaftswasserhaushaltes im SFB 299: Landnutzungskonzepte für periphere Regionen

Nicola Fohrer, Bernhard Göbel, Sven Haverkamp,Petra Bastian und Hans-Georg Frede

1 Einleitung

Unter Regionalisierung im hydrologischen Sinne versteht man die Ausweisung von Flächen gleicher bzw. ähnlicher Eigenschaften (KLEEBERG 1992, BECKER 1992). Sie dient zur Erfassung der räumlichen Variabilität von Eingangsgrößen in der hydrologischen Modellierung und wird zur Übertragung von Kenngrößen auf andere Skalenebenen verwendet. Zum einen müssen punktförmige Daten in die Fläche übertragen werden und zum anderen muß Information zur Vereinfachung der Modellierung aggregiert werden. Je nach Dichte der Ausgangsdaten und Datenanspruch des Wasserhaushaltsmodells kommen verschiedene Regionalisierungsmethoden zum Einsatz. Im SFB 299 wird der Begriff Regionalisierung noch weiter gefasst und beinhaltet auch die Übertragung von nicht-raumbezogenen Daten. Methodisch werden die Begriffe *Translokation, Transformation* und *Skalenwechsel* unterschieden (s. a. BACH UND FREDE, 1998).

Zur Modellierung des Landschaftswasser- und stoffhaushalts wird im SFB 299 das Modell SWAT (et al., 1993, 1994), das über das Interface SWATGRASS (SRINIVASAN UND ARNOLD, 1993) mit dem Geoinformationssystem GRASS (U.S. ARMY, 1988) gekoppelt ist, verwendet. Als erstes Anwendungsgebiet dient das mesoskalige Einzugsgebiet der Dietzhölze (81,3 km²) im Lahn-Dill-Bergland in Hessen. Die nachfolgenden Regionalisierungsansätze für die Klima-, Boden- und Grundwassereingabedaten dienen zur Verdichtung der vorhandenen Information (*Translokation*) bzw. der Ableitung nicht vorhandener Information durch Transformationsregeln (*Transformation*). Die Ausweisung von Raumeinheiten zur Modellierung aggregiert Flächen ähnlicher Eigenschaften (*Aggregierung*) und erlaubt eine Reduktion der Rechenzeit. Die Ermittlung des Speicherkoeffizienten α für die Grundwassser-modellierung beinhaltet neben der *Transformation* auch einen *Skalenwechsel*.

2 Regionalisierung von Niederschlagsdaten durch trendbereinigtes Kriging

Methodisch gehört die Regionalisierung der Niederschlagsdaten zum Typ *Translokation*, die die Übertragung eines Objektes auf ein anderes innerhalb der gleichen Skalenebene mit Hilfe von räumlichen Übertragungsregeln (Interpolation, Extrapolation) umfaßt. Damit wird jedem Objekt innerhalb des Gebietes durch Interpolation bzw. außerhalb durch Extrapolation ein Wert zugewiesen.

Einfache Verfahren zur räumlichen Interpolation von Gebietsniederschlägen sind das Thiessenpolygonverfahren, die Isohyethenmethode oder das distanzgewichtete Quadranten-verfahren, die zu den Standardverfahren des Deutschen Wetterdienstes gehören. In Mittel-gebirgsregionen liefern diese Verfahren jedoch keine zufriedenstellenden Ergebnisse, da die Höhe der Niederschlagsstation unberücksichtigt bleibt. Einen Methodenvergleich zur Ermittlung des Gebietsniederschlages liefern die Arbeiten von GIESECKE ET AL. (1983) sowie BACH & FREDE (1994). In jüngster Zeit werden auch geostatistische Verfahren (HUDSON AND WACKERNAGEL, 1994; GAREN, 1995) zur Interpolation von Klimadaten verwendet. Diese haben den Vorteil, daß die räumlich ungleich verteilten Meßstationen nach einem optimalen Verfahren (La Grange Optimierung) unter Berücksichtigung ihrer Höhenlage gewichtet werden können.

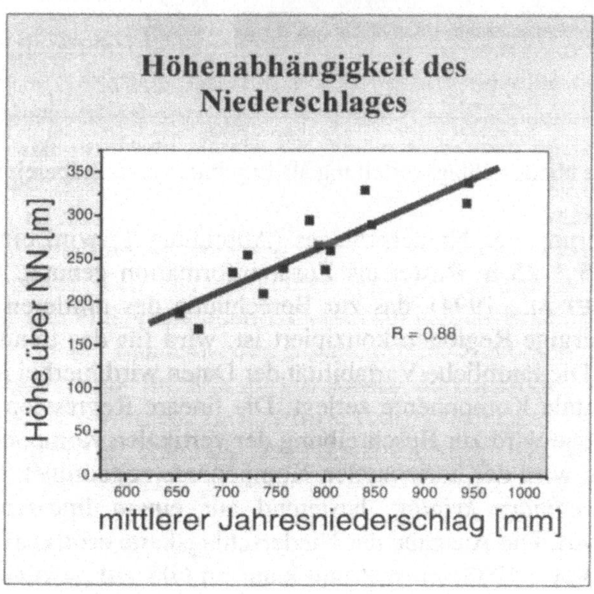

Abb.1: Höhenabhängigkeit des mittleren Jahresniederschlages in der Untersuchungsregion

In der Projektregion sind die Niederschlagsdaten zeitlich in Tagesschritten aufgelöst. Zur Einschätzung der räumlichen Verteilung stehen vier Meßstationen des Deutschen Wetter-dienstes im Untersuchungsgebiet zur Verfügung. Drei weitere liegen in unmittelbarer Nachbarschaft.

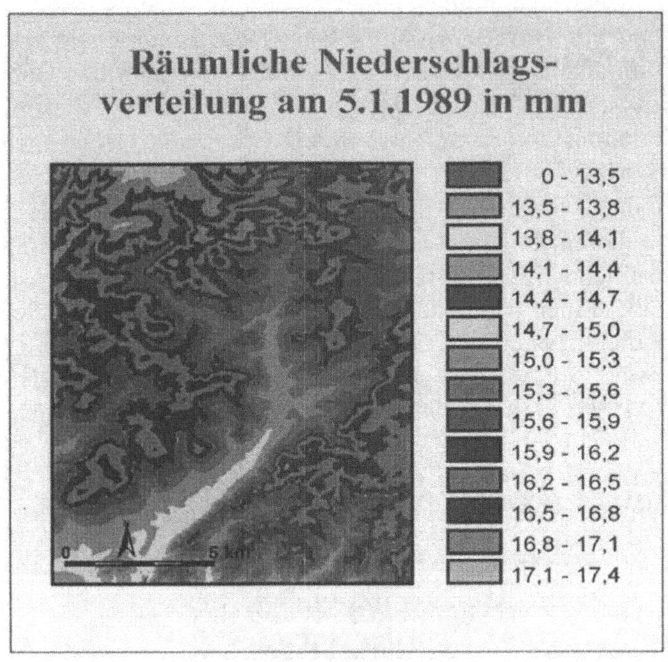

Abb.2: Räumliche Niederschlagsverteilung als Ergebnis von trendbereinigtem Kriging

Zur Regionalisierung des Niederschlages (Abbildung 1) wird ein Digitales Höhenmodell im 25 * 25 m Raster als Zusatzinformation genutzt. Das Programm SPAM (GAREN ET AL., 1994), das zur Berechnung des mittleren Gebietsniederschlages für gebirgige Regionen konzipiert ist, wird für das trendbereinigte Kriging verwendet. Die räumliche Variabilität der Daten wird hierbei in eine vertikale und eine horizontale Komponente zerlegt. Die lineare Regression zwischen Niederschlag und Höhe wird zur Beschreibung der vertikalen Komponente gebraucht. Die Reststreuung wird der horizontalen Komponente zugeordnet. Diese Residuen werden durch *ordinary kriging*, basierend auf einem linearen Variogramm-Modell, interpoliert. Die Ausgabe der Niederschlagskarte erfolgt als Rasterkarte in GRASS (U.S. ARMY, 1988)-Format und kann im GIS auf gewünschte Informationsdichte reklassifiziert werden (Abbildung 2). Zeitlich kann die Niederschagskarte für tägliche oder aber auch für höher aggregierte Zeitintervalle ausgegeben werden.

3 Forsthydrologische Regionalisierungsansätze

Für die Modellierung des Landschaftswasserhaushaltes mit Hilfe des Modells SWAT (ARNOLD ET AL., 1993, 1994) müssen verschiedene forsthydrologische Input-Parameter flächendeckend zur Verfügung stehen. Die für Waldgebiete entscheidenden boden-physikalischen und bodenchemischen Größen können Tabelle 1 entnommen werden.

Tab.1: Bedarf an forsthydrologischen Eingabedaten für die Modellierung des standortsspezifischen Landschaftswasserhaushaltes

bodenphysikalische Parameter:	**bodenchemische Parameter:**
• Mächtigkeit periglazialer Substratlagen	• Gehalt an org. Substanz
• Bodenart	• NO_3-N, NH_4-N
• Lagerungsdichte	• Gesamtgehalte an P, N, C
• Steingehalt	• pflanzenverfügbare Anteile an P
• Porenvolumen und -größenverteilung	
• Wurzelraummächtigkeit, max. Wurzeltiefe	
• nFK	
• gesättigte Hydraulische Leitfähigkeit	

Im Rahmen der hessischen Forsteinrichtung und Standortskartierung (HESSISCHE FORST-EINRICHTUNGSANSTALT GIEßEN, 1985) wurden einzelne der gesuchten Parameter flächendeckend erhoben (z.B. Bodenart und Steingehalt). Stammen die Daten aus der Forsteinrichtung, liegen sie für die einzelnen, im Durchschnitt ca. 2 ha großen Bestände vor. Wurden die Parameter jedoch im Zuge der Standortskartierung erhoben, ist nicht der Bestand sondern die jeweils ausgeschiedene Standortstypen-Einheit innerhalb eines Bestandes die entscheidende Informationsebene.

Der überwiegende Teil der gesuchten Input-Parameter wurde jedoch nur punktuell erfaßt. Die entsprechenden Untersuchungen an Bodenprofilen erfolgten vorwiegend im Zuge der bundesweiten Bodenzustandserhebung, die als systematische Stichprobeninventur im 8 x 8 km-Raster durchgeführt wurde (BUNDESMINISTERIUM FÜR ERNÄHRUNG, LANDWIRTSCHAFT UND FORSTEN, 1994). Weitere Erhebungen erfolgten im Rahmen der Forsteinrichtung und spezieller Sonderuntersuchungen (HESSISCHE FORSTEINRICHTUNGSANSTALT GIEßEN, 1985).

Neben den für das Modell SWAT (ARNOLD ET AL., 1993, 1994) gesuchten Input-Parametern liegen als Ergebnis der genannten Untersuchungen weitere Daten vor. Sie können bei der Ableitung von Flächeninformationen aus den Punktdaten eine bedeutende Hilfsfunktion übernehmen (*Transformation*). Aus diesem Grund sind die wichtigsten dieser Parameter in Tabelle 2, die eine Auswahl sowohl flächendeckend als auch punktuell erhobener Daten wiedergibt, mit aufgeführt.

Tab.2: Flächendeckend bzw. punktuell vorliegende Daten (Auswahl)

flächendeckend vorliegende Daten	**punktuell vorliegende Daten**
• Baumart / Alter	• Horizontmächtigkeit
• Bodenart	• nutzbare Wasserkapazität
• Geländewasserhaushalt	• Intensiv- / Extensiv-Durchwurzelung
• Trophie	• Lagerungsdichte
• Gründigkeit	• Humusgehalt
• Skelettanteil	• Kalkgehalt
• Ausgangssubstrat der Bodenbildung	• Gehalt an NO_3^-, NH_4^+, PO_4^{3-}

Für die Übertragung der punktuell erhobenen Parameter in Flächeninformationen können verschiedene Regionalisierungsmethoden angewendet werden. Grundsätzlich zu unter-scheiden sind:

- Klassifizierungs-Verfahren
- Regressionsanalytische Verfahren
- Geostatistische Verfahren

Welcher der drei Regionalisierungsansätze sich für die vorliegende Fragestellung am geeignetsten erweist, hängt in entscheidendem Maße von der Informationsdichte der Ausgangsdaten ab (Abbildung 3). Aufgrund der geringen Dichte der punktuell erhobenen Daten ist ein geostatistisches Vorgehen auszuschließen.

Die Entscheidung bezüglich der Anwendung von Klassifizierungs- oder regressions-analytischen Verfahren hängt davon ab, ob die Informationsdichte der Ausgangsdaten eine statistisch vergleichende Auswertung zuläßt. Ist dies der Fall, kann die Regionalisierung mit Hilfe regressionsanalytischer Verfahren durchgeführt werden. Bewegt sich die Informationsdichte jedoch auf einem niedrigeren Niveau, muß mit Klassifizierungsverfahren gearbeitet werden. Methodisch handelt es sich bei beiden Regionalisierungsansätzen um eine Kombination aus *Transformation* und *Translokation*.

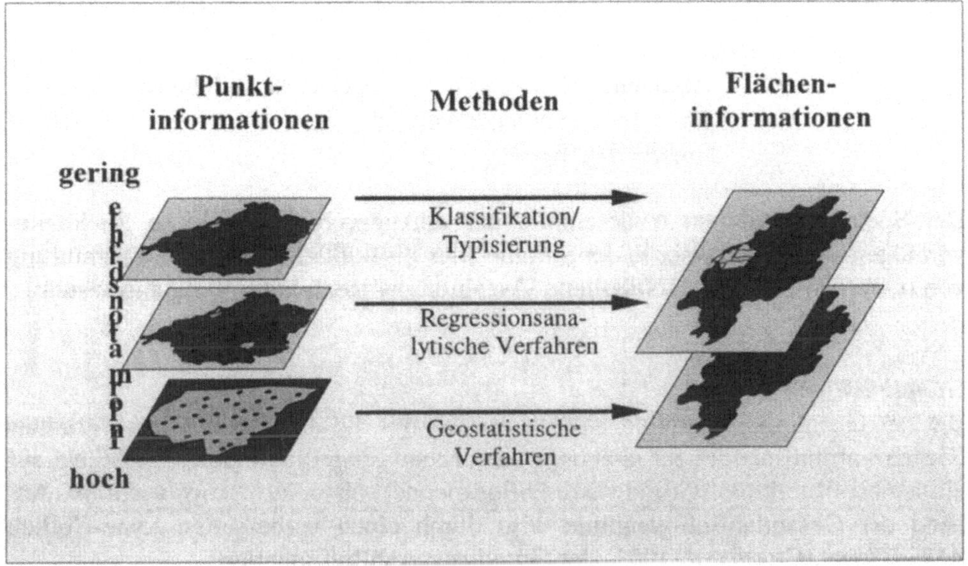

Abb.3: Regionalisierungsansätze in Abhängigkeit von der Informationsdichte (nach NIEDERSÄCHSISCHES LANDESAMT FÜR BODENFORSCHUNG, 1996)

4 Regionalisierung einzugsgebietsspezifischer Speicherkoeffizienten aus Abflußdaten

Zur Modellierung des Grundwasserbereiches benötigt das Modell SWAT (ARNOLD ET AL., 1993, 1994) einen gebietsspezifischen Speicherkoeffizienten als Eingabegröße. Der Gesamtabfluß eines Gewässers besteht aus mehreren Abflußkomponenten, dem Oberflächenabfluß, dem Interflow und dem Grundwasserabfluß. Sowohl deren absolute Abflußspende als auch ihre relativen Anteile am Gesamtabfluß variieren mit der Zeit. In Kluftgrundwasserleitern wird das Grundwasserabflußregime entscheidend durch das einzugsgebietsspezifische, effektive Kluftvolumen und seine geohydraulische Leitfähigkeit bestimmt. Als Datengrundlage, die für die Ableitung des gebietsspezifischen Speicherkoeffizienten herangezogen werden kann, stehen Abflußganglinien am Gebietsauslaß zur Verfügung. Die räumliche Auflösung ist somit abhängig von der Anzahl der Pegelmeßstellen.

Das Modell SWAT (ARNOLD ET AL., 1993, 1994) kalkuliert die Grundwasserabflußspende aus einer einfachen Exponentialfunktion (HALL, 1968):

$$Q_t = Q_0 \; x \; e^{-\alpha t} \qquad \text{(GL.1)}$$

wobei

Qt : Abflußmenge (m3) nach t (-) Tagen nach Abflußmenge Q_0 (m^3)

e : Basis des Logarithmus naturalis (-)

α : Speicherkoeffizient

Der Speicherkoeffizient α beschreibt das einzugsgebietsspezifische Rückhaltevermögen an Grundwasser in der Summe aller Einflußfaktoren. Für die Ermittlung von α werden zwei unterschiedliche Verfahren der Regionalisierung angewandt:

Ganglinienseparation

Bei der Ganglinienseparation handelt es sich um die Ableitung eines Merkmals (Gesamt-abflußspende) auf gleicher Skalenebene (Pegel) und gleichem Objekt auf ein anderes Merkmal (Grundwasserabflußspende), also eine *Transformation*. Anhand der Gesamtabfluß-ganglinie wird durch einen verbesserten Lyne-Hollick Algorithmus (CHAPMAN, 1991) der Grundwasserabfluß separiert:

$$f_k = \frac{}{3-\beta} f_{k-1} + \frac{}{3-\beta} (y_k - y_{k-1}) \quad \text{(GL.2)}$$

wobei

f_k : Oberflächenabfluß (m^3)

f_{k-1} : vorangehender Oberflächenabfluß (m^3)

ß : Filterkonstante (-)

y_k : Abflußvolumen (m^3)

y_{k-1} : vorangehendes Abflußvolumen (m^3)

Die Filterkonstante β ist abhängig von der Einzugsgebietsgröße und ergibt sich aus:

$$ß + 3.4757 \times 10^{(0,0006298 x A)} \quad \text{(GL.3)}$$

wobei

A : Einzugsgebietsgröße (km^2)

Der Grundwasserabfluß ist damit:

$$b_k + y_k - f_k \quad \text{(GL.4)}$$

wobei

b_k : Grundwasserabflußvolumen (m^3)

Diese Separationsmethode führt zu ähnlichen Ergebnissen wie eine graphische Auswertung (MAIDMENT, 1992) der Abflußganglinie.

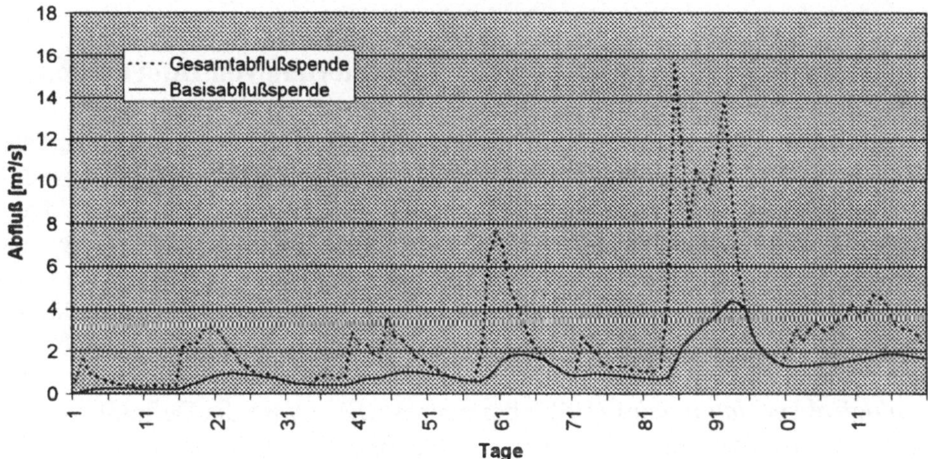

Abb.4.: Separation der Abflußganglinie am Beispiel des Pegels Dillenburg 2

Die Separationsmethode wird verwendet, da sie im Gegensatz zu anderen automatisierten Verfahren (vgl. Rekursive digitale Filtertechnik, NATHAN & MCMAHON, 1991) ein Absinken des Basisabflusses bei fehlendem Oberflächenabfluß zuläßt. Sie liefert also eine höhere logische Übereinstimmung mit Beobachtungswerten.

Ableitung des Speicherkoeffizienten α

Bei der Ableitung des Speicherkoeffizienten α werden gleiche Merkmale (Grundwasser-spende) von einem Objekt (Pegel) auf ein Objekt höherer Skalierungsebene (Einzugsgebiet) übertragen. Es handelt sich daher methodisch um ein *Skalenwechel* (Upscaling).

Aus den in Schritt 1 separierten Grundwasserganglinien werden die Perioden sinkenden Grundwasserabflusses während der evapotranspirationsarmen Monate (November-Februar) extrahiert (ARNOLD ET AL., 1995). Durch die Umformung von Gleichung 1 erhält man für α:

$$\alpha = 1/N \ln (Q_N / Q_0) \qquad \text{(GL.5)}$$

wobei

N : Anzahl an Tagen seit dem Zeitpunkt, an dem der Gesamtabfluß gleich dem Grundabfluß ist (-)

Aus zwölfjährigen Abflußmessungen am Pegel der Dietzhölze (Dillenburg 2, Wasserwirt-schaftsamt Dillenburg) wurde durch die o.g. Verfahren ein Speicherkoeffizient von 0,017 errechnet.

5 Räumliche Diskretisierung zur Aggregierung von Informationen

Zur räumlichen Diskretisierung für hydrologische Modellrechnungen werden häufig mit Hilfe von Geographischen Informationssystemen (GIS) verschiedene Informationsebenen (z.B. Digitales Höhenmodell, Bodenkarte, Klimakarte, Nutzungskarte etc.) miteinander „ver-schnitten„, d.h. der Informationsgehalt der unterschiedlichen Datengrundlagen wird dergestalt miteinander vereinigt, daß Geometrien mit identischen oder zumindest ähnlichen hydrolo-gischen Eigenschaften ausgewiesen werden. Solche Raumeinheiten, die sich hydrologisch ähnlich verhalten, werden in der Literatur häufig als *hydrological response units* (HRU) oder *hydrological simulation units* (HSU) bezeichnet. Dabei wird die Definition dieser Begriffe nicht immer einheitlich gehandhabt. Zum Teil werden die Diskretisierungseinheiten als zusammenhängende Raumeinheiten interpretiert, wohingegen ein HRU bzw. ein HSU auch als räumlich verteilte Flächen mit ähnlichen hydrologischen Eigenschaften verstanden werden kann (JETON & SMITH, 1993; HOULAHAN ET AL., 1992; BATTAGLIN ET AL., 1993; WILSON ET AL., 1993; FLÜGEL, 1995).

Ein ähnliches Konzept verfolgt WOOD ET AL. (1988) mit den *representative elementary areas* (REA). Hierbei wird eine bestimmte Flächengröße als Grenze angenommen, unterhalb derer die tatsächliche räumliche Verteilung der Modellparameter bekannt sein muß. Bei größeren Flächen dagegen reicht die stochastische Verteilung der Parameter aus, um ein Modell adäquat zu parametrisieren.

Im SFB 299 wird das betrachtete hydrologische Einzugsgebiet zunächst in Teileinzugsgebiete untergliedert. Dies geschieht mit Hilfe des GIS GRASS (U. S. ARMY, 1988) auf der Grundlage eines Digitalen Höhenrasters. Im SFB 299 liegt ein solches Höhenraster in einer Auflösung von 25 x 25 Metern vor. Im GIS wird diese Information analysiert, um Teileinzugsgebiete auszuweisen. Ausgehend vom tiefsten Rasterpunkt im Einzugsgebiet werden durch die systematische Analyse der Nachbarpunkte Senken- und Kuppenstrukturen erkannt und lokale Abflußeinheiten (Teileinzugsgebiete) festgelegt. Die Anzahl der ausgewiesenen Teileinzugsgebiete kann durch die Angabe einer Mindestanzahl von Rasterelementen, die einem Teileinzugsgebiet angehören sollen, gesteuert werden. Ergebnis dieser Vorarbeiten ist eine Karte, bei der jedem Rasterpunkt eine Teileinzugsgebietsnummer als Attribut zugeordnet ist. Die so ausgewiesenen Teileinzugsgebiete stellen die räumlichen Grundeinheiten für die Arbeit mit dem Modellsystem SWAT (ARNOLD ET AL., 1993, 1994) dar.

Zur Erarbeitung der hydrologisch relevanten Eigenschaften dieser räumlichen Grundeinheiten werden vom SWATGRASS-Interface (SRINIVASAN UND ARNOLD, 1993) die digitale Landnutzungskarte und die digitale Bodenkarte für das betreffende Einzugsgebiet benötigt. Die Landnutzungskarte wird durch die Auswertung von Satellitendaten (Landsat-TM) erstellt und unterscheidet zunächst acht Landnutzungsklassen. Die für die einzelnen Nutzungstypen notwendigen Daten (z.B. Nährstoffaufnahme, LAI-Verlauf, Ertrag, etc.) werden in einer separaten Datenbank vorgehalten. Die digitale Bodenkarte wird vom Hessischen Landesamt für Bodenforschung (HLfB) zur Verfügung gestellt. Auch sie besteht aus einem Geometrieteil und einem Datenteil, die zunächst getrennt voneinander gehalten werden.

Im nächsten Schritt wird vom Interface ein sog. Overlay (siehe Abbildung 5) der drei digitalen Kartengrundlagen durchgeführt, d.h. die Raumanteile der verschiedenen Landnutzungen bzw. Bodeneinheiten innerhalb eines Teileinzugsgebietes werden analysiert. Für die Zuweisung von Landnutzung und Bodeneinheiten zu den Teileinzugsgebieten können zwei alternative Vorgehensweisen gewählt werden:

- Alternative 1

Jedem Teileinzugsgebiet wird die in der Analyse festgestellte, flächenmäßig dominante Landnutzung und Bodeneinheit zugeordnet. Das heißt, jedem Teileinzugsgebiet wird vom Interface genau eine Landnutzung und eine Bodeneinheit zugewiesen. Die für diese Nutzung bzw. Bodeneinheit in der Datenbank ausgewiesenen Eigenschaften werden auf die gesamte Raumeinheit bezogen.

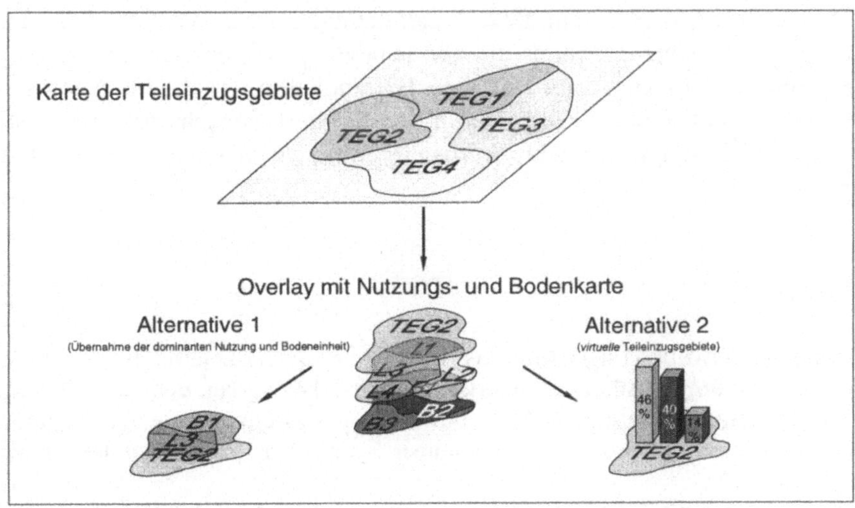

Abb.5: Schematische Darstellung der beiden Diskretisierungsalternativen im Modell SWAT

Diese Vorgehensweise bietet sich zum einen dann an, wenn das betreffende Gebiet in den relevanten Eigenschaften relativ homogen ist. Zum anderen kann dieses Verfahren angezeigt sein, wenn eine hohe Anzahl von entsprechend kleinen Teileinzugsgebieten ausgewiesen wurde und demgegenüber die räumliche Diskretisierung von Landnutzung und Bodenein-heiten relativ grob ist. Schließlich kann auch eine Begrenzung der Rechenkapazität ein Grund für die Wahl dieser Alternative sein.

- Alternative 2

Bei dieser Variante ermittelt das Interface die prozentualen Anteile der einzelnen Landnutzungen innerhalb eines Teileinzugsgebietes. Der Anwender gibt einen Schwellenwert an, ab welchem Flächenanteil die Nutzungen mit berücksichtigt werden sollen. Innerhalb einer so ausgewählten Landnutzung wird vom Interface sodann der prozentuale Flächenanteil der Bodeneinheiten ermittelt. Auch hier kann der Anwender einen Schwellenwert angeben, ab dem eine Bodeneinheit zu berücksichtigen sein soll. Auf diese Weise ergeben sich für jedes Teileinzugsgebiet prozentuale Flächenanteile bestimmter Landnutzungen und Bodeneinheiten. Das Modell wird dann auf jede der entstandenen Landnutzungs-Bodeneinheiten-Kombinationen angewendet und das Ergebnis entsprechend dem Flächenanteil der betreffenden Kombination gewichtet. Die Modellrechnung läuft in diesem Fall innerhalb des Teileinzugsgebiets räumlich nicht konkret verortet ab, weshalb in diesem Zusammenhang auch von *virtuellen* Teileinzugsgebieten gesprochen wird.

Methodisch handelt es sich beim beschriebenen Verfahren um eine *Translokation*. Die Eigenschaften einer dominanten Raumeinheit der Nutzungskarte bzw. Bodenkarte werden in der Alternative 1 auf das gesamte Teileinzugsgebiet bezogen. Da die flächenmäßig dominante Landnutzung bzw. Bodeneinheit immer nur einen Teil des Teileinzugsgebiets umfaßt, handelt es sich bei der Übertragung auf das gesamte Teileinzugsgebiet um eine Extrapolation. Auch die Alternative 2 stellt gewissermaßen eine *Translokation* dar, da die Eigenschaften eines Objekts in einen anderen Raum projiziert werden, wenn auch in einen nicht konkret allocierten.

Literatur

ARBEITSKREIS STANDORTSKARTIERUNG IN DER ARBEITSGEMEINSCHAFT FORSTEINRICHTUNG (1996): Forstliche Standortsaufnahme. IHW-Verlag, Eching bei München

ARNOLD, J.G., SRINIVASAN, R. & MUTTIAH, R.S. (1994): Large scale hydrologic modeling and assessment. Proc. Annual Summer Symp. American Water Resources Association: 3-15.

ARNOLD, J.G., ALLEN, P.M., MUTTIAH, R., BERNHARDT, G. (1995): Automated Base Flow Separation and Recession Analysis Techniques, Ground Water,. 33 (6): 1010-1018.

BACH, M. & H.-G. FREDE (1994): Höhenabhängige Regionalisierung von Gebietsniederschlägen. Mitteilgn. Dtsch. Bodenkundl. Gesellsch., 74: 171-174.

BACH, M. & H.-G. FREDE (1998): Regionalisierung als methodische Aufgabe im Sonderforschungsbereich 299 „Landnutzungskonzepte für periphere Regionen„. Im selben Band.

BATTAGLIN W.A., HAY L.E., PARKER R.S. & LEAVESLEY G.H. (1993): Applications of a GIS for modelling the sensitivity of water resources to alterations in climate in the Gunnison River Basin, Colorado. Water Resources Bulletin 29: 1021-1028.

BECKER, A. (1992): Methodische Aspekte der Regionalisierung. In: Regionalisierung in der Hydrologie. DFG-Mitteilung XI der Senatskommission für Wasserforschung. VCH-Verlag, Weinheim, 16-32.

BUNDESMINISTERIUM FÜR ERNÄHRUNG, LANDWIRTSCHAFT UND FORSTEN (1994): Bundesweite Bodenzustandserhebung im Wald (BZE) - Arbeitsanleitung. Hrsg.: Bundesministerium für Ernährung, Landwirtschaft und Forsten, Bonn

CHAPMAN, T.G. (1991): Comment on „Evaluation of Automated Techniques for Base Flow and Recession Analysis" by R.J. Nathan and T.A. McMahon, Water Resources Res., 27(7): 1783-1784.

FLÜGEL W.A. (1995): Delineating hydrological response units by geographical information system analyses for regional hydrological modelling using RRMS/MMS in the drainage basin of the river Bröl, Germany. Hydrol. Processes, 9: 423-436.

GAREN, D., G.L. JOHNSON & C.L. HANSON (1994): Mean areal precipitation for daily hydrologic modeling in mountainous regions. Water Resources Bulletin 30(3): 481-491.

GAREN, D. (1995): Estimation of spatially distributed values of daily precipitation in mountainous areas. In: Mountain Hydrology: Peaks and valleys in research and application. Proc. Canadian Water Resources Ass. Conf. Vancouver, B.C., 237-342.

GIESECKE, J. P. SCHMITT & H. MEYER, 1983: Vergleich von Rechenmethoden für Gebietsniederschläge. Wasserwitschaft 73(1): 1-6.

HALL, F.R. (1968): Base flow recession. A review. Water Resources Res., 4(5): 973-983.

HESSISCHE FORSTEINRICHTUNGSANSTALT GIEßEN (1985): Hessische Anweisung für Forsteinrichtungsarbeiten (HAFEA). Richtlinie für die periodische Betriebsplanung gemäß § 19 Abs.5 des Hessischen Forstgesetzes i.d.F. vom 4 Juli 1978 - GVBl. I S.423, Wiesbaden

HOULAHAN, J., MARCUS W.A. & SHIROMOHAMMADI A. (1992): Estimating Maryland critical area act's impact on future nonpoint pollution along the Rhode River estuary. Water Resources Bulletin 28: 553-567.

HUDSON, G. & H. WACKERNAGEL (1994): Mapping temperature using kriging with external drift: Theory and example from Scotland. Intern. J. Climatology, 14: 77-91.

JETON A.E. & SMITH J.L. (1993): Development of watershed models for two Sierra Nevada basins using a geographic information system. Water Resources Bulletin 29: 923-932.

KLEEBERG, H.-B. (1992): Regionalisierung hydrologischer Daten. –Definitionen. In: Regionalisierung in der Hydrologie. DFG-Mitteilung XI der Senatskommission für Wasserforschung. VCH-Verlag, Weinheim, 1-15.

MAIDMENT, D.R. (1992): Handbook of Hydrology, McGraw-Hill.

NATHAN, R.J. & T.A. MCMAHON (1991): Evaluation of automated techniques for base flow and recession analysis. Water Resources Res., 26(7): 282-290.

NIEDERSÄCHSISCHES LANDESAMT FÜR BODENFORSCHUNG (1996): Arbeitshefte Boden, Heft 2/1996 - Wald und Boden, S. 42-46, Hannover.

U.S. ARMY (1988): GRASS reference manual. USA CERL, Champaign, IL.

WILSON, J.P., INSKEPP, W.P., RUBRIGHT, P.R., COOKSEY, D., JACOBSEN, J.S. & SNYDER, R.D. (1993): Coupling geographic information systems and models for weed control and groundwater protection. Weed Techn., 7: 255-264.

WOOD, E.F., SIVAPALAN, M., BEVEN, K.J. & BAUD, L (1988): Effects of spatial variability and scale with implications to hydrological modelling. J. Hydrol., 102: 29-47.

Gegenüberstellung von Stoffflußmessungen nach dem Konzept der landschaftsökologischen Komplexanalyse mit einer GIS-basierten ökologischen Risikokarte in topischer bis mesochorischer Dimension im schweizerischen Jura

Marius Menz & Christa Kempel-Eggenberger

1 Einleitung

Die hier vorgestellte Arbeit stellt zwei unterschiedliche Arbeitsweisen zweier Forschungsgruppen unserer Abteilung Landschaftsökologie einander gegenüber und analysiert dabei mehrere Betrachtungsdimensionen.
Es werden zeitlich dynamische Messungen an verschiedenen Standorten in einem Einzugsgebiet mit einer flächenhaften digitalen Kartierung statischer Meßgrößen verglichen.
Die Kombination dieser beiden Arbeitsweisen soll in Zukunft zuverlässige flächenhafte Prozeßaussagen im chorischen Maßstab ermöglichen.

Die untersuchten Testgebiete (UG) befinden sich im Faltenjura, einem Kalkmittelgebirge der Nordwestschweiz, etwa 10 - 20km südlich von Basel, in einer Höhenlage zwischen 300 - 800 bzw. 600 - 1200 m ü. M. gelegen. Die räumliche Ausdehnung der UG beträgt einige Quadratkilometer (siehe Abbildung 1).

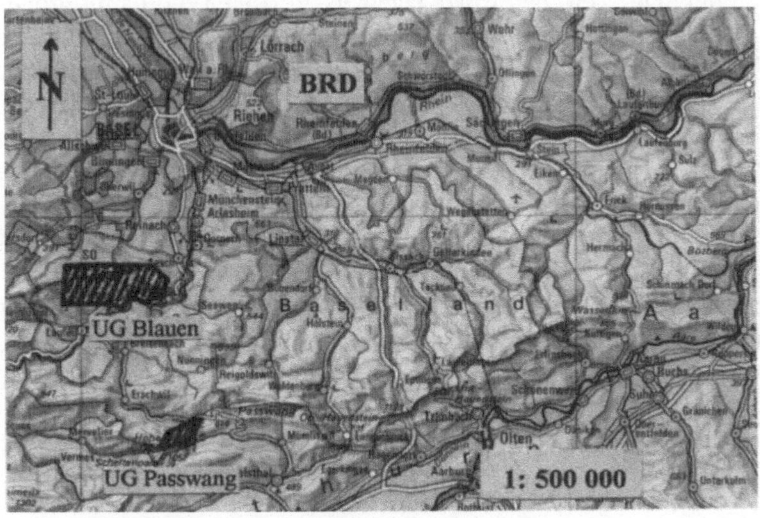

Abb.1: Lage der Untersuchungsgebiete „Blauen" und „Passwang"

2 Aspekte des Stoffumsatzes in einem Einzugsgebiet in topischer bis chorischer Dimension

2.1 Upscaling von Prozessen mit dem Konzeptmodell „Standortregelkreis“ der Landschaftsökologischen Komplexanalyse

1986 bis 1990 wurden im Einzugsgebiet Passwang im Rahmen des Basler Forschungs-Konzepts nach dem Prinzip der Landschaftsökologischen Komplexanalyse (LESER, 1991) unter verschiedenen klima-, bio-, und hydroökologischen Aspekten Messungen zum Stoffhaushalt durchgeführt. Der zentrale Arbeitsschritt der Landschaftsökologischen Komplexanalyse ist die Komplexe Standortanalyse mit dem Konzeptmodell „Standortregelkreis„ nach CHORLEY & KENNEDY (1971) und nach MOSIMANN (1979).

Abbildung 2 stellt mit dem Regler (R) und seiner Rückkopplungsumgebung den Ausschnitt aus dem Standortregelkreismodell dar, welcher für die Stoffhaushaltsmessungen im Untersuchungsgebiet den Aspekt unterschiedlicher zeitlicher und räumlicher Betrachtungsdimensionen beinhaltet. Upscaling des Stoffumsatzes bedeutet, daß Stoffflüsse von einer Betrachtungsdimension in die nächst höhere übertreten bzw. nicht in einer Dimension zurückgehalten werden. Dieser Wechsel der betreffenden dimensionsspezifischen Prozeßgruppe bedeutet nicht nur eine Änderung der Transportrichtung und der Umsatzmechanismen: Die Stoffflüsse treten in ein anderes, raumzeitliches Umsatznetzwerk über. Upscaling in diesem Sinne entspricht einer positiven Rückkopplungsbereitschaft. Die Standortflüsse werden unter Selbstverstärkung kanalisiert und erreichen z.B. als direkter Oberflächenabfluß in kurzer Zeit den Einzugsgebiets-Vorfluter und damit größerräumige Umsatzsysteme. Umgekehrt entspricht die Ableitung der Standortflüsse in den Oberflächennahen Untergrund einer negativen Rückkopplungsbereitschaft, wobei die Flüsse, welche während des Sickerprozesses nicht durch die Evapotranspiration aufgebraucht werden, in den längerfristigen Bodenwasserspeicher eingehen.

Das Problem bei einem Upscaling der Stoffflüsse besteht darin, daß dieser Prozeß spontan, unter Selbstverstärkung und selektiv abläuft: Dieser Heterogenisierung oder Entmischung nach HERZ (1994) geht keine Homogenisierung oder Durchmischung derjenigen Dimensionsstufe voran, welche verlassen wird. Deshalb lassen sich Standort-Prozeßdaten nicht einfach auf eine Fläche extrapolieren: Umsatzbilanzen der topischen Dimension sagen grundsätzlich wenig aus über die übergeordneten größerräumigen Umsatzsysteme wie z.B. Interflow-Hangentwässerungssysteme in der mikrochorischen Dimension oder eine mögliche Wasserführung des Einzugsgebiets-Vorfluters und seiner Nebenbäche in der mesochorischen Dimension.

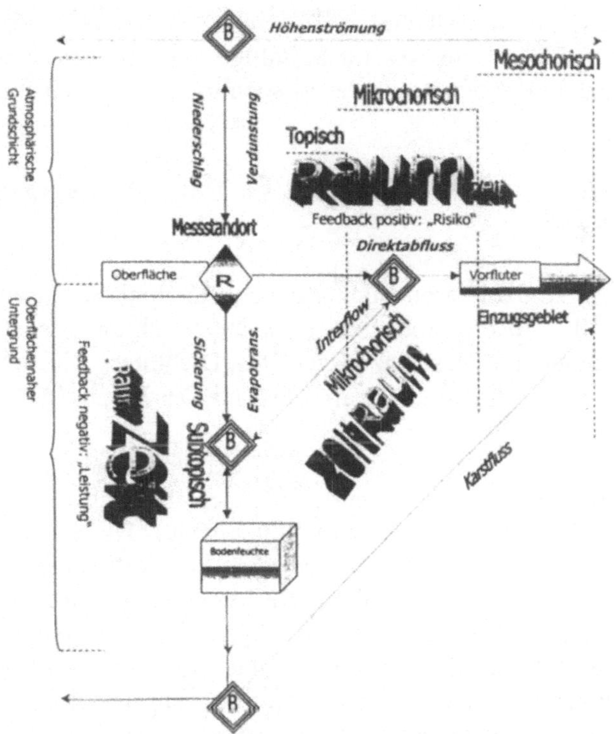

Abb.2: Upscaling von Prozessen mit dem Konzeptmodell „Standortregelkreis" der Landschaftsökologischen Komplexanalyse

Analog zur Regelkreis-Strategie in der topischen Dimension bietet sich für das Punkt-Fläche-Problem bei Stoffhaushaltsuntersuchungen ein hypothetisches Vorgehen an. Schlüsselrollen spielen dabei Informationen aus den zu bestimmenden „Bindegliedern" zwischen den Dimensionen (LESER, 1991; (B) in Abbildung 10-2). Die Bindeglieder entsprechen den „Übertrittsstellen" der Bodenerosions-Terminologie (SCHAUB, i. V.). Sie funktionieren als Fixpunkte, auf welche die lateral abzweigenden Stoffflüsse gerichtet sind. Hier werden die Flüsse aufgefangen, transformiert und unter Umständen weitergeleitet (KEMPEL-EGGENBERGER, i. V.). Diese interenen Umlagerungen werden beim Ausgang des Einzugsgebietes nicht registriert.

Die eigentliche Komplexität des Stoffumsatzes im Untersuchungsgebiet resultiert daraus, daß Upscaling in diesem Sinne bzw. das Abzweigen lateraler Flüsse in unterschiedlichen Tiefen des Oberflächennahen Untergrundes gleichzeitig stattfindet. Der „Umweg" über die negative Rückkopplungsbereitschaft bewirkt u.a. eine zeitliche Verzögerung der entsprechenden Reaktion in der mesochorischen

Dimension. Diese kontinuierliche Überlagerung der lateral abgespaltenen Flüsse unterschiedlicher Bodentiefe bewirkt auffällige und charakteristische Umsatzeffekte des Untersuchungsgebietes in der mesochorischen Dimension.

2.2 Skaleneffekte des Stoffumsatzes im Untersuchungsgebiet Passwang: Meßbeispiele

Abbildung 3 zeigt in der oberen Bildhälfte den Calciumkonzentrations-Verlauf im Bodenwasser (10 - 40 cm Bodentiefe) bei ausgewählten Meßstandorten unterschiedlicher Teileinheiten des Einzugsgebietes. Die untere Bildseite zeigt die zeitgleiche Reaktion des Vorfluters beim Ausgang des Einzugsgebietes in der mesochorischen Dimension.

Bei der 3-jährigen Meßreihe fallen zwei extreme Reaktionen des Vorfluters auf: Ein Hochwasser maximaler mittlerer Tagesschüttung (Mai 1987) und eine Phase höchster Calciumkonzentration (Winter 1988). Diese extremsten Reaktionen sind beide nicht auf entsprechend extreme Standortbedingungen in der topischen Dimension zurückzuführen. Beide Reaktionen sind nur zu erklären aus vorangegangenen, tiefgründig wirksamen und abgeschlossenen Witterungsphasen.

So konnte das extreme Hochwasser im Mai 1987 nur erklärt werden aus einer langanhaltenden Phase dominierender Austrocknungstendenz, welche ein Jahr zuvor einsetzte. Bei anschließendem „normalen" Niederschlagsgeschehen im Frühjahr 1987 wirkte diese Trockenphase immer noch nach, weil die Fixpunkte im tiefergründigen Oberflächennahen Untergrund in der mikrochorischen Dimension offensichtlich noch ausgetrocknet und somit ausgeschaltet waren. Das Einzugsgebiet reagierte auf die nicht außergewöhnlich intensiven und ergiebigen frühsommerlichen Regenfälle mit außergewöhnlich extremem ungesättigtem Oberflächenabfluß.

Analog gingen der hochkonzentrierten Calciumschüttung im Winter 1988 ein außergewöhnlich kühl-feuchter Sommer und Herbst voran. Die Durchfeuchtungsphase im Sommer zeigte - im Gegensatz zur Austrocknungsphase ein Jahr zuvor - bei fast allen Meßstandorten einen deutlichen Anstieg der Calcium-Konzentration in der Bodenlösung und dokumentiert so eine tiefgründige allseitige Standortsikkerung. Zu diesem Zeitpunkt der internen Umlagerungen erfolgte keine Reaktion beim Ausgangsvorfluter. Erst im nachfolgenden Winter, unter normalisierten Standortverhältnissen, schütteten die tiefgründigen Flüsse die Lösungskonzentrate des vorangegangenen Sommers aus dem Einzugsgebiet.

Zwischenfazit: Je mehr man sich vom Meßpunkt weg bewegt und je größer der Raum wird, welcher eine Prognose einschließen soll, desto mehr übernimmt die tiefgründige und langfristig vorangegangene und nachwirkende Vorbereitung des

Oberflächennahen Untergrunds die Kontrolle gerade über die extremen größerräumigen Stoffumsatz-Reaktionen.

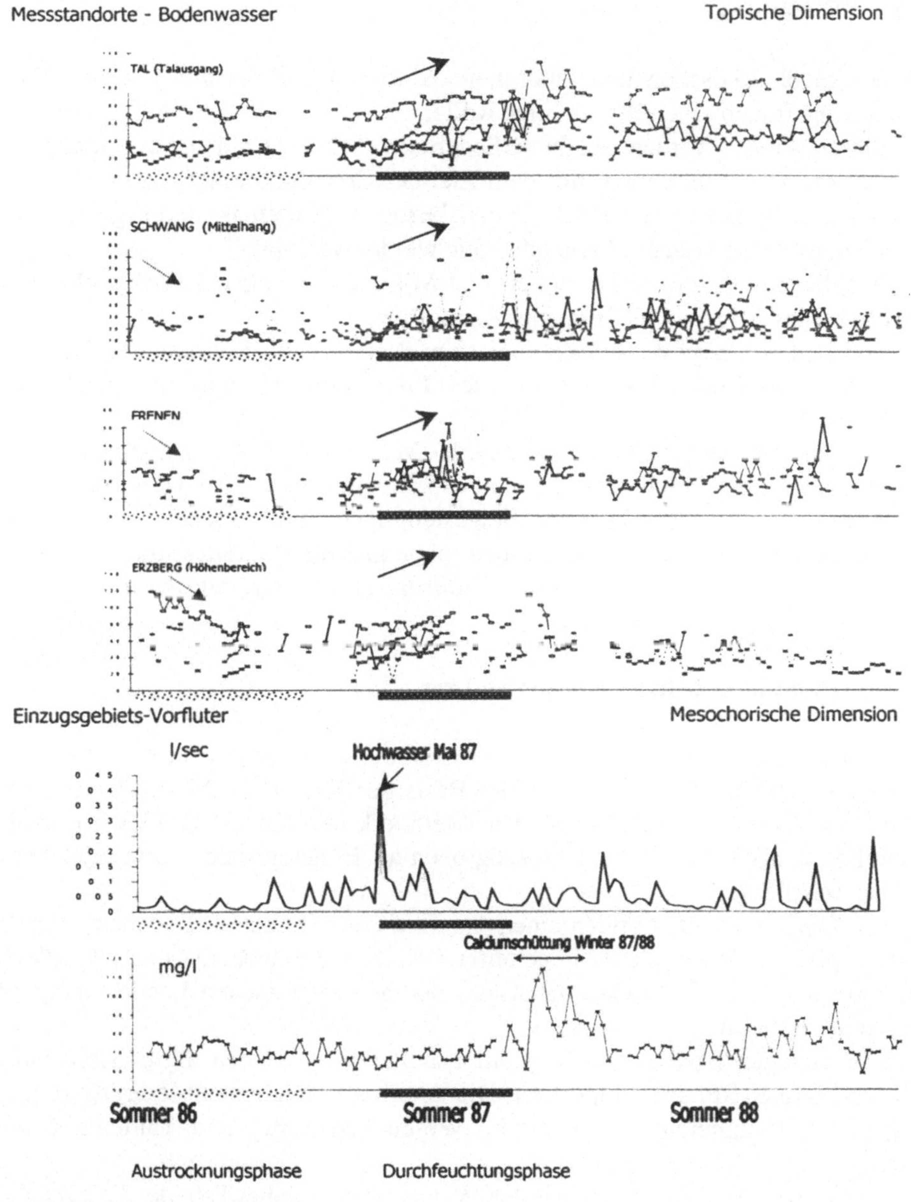

Abb.3: Calciumkonzentrationen (mg/l) im Bodenwasser und Vorfluter des Untersuchungsgebietes Passwang

3 Die Digitale Geoökologische Risikokarte in topischer bis chorischer Dimension - Methodik der prozessualen Geoökotop- und Geoökochoren - Ausgliederung

3.1 Einleitung

In der geoökologischen und landschaftsökologischen Forschung spielen Raumgliederungsfragen eine sehr wichtige Rolle.

In dieser Arbeit werden solche Gliederungen für verschiedene Betrachtungsdimensionen vorgenommen, mit dem Ziel der Erstellung einer digitalen geoökologischen Risikokarte, aus welcher praxisbezogene Nutzungs- und Eignungskarten abgeleitet werden können. Folgende *Ziele* werden verfolgt:

- Ausgliederung von Geoökotopen und Mikrochoren für ein Gebiet chorischen Maß-stabs aufgrund prozessualer Kenngrößen.
- Erstellen von digitalen geoökologischen Risiko- bzw. Belastbarkeitskarten mit Hilfe eines GIS (= **G**eographisches **I**nformations**s**ystem) in verschiedenen Maßstäben.
- Gewährleistung der Übertragbarkeit der Methodik auf Nachbargebiete, und der Modi-fizierung für den Einsatz in noch kleineren Maßstäben (Regio).
- Anwendbarkeit für praktische Fragestellungen durch spezifische Anpassung von Para-metern und Klassengrößen (ohne großen Mehraufwand). ⇒ Grundlage zur Erstellung von *Eignungs-, Gefährdungs- und Planungskarten.*

3.2 Räumliches Gliederungsverfahren

Im Untersuchungsgebiet Blauen (siehe Abbildung 1) werden für ca. 20 km^2 vorwiegend südlicher Exposition auf der Basis der KA GÖK 25 (LESER & KLINK, 1988) Geoökotope ausgegliedert. Die Methodik der KA GÖK 25 wird insofern modifiziert, als ausschließlich Prozeßgrößen als Eingangsdaten verwendet werden (siehe Tabelle 2).

Die *Datengrundlage* bilden einerseits *Felddaten* (Substrat, Bodenart, -typ, und -form, pH, Ah-Mächtigkeit, Vegetation / Nutzung), anderseits das *Digitale Höhenmodell 1: 25 000* (Vektordatensatz) der Schweizerischen Landestopographie (Blatt „Arlesheim").

Die analogen Boden- und Vegetationsaufnahmen werden digitalisiert und ins GIS (Software: SPANS) importiert. Die detaillierte Reliefanalyse ergibt folgende Parameter: Hangneigung, Exposition, Wölbungen, Grat- und Taltiefen sowie -breiten.

Von folgenden Prozessen werden *Kenngrößen* (siehe Tabelle 2) modelliert: Feststoffhaushalt, Nährstoffhaushalt, Wasserhaushalt, Lufthaushalt und Strahlungshaushalt. Diese Prozeß-Modelle werden reklassifiziert (in je zwei Klassen) und anschließend im GIS gleichwertig miteinander überlagert (sog. „Unique Conditions"-Verschneidung). Details zu den einzelnen Modellierschritten siehe MENZ (i. V.). Die Klassengrenzen der einzelnen Modelle werden wie folgt festgelegt (Tabelle 1):

Tab.1: Klassengrenzen der modellierten Prozeß-Kenngrößen

Prozeßbereich	**ökol. Kenngröße**	**Klassengrenze**	**Wahl der Grenze gemäß...**
Feststoffhaushalt	Bodenabtrag geringe Bodenmächtigkeit	10t / (ha*a) flachgründig: < 30cm	BA LVL (1992)
Nährstoffhaushalt	pH-Wert	sauer: pH < 5	KA GÖK 25 (1988)
Wasserhaushalt	rel. Bodenfeuchte	nicht quantifiziert	eigenes Modell
Lufthaushalt	Frostgefährdung	nicht quantifiziert	eigenes Modell
Strahlungshaushalt	pot. Einstrahlung während der Vegetationszeit	90kcal / cm^2	MORGEN (1957)

Die Maßstabsproblematik spielt bei Raumgliederungsfragen eine zentrale Rolle und soll anhand folgendem Schema (Tabelle 2) erläutert werden.

Tab.2: Berücksichtigte Parameter zur Erstellung topischer und chorischer Einheiten

Maßstab	**räuml. Einheiten**	**Prozeßbereich**	**ökol. Risiko- bzw. Belastbarkeitsfaktor**
TOPISCH	Geoökotope	Feststoffhaushalt	Erosionsgefahr
::		Nährstoffhaushalt	Versauerungs- bzw. pH-Absenkungsgefahr
::		Wasserhaushalt	Austrocknungsgefahr
::		Lufthaushalt	Kaltluft- bzw. (Früh- u. Spät-) Frostgefahr
::		Strahlungshaushalt	mangelnde Besonnung (und evt. Wärme)
CHORISCH ::	Mikrochoren	Wasserhaushalt	Austrocknungs- (oder Vernässungsgefahr) aufgrund der Durchlässigkeit des Substrates
:: ::		Boden	Erosionsgefahr und / oder flachgründig und / oder pH < 5
:: ⇓		Klima	mangelnde Besonnung und / oder Frostgefahr

Das Verfahren der GÖK (H. LESER & H.-J. KLINK: 1988) wird insofern verändert, als die Strukturgrößen (wie Hangneigung, Bodenart, Vegetation etc.) entfallen und nur prozessuale Kenngrößen berücksichtigt werden, da die Strukturgrößen bereits in den Prozeßmodellen enthalten sind.

Diese Kenngrößen beinhalten Bereiche ökologischer Risiken resp. Anfälligkeiten, also instabiler Reaktionen des Systems auf natürliche oder anthropogene Einflüsse.

Die prozeßbasierten Geoökotope (Abbildung 4) drücken ein ökologisches Gefährdungspotential resp. die ökologische Belastbarkeit eines bestimmten Raumausschnittes aus.

Für die chorische Dimension werden Mikrochoren (korrekt: Mikrogeoökochoren) ausgegliedert, indem die vorherigen Parameter - mit Ausnahme der Bodenfeuchte - in zwei Gruppen zusammengefaßt werden: pedologisch und klimatisch bedeutsame Faktoren. Die Bodenfeuchte wird durch zwei Klassen des Substrates (durchlässig und undurchlässig) ersetzt.

Das Resultat der Überlagerung dieser drei Eingangsgrößen, eine risiko-basierte Mikrochorenkarte (siehe Abbildung 5), befriedigt zunächst nur ungenügend, da kaum eine direkte praktische Anwendung ersichtlich ist. Die prozessualen Kenngrößen wären je nach Fragestellung neu zu gruppieren.

Mit Hilfe einer auf Strukturgrößen (Hangneigung, Substrat, Vegetation) basierten Mikrochorenkarte - welche universell anwendbar ist, dafür keine direkten prozessualen Aussagen mehr machen kann - können durch geeignete Kombination beider Karten jedoch anwendungsbezogene Eignungskarten erstellt werden.
Beispiel: Ideale Ackerstandorte = waldfreie, pedologisch und klimatisch bevorzugte Flächen.

Ein weiteres „Upscaling" - ein Vorstoß zu mesochorischen Einheiten bis hin in den regionischen Maßstab - erscheint mit der „klassischen" Methode der räumlichen Gliederung eher praktikabel. Diese wird jedoch einem prozeßbetonten Forschungsansatz nicht gerecht, da sie lediglich strukturelle Eingangsgrößen (Hangneigung, Bodenparameter, Vegetation etc.) verwendet und somit keine Aussagen über im Gebiet ablaufende Prozesse machen kann.

Besonders das Verhalten lateraler Stoffflüsse in der chorischen Dimension ist nach wie vor viel zu wenig genau bekannt, um prozeßbasierte chorische Einheiten präzise kartieren zu können.

Abb.4: Prozeßbasierte Geoökotope (Risikoareale in 36 Klassen) (Reproduziert mit Bewilligung des Schweiz. Bundesamtes für Landestopographie vom 27.4.1998)

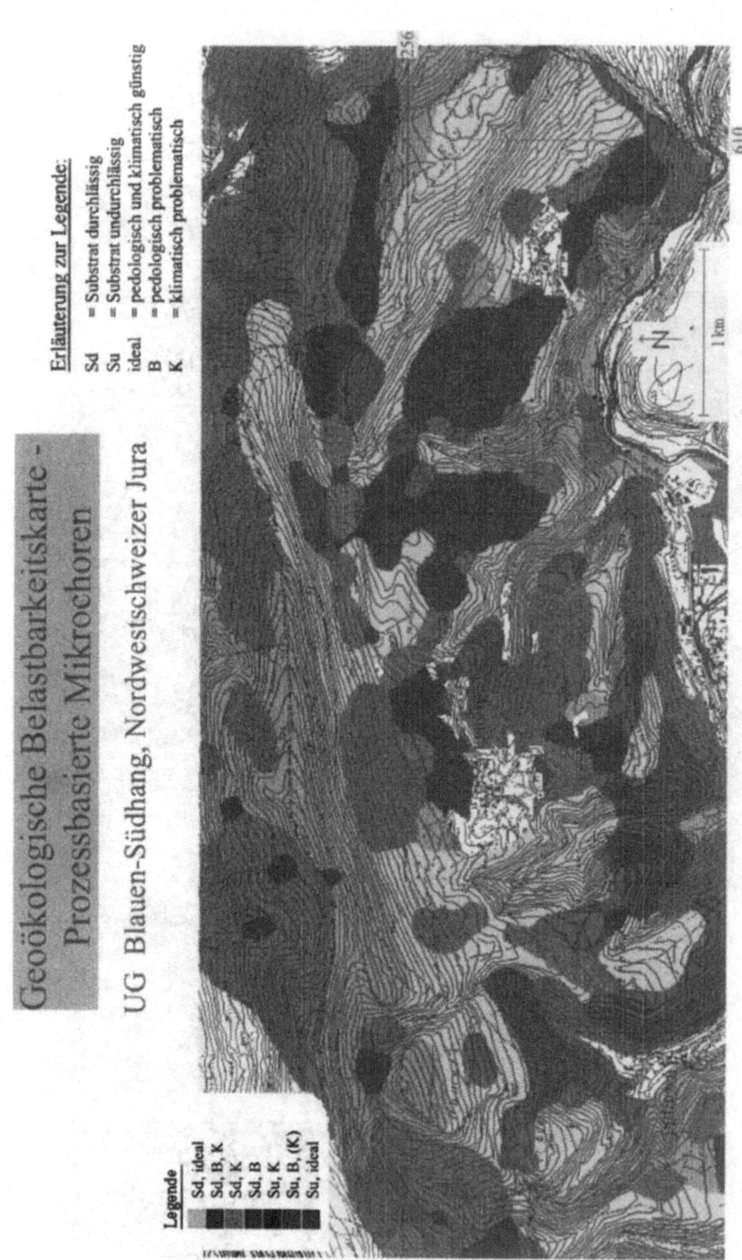

Abb.5: Prozeßbasierte Mikrochoren (ökologische Belastbarkeit in 7 Klassen) (Reproduziert mit Bewilligung des Schweiz. Bundesamtes für Landestopographie vom 27.4.1998)

3.3 Fazit

Die erstellten geoökologischen Risikokarten werden den anfänglichen Zielsetzungen weitgehend gerecht und genügen als Grundlage für nachfolgende praktische Verwendungen:

- *Land- und Forstwirtschaft*: Eignung für Ackerbau, Rebbau, Aufforstung etc.
- *Raumplanung*: Ideale Standorte für Gewerbe- und Industrieflächen, Sport- und Spielplätze, Natur-, Landschafts- und Grundwasserschutzgebiete etc.
- *Landschaftsschutz*: Ausweisung sensibler Regionen (Feuchtgebiete etc.),Schutz wertvoller Ökotope.

- objektiv meßbare Größen der Landschaft (Luft-, Bodenqualität etc.)
- subjektive Landschaftsmerkmale (Erholungswert, Landschaftsbild)
- Berücksichtigung der Potentiale und Funktionen der Landschaft.

Die gewählte Methodik der räumlichen Gliederung...

- erlaubt eine einfache und rasche Kartierung geoökologischer Einheiten in verschiedenen Maßstäben.
- liefert anwendungsspezifische ökologische Risikokarten in verschiedenen Maßstäben.
- ermöglicht die Untersuchung prozessualer Vorgänge und ihrer negativen Reaktionen („ökologische Risiken“, Belastbarkeit, Anfälligkeit etc.).
- läßt ein weiteres „Upscaling“ prinzipiell zu.

Das Problem der Meßmethodik lateraler Stoffflüsse in der chorischen Dimension kann weiterhin nicht befriedigend gelöst werden.
Falls für die Zukunft mit zunehmenden GIS-Möglichkeiten (Modellierungen) und gleichzeitig aber mit zunehmenden Umweltproblemen gerechnet werden muß, so erlangen Fortschritte in der *chorischen Prozeßforschung* eine ganz entscheidende Bedeutung.

4 Diskussion und Ausblick

In Tabelle 3 sind die wichtigsten Ergebnisse der Digitalen Geoökologischen Risikokarte einerseits und der Meßreihen aus der Komplexen Standortanalyse anderseits zusammengefaßt und einander gegenübergestellt.

Tab.3: Upscaling der beiden vorgestellten Methoden: Ergebnisse, Probleme und Möglichkeiten

	Digitale Risikokarte	**Meßreihen aus der Komplexen Standortanalyse**
Ergebnis	2-D Flächen-Informationen der zeitunabhängigen *relativen ökolog. Anfälligkeiten*	4-D Vektor-Informationen einer *momentanen Risikobereitschaft*
Haupterkenntnis für einen Übertrag in größerräumige Betrachtungsdimensionen	Notwendigkeit einer neuen Gruppierung der *prozessualen Parameter,* nicht der räumlichen Einheiten	Tiefgründig und langfristig *nachwirkende Vorbereitung des oberflächennahen Untergrundes* als entscheidender Faktor für größerräumige Ereignisse
Entscheidender Faktor – anstehende Probleme	Erfassen und Parametrisieren der *lateralen Stoffflüsse*	Daten aus den *Übertrittsstellen der lateralen Stoffflüsse*

Die Autoren sind der Meinung, daß eine Kombination beider in dieser Publikation vorgestellten Arbeitsweisen zur Lösung des Dimensionsproblemes beitragen würde. Dazu müßten die 4-dimensionalen Prozeßvektoren aus den Messungen auf die Fläche abgebildet werden, ohne daß dabei wichtige Informationen wie z.B. die zeitliche Dynamik verloren geht. Ein nach wie vor anstehendes Problem der geoökologischen Grundlagenforschung ist die Ermittlung der „Übertrittsstellen" und die Erfassung der lateralen Stoffflüsse im Oberflächennahen Untergrund. Fest steht, daß nur eine Integration der zeitvarianten Reaktionsbereitschaft in eine digitale Karte einer relativen Risikoanfälligkeit realistische größerräumige Prozeßkarten nach dem Prinzip des größtmöglichen Risikos bzw. der ökologischen Belastbarkeit liefern wird.

Als nächsten Schritt wird vorgeschlagen, sog. *Szenarienkarten* zu erstellen, wobei zu unterschiedlichen Zeitpunkten alle verfügbaren Informationen aus dem Oberflächennahen Untergrund mit einzubeziehen sind.

Literatur

CHORLEY, R.S. & B. KENNEDY (1971): Physical Geography. A Systems Approach, 343 S.

HERZ, K. (1994): Ein geographischer Landschaftsbegriff. - Wiss. Z. Techn. Univer. Dresden 43, H5, S. 82-89.

KEMPEL-EGGENBERGER, C. (in Vorb.): Die Geoökologische Sensibilität eines Hoch-Jura-Einzugsgebietes. - Departement für Geographie der Universität Basel (Dissertation in Druckvorbereitung).

LESER, H. & H.-J. KLINK [Hrsg.] (1988): Handbuch und Kartieranleitung Geoökologische Karte 1: 25 000 (KA GÖK 25). - Forschungen zur Deutschen Landeskunde, Bd. 228, 349 S.

LESER, H. ([3]1991): Landschaftsökologie - Stuttgart, 647 S.

MARKS, R., MÜLLER, M. J., LESER, H., KLINK, H.-J. [Hrsg.] ([2]1992): Anleitung zur Bewertung des Leistungsvermögens des Landschaftshaushaltes (BA LVL). - Forschungen zur Deutschen Landeskunde, Bd. 229, 222 S.

MENZ, M. (i. Vorb.): Die Digitale Geoökologische Risikokarte des Blauen-Südhangs im Nordwestschweizer Faltenjura. - Methodik der prozeßorientierten Geoökotop- und Geoökochoren-Ausgliederung auf der Basis ökologischer Risikofaktoren. - Departement für Geographie der Universität Basel (Manuskript).

MORGEN, A. (1957): Die Besonnung und ihre Verminderung durch Horizontbegrenzung. - Veröffentlichungen des meteorologischen und hydrologischen Dienstes der Deutschen Demokratischen Republik, Bd.12, 17 S.

MOSIMANN, T. (1978): Der Standort im landschaftlichen Ökosystem. – Catena (5), S. 351-364.

SCHAUB, D. (i. Vorb.): Gebietsbilanzen der Bodenerosion und der damit verbundenen Stoffumlagerungen.

Fazit: Upscaling von Prozessen und Standorteigenschaften

Martin Volk und Uta Steinhardt

Die vergleichsweise hohe Anzahl an Beiträgen zum Themenblock „Upscaling von Prozessen und Standorteigenschaften“ zeigt, daß die Entwicklung von Methoden zur Übertragung kleinräumig gültiger Aussagen auf größere Räume eines der Hauptprobleme in der Landschaftsökologie darstellt. Dies ist vor allem der Tatsache geschuldet, daß die landschaftsökologische Forschung der letzten Jahrzehnte beinahe ausschließlich standortbezogen orientiert war.

Grundsätzlich kommt man bei der Bereitstellung von Aussagen für größere Räume an der Anwendung von mathematischen Modellen zur Beschreibung der Wasser- und Stofftransportprozesse nicht vorüber. Grundsätzlich ist dabei auf die Applikation von physikalisch basierten Modellansätzen zu orientieren, die jedoch noch immer das Problem mit sich bringen, eine so große Vielzahl von Parametern zu erfordern, die für größere Räume derzeit noch nicht beizubringen sind. Im Gegensatz zu diesen hochauflösenden Forschungsmodellen werden flächendetaillierte Ansätze auch für größere Landschaftsräume erforderlich, die notwendigerweise vereinfachte Ansätze berücksichtigen. So ist man derzeit noch immer auf die Kompromißlösung der Anwendung empirischer Ansätze angewiesen, die dann aber nur eine beschränkte räumliche Gültigkeit aufweisen.

Im Zusammenhang damit ist auch der Tatsache Beachtung zu schenken, daß die Bedeutung ökologischer aber auch sozioökonomischer Kenngrößen in Abhängigkeit von der räumlichen und zeitlichen Bezugsebene wechselt. So kann im Stoffumsatzgeschehen ein Skalenwechsel - sowohl als „Upscaling“ als auch als „Downscaling“ - erfolgen, wenn Stoffflüsse unter Selbstverstärkung in die nächst höhere oder niedere Dimension übertreten (Interflow-Netzwerk). Dabei ist die derzeitige Fokussierung auf „Upscaling“ in dem o.g. Aspekt der jahrzehntelangen standortbezogenen Forschung begründet. Durch die Verknüpfung von top-down- und bottom-up-Ansätzen, die sich im Kern auch in den landschaftsökologischen Verfahren der naturräumlichen Ordnung und Gliederung wiederfinden, muß es gelingen, beide Herangehensweisen miteinander zu kombinieren.

Eine Kernfrage zu diesem Komplex besteht darin, mit welchen Methoden man aus vorhandenen Meß- und Beobachtungsdaten (Punktdaten) auf die Parameterverteilung eines Gebietes (Fläche) schließen kann. Dazu werden in den Beiträgen je nach fachlichem Arbeitsgebiet verschiedene Lösungsansätze verfolgt. Neben rechnerischen Verfahren wie Kriging, die für eine Regionalisierung von „harten“ Daten (Stoffgehalte etc.) verwendet werden, kann z.B. bei Gefährdungsabschätzungen (z.B. Erosionsdisposion) auch der umgekehrte Weg eingeschlagen werden. Das heißt, nach einer groben Abschätzung auf der Basis von empirischen Modellen werden gefährdete Areale abgegrenzt (Vorauswahl) und können nun einer vertiefenden Untersuchung mit feiner differenzierenden Modellen unterzogen werden.

Diese erste Einschätzung auf der Basis von empirischen Modellen ist eine Möglichkeit zur Ausweisung von Flächen bei der Gefährdungsabschätzung. Eine andere Möglichkeit - ebenfalls mit empirischem Hintergrund, zu einer Aggregierung von Flächen ähnlicher Bedingungen zu kommen (z.B. bei ökologischen Risikoabschätzungen), ist die Kombination von Strukturgrößen (z.B. Ausgliederung von Mikrogeochoren auf pedologischer und klimatologischer Basis) und Prozeßgrößen. Dabei ist aber festzuhalten, daß noch großer Forschungsbedarf zum Verhalten lateraler Stoffflüsse in größeren Räumen (z.B. chorische Dimension) besteht. Dennoch zeigen die beiden Ansätze Möglichkeiten, wie man aus großflächig vorliegenden Informationen das räumliche Verteilungmuster von interessierenden Gebieten ableiten kann.

Die Prognose und Bewertung zukünftiger Umweltveränderungen erfordert in zunehmendem Maße auch Konzepte zur Regionalisierung von Modellen, die also eine Übertragbarkeit von Modellen auf verschiedene Skalenebenen erlauben. Zur Zeit sind jedoch aus den oben genannten Gründen die meisten Modelle lediglich für den Einsatz auf einer bestimmten Maßstabsebene einsetzbar. Die anzustrebende Regionalisierung der (physikalisch basierten) Modelle führt demzufolge nur über die Regionalisierung der erforderlichen Modellparameter. Darunter ist also die auf Basiseigenschaften von Substrat, Relief ... beruhende Ableitung „sekundärer" Eigenschaften über sogenannte Transferfunktionen zu verstehen. Hinzu kommt außerdem, daß zwischen der gewünschten inhaltlichen, räumlichen und zeitlichen Modellauflösung und den zur Verfügung stehenden Daten in den meisten Fällen eine starke Diskrepanz besteht.

Bei der Entwicklung skalenübergreifender Konzepte werden derzeit verschiedene Möglichkeiten in Erwägung gezogen. Grundprinzip ist dabei auch hier zunächst immer die Ausweisung von Bezugseinheiten (und die unterschiedlich starken Aggregierung von Standortseigenschaften (Ökotope, Flächen ähnlicher Eigenschaften)?). Dabei wird man bei einer relativ geringen Aggregierung (hohe Auflösung) zwar der Vielfalt der Standorte gerecht, jedoch ist der damit verbundene Arbeitsaufwand für die Modellierung/Simulation (z.B. räumliche und zeitliche Verteilung von Wasser- und Stoffflüssen) zu groß. Bei einer Vereinfachung bzw. stärkeren Aggregierung hingegen werden Fragen zur Parameterwichtung aufgeworfen (Welche Prozesse sind unter welchen Bedingungen auf welcher Skala für welche Fragestellung relevant? Ergeben sich bei einem Skalenwechsel neue Eigenschaften?). Diese Konzepte für skalenübergreifende Modelle können sich daher durchaus sinnvoll mit dem „anderen Ansatz", der pragmatischen Herangehensweise bei der konkreten Modellregionalisierung, ergänzen. Dabei wird davon ausgegangen, daß die Ansprüche, die an die Regionalisierung zu stellen sind, allein von der Zielsetzung abhängig sind. Dies hat zur Folge, daß auch die Art und Weise, mit welcher zeitlichen und räumlichen Auflösung gemessen werden soll, nicht allgemeingültig, sondern aufgabenspezifisch ist. Es sollte also jedes Konzept auf seine (aufgabenspezifische) Anwendbarkeit überprüft werden.

Der zunächst als offensichtlich erscheinende Widerspruch zwischen der geforderten Allgemeingültigkeit, die eine skalenübergreifende und damit -unabhängige Herangehensweise impliziert und der propagierten aufgabenspezifischen Lösungsansätze kann unter der Voraussetzung gelöst werden, daß die Kenntnis der funktionalen Skalengrenzen die Grundlage für skalenübergreifende Betrachtungen bildet. Faktoren und Komponten, die bestimmte landschaftsliche Prozesse auslösen und beeinflussen sind häufig maßstabsunabhäng. So ist der Prozeß der Grundwasserneubildung stets von den Parametern des Grundwasserflurabstandes und der Zusammensetzung der Deckschichten sowie der Art der Oberflächenbedeckung abhängig. Jedoch haben diese Parameter in unterschiedlichen Skalen verschiedene Wichtung und ebenso werden in den verschiedenen Skalen unterschiedliche Teilprozesse relevant. So wird die Einbeziehung von Makroporenflüssen bei mikroskaligen Betrachtungen unerläßlich ein, sich bei makroskaliger Herangehensweise jedoch erübrigen. Das führt zu der Notwendigkeit der skalenspezifischen Herangehensweise.

Die Validierung der Upscalingverfahren und Modellierungen erfolgt derzeit bei allen Arbeiten zum Themenblock über Messungen in kleineren Räumen oder Berechnungsverfahren, wobei die Grenzen der Interpolationen und der daraus resultierende Genauigkeitsanspruch des Resultates deutlich gemacht werden müssen.

Wünschenswert wäre die verstärkte Betrachtung und Analyse der Zusammenhänge von naturwissenschaftlichen und sozioökonmischen Bereichen, die im behandelten Themenblock lediglich durch einen Beitrag behandelt wurde. Unter dem Aspekt der Nachhaltigkeit, der eine ausgewogenes Verhältnis von Ökologie, Ökonomie und Soziologie impliziert, scheint an dieser Stelle jedoch der Hinweis angebracht, daß bei derartigen Betrachtungen den naturwissenschaftlichen Gesätzmäßigkeiten, die sich in ökologischen Strukturen und Prozessen widerspiegeln, das Primat zukommen muß. Die sozioökonomischen Rahmenbedingungen wie Subventionierung sind auf der Grundlage dieser Kenntnisse dann so zu gestalten, daß die Leistungsfähigkeit der Landschaft auf Dauer gewährleistet werden kann. Bei der Modellierung verschiedener Landschaftsfunktionen sind hier die Eingangsdaten auf sehr unterschiedlichen räumlichen, zeitlichen und sachlichen Ebenen erforderlich. Hier besteht noch Forschungsbedarf bei der Entwicklung und Erprobung der entsprechenden Methoden. Dies erfordert auch ein Überdenken des Begriffes „Regionalisierung“, da es hier in den unterschiedlichen Fachdisziplinen innerhalb der Landschaftsökologie sehr unterschiedliche Auffassungen über die entsprechende Definition gibt.

Ungeachtet der unterschiedlichen Zielsetzungen der verschiedenen Fachdisziplinen stellen für die Lösungsansätze der genannten Probleme bei allen Projekten Geoinformationssysteme ein wichtiges und zentrales wenn nicht sogar unabdingbares Arbeitsinstrument dar. Deren Anwendung erlaubt die Bearbeitung immer komplexerer Gegenstände der Landschaftsökologie. Trotz der großen Potentiale dieser Arbeitsmethode muß man sich jedoch der Gefahr bewußt sein, sich allein in methodischen Überlegungen zu verlieren und dabei den Anwendungsbezug zu vernachlässigen.

Themenblock 2

Ableitung dimensionsspezifischer Indikatoren für die Landschaftsbewertung

Probleme bei der Ableitung dimensionsspezifischer Parameter und Indikatoren für mesoskalige Landschaftsbewertungen

Martin Volk und Uta Steinhardt

Im einleitenden Beitrag von VOLK & STEINHARDT wurde das Problem der grundsätzlich verschiedenen Herangehensweisen bei der Betrachtung und Übertragbarkeit von Prozessen, Standorteigenschaften und Bewertungsverfahren auf unterschiedlichen Maßstabsebenen angesprochen. Die Position der Autoren dieses Beitrages für eine „dimensionsspezifische" Herangehensweise anstelle eines „dimensionsübergreifenden" Ansatzes geht bereits aus der Formulierung des Themas dieses Beitrages eindeutig hervor und soll nicht unbegründet bleiben.

Zuvor jedoch erfolgt ein kleiner Exkurs zu den hier faktisch synonym verwendeten Begriffen „Dimension" und „Skala". Dabei ist darauf zu verweisen, daß der Dimensionsbegriff der landschaftsökologischen Forschung entstammt, der Begriff der Skalen jedoch auch in anderen geowissenschaftlichen Disziplinen wie beispielsweise der Hydrologie und Meteorologie Verwendung findet. Der Begriff „Dimension" wurde durch Neef (1963) geprägt, der vorschlägt, „... Maßstabsbereiche mit gleicher inhaltlicher Aussage als „Dimension" zu bezeichnen. Wo der Maßstabswechel eine neue Schicht geographischer Tatbestände erschließt, und damit veränderte Aussagen ermöglicht, tritt ein Wechsel der Dimension der geographischen Betrachtung ein."(S.79). Der Skalenbegriff (engl. „scale") dagegen wird insbesondere auch in der angloamerikanischen Literatur in verschiedenem Kontext verwendet und zählt zu einem der mehrdeutigsten und überstrapaziertesten Fachwörtern. Traditionell gehört der Begriff „scale" als „Maßstab" in die Kartographie, wo er schlicht das Verhältnis zwischen Entfernungen in der Karte und Entfernungen in der Realität beschreibt; ein größerer Maßstab bietet detailliertere Informationen. „geographic scale" dagegen meint die räumliche Ausdehnung eines Untersuchungsgebietes; ein größeres Untersuchungsgebiet hat einen größeren „scale". Weiter wird „scale" im Sinne von räumlicher Auflösung als der kleinste unterscheidbare Ausschnitt eines räumlichen Datensatzes angesehen; kleinere Einheiten sind von feinerem „scale". Und schließlich wird unter einem „operational scale" die Reichweite von Erscheinungen und Prozessen verstanden; ein Waldbestand operiert auf einem größeren „scale" als ein Individuum von Baum.

Der Begriff der Skalen soll hier verstanden werden als Größenklassen im Sinne von Raum- und Zeitbereichen, in denen zweckmäßigerweise unterschiedliche Arbeitsmethoden, Modelle und Lösungstechniken zur Ableitung dimensionsspezifischer Aussagen angewendet werden (BECKER 1992). Abbildung 1 zeigt den Versuch einer Gegenüberstellung/ Parallelisierung geographischer Dimensionen und Skalenbereichen - hier in der Hydrologie.

Wie detailliert man Skalenbereiche oder Dimensionsstufen untergliedert, hängt von der Herangehensweise des Betrachters bzw. Bearbeiters ab. Im allgemeinen scheint es sinnvoll, grundsätzlich zwischen den Bereichen der Mikro-, Meso- und Makroskala zu unterscheiden, zwischen denen sich Übergangsbereiche einfügen. Eine „kleinliche“ Definition von Subklassen (wie bei den Dimensionsstufen) stellt demgegenüber keinen wesentlichen Fortschritt dar.

Unumstritten ist jedoch, daß das Prinzip der Hierarchie bei der Betrachtung von unterschiedlich großen Ausschnitten aus der Erdoberfläche Anwendung findet. Dies spiegelt sich sowohl im Dimensions- als auch im Skalenbegriff wider. Es sei jedoch an dieser Stelle darauf hingewiesen, daß sich Hierarchien nicht nur struktureller Art erkennen lassen, sondern auch Prozeßhierarchien existieren. Struktur- und Prozeßhierarchien stehen dabei in enger Wechselwirkung: Ein Prozeß, dessen Ergebnis an einem Punkt nur vom Wert einer Variablen an diesem Punkt abhängt, „erbt“ lediglich die Muster der räumlichen Variabilität dieser unabhängigen Variablen. Prozesse jedoch, die von Variablen an anderen Punkten abhängen und so Einflüsse im Raum verursachen, reflektieren die Art und Weise, in der diese Einflüsse auf die Distanz regieren.

Eine Hauptthese der ökologischen Hierarchietheorie besagt, daß räumliche und zeitliche Skalen zur Korrelation tendieren - Prozesse, die sich in großen Zeiträumen abspielen, finden zugleich in größeren Räumen (über große Entfernungen) statt. Dies ist zum Teil darin begründet, daß Raum und Zeit über Transportmechanismen miteinander verbunden sind.

Demzufolge hat jedes Hierarchieniveau seine eigenen charakteristischen Eigenschaften, die nicht aus der einfachen Summation der disaggregierten Teile hervorgehen. Mit jeder räumlichen Aggregation ergeben sich neue Eigenschaften. Zum Beispiel bringt ein Aufstieg in der Betrachtungsebene vom Blatt zum Baum und weiter zum Bestand bis hin zur Vegetationszone sowohl Änderungen im Skalenniveau als auch in den relevanten Eigenschaften mit sich. Ein Modell, zur Beschreibung ökosystemarer Zusammenhänge an einem Blatt kann demzufolge nicht auf einen Baum und schon gar nicht auf einen Bestand übertragen werden. Diese Skalenabhängigkeit gilt sowohl für biotische als auch für abiotische - also landschaftsökologische Systeme und deren Modellierung. Bei diesen Skalenbetrachtungen wird also deutlich, daß nicht nur Strukturen einer gewissen Hierarchie unterliegen sondern dies zugleich auch für Prozesse gilt: So, wie Strukturen am Standort von übergeordneten Strukturen beeinflußt werden, werden auch mikroskalige Prozesse von meso- bzw. makroskaligen gesteuert.

Dies muß als Begründung für eine notwendige Unterscheidung zwischen den oben genannten Skalenbereichen angesehen werden. Grundsätzlich wäre natürlich eine dimensionsübergreifende Lösung anzustreben, was jedoch im

Maßstabsniveaus landschaftsökologischer Forschung (nach Neef 1967, Barsch 1978, Leser 1995)		Räumlich und zeitlich bestimmte Dimensionen der Beschreibung hydrologischer Prozesse (nach Dyck & Peschke 1983)				Skalenbereiche in der Hydrologie (nach Becker 1992)		
Dimension						charakteristische Längen	charakteristische Flächen	*Skalenbereich*
geo-	Geosphäre					≥ 100 km	$\geq 10^4$ km²	*Makro-*
sphärisch	Zone				Klimatologische Ebene	30 - 100 km	$10^3 - 10^4$ km²	*skale*
regionisch	Makroregion	Klimazonen			klimatologische Mittel,			
	Mikroregion	Stromgebiete			Wasserbewegung der			
		Regionen			Meere, Festlandsgebiete			
	Makrochore				Eiskappen, Atmosphäre	10 - 30 km	$10^2 - 10^3$ km²	
	Mesochore			Hydrologische Ebene		1 - 10 km	$1 - 10^2$ km²	*Meso-*
chorisch	Mikrochore	Einzugsgebiete		Einzugsgebiets-		0,1 - 1 km	0,1 - 1 km²	*skale*
	Nanochore	Flußgebiete		hydrologie,				
	(Standortgefüge)			Wasserbilanzen				
	Geoökotop		Hydrodynamische					
topisch	(Standort)	Flußstrecken	Ebene			30 - 100 m	0,001 - 0,1 km²	*Mikro-*
	Physiotop	Grundwasserleiter	Gerinne- und			≥ 30 m	≥ 0,001 km²	*skale*
		Hydrotope	Geohydraulik					
			10^{-6} 10^{-4}	10^{-2} 10^{0} Jahre	10^{2} 10^{4}			

Abb. 1 Geowissenschaftliche Hierarchieniveaus

Zusammenhang mit Modellanwendungen nur bei rein physikalisch determinierten Ansätzen realisierbar ist. Jedoch scheitert dies daran, daß die dazu erforderlichen Eingangsparameter nie oder nur in den seltensten Fällen für größere Räume flächendeckend bereitgestellt werden können oder auch nur existieren. Zur Beschreibung von Prozesse in der Mikroskala können wohl Grundgesetze der Physik Anwendung finden. Diese gelten natürlich auch in den größeren Skalenbereichen, können dort jedoch nicht als die Beschreibungsform für die größerflächig zu simulierenden Prozesse angesehen werden, da nun qualitativ neue Wirkungsmechanismen berücksichtigt werden müssen, die vor allem auf die Vielgestaltigkeit und Heterogenität der Landflächen, die Flächenvariabilität der Systemkennwerte und verschiedene großflächig wirkende Rückkopplungsmechanismen zurückzuführen sind. Hier ist man beim Arbeiten mit den elementaren Grundgesetzen der Physik oft extrem überfordert. Somit muß man auf empirisch-deterministische Modellansätze zurückgreifen, deren Gültigkeit auf bestimmte Anwendungs- und damit auch Skalenbereiche beschränkt bleibt. Eine dimensionsspezifische Herangehensweise ist bei Modellanwendungen aus diesem Grunde unumgänglich.

Ehe man jedoch zu dimensionsspezifischen Modellanwendungen gelangt, müssen zuvor entsprechend relevante Parameter erhoben werden, die zur Charakteristik der Struktur und des Prozeßgeschehens auf dieser Ebene geeignet sind. Damit kommt man zu der Frage: Was sind dimensionsspezifische Parameter und auf welchem Weg sind diese zu erheben? Es ist also unumstritten, daß nach Mitteln und Wegen gesucht werden muß, die sowohl die vorwiegend messenden Methoden zur Datenerhebung in der topischen Dimension (am Standort) als auch die hierfür entwickelten Bewertungsverfahren ersetzen. Dabei ist der Wert dieser grundlegenden Arbeiten (LESER 1991, MOSIMANN 1991) für Anwendungen im mikroskaligen Bereich unbestritten. Da sich für Gebiete im meso- und makroskaligen Bereich dieses messenden Verfahren der Datenerhebung jedoch nicht mehr realisieren läßt, muß nach einer anderen Lösung gesucht werden. Hinsichtlich der für den mikroskaligen Raum (mit homogenen Teilflächen) entwickelten landschaftsökologischen Bewertungsverfahren (u.a. MARKS ET AL. 1992) ist zu hinterfragen, ob diese auf größere (heterogene) Räume übertragbar sind. Gesetzt den Fall, man beantwortet diese Frage mit „ja“, so ergibt sich das Problem, die dazu erforderlichen Eingangsparameter zu generalisieren bzw. aggregieren. Damit ist man auch hier bei Verfahren der Regionalisierung angelangt.

Ein direktes upscaling von Prozessen wird aufgrund der oben dargelegten Argumentation also weitestgehend ausgeschlossen. Viele prozeßorientierte Landschaftsanalysen gehen jedoch noch immer von Messungen in kleinen Untersuchungsgebieten aus und versuchen dann darauf aufbauend ein "upscaling" der Prozesse auf größere Gebiete (vgl z.B. GEROLD 1997; DUTTMANN 1993). Dies scheint aus o.g. Gründen zumindest fragwürdig. Eine Lösung des Problems scheint nur über den Weg des upscaling von Strukturparametern möglich zu sein, aus denen dann das Prozeßgeschehen auf dem höheren Skalenniveau abgeleitet werden kann.

Derzeit werden derartige Parameter und Indikatoren - mit der zunehmender Verwendung von Geoinformationssystemen (in Kopplung mit Fernerkundungsmethoden) - für sehr große Gebiete auch oft von Strukturanalysen (Patchanalysen, Statistiken, Fragmentierungen, etc., vgl. z.B. CAIN et al. 1997) abgeleitet. Dabei bleibt man jedoch oft bei diesen strukturellen Aussagen stehen ohne Betrachtung zu darin begründeten Prozessen und Funktionen (Abbildung 2), zum Wirkungsgefüge anzuschließen (vgl. HOBBS 1997). "Das größte Problem liegt damit nach wie vor in der Kennzeichnung der Prozeßdynamik größerer landschaftlicher Systeme" (TURBA-JURCYK 1990).

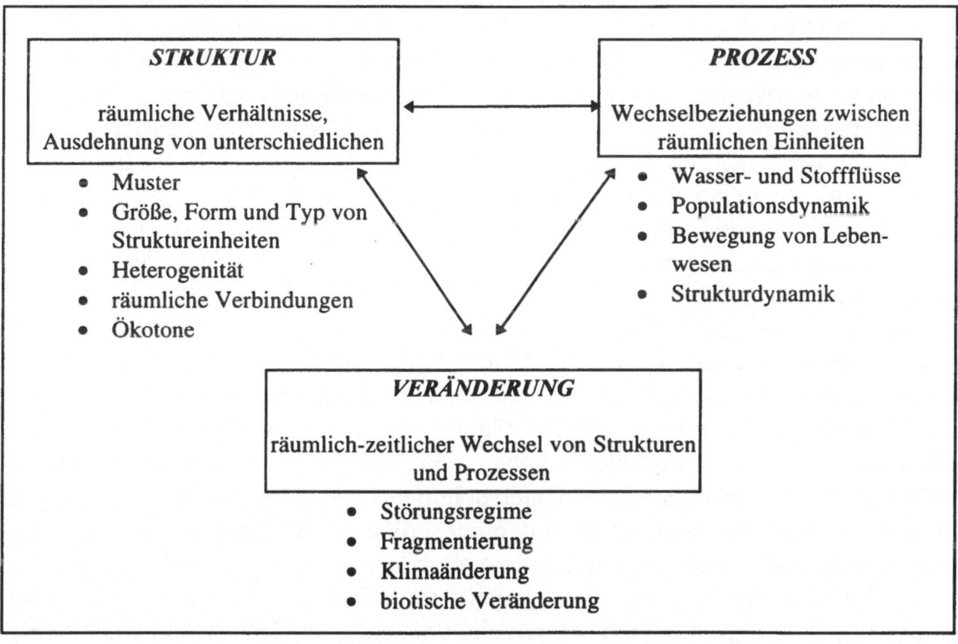

Abb.2 Wirkungsgefüge landschaftsökologischer Strukturen und Prozesse (verändert nach HOBBS 1997)

Über die Generalisierung von (Struktur)parametern, die Eingang in Modellanwendungen finden, kann dann auch das Prozeßgeschehen auf höheren Skalenniveaus beschrieben werden. Für die Generalisierung dieser Eingangsparameter existieren bis heute jedoch noch keinerlei standardisierte Verfahren, die jedoch für eine objektive und nachvollziehbare Lösung des Problems unumgänglich sind. Hierbei muß eine mathematisch-naturwissenschaftlich fundierte Herangehensweise die bis dato übliche Empirie ablösen. Dem widerspricht auch die Feststellung

Hobbs' (1997) nicht, daß Komplexität und Unsicherheit charakteristische Eigenschaften sind, die dem Untersuchungsgegenstand der Landschaftsökologie innewohnen und dies nicht nur uns selbst sonder auch denen klar werden muß, die von uns Antworten erwarten. Die Landschaftsökologie sollte sich davor hüten, diese Unschärfen ihres Gegenstandes als Deckmantel für „unsaubere" (intuitive) Aussagen zu benutzen.

Da es nicht möglich ist, alle benötigten Parameter und Zustandsdaten zu messen, müssen flächen- und raumdeckend aufzubereitende Basisdaten zu allen Geokompartimenten abgeleitet werden. Die Beziehungen zwischen Bewertungs- bzw. Modellparametern und Basisdaten werden üblicherweise mit Transferfunktionen parametrisiert. Anschließend werden die Parameter anhand dieser Funktionen und der flächen- bzw. raumdeckend vorliegenden Basisdaten regionalisiert. Nach BORK (1992) ist jedoch die Entwicklung derartiger Transferfunktionen nach wie vor eine entscheidende Forschungslücke und somit (nach Jahrzehnten der vorrangig standortbezogenen landschaftsökologischen Forschung) eine der größten Herausforderungen der heutigen Landschaftsökologie. Beispiele für Basisreliefdaten und Basisubstrateigenschaften sind in Tabelle 1 zusammengestellt. Im Beitrag von PETRY wird am Beispiel der Ableitung bodenkundlicher Flächendaten zur Integration in die regionale Landschaftsbewertung exemplarisch vorgestellt, wie der Strukturparameter „Substrat" bzw. „Bodenart" in seiner Heterogenität für mesoskalige Anwendungen handhabbar wird.

Auf der Grundlage derartiger Basisdaten sind anschließend dimensionsspezifische Parameter abzuleiten, die es gestatten, Aussagen zum Leistungsvermögen des Landschaftshaushaltes auch für größere Raumeinheiten zu treffen. Dabei ergibt sich jedoch beispielsweise das Problem, wodurch sich der Reliefparameter „Wölbung", der sich zweifellos nur bei mikroskaligen Untersuchungen sinnvoll erheben läßt, bei großräumigen Untersuchungen ersetzen läßt. Ein Aufstieg in Skalenniveau ist ja nicht allein mit einer größeren Ausdehnung des Untersuchungsraumes verbunden, sondern u.a. auch mit einer geringer werdenden räumlichen Auflösung der Eingangsdaten - auch zum Relief. Und bei einer horizontalen Auflösung einer digitalen Geländemodells von mehr als 250 m sind Reliefanalysen zur Wölbung nicht mehr sinnvoll. Dimensionsspezifische Parameter sind demzufolge nicht allein durch Aggregierung/ Generalisierung der detailliert erhobenen mikroskaligen Daten zu gewinnen. Mitunter müssen wirklich neue Parameter definiert werden. Im angesprochenen Beispiel wäre ein Parameter wie „Bewegtheit des Reliefs" im Sinne von Reliefvielfalt, der sich aus statistischen Aussagen auf der Grundlage geographischer Informationssysteme ableiten ließe wie „Anzahl der Polygone in bestimmten Hangneigungsklassen", beispielsweise zur Bewertung der landschaftlichen Erholungseignung denkbar.

Tab. 1 Basisreliefdaten und Basisubstrateigenschaften (nach BORK 1992)

Basisreliefdaten	Basisubstrateigenschaften
• Hangneigung	• Textur
• Exposition, Fließrichtung	• Struktur
• vertikale und horizontale Krümmung	• spezifisches Gewicht
• Größe des EZG jedes Rasterelementes	• Lagerungsdichte
• Neigung des EZG jedes Rasterelementes	• hydromorphographische Eigenschaften
• Konvergenz-Divergenz-Faktor	• Kalkgehalt
• Entfernung von jdem Rasterelement zur Wasserscheide	• Humusgehalt
• Entfernung von jdem Rasterelement zur Tiefenlinie	• Farbe
• relative Hangposition (Entfernung zur Wasserscheide in % der Hanglänge)	
• Höhendifferenz zwischen Rasterelement und Wasserscheide bzw. Tiefenlinie	

Auch der Parameter „Landnutzung“ ist im Zusammenhang mit unterschiedlich dimensionierten zeitlichen und räumlichen Betrachtungen mit unterschiedlicher Informationsdichte und -tiefe belegt. Ist beispielsweise bei kleinräumigen Betrachtung relativ kurzfristiger Prozesse eine Unterscheidung von Fruchtarten bzw. -folgen (Hackfrucht, Halmfrucht) erforderlich, reicht es bei mesoskaligen Anwendungen aus, zwischen Acker- und Grünland zu unterscheiden, und bei makroskaligen Betrachtungen kann nur eine Klasse „Landwirtschaftliche Nutzfläche“ Berücksichtung finden. Dieser mit dem Austieg in der Skalenebene einhergehende „Verlust“ an Detailinformationen darf jedoch nicht negativ bewertet werden.

Um einer pragmatischen Lösung des Problems näher zu kommen, sollte man zunächst folgende Frage stellen:

- Welche Parameter und Indikatoren sind maßgeblich in bezug auf relevante Prozesse (Wirkungsgefüge, Funktionen) und Landschaftszustände in der meso- und makroskaligen Dimension bzw. Bezugseinheit?
- Müssen und können die maßgeblichen Parameter und Indikatoren (Eingangsinformationen) für eine sinnvolle Anwendung bei der Landschaftsbewertung größerer Räume "generalisiert" werden?
- Oder müssen je nach Dimension neue Parameter und Indikatoren definiert werden? Über die Definition von Gewichtungskriterien für die Parameter und Indikatoren mesoskaligen Dimension kommt man zu der Frage:
- Was ist in kleineren Maßstäben überhaupt bewertbar? Damit unmittelbar in Verbindung steht natürlich die Frage, was wir eigentlich in der Landschaft "parametrisieren" bzw. bewerten wollen.

Geht man einmal von den in MARKS et al. (1992) vorgeschlagenen Parameter zur Bewertung/Bestimmung von Regulations-, Produktions- und Standortfunktion der Landschaft aus, scheint zunächst einmal die Verfügbarkeit dieser Daten für größere Räumen ein Problem zu sein. Um der Forderung MARKS et al. (1992) zu entsprechen, daß allzu ins Detail gehende Bewertungsverfahren die Gefahr in sich bergen, zu arbeitsaufwendig und damit letzlich nicht praktikabel zu sein, fallen Felduntersuchungen zur Informationsgewinnung auf der mesoskaligen Ebene weg. Tatsächlich jedoch liegen Daten auch in digitaler Form sowohl bei den unterschiedlichen Ämtern und Behörden als auch bei verschiedensten Umwelt- und Planungsbüros und Forschungseinrichtungen vor (vgl. KRATZ & SUHLING 1997). Mit dem ergänzenden Einsatz von Modellen hat man dann neben Struktruranalysen auch die Möglichkeit, „sowohl die Stoff- und die Energieumsätze als auch die gegenseitigen Abhängigkeiten zu analysieren", bzw „wie ein System auf Veränderungen reagiert" (KLUG & LANG 1983).

Ein Grundproblem besteht aber anschließend darin, daß die notwendigen Informationen oft nur in unterschiedlichen Maßstäben oder/ und unterschiedlicher Genauigkeit verfügbar sind. Um zu einem einigermaßen einheitlichen „level" zu gelangen, muß daher oft zunächst einmal „generalisiert"/ aggregiert werden. Besonders deutlich zeigt sich dieses Problem bei Eingangsdaten für Modelle, die nicht selten speziell für diesen Einsatz generalisiert bzw. klassifiziert werden müssen. Wir standen/ stehen vor diesem Problem beispielsweise bei den eingehenden Informationen für ein Modell zur Wasserhaushaltsberechnung (vgl. dazu VOLK & STEINHARDT 1998). Hier kann die Entwicklung von standardisierten Verfahren weiterhelfen, die sowohl von der Forschung als auch von der Praxis nachvollziehbar sind sind und sie in den behandelten Maßstabsebenen Informationen entnehmen können. Ein Problem stellt dabei einerseits der enorme Bedarf an solchen nachvollziehbaren Ansätzen zur Generalisierung/Aggregierung von Parametern dar (vergleiche Tabelle 2), anderseits ist damit noch nichts über die "Ungereimtheiten" bei der *unterschiedlich starken* Generalisierung der Geofaktoren ausgesagt.

Mit der Behandlung dieser Fragen kommt man unweigerlich zum dimensionsabhängigen Genauigkeitanspruch. Dieser Komplex kann aber sicherlich nur hinreichend durch experimentelle Arbeiten auf verschiedenen Maßstabsebenen beantwortet werden, indem man z.B. für Modellrechnungen die Eingangsparameter unterschiedlich gewichtet/ aggregiert und die Wirkung auf das Ergebnis testet.

Auf diese Weise könnte man allmählich zu Verknüpfungs- und Aggregierungsvorschriften sowie hierarchisch aufgebauten Kriterienkatalogen gelangen, die die Erarbeitung von Zielsystemen mit Indikatorenkonzepten auf mesoskaliger Ebene ermöglichen. Damit könnte auch die Diskussion um Normen und Wertmaßstäbe in der Landschaftsökologie (landschaftsökologischen Praxis) weiter vorangetrieben werden (vgl. auch FINKE 1994).

Tab. 2 Dimensionsspezifische Parameter zur Bewertung landschaftlicher Funktionen

Regulationsfunktion	*Parameter*
Grundwasserneubildung	Niederschlag, Verdunstung, Landnutzung, nfK
Grundwasserschutz	GW-Flurabstand, Wasserduchlässigk., Substrat, Landnutzung
Oberflächenabfluß	Relief, Infiltration (Substrat), Landnutzung, Niederschlag
Luftqualität	Landnutzung (Zustand der Vegetationsdecke)
Bodenerosion und Bodenfruchtbarkeit	Parameter der ABAG
Biodiversität	?
Produktionsfunktion	*Parameter*
Landwirtschaft	Relief, GW-Flurabstand, Bodenart, Nährstoffe, Bodenwasserhaushalt, nFK, Lufttemperatur, Niederschlag
Forstwirtschaft	Frostgefährdung, Überschwemmungsgefährdung, Erosionsgefährdung
Ressourcen (baulich/energetisch)	Geologische Verhältisse
Wasser	Wasserduchlässigkeit (nfK)
Standortfunktion	***Parameter***
Bebauung	Relief, GW-Flurabstand, geolog. Verhältnisse, Substrat (Tragfähigkeit)
Erholung	Relief, Randeffekte Veget.-Wasser, Flächennutzung
Entsorgung	Bodenart, -schichtung, Relief, GW-Flurabstand
(Natur-)Schutz	Vegetationstypen (Landnutzung), Maturität, Hemeorobie, Artenreichtum, Strukturvielfalt

Literatur

BECKER, A. (1992): Methodische Aspekte der Regionalisierung.- In: KLEEBERG, H. B. (Hrsg. 1992): Regionalisierung in der Hydrologie.- DFG Deutsche Forschungsgemeinschaft Weinheim, Basel, Cambridge, New York, S. 16-32

BORK, H.-R. (1992): Regionalisierung bodenhydrologischer Parameter und Zustandsvariablen.- In: KLEEBERG, H. B. (Hrsg. 1992): Regionalisierung in der Hydrologie.- DFG Deutsche Forschungsgemeinschaft Weinheim, Basel, Cambridge, New York, S. 210-220

CAIN, D. H. et al. (1997): A multi-scale analysis of landscape statistics. - Landscape Ecology 12: 199-212.

DUTTMANN, R. (1993): Prozeßorientierte Landschaftsanalyse mit dem geoökologischen Informationssystem GOEKIS. - Geosynthesis 4, Hannover

FINKE, L. (1994): Landschaftsökologie. - Das Geographische Seminar, 2. Auflage: 232 pp.

GEROLD, G. & B. CYFFKA (1997): Das DFG-Schwerpunktprogramm "Regionalisierung in der Hydrologie" - http://www.uni-goettingen.de/ : Projekte in der Abteilung Landwschaftsökologie.

HOBBS, R. (1997): Future landscapes and the future of landscape ecology. - Landscape and Urban Planning 37: 1-9.

KLEEBERG, H. B. (Hrsg. 1992): Regionalisierung in der Hydrologie.- DFG Deutsche Forschungsgemeinschaft Weinheim, Basel, Cambridge, New York 444 Seiten

KLUG, H. & R. LANG (1983): Einführung in die Geosystemlehre. - Darmstadt.

KRATZ, R. & F. SUHLING (1997): GIS im Naturschutz: Forschung, Planung, Praxis. - Westarp-Wissenschaften, 236 pp.

LESER, H. (1991): Landschaftsökologie. - Ulmer, 3. Aufl., 647 pp.

MARKS, R. et al. (HRSG., 1992): Anleitung zur Bewertung des Leistungsvermögens des Landschaftshaushaltes (BA LVL). - Forschungen z. deutschen Landeskunde 229: 222 pp. (2. Aufl.).

NEEF, E. (1967): Die theoretischen Grundlagen der Landschaftslehre. - Gotha/Leipzig.

QUATTROCHI, D.A. & M.F. GOODCHILD (Eds. 1997): Scale in Remote Sensing and GIS.- Lewis Publishers Boca Raton, New York, London, Tokyo, 406 pp.

TURBA-JURCYK, B. (1990): Geosystemforschung. - Giessener Geogr. Schriften 67: 131 pp.

VOLK, M. & U. STEINHARDT (1998): Integration unterschiedlich erhobener Datenebenen in GIS für landschaftsökologische Bewertungen im mitteldeutschen Raum. - PFG - Photogrammetrie - Fernerkundung - Geoinformation (im Druck).

Das „Landschaftsökologische Axiom“ und die „Multiscale analysis“ als Grundlagen der Regionalisierung dimensionsspezifischer Prozeßfaktoren

Otto Stüdemann und Sabine Eckert

Das landschaftsökologische Axiom

"Alle landschaftsökologischen Phänomene entstehen durch hierarchisch geordnete Prozesse unterschiedlicher Raum-Zeit-Skalen".

Multiscale analysis

Analyse eines landschaftsökologischen Phänomens mit Hilfe jeweils zu entwikkelnder hierarchischer Hypothesensysteme für das Erkennen von Prozeßhierarchien, um das Wirkungsgefüge von Prozeßpotentialen, Steuergrößen und prozeßauslösenden Faktoren scale-bezogen sowie phänomenbezogen zu erhellen. Das Ziel der "Multiscale analysis" besteht in der Bestimmung dimensionsspezifischer prozeßauslösender Faktoren.

Ausgehend von oben stehenden Definitionen der Autoren werden folgende Schwerpunkte (5 Poster) diskutiert.

- Orientierungsschema zur "Scale-Abschätzung" meteorologisch/klimatischer Prozesse für landschaftsökologische Untersuchungen (Tabelle 1)
- "Scale-Diagramm" klimasensitiver Prozesse der Dynamik historischer Kulturlandschaften unter Beachtung multikausaler Wirkungskomplexe (Abbildung 3)
- Gliederung von Gegenständen der Regionalisierung in der Standortkunde und in der Landschaftsökologie
- Zur Methodologie der Regionalisierung und Bewertung ökologischer Standortfaktoren und landschaftsökologischer Prozesse für ökologische Landklassifikationen (ELC) (Tabelle 4)
- Genese und Ausprägung von Ozonepisoden an der südlichen Ostseeküste. - Eine Anwendung der "Multiscale analysis"

Ausgehend vom Konzept der Leipzig-Dresdener Schule der Landschaftsökologie (HAASE, 1996), das die Erforschung der Struktur, der Funktionsweise und der Dynamik eines Naturraumes verfolgt und vom biowissenschaftlich-ökologischen Forschungsansatz, der die Pflanzensoziologie und Pflanzenökologie in den Vordergrund stellt, gibt es zahlreiche Versuche, den Inhalt der Regionalisierung in der Landschaftsökologie zu definieren (IALE BULLETIN, 1998).

Die Fachtagung am Umweltforschungszentrum Leipzig-Halle "Regionalisierung in der Landschaftsökologie" gab Anlaß, die eigene Position zu diesem Themenkomplex zu formulieren. Das erschien uns besonders wichtig, weil nach 5 Jahren Lehre - "Die theoretischen Grundlagen der Landschaftslehre und Landschaftsökologie" - an den Universitäten Rostock und Kiel eine Selbstkontrolle erforderlich wurde.

Eine Entwicklung der Landschaftsökologie zeigt die Kopplung von Erkenntnissen partialkomplexbezogener Wissenschaften (z.B. Hydrologie: Lysimeterbilanzen, Abflußbildung, Landschaftswasserhaushalt) mit den Ergebnissen der Arealkunde (Ausgrenzung prozeßorientierter Areale von Partialkomplexen der Geosphäre, Abbildung 1, 2 und 4; Klimamesochoren-Karte).

Eine andere Richtung setzt ökologische Standortaufnahmen mit tabellarischer und textlicher Ergänzung, dem Begriff Landschaftsökologie gleich ("Landschaftsökologischer Atlas" Baden-Württemberg). Schlußfolgernd sind die Auffassungen über die Gegenstände der Regionalisierung in der Landschaftsökologie ebenfalls sehr unterschiedlich. Folgende verschiedene Zielstellungen einer geoökologischen Standortaufnahme können wir formulieren:

- Kennzeichnung und Beurteilung ausgewählter Geoelemente oder Geokomponenten zur allgemeinen Beschreibung von Landschaften.
- Untersuchung von Struktur, Funktionsweise und Dynamik von Landschaften zur Ausgrenzung von Mikrogeochoren.
- Klärung landschaftsökologischer Phänomene mit Hilfe der "Multiscale analysis".
- Darstellung partialkomplexbezogener Prozeßstrukturen

Damit ergeben sich 5 Komplexe von Gegenständen der Regionalisierung in der Standortkunde und in der Landschaftsökologie:

- Geoelemente und Geokomponenten als Inventar von Ausschnitten der Geosphäre (Abbildung 1 und 2)
- Partialkomplexbezogene prozeßorientierte Typen der Geoelemente und Geokomponenten (Abbildung 4 und Tabelle 3)
- Merkmale dimensionsspezifischer prozeßauslösender Faktoren (z.B. Akkumulierte Ozondosis, > 40 ppb (AOT 40), ECKERT und STÜDEMANN, 1997)
- Partialkomplexbezogene Prozeßstrukturen (Tabelle 2)
- Landschschaftsökologische Phänomene (z.B. Geographische Muster neuartiger Pflanzenschäden, FA: UR 9602810 - 1997, Kultusministerium M-V, Schwerin)

Methodisch-didaktische Inhalte einer ökologischen Standortaufnahme im Rahmen des Diplomprüfungsfaches "Landschaftsökologie" im Studiengang Landeskultur und Umweltschutz an der Universität Rostock sind auf das Erkennen von

- Elementarprozessen,
- physisch geographischen Prozessen,
- biogeographischen und populationsdynamischen Prozessen und
- landschaftsökologischen Phänomenen orientiert

Gemäß unserer Rostocker Auffassung zum Inhalt des Wissenschaftsgebietes "Landschaftsökologie" ist die Aufnahme des Inventars eines Ausschnittes der Geosphäre ("Großlandschaft" oder "kleingekammerte Landschaft") Gegenstand der Standortkunde - eine Kennzeichnung und Bewertung des Inventars, letztere unter festgelegter Zielstellung. Eine Methode der Standortkunde ist die topologische Differentialanalyse, einschließlich der Geostatistik mit hierarchischen Clusteranalysen (Abbildung 4 und Tabelle 3).

Das Ziel dieser Erkundung umfaßt auch die Bestimmung von Funktionen der Elemente und Komponenten der Partialkomplexe in der topischen Dimension. So ist ein Klimatop ein geographisches Objekt im Sinne der Klimageographie mit homogenem Inhalt, gleichen Struktur- und Wirkungsgefüge und gleichartigen aktuell ablaufenden Prozessen. Als Methode seiner Erforschung wird die streng naturwissenschaftliche qualitative und quantitative Analyse angewendet.

Elementarprozesse bilden die erste Stufe einer Prozeßhierarchie, die in der chorischen Dimension, unter zunehmender Integration zahlreicher weiterer Elementarprozesse anderer Partialkomplexe sowie unter Hinzunahme neuer dimensionsspezifischer Prozesse, den Inhalt von physisch-geographischen oder von biogeographischen und populationsdynamischen Prozessen annehmen. Sie sind an ein gesetzmäßig geordnetes Topgefüge gebunden. Zur Erkundung des funktionalen Zusammenhanges dienen Sequenzen (Klimasequenzen, Toposequenzen u.a.), die nach dem Catenaprinzips gesucht werden.

Zur Klärung der Ursachen, die für die Geometrie des Stoffpfades bzw. für die Strukturen der Wirkungen des Stofftransportes bei der Bodenerosion durch Wasser (Tabelle 2) von Bedeutung sein können, muß die "Multiscale analysis" angewendet werden. Beim durchzuführenden 'upscaling' werden dimensionsspezifische, d.h. charakteristische, nach Raum und Zeit strukturierte Prozesse erforscht. Mit dieser Methode des 'upscalings' werden die zunehmende Komplexität, Synergetik, Rückkopplungssysteme u.a. untersucht. (ECKERT u. STÜDEMANN, 1997)

Eine andere Methode des 'upscalings' behandelt ein und denselben Prozeß in verschieden großen Raumeinheiten oder in unterschiedlichen Integrationszeiträumen. Die Methode ist ein 'pseudo-scaling' und hat mit der hier zu diskutierenden Definition der 'Multiscale analysis' nichts zu tun. Das 'pseudo-scaling' führt zu keinen neuen qualitativen und methodologischen Erkenntnissen. Sie trägt somit auch nicht zur Kausalitätsklärung eines landschaftsökologischen Phänomens bei (siehe Orientierungsschema Tabelle 1 und "Scale-Diagramm Abbildung 3).

Die weitere Zunahme der Komplexität der Prozesse unter Einbeziehung weiterer Partialkomplexe und Veränderung von Raum-Zeit-Relationen sowie die Mitwirkung neuer Prozesse niederer Stufen der Prozeßhierarchie führen zu landschaftsökologischen Phänomenen.

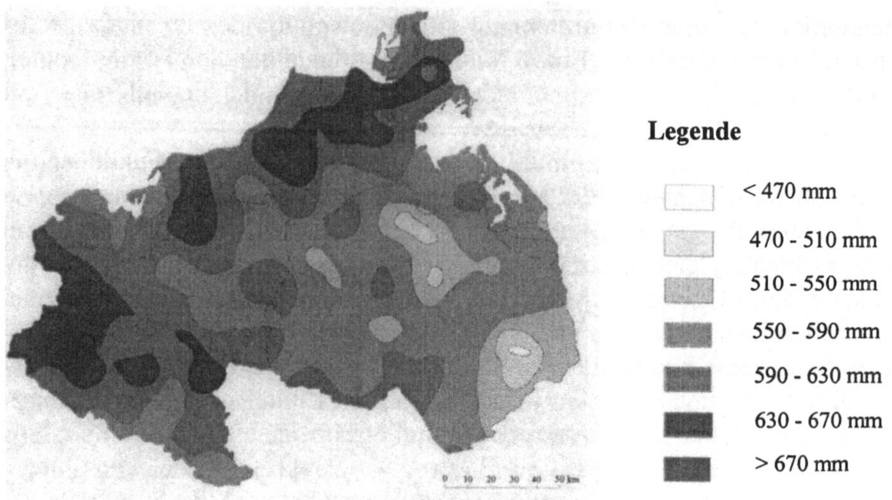

Abb.1: Niederschlagsverteilung in Nordost-Deutschland
Mittlere Niederschlagssummen (mm) des hydrologischen Jahres (November-Oktober) Periode 1951-1980
Autor: O. Stüdemann u.a.

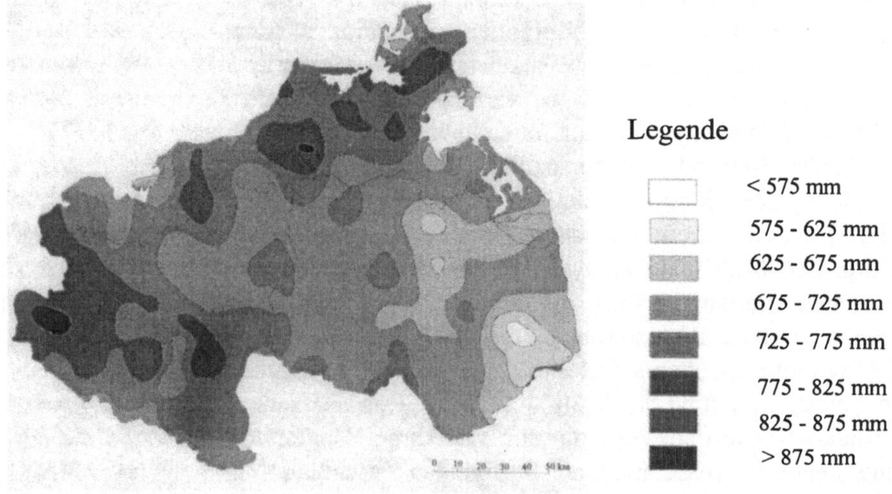

Abb.2: Niederschlagsverteilung in Nordost-Deutschland
Niederschlagssummen (mm) bei einer Überschneidungswahrscheinlichkeit von Pü=10% des hydrologischen Jahres (November-Oktober) Periode 1951-1980
Autor: O. Stüdemann u.a.

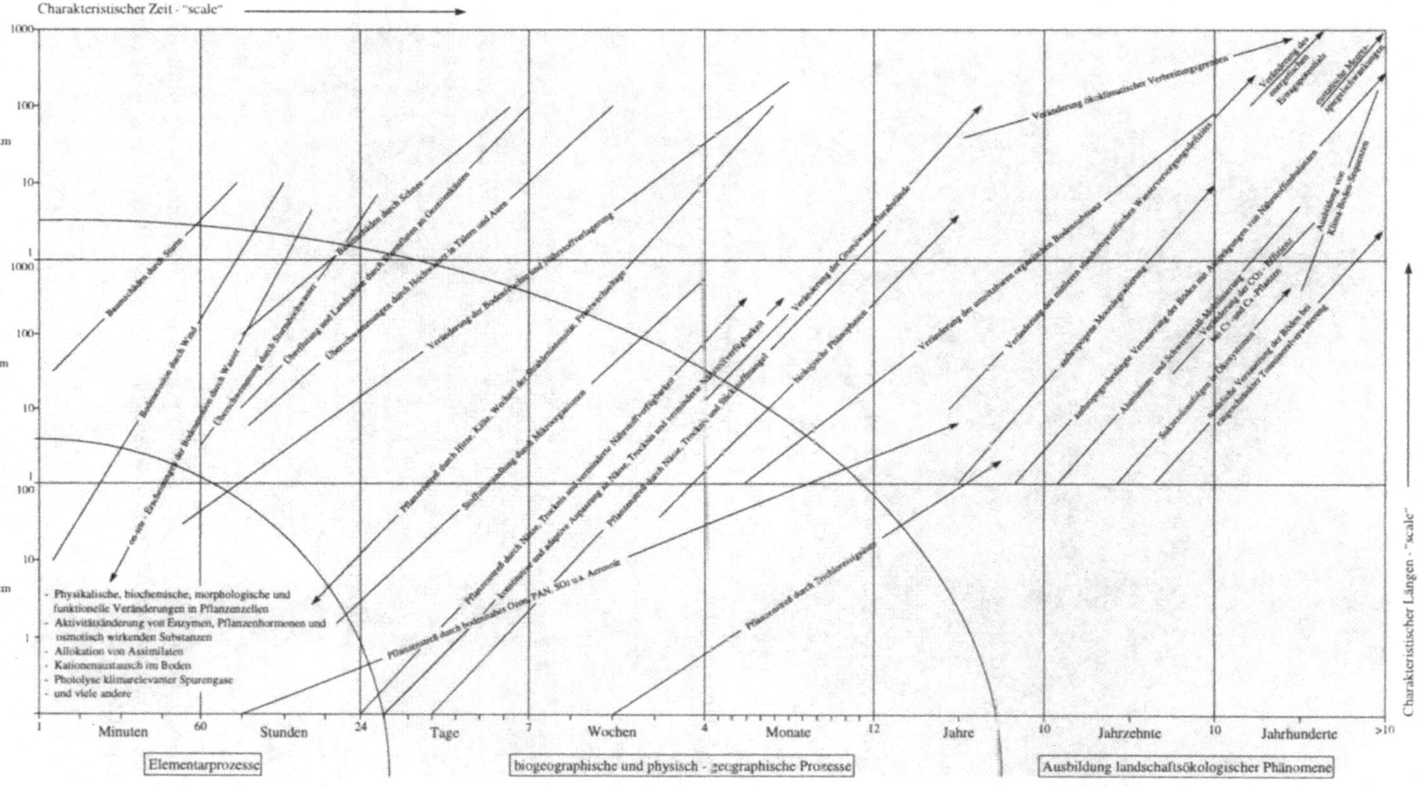

Abb.3: „Scale-Diagram“ klimasensitiver Prozesse der Dynamik historischer Kulturlandschaften (1. Entwicklung der Landbewirtschaftungsformen, 2. Dynamik der Bewirtschaftungs- und Nutzungsintensität von Ressourcen, 3. Biogeographische und populationsdynamische Entwicklung)

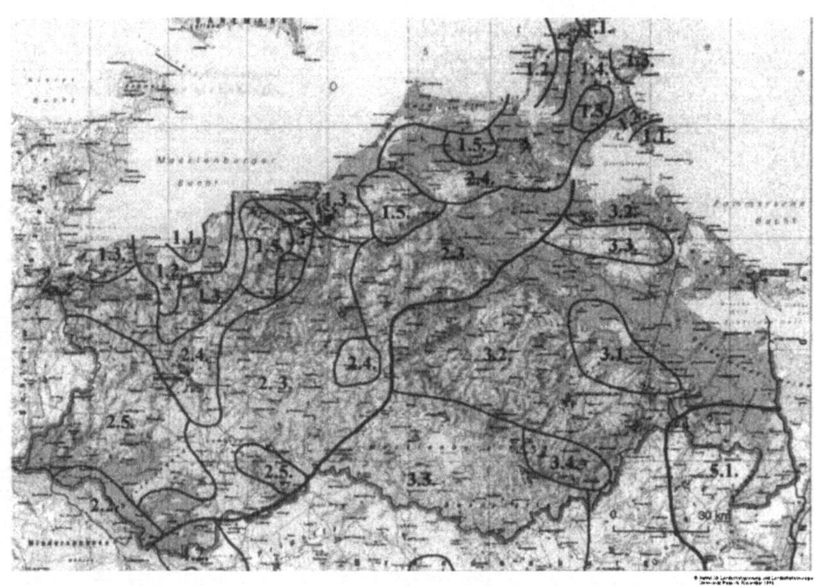

Legende

Klimamesochoren - Gefüge: 1. Zahl der Ziffer

1	stark maritim beeinflußte Küste und küstennahe Gebiete
2	stark maritim beeinflußtes Küstenhinterland
3 und **4**	maritim beeinflußtes Binnentiefland
5	schwach kontinental beeinflußtes Binnentiefland

Hydroklimatische Stufen 1 bis 5: 2. Zahl der Ziffer

1. Mittel- und Quantilwerte der Jahressummen der Niederschlagshöhe N (mm) November - Oktober, 1951-1980

N-Stufe	Mittelwerte $\bar{x}$	Quantilwerte Pü 90%	... Pü 10%
1 arm	< 540	< 430	<650
2 benachteiligt	540 - 580	430 - 460	650 - 700
3 normal	580 - 620	460 - 490	700 - 750
4 begünstigt	620 - 660	490 - 520	750 - 800
5 reich	>600	>520	>800

2. Mittel- und Quantilwerte des jährlichen atmosphärischen Ausschöpfungsanspruches AAA (mm), 1951-1980
($AAA_j = AAA_{j-1} - (N - PET)$; $AAA_j = 0$, wenn: $AAA_{j-1} - (N - PET) < 0$)
j = Zählergröße der Dekaden

AAA-Stufe	Mittelwerte $\bar{x}$	Quantilwerte Pü 90%	...Pü 10%
1 hoch	> 160	> 90	> 300
2 mäßig hoch	160 - 140	90 - 70	300 - 280
3 mittel	140 - 120	70 - 50	280 - 260
4 mäßig niedrig	120 - 100	50 - 30	260 - 240
5 niedrig	< 100	< 30	< 240

Naturräumliche Einheiten der Klimamesochoren

1.1. Insel Poel; Kap Arkona; Mönchgut
1.2. Wismarbucht, Hiddensee; Halbinseln Westrügens
1.3. Klützer Winkel; Endmoränenkranz der Wismarbucht; Nordmecklenburgisch -Vorpommersches Küstengebiet; Jasmund; Südost- und Westrügen
1.4. östliches Rückland der Kühlung; inneres Flach- und Hügelland Rügens
1.5. Kühlung bis Hohe Burg; exponierte Hochflächen bei Blankenhagen - Marlow und bei Altenhagen - Starkow, Rugard

2.2. Untere Mittelelbe - Niederung
2.3. Warnowgebiet und Mittleres Eldegebiet; Nordvorpommersche Lehmplatte
2.4. Krakower Seenplatte
2.5. Langer Berg und Ruhner Berge

3.1. Nördlicher Teil des Oberen Tollensegebietes, Friedländer Große Wiese, südliches Mecklenburg-Vorpommern Grenztal
3.2. Südliches Küstengebiet des Greifswalder Boddens, Usedom; Oberes Peenegebiet mit Teterower und Malchiner Becken; Oberes Tollensegebiet, Ueckermünder Heide, Schorfheide mit Templiner und Britzer Platte, Wittstock - Ruppiner Heide
3.3. Prignitz, Perleberger Heide, Kyritzer Platte, Dosse Niederung, Mecklenburgisches Großseenland, Neustrelitzer Kleinseenland, Granseer Platte; Ostvorpommersche Lehmplatten
3.4. Südlicher Teil des Woldegk - Feldberger Hügellandes und westlich - südwestlicher Teil des Uckermärkischen Hügellandes

4.2. Nordteil der Märkischen Elbtalniederung
5.1. Ostteil des Uckermärkischen Hügellandes mit Uecker- und Randow - Tal, Untere Odertalniederung, Oderbruch mit Frankfurter Odertal

Abb.4: Prozeßorientierte Typen von Partialkomplexen der Geosphäre (Beispiel: Klimamesochoren von Meckelenburg Vorpommern mit hydrometeorologischen Merkmalstabellen)

Tab.1: Orientierungsschema zur “Scale-Abschätzung” meteorologisch/ klimatischer Prozesse für landschaftsökologische Untersuchungen

Orientierungsschema zur “Scale-Abschätzung” meteorologisch/klimatischer Prozesse für landschaftsökologische Untersuchungen

Abstraktionsebene	Prozeßraum	Skalen der atmosphärischen Dynamik	Transportphänomene	Differenzierungsfaktoren nach Inventar, Anordnung, Vergesellschaftung	klimagenetische und klimamodifizierende Zusammenhänge	größenvariable Areale der geographischen Forschungsmaßstäbe	Methoden der Forschung
Klimatologie	freie Atmosphäre: < 500 hPa Niveau	α (makroscale)	globaler Stofftransport	astronomische und geophysikalische Rahmenbedingungen, Kugelgestalt, Umdrehungs- und Umlaufzeiten der Erde, Neigung der Erdachse	globale Strahlungszusammenhänge	Klimagürtel	chorologische
	freie Atmosphäre	β (makroscale)	Corioliskraft Druckgradientenkraft geostrophische Winde überregionaler Stofftransport	Verteilung und Lage der Ozeane und Kontinente	luftmassenklimatische Zusammenhänge, Herausbildung der großen barischen Aktionszentren, planetarische Windsysteme	Klimamegachoren - Gefüge Klimamegachore	
	freie Atmosphäre: > 500 hPa Niveau	α (makroscale)	Intrusionen in die Tropopause Absinkinversionen in der Troposphäre	Anordnung großer Tiefländer, Hochebenen und Gebirge, ihre Entfernung von den Ozeanen sowie ihre Lage auf den Kontinenten	Strömungsrichtung und Modifikation der Luftmassen der Großwetterlagen - Lage und höhenklimatische Zusammenhänge	Klimamakrochoren - Gefüge Klimamakrochore	
	Eckmann-Schicht bis ca. 1500 m Höhe	β, γ (mesoscale; downscaling / upscaling)	turbulente Schubspannung nimmt mit geringerer Höhe zu; ageostrophische Winde; turbulente Reibungskraft nimmt mit größerer Höhe ab; regionaler Stofftransport	Inhalts- und Arealstruktur von Tiefländern, Hochebenen und Mittelgebirgen; Lagebeziehungen der Makroreliefformen ($h_{rel.} > 100$ m, $b > 10$ km), ihre Lage in Bezug auf die Hauptanströmrichtungen von Luftmassen zu Meeren, Hochgebirgen und großen Ebenen; Tagesgang des Strahlungsdargebotes	Föhn u./o. luv- / leeklimatische Zusammenhänge, Strömungskonvergenzen und -divergenzen	Klimamesochoren - Gefüge Klimamesochore	
	Prandtl-Schicht bis ca. 100 m Höhe	α (mikroscale)	vertikale turbulente Flüsse von Impuls, fühlbarer und latenter Wärme von der Höhe nahezu unabhängig, lokaler Stofftransport	Verteilung von Mesoreliefformenkombinationen und von Flächen unterschiedlicher Verdunstungsregime ($h_{rel.} < 100$ m, $b < 10$ km): anthropogene Maßnahmen	Klimamodifikation durch thermische und mechanische Rauhigkeit der Bodenschicht	Klimamikrochoren - Gefüge Klimamikrochore	
	Prandtl-Schicht bis ca. 100 m Höhe	β (mikroscale)		Mesorelieffomen, Reliefenergie; Vergesellschaftung von Substrat- und Hydromorphieflächentypen; Vegetationsformenmosaik; anthropogene Maßnahmen	höhenunabhängige Advektion und Konvektion, bodennahe Lufttemperaturinversionen	Klimatop - Gefüge Klimatop	topologische
Mikroklimatologie	Klima der bodennahen Luftschicht, < 2 m Höhe, bzw. Bestandsklima	γ (mikroscale)	turbulenter Massentransport in Abhängigkeit von der Bodenrauhigkeit und der Vegetationsstruktur	Position in der Reliefform, Hangneigung und -richtung; Substrat, Bodenfeuchte, GW-Flurabstand; Position im Pflanzenbestand, Art, Höhe und Struktur sowie phänologische Phase der Pflanzen	mikrodynamische Prozesse in der bodennahen Luftschicht oder über einer aktiven Oberfläche	Mikroklima - Mosaik Mikroklima	autökologische
Grenzflächen-Meteorologie	äquivalente Grenzschichtdicke, einige mm	subscale	vertikale Flüsse bzw. horizontale Schubspannungen durch molekulare Reibung	charakteristische Responszeiten chemischer Prozesse, Stabilität der Transportprozesse	—	—	streng naturwissenschaftliche

Tab.2: Partialkomplexbezogene Prozeßstrukturen (Beispiel: Geometrie des Stoffpfades bzw. Strukturen der Wirkungen des Stofftransportes bei der Bodenerosion durch Wasser (ausgewählte Angaben) in unterschiedlichen Landschaften (Kastell, S. & O. Stüdemann))

Abflußbildung	einzugsgebietsgrößenabhängige und reliefbedingte Abflußkonzentration	prozeßbezogene Prädispositionen der Abflußkonzentration	horizontale und/oder vertikale Korngrößenklassierung	sprunghafte und/oder allmähliche Veränderung des Inventars von Biotopen oder ihrer Vorkommen
• chemisch-mineralogisch und physikalisch bedingte Verschlämmung • Bodenaggregatgröße • Aggregatstabilität • Verschlämmungsdynamik • verschlämmungsbedingte Abflußbildung	• gestreckte Vertikal- und Horizontalwölbungen • Reliefformenkombinationen mit konkaven Vertikal- und Horizontalwölbungen • Reliefformenkombinationen mit unterschiedlichen Vertikal- und Horizontalwölbungen • anthropogene abflußhemmende Flurelemente	• postglaziale Schmelzwasserrinnen mit Kolluvialsanden und -kiesen • anthropogen bedingte Kolluvien • Pflugsohlenverdichtungen • fossile Humusakkumulationshorizonte	• schleppspannungsabhängige horizontale Abfolge in offenen oder halboffenen Hohlformen • fallgeschwindigkeitsabhängige vertikale Abfolge in geschlossenen Hohlformen • Beeinflussung von Bauwerken • Schwermetall- und Phosphorkonzentration in Warven	• Beeinflussung des Pflanzenwachstums • Transport von Samen • trophieabhängige Veränderung von Konkurrenzverhältnissen und der Dominanz

Tab.3a: Arealheterogenität des Niederschlags im meso- und mikrochorischen Maßstabsbereich in Nordostdeutschland

Niederschlagshöhen (mm) Nov.-Okt. Mittelwert und Überschreitungswahrscheinlichkeiten	Pü 90%	$\bar{x}$	Pü 10%
Mesochore Südwestliches Vorland der Mecklenburger Seenplatte (HKS 5)	510	657	818
darin z.B.			
Mikrochore 9; Station Granzin, Wittenburg, Klodram	528	690	870
Mikrochore 6; Station Boizenburg, Lübtheen	503	656	823
Mesochore Uckermärkisches Hügelland (HKS 1)	422	526	638
darin z.B.			
Mikrochore 1; Station Göritz	401	484	574
Mikrochore 5; Station Pasewalk, Rothenklempenow, Grambow, Bismark-Lienken	429	536	652

Tab.3b: Mesoklimatische Niederschlagsvariabilität bei gleichen Mittelwerten aber unterschiedlicher Schiefe von Zeitreihen verschiedener Mesochoren in Nordostdeutschland

Niederschlagshöhen (mm) Nov.-Okt. Mittelwert und Überschreitungswahrscheinlichkeiten	$\bar{x}$	Pü % 95	Pü % 90	Pü % 10	Pü % 4
Mesochore Wismarerbucht					
Station Wismar	579	71	499	750	811
Mesochore Woldegk-Feldberger Hügelland					
Station Rehberg-Vorheide	577	459	478	635	670

Tab.4: Regionalisierung und Bewertung ökologischer Standortfaktore und landschaftsökologischer Prozesse für ökologische Landklassifikationen (ELC)

- Übersicht bisheriger methodischer Arbeiten der AG Angewandte Meteorologie und Klimatologie
- Erzeugung von Isohyeten für Mittelwerte und Perzentile mit signifikanten Intervallen (Rostock, 1979)
- Berechnung statistisch gesicherter erforderlicher Meßnetzdichten für variable Geoelemente nach PANCHANG und NARAYANA (Rostock, 1986)
- Entwicklung eines Jahresgangindexes zur Raum-Zeit-Strukturierung von Geoelementen in Großlandschaften (Rostock, 1984)
- Dimensionsbezogene hierarchische Clusteranalyse von Geokomponenten und Partialkomplexen (Berlin, 1986; Hawaii, 1998)
- Erarbeitung der geographischen Maßstabsbereiche des Klimas (Wroclaw, 1991)
- Berechnung des Bodenwasserversorgungsdefizites für Pedo-Nanochoren mit Hilfe des atmosphärischen Ausschöpfungsanspruches nach STÜDEMANN - Bewertungsalgorithmen für Mecklenburg-Vorpommern (Berlin, 1986)
- Regionalisierung von genetisch unterschiedlich begründeten Ozonepisoden (Den Haag, 1996; Wien, 1997)
- Kartierung partialkomplexbezogener Prozeßstrukturen der Bodenerosion (Rostock, 1994; Berlin, 1995)
- Relevanz der geographischen Dimension und des landschaftsökologischen Ansatzes bei der Kartierung der on-site und off-site-Erscheinungen und -Wirkungen der Bodenerosion durch Wasser (Rostock, 1994)
- Stadt - Klimatopkarte der Hansestadt Rostock (Rostock, 1994 und 1997)
- Fuzzy-Logik-Synthesen für die Nachweisführung eines geographischen Musters von statischen und prozessualen Ozonbildungspotentialen (Nizza, 1998)
- Entwicklung des „Rostocker hierarchischen Monitorings“ (Leipzig, 1998)
- Entwicklung neuer anthropogener Standortparameter für die ökologische Landklassifikation - Beispiel: Trichloressigsäure als physiologischer Stressor (Nizza, 1998)

Literatur

ECKERT, S.; O. STÜDEMANN: Genese und Ausprägung von Ozonepisoden an der südlichen Ostseeküste. Annalen der Meteorologie 34: 4. Deutsche Klimatagung Frankfurt/Main 1. - 3.10.1997, DWD, Offenbach 1997, S. 183 - 184

HAASE, G.: Geotopologie und Geochorologie - Die Leipzig-Dresdener Schule der Landschaftsökologie. In: Wege und Fortschritte der Wissenschaft: Beiträge von Mitgliedern der Sächsischen Akademie der Wissenschaften zu Leipzig zum 150. Jahrestag ihrer Gründung / Sächsische Akademie der Wissenschaften zu Leipzig. Hrsg. Im Auftr. Der Akademie von Günter Haase und Ernst Eichler.- Berlin: Akad. Verl., 1996

IALE BULLETIN , 1998 (International Association for Landscape Ecology)

Indikatoren der Landschaftsstruktur zur Erfassung und Bewertung des Landschaftswandels auf der Grundlage geoökologischer Raumeinheiten

Ralf-Uwe Syrbe

1 Einleitung

Auf der Basis geoökologisch definierter Raumeinheiten wird angeregt, Analysen und Aussagen zu Landschaftselementen oder Einzelflächen durch räumlich-strukturelle Parameter zu erweitern. Damit sollen vor allem solche Merkmale bzw. Veränderungen in der Landschaft erfaßt werden, die deren Gesamtcharakter zwar stark prägen sich aber selbst unter Umständen nur auf kleine Teilflächen beschränken. Um in geeigneter Weise den Landschaftswandel untersuchen zu können liegt der Schwerpunkt auf Indikatoren, die sensibel genug sind, um regional bedeutsame Landschaftsveränderungen abzubilden, sich aber gegenüber den mit der Zeit unvermeidlichen technischen Veränderungen robust verhalten.

Die zugrunde gelegten Raumeinheiten, sog. Geochoren (vgl. HAASE et al. 1991 und den Aufsatz von SANDNER et al. 1998), tragen je nach Kartierungsmaßstab bereits Informationen über Ausstattung und Struktur (Muster, Lagerelationen, Verknüpfungen usw.) der natürlichen Lebensräume in sich. Damit bieten sie eine geeignete Basis um die variablen Merkmale der Raumnutzung mit den stabileren natürlichen Potentialen in Beziehung zu setzen. Durch die Ableitung struktureller Größen aus verschiedenen Einzelmerkmalen wird eine Abstraktion erzielt, mit deren Hilfe unter den vielen singulären Veränderungen einer dynamischen Landschaft wesentliche Trends erkannt werden können. Die Raumeinheiten werden dabei als Gesamträume angesehen, innerhalb derer sich einzelne Veränderungen und Wirkungen vollziehen dürfen, ohne den landschaftlichen Gesamtcharakter zu verändern. Die Kennzeichnung der Geoökosysteme mit Strukturindikatoren ermöglicht somit eine entwicklungsorientierte Herangehensweise an Probleme des Naturschutzes und der Planung.

2 Anforderungen an die gewählten Indikatoren zur Erfassung des Landschaftswandels

Ein bedeutendes Problem bei Regionalisierungen ist die mit dem upscaling verbundene höhere Heterogenität der zwangsläufig größeren Grund- bzw. Betrachtungsareale. Dabei besteht die Schwierigkeit jedoch nicht allein in der zeitlichen Vielfalt und räumlichen Vielgestaltigkeit, sondern vor allem im Fehlen ausgereifter Instrumente zur Erfassung und Bearbeitung der grundlegenden Eigenschaften des inneren Baues, d. h. der „Struktur“ von Räumen chorischer Dimension. Im Mittelpunkt der folgenden Ausführungen sollen deswegen Indikatoren stehen, die es erlauben, Ausstattung und Ordnungsprinzipien, Größenverhältnisse, Heterogenität und Gefügemuster geoökologisch definierter Raumeinheiten zu quantifizieren. Die Geochoren sind dabei einerseits eine technische Voraussetzung für die Ermittlung vieler der vorgestellten Indikatoren und können andererseits erst durch jene in wesentlichen Eigenschaften selbst korrekt gekennzeichnet werden.

Die Quantifizierung der Landschaftsmuster, u. a. hinsichtlich Flächennutzung und Biotopausstattung, bildet eine Brücke zwischen der Landschaftsstruktur und den dadurch gesteuerten oder beeinflußten Geoprozessen und ist damit ein Schlüssel zur dynamischen Betrachtung der Landschaft in regionalen Größenordnungen. Die Untersuchung des Landschaftswandels, etwa im Sinne eines Langzeit-Monitorings, stellt jedoch hohe Anforderungen an die auszuwählenden Indikatoren, weil damit große zeitliche und technische Sprünge überwunden werden müssen.

Um eine Vergleichbarkeit räumlicher und zeitlicher Aspekte zu gewährleisten und auch mathematische Auswertungen zu ermöglichen, liegt der Untersuchungsschwerpunkt auf Parametern, die jede Einheit insgesamt mit einem einzigen Wert charakterisieren und daher als „Rahmenmerkmale“ bezeichnet werden. Diese sind entweder manuell oder mit GIS-technischen Mitteln aus den Ausgangsdaten zu erheben. Die wichtigsten Anforderungen, die an solche Strukturindikatoren zur Erfassung des Landschaftswandels gestellt werden müssen, sind:

- ihre Orientierung an ökologischen Steuergrößen des Naturhaushaltes,
- ihre einfache (geringer Aufwand) und sichere (niedrige Fehlerquoten, Eindeutigkeit) Erfaßbarkeit z. B. aufgrund kartographischer Unterlagen oder Fernerkundungsdaten,
- eine hohe Stabilität gegenüber technisch, zeitlich oder bearbeiterspezifisch bedingten Variationen der Daten,
- eine spezifische Sensibilität gegenüber charakteristischen Landschaftsentwicklungen,
- ein möglicher Ausgleich bzw. die Unempfindlichkeit gegenüber temporären, zyklischen oder singulären Veränderungen in der Landschaft,
- die damit mögliche räumliche Übersicht und Vergleichbarkeit.

Da die volle Befriedigung einzelner Forderungen eine Verletzung anderer zur Folge haben kann, gibt es in diesem Sinne keinen „optimalen“ Strukturindikator. Statt dessen muß aus der Fülle der angebotenen Möglichkeiten eine für den gegebenen Anwendungsfall geeignete Auswahl getroffen werden.

3 Indikatoren der Landschaftsstruktur: Erhebungsmethoden, Eignung und Dimensionsbezug

Die bei den bisherigen Untersuchungen verwendeten Strukturindikatoren lassen sich jeweils einer der folgenden Klassen zuordnen:

- Existenz bzw. Anzahl bestimmter *Einzelobjekte*, ggf. im Verhältnis zur Gesamtzahl einer übergeordneten Objektklasse, der Bezugsfläche oder ihrer Verbreitung
- *Länge* bestimmter *linear gestalteter Objekte*, ggf. im Verhältnis zur Gesamtlänge einer übergeordneten Objektklasse (Ausprägungsgrad), der Bezugsfläche oder ihrer Verbreitung
- *Arealgröße* eines *Flächentyps*, ggf. im Verhältnis zur Gesamtfläche
- *Richtung* linearer bzw. gerichteter Erscheinungen, ggf. im Vergleich zu bestimmten Hauptrichtungen (z. B. Wind oder Gefälle) bzw. Hauptachsen (z. B. Täler, Bergrücken)
- *Fläche-Umfang-Beziehungen* wie z. B. Zerlappungsgrade oder fraktale Maße
- *Kernflächenmetrik*, d. h. Arealgrößen und -formen unabhängig von den Feinheiten des Grenzverlaufes, ggf. im Verhältnis zur Gesamtfläche
- *Formen-* (quantitativ) *und Gestaltmaße* (qualitativ-typisiert) von Teilflächen
- *Lage- und Kontaktbeziehungen* bestimmter Objekttypen
- Gewichtete oder ungewichtete *Indikatorkombinationen* o. g. Maße.

Für alle Anforderungen gilt, daß der gewählte Betrachtungsmaßstab und die Berücksichtigung des vorliegenden Landschaftstyps, vor allem das zu untersuchende Prozeßgeschehen die Qualität und damit die Aussagekraft der Indikatoren bestimmen. In Tabelle 1 wurden Erfahrungen zur Eignung ausgewählter Strukturmerkmale für bestimmte chorische Dimensionsstufen und Hauptnutzungstypen zusammengestellt.

Auch in dieser Tabelle, die anhand der Literatur zu Strukturindikatoren (AURADA 1987, MÜLLER & SCHRADER 1989, TURNER & GARDNER 1990 u. a.) fast beliebig erweitert werden kann, gibt es mehr und weniger robuste Indizes. Eine dahingehend interessante Ergänzung auf der Basis von Fernerkundung und GIS-Programmen findet der Leser im Aufsatz von A. LAUSCH (1998).

Ein weiteres, Qualitätskriterium ergibt sich aus der sechsten Anforderung: Nur sehr wenige Merkmale lassen sich durch eine *absolute* Meßgröße günstig wiedergeben. Im Sinne der Vergleichbarkeit über verschiedene (Natur-) Räume hinweg kann es vielmehr nötig werden, die Maßzahlen direkt (durch Verrechnung mit einer Normgröße) oder indirekt (durch Erhebung innerhalb eines regelmäßigen Rasters oder Berücksichtigung eines Abstandes) zu normieren. Bei einigen Punkten wurde bereits auf gängige Normierungsmöglichkeiten („im Vergleich/ Verhältnis zu ...") hingewiesen.

Tab.1: Maßstabs- und nutzungsbezogene Eignung ausgewählter Strukturindikatoren

Merkmal	chorische Rangstufe			Hauptnutzungstyp					
Erhebungsmethode	Nano-	Mikro-	Meso-	Wald	Wald/ Agrar	Agrar	Sub-/ Urban	Berg-bau	Was-ser
Kleinformendichte (1)	ja	nein	nein	nein	nein	ja	nein	nein	nein
Wegenetzlänge (2)	ja	nein	nein	ja	ja	ja	nein	nein	nein
Hecken-/ Gehölz-länge (2)	ja	nein	nein	nein	ja	ja	nein	nein	nein
Waldränder (2)	ja	nein	nein	nein	ja	ja	nein	ja	nein
Acker-Gewäs-serränder (2)	ja	ja	nein	nein	ja	ja	ja	nein	ja
Anteil verbauter Ufer (2)	ja	ja	teil-weise	ja	ja	ja	ja	nein	ja
Uferlänge (2)	ja	ja	ja	ja	ja	ja	ja	ja	ja
erosiv wirksame Hanglänge (2)	ja	ja	teil-weise	nein	ja	ja	ja	ja	nein
Anteil wertvoller Biotope (3)	ja	ja	nein	ja	ja	ja	ja	ja	nein
Bearbeitungs-richtung (4)	ja	nein	nein	nein	ja	ja	ja	nein	nein
Fraktaldimension von Säumen(5)	ja	teil-weise	nein	nein	ja	nein	nein	nein	ja
Inkreis von Acker-flächen (6)	teil-weise	ja	ja	nein	ja	ja	ja	ja	nein
Inkreis offener Ge-wässer (6)	teil-weise	ja	ja	ja	ja	ja	ja	ja	ja
Kreisformenindex (7)	teil-weise	ja	ja	ja	ja	ja	nein	ja	ja
Belastung (9)	nein	ja	ja	ja	ja	ja	nein	ja	nein

Bei der Verarbeitung von Vektordaten im GIS tritt ein Problem auf, das mit der technisch unterschiedlichen Behandlung von Punkt- Linien- und Flächentopologien verbunden ist: Die Einstufung realer Objekte in eine dieser Kategorien kann ziemlich unsicher sein und sowohl von der Auflösung als auch von relativ willkürlichen Grundmaßen (Mindestbreite, Mindestabstand u. ä.) oder Generalisierungen abhängen. Relativ schwierig ist, wie DITZ (1996) zeigte, sogar die selten hinterfragte Einstufung und Abgrenzung lockerer Vegetationsbestände bzw. Nutzungsformen als Gesamt-Flächen- oder Punktobjekte. Besonders weil man für das

Monitoring oft auf Karten unterschiedlicher Auflagen oder Fernerkundungsdaten verschiedener Jahre und Sensoren zurückgreifen muß, dürfen die Detailliertheit der Darstellung zu erfassender Objekte, die Abgeschlossenheit einzelner Flächen oder die Zusammenfassung von Einzelobjekten zu Objektgruppen *keinen signifikanten Einfluß* auf das Gesamtergebnis haben. Die Aussage sollte also nicht davon abhängen, ob beispielsweise fünf Bäume einzeln oder als Wäldchen bzw. eine lockere Hecke geschlossen oder in mehreren Teilabschnitten erfaßt wurden.

Daraus ergibt sich grundsätzlich ein weiteres Qualitätskriterium, das für die Erfüllung der Anforderung Nummer drei wichtig ist: *Normierungen* sollten möglichst *innerhalb derselben Objektkategorie* vorgenommen werden. Leider ist häufig das Gegenteil der Fall; besonders wenn die Anzahl punktueller oder die Länge linienhafter Objekte mit einer Flächengröße (beispielsweise als „Dichte“ oder „Zerschneidungsgrad“) verrechnet werden, können etwa Veränderungen in der Phänologie oder den genutzten Sensoren bei Fernerkundungsdaten sowie unterschiedliche Kartenausgaben die Ergebnisse stärker beeinflussen, als tatsächliche Trends in der Landschaft. Bei langfristigen Untersuchungen sind aber gerade solche Einflüsse nie völlig auszuschließen. Werden statt der Raumeinheiten Rasterfelder zugrundegelegt, so ist den daraus abgeleiteten Maßen eine Normierung über die Rasterflächengröße sogar immanent, ohne daß die mit diesem Kategoriesprung u. U. verbundene Unsicherheit jedem Bearbeiter voll bewußt wird.

4 Zeitvergleich und Zuverlässigkeit von Strukturindikatoren am Beispiel des Untersuchungsgebietes „Westlausitzer Hügel- und bergland“

Werden mit Hilfe eines GIS Strukturaussagen ermittelt, so ist aus den oben genannten Gründen anzustreben, daß die gegenüber technischen Einflüssen robusteren Merkmale im unteren Teil der Liste gegenüber den leichter zu bestimmenden (aber auch anfälligeren) im oberen Teil an Bedeutung gewinnen. Dabei kann vorher geprüft werden, ob nicht durch Pufferfunktionen bestimmte Punkt- und Linienobjekte in die Flächenkategorie überführt und damit alle Landschaftselemente gleich bearbeitet werden sollten.

Bessere Ergebnisse lassen sich auch dann erzielen, wenn ein komplexes Merkmal durch eine aufeinander abgestimmte Kombination zweier oder mehrerer Indikatoren erfaßt wird, die jeweils unterschiedliche geometrische Aspekte wiedergeben. Für die ästhetische und ökologische Bewertung von Randverläufen hat sich dabei z. B. die Kombination eines Formindex der Flächen und einer fraktalen Dimension der Begrenzungslinien bewährt. Die auf komplexe Weise miteinander verbundenen Fragen nach der Eigenart, Diversität und Defragmentierung der

Landschaft lassen sich recht gut mit dem Indikatoren-Trio Belastungsgrad, Zerschneidung und Flächenstruktur beantworten.

Bei der manuellen Erhebung von Strukturmerkmalen steht neben der Kartengenauigkeit auch die Fehlerquote der Bearbeiter zu berücksichtigen. Je weicher die Merkmale sind, desto eher muß man statt der technisch bedingten mit Interpretationsdifferenzen rechnen. Dahingehend verglichen wurden jeweils 17 Einzelergebnisse zweier Bearbeiter bei der Interpretation topographischer Karten aus den dreißiger Jahren anhand der Indikatoren Belastungsgrad[1], Inkreis von Ackerflächen (kurz „Struktur"[2]), der erosiv wirksamen Hanglängen auf Ackerflächen („Hanglängen"[2]), des Verbauungsgrades von Fließgewässern („Verbauungsgrad"[3]) und der Acker-Gewässerränder („Entblößung"[3]) in Abbildung 1. Während vor allem beim Verbauungsgrad größere Differenzen auftraten, erreichte der Inkreis-Indikaktor das höchste Maß an Erfassungssicherheit.

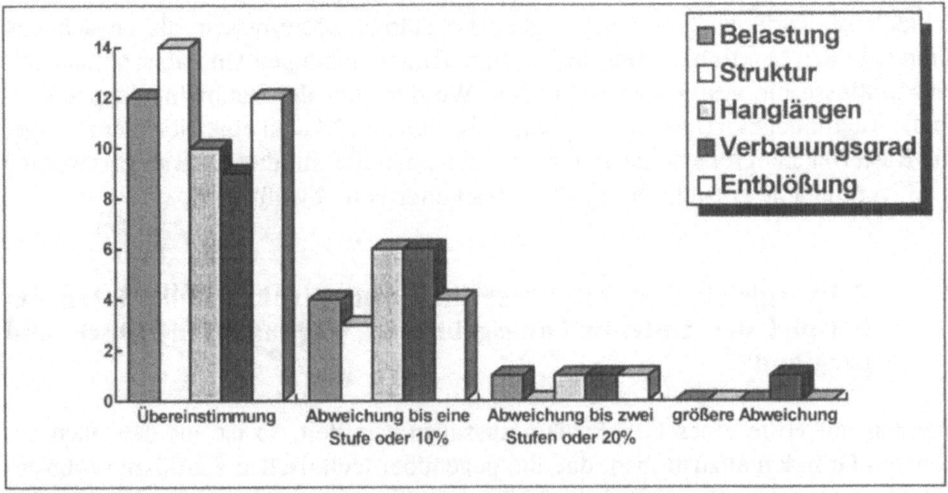

Abb.1: Geauigkeitsgrad bei der manuellen Erhebung verschiedener Strukturindizes

Diese Ergebnisse beziehen sich auf den um Moritzburg gelegenen Westteil des unten dargestellten Untersuchungsgebietes „Westlausitzer Hügel- und Bergland". Die danach als relativ sicher anzusehenden Indikatoren „Struktur" und

[1] kombinierter Indikator durch manuelle Erfassung von Zerschneidung, Immission, und Industrieansiedlungen

[2] Diese Indikatoren wurde als Absolutmaße erhoben. Um einen repräsentativen Höchstwert zu erfassen, kam das Maß der danach jeweils zweitgrößten Teilfläche zur Anwendung. Damit werden absolute Ausreißer unterdrückt und dennoch wesentliche, in der Gesamtfläche schon dominierende Großflächen ausreichend berücksichtigt.

[3] jeweils als prozentualer Anteil von der Gesamt-Fließgewässerlänge

„Belastung" werden für alle 83 Mikrogeochoren des Gesamtgebietes (nördlich und östlich von Dresden) kombiniert in Abbildung 2 dargestellt.

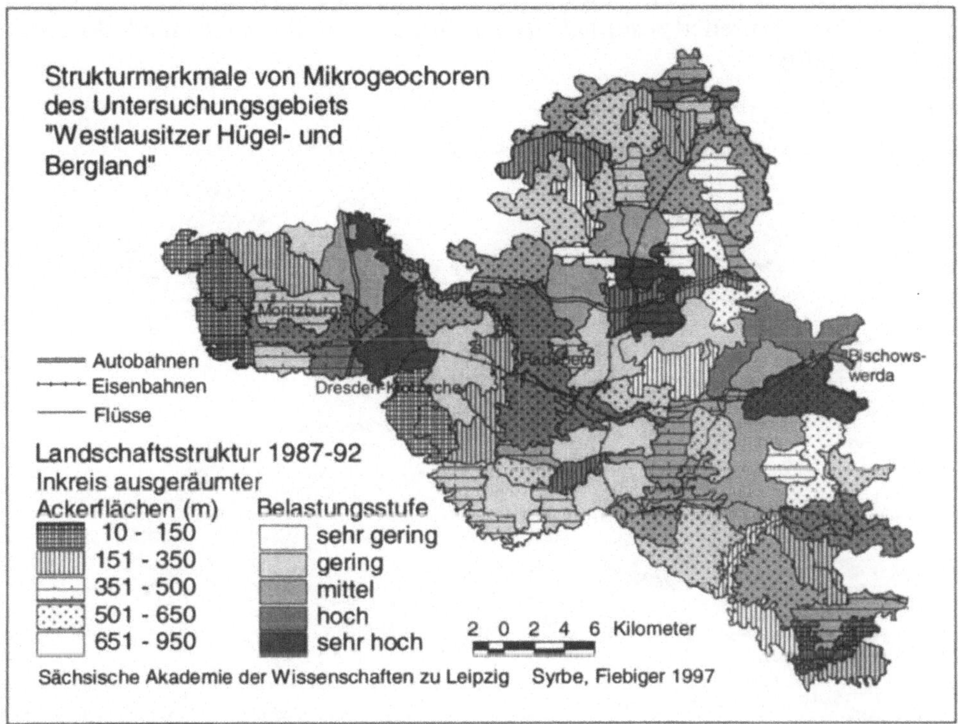

Abb.2: Strukturmerkmale des Untersuchungsgebietes „Westlausitzer Hügel- und Bergland"

Für diesen Zeitschnitt zeigt sich eine Differenzierung, die die landschaftlichen Besonderheiten des Raumes gut widerspiegelt. Für die „Belastung" gilt dies auch im älteren Zeitschnitt; jedoch läßt sich der relativ geringe Ausräumungsgrad der Ackerflächen vor dem zweiten Weltkrieg nur über eine feinere Klassifizierung mit der jetzigen vergleichen. Die Strukturveränderungen von den dreißiger bis zu den achtziger Jahren für vier ausgewählte Merkmale und auf einer teilweise höher auflösenden Skala zeigt Abbildung 3 wiederum am Westteil des obigen Gebietes. Erwartungsgemäß machte sich die Ausräumung des Ackerlandes überall bemerkbar, wo nicht wie bei Moritzburg oder in der Dresdener Heide die größten Flächen waldbedeckt sind. Der allgemeine Belastungsgrad der Landschaft ist besonders am Rand von Dresden sowie in den Flußauen und -tälern angestiegen, während er in peripheren Räumen und in der Dresdener Heide leicht zurückging. Die gegensätzlichen Aussagen bei der Verbauung von Fließgewässern im Moritzburger Teichgebiet ergeben sich rechnerisch offenbar nur wegen der heute geringeren Gesamtlänge der vorhandenen Grabensysteme - eine weitere Fehlerquelle! Die erosiven wirksamen Hanglängen sind mit der Strukturarmut der Ackerflächen absolut und im Trend hoch korreliert, natürlich aber auch durch die differenzierende Reliefsituation beeinflußt.

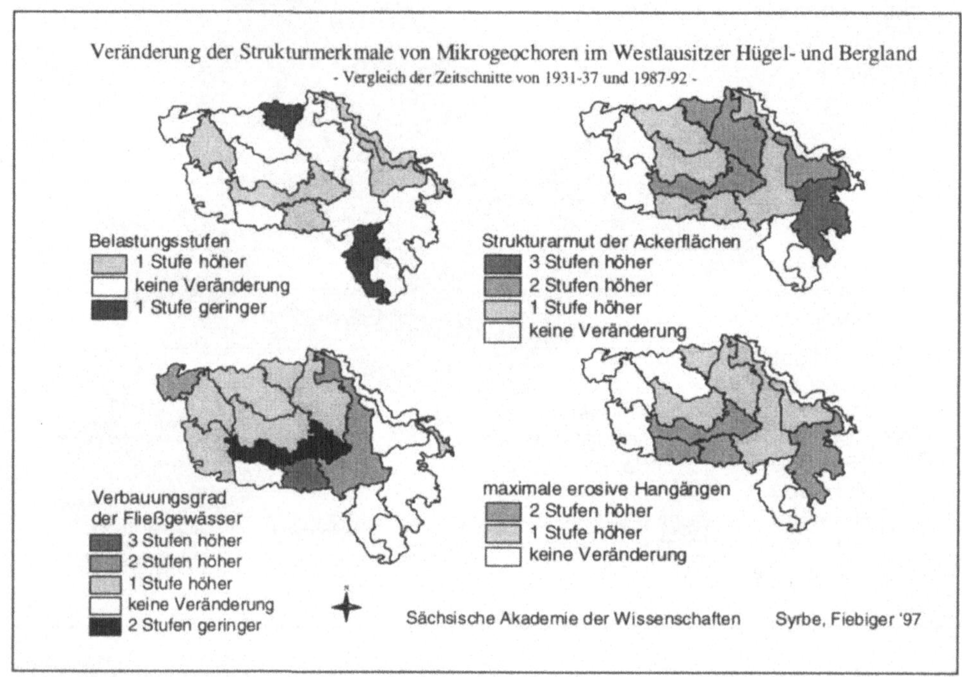

Abb.3: Zeitvergleich ausgewählter Strukturindikatoren

Eingeschränkt wird die großräumige Vergleichbarkeit der Strukturindikatoren durch ihre Abhängigkeit vom Landschaftstyp. Wie aus Abbildung 4 zu ersehen ist, zeigt sie sich selbst bei relativ universellen Merkmalen, so daß weitergehende Interpretationen vor allem innerhalb vergleichbarer Räume vorgenommen werden sollten. Während unter Wald nur ein Verbau des Fließgewässernetzes konstatiert werden muß, lassen sich an den stärker agrarisch geprägten Landschaften weitere Trends erkennen. Vor allem die Auen sind durch stärkere Überbauung und Zerschneidung verändert worden. Eine Strukturverarmung der Ackerflächen mit den entsprechenden Konsequenzen für die Größe erosiv wirksamer Hänge macht sich dagegen vorwiegend auf den Lößplatten und Hochflächen bemerkbar.

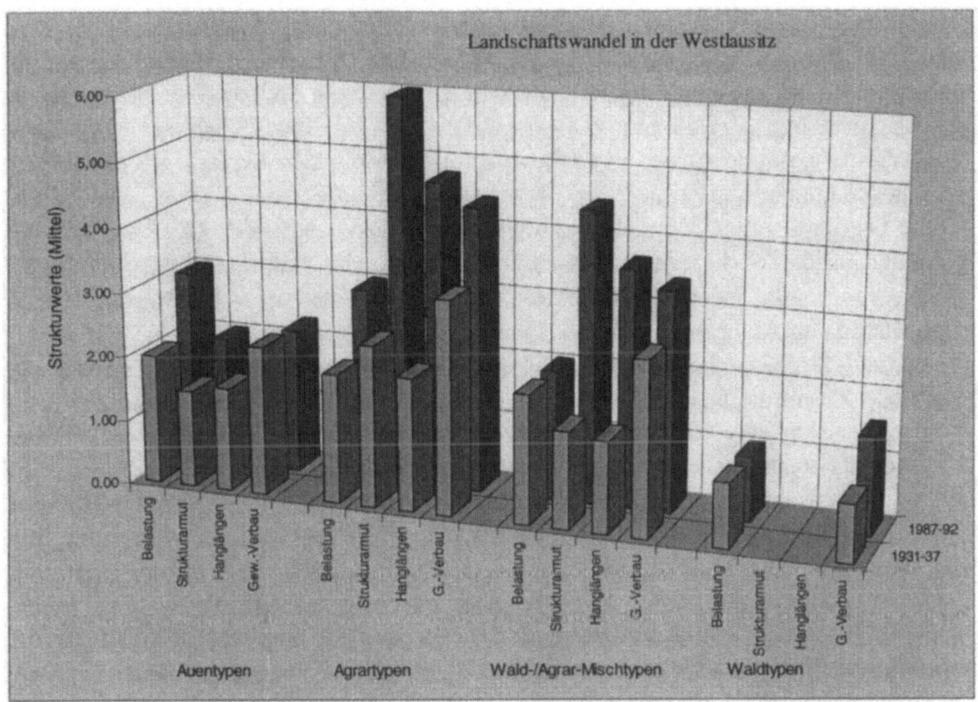

Abb.4: Strukturveränderungen verschiedener Landschaftstypen im Westteil des Untersuchungsgebietes

Weniger einheitlich verhalten sich die hier nicht dargestellten Indikatoren „Zerschneidungsgrad" (durch bauliche Objekte) und „Gesamt-Fließgewässerlänge". Beim letzteren führen besonders die unterschiedlichen Generalisierungsgrade der topographischen Karten zu Verwerfungen. Die Untersuchung des Zerschneidungsgrades wird vor allem durch eine mit der Vorkriegszeit kaum vergleichbare Klassifikation der Verkehrswege erschwert. Eine geeignete Alternative hierzu ist deshalb die strukturelle Bewertung der fragmentierten (Rest-) Flächen wofür neben dem bereits genannten Inkreis-Maß eine Reihe weiterer Indikatoren entwickelt wurden (vgl. u. a. KAPPLER 1997).

5 Bewertung heterogener Flächen mit Hilfe struktureller Rahmenmerkmale

Die anforderungsgerechte Quantifizierung der Landschaftsstruktur ist eine wesentliche Voraussetzung zur maßstabsadäquaten Landschaftsbewertung in der chorischen Dimension. Viele, anhand kleinräumiger Untersuchungen entwickelte

Verfahren können nur dann in einen mittleren Maßstab transformiert werden, wenn die prinzipielle Berücksichtigung räumlicher Muster und Verteilungen eine (dort nicht mehr mögliche) genaue Verortung heterogen auftretender Merkmale in geeigneter Weise ersetzt. Durch wachsende technische Möglichkeiten wird zwar auch die fortgesetzte Analyse und Bewertung im topischen Bereich mit einem erst nachgeschalteten „upscaling" der fertigen Ergebnisse immer öfter angewandt. Diese Variante einer Vermeidung wirklich „landschaftlicher" Denkweisen und Lösungsansätze wirft jedoch nicht nur Probleme der Datenverfügbarkeit und -generierung auf, sondern kollidiert vor allem mit der benötigten, maßstabsadäquaten Abstraktion bei fast allen regionalen Anwendungen.

Da viele Prozesse in der Landschaft nicht nur über stoffliche Eigenschaften und vertikale Zusammenhänge sondern auch durch räumliche Muster gesteuert werden, bietet sich eine für größere Räume mögliche Parametrisierung solcher Anordnungseigenschaften für die Untersuchung entsprechender Landschaftsfunktionen geradezu an. Es ist anzustreben, daß der Verlust an inhaltlicher Schärfe und räumlicher Konkretheit in Zuge der Regionalisierung durch eine Berücksichtigung räumlicher Steuergrößen zumindest teilweise wettgemacht wird. Leider existieren unter den mehr als 1500 (?) bekannten Bewertungsalgorithmen und wahrscheinlich ebenso vielen Prozeßmodellen kaum eine Handvoll Verfahren, die strukturelle Merkmale in einem mittleren Maßstab berücksichtigen können. Deshalb soll an dieser Stelle nur auf zwei wesentliche Ansätze dazu kurz eingegangen werden.

Zunächst können Bewertungsverfahren entwickelt werden, die direkt auf Strukturindikatoren zugreifen. Als Beispiel sei die Möglichkeit genannt, wesentliche Eigenschaften des Landschaftsbildes auf diese Weise zu erfassen, weil der menschliche Betrachter ohnehin keine isolierten Einzelmerkmale sondern immer nur einen Komplex von Eindrücken verarbeitet. Anstatt also diesen Komplex anhand der Werte einzelner Elemente zusammenzusetzen, wird die Bewertung ihrer Zusammenschau versucht, wobei nicht nur vermittelnde oder dominierende Größen sondern gerade auch Kleinigkeiten oder Besonderheiten Berücksichtigung finden. *Damit soll insbesondere der Vorstellung entschieden entgegengetreten werden, daß Aussagen in der chorischen Dimension prinzipiell gröber und unspezifischer als die konkret verorteten sein müssen.*

Die Bewertung erfolgte in nutzwertanalytischer Form durch die als gleichwertig betrachteten Kriterien Eigenart, Naturnähe und Diversität. Jedes dieser Kriterien setzt sich dabei wiederum aus strukturellen Einzelindikatoren zusammen, die entweder positiv oder negativ wirken. Für die „Eigenart", unter der hier sowohl *Ursprünglichkeit* (als Reflexion des natürlichen und kulturhistorischer Erbes) als auch *Einzigartigkeit* (Repräsentativität) der Landschaft bzw. wesentlicher Landschaftsbestandteile verstanden wird, soweit sie *nicht* durch sinnliche *Belastungen* beeinträchtigt sind, werden die Indikatoren „Anteil wertvoller Biotope" (positiv) und „Belastungsgrad" (negativ) berücksichtigt. Während der „Natürlichkeitsgrad" direkt durch die komplexe Betrachtung der gesamt-räumlichen Nutzungsintensität und Landschaftsstruktur erarbeitet wurde, setzt sich das Kriterium Diversität wiederum durch verschiedene Einzelindikatoren: „Reliefvielfalt" und „Nutzungsvielfalt" (positiv) sowie „Strukturverarmung" (negativ), zusammen.

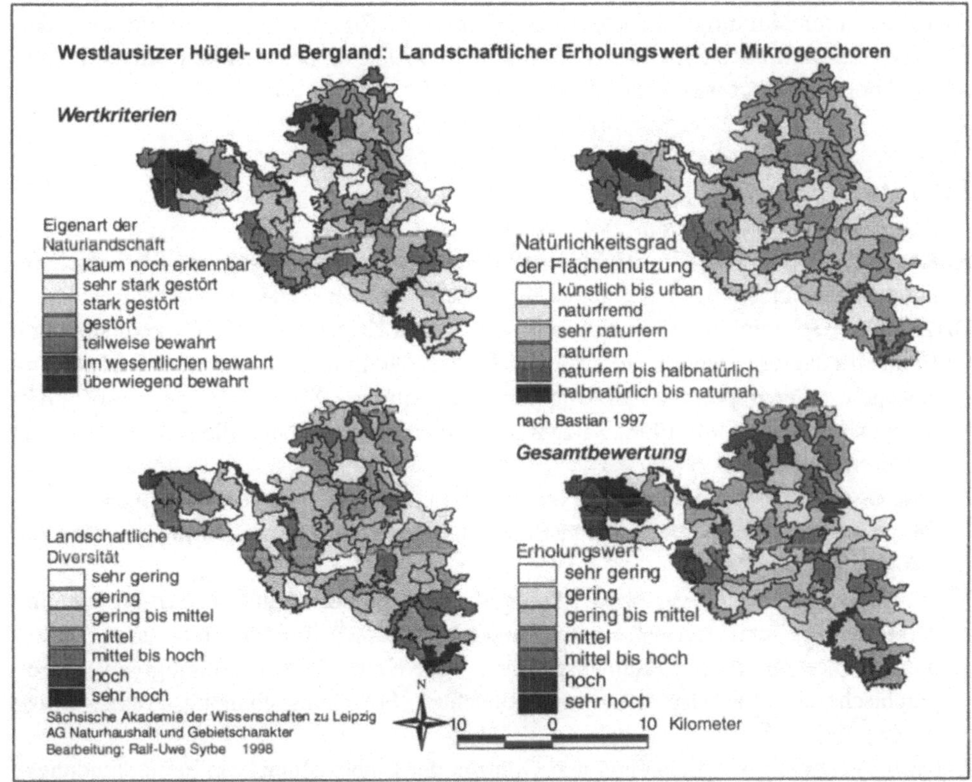

Abb.5: Landschaftlicher Erholungswert im Untersuchungsgebiet „Westlausitzer Berg- und Hügelland"

Abbildung 5 zeigt die Ergebnisse für das Untersuchungsgebiet hinsichtlich aller Kriterien und deren gleich gewichtete Aggregation. Selbstverständlich konnten nicht alle Besonderheiten dabei Berücksichtigung finden. Das Verfahren ist mit nur sechs ermittelten Einzelindikatoren relativ einfach und könnte durchaus noch erweitert werden, so daß beispielsweise die besondere Situation in den Kleinkuppengebieten auch unterhalb der bisher verwendeten Erfassungsgrenze des Indikators „Reliefvielfalt" stärker gewürdigt werden kann oder die Ausprägung der Gewässer das Kriterium Vielfalt stärker beeinflussen.

Eine weitere Möglichkeit der Bewertung heterogener Einheiten unter Berücksichtigung ihrer inneren Struktur besteht in der relativen Verortung anhand eines vorher ausgewählten Ordnungsparameters. Ohne genaue Lagekenntnis einzelner Elemente kann somit zumindest deren räumliche Zuordnung oder Nachbarschaft zu anderen, ebenfalls nicht genau verorteten Elementen, ggf. unter Einsatz direkter Strukturparameter ausgewertet werden. Die etwas komplizierte Anwendung dieses Ansatzes unter Nutzung von unscharfen Mengen (fuzzy sets) ist am Beispiel des Erosionsschutzfunktion im Detail bei SYRBE 1998a, b beschrieben und soll hier nicht näher dargelegt werden.

Literatur

AURADA, K. D. (Hg.) (1987): Strukturen und Prozesse in der Geographie. Wissenschaftliche Abhandlungen der Geographischen Gesellschaft der DDR 19.- Gotha.

DITZ (1996): Geographische Informationssysteme und Kartographische Generalisierung - Geometriedatengewinnung und Datenqualität. In: Dollinger, F. & J. Strobl (Hg.): Angewandte Geographische Informationsverarbeitung VIII. Beiträge zum GIS-Symposium 3. - 5. Juli 1996. Salzburger Geographische Materialien 24, Universität Salzburg, S. 183-193.

HAASE, G. et al. (1991): Naturraumerkundung und Landnutzung. Geochorologische Verfahren zur Analyse, Kartierung und Bewertung von Naturräumen Berlin. Beiträge zur Geographie, 34.- Berlin.

KAPPLER, O. (1997): GIS-gestützte Verfahren zur Ausgrenzung und Bewertung von unzerschnittenen und störungsarmen Landschaftsräumen für Wirbeltierarten und -populationen mit großen Raumansprüchen. - In: Kratz, R. & F. Suhling (Ed.): Geographische Informationssysteme im Naturschutz: Forschung, Planung, Praxis.- Magdeburg, S. 77-94

LAUSCH, A. (1998): Möglichkeiten und Grenzen der Einbeziehung von Fernerkundungsdaten zur Analyse von Indikatoren der Landschaftsstruktur - Beispielsregion Südraum Leipzig. (in diesem Band)

MÜLLER, B. & F. SCHRADER (1989): Beiträge zur Kennzeichnung und Bewertung der Arealstruktur von Naturraum und Flächennutzung. In: Aurada, K. D. (Hg.): Geographie - Ökonomie - Ökologie. Wechselbeziehungen von Gesellschaft und Natur. Wissenschaftliche Abhandlungen der Geographischen Gesellschaft der DDR 20.- Gotha, S. 151 - 159.

SANDNER E.; BAUER, M. & H. HERRMANN (1998): Regionale Naturräumliche Bezugseinheiten am Beispiel des Freistaates Sachsen: Anforderungen, gegenwärtiger Stand und Perspektive. (in diesem Band)

SYRBE (1998) a: Fuzzy-Bewertungsmethodik für heterogene Naturräume- dargestellt am Beispiel der Erosionsbewertung im Westlausitzer Hügel- und Bergland. In: Steinhardt, U. & R. Grabaum (Ed.): UFZ-Mitteilungen (im Druck)

SYRBE (1998) b: Landscape evaluation of heterogeneous areas using fuzzy sets. Cybergeo No. 40 (http://193.55.107.3/revgeo/rostok/textex/syrbe.htm).

TURNER, M. M. & R. H. GARDNER (1990): Quantitative Methods in Landscape Ecology. Ecological Studies 82.- New York.

Möglichkeiten und Grenzen der Einbeziehung von Fernerkundungsdaten zur Analyse von Indikatoren der Landschaftsstruktur - Beispielsregion Südraum Leipzig

Angela Lausch

1 Einführung

Im Ballungsgebiet Leipzig-Halle wurden in den letzten hundert Jahren ca. 570 km^2 Fläche durch den Braunkohlebergbau beansprucht. Folgen dieser Nutzung waren große vegetationsarme Restflächen in Form von Tagebauen, Restlöchern, Kippen und Halden. So wurden in den Braunkohlebergbaugebieten wegen der großräumigen Landschaftszerstörung die Regulationsmechanismen des Landschaftshaushaltes zum Teil völlig zerstört. Die Folgen dieses großflächigen Landschaftswandels sind durch einen Verlust landschaftlicher Diversität, Zerschneidung und Zersplitterung von Landschaftsräumen als Ausmaß der flächenhaften Umwandlung charakterisiert.

Die Zersplitterung von Arealen, die Ausbreitung von ökosystemaren Störungen, wie sie im Südraum von Leipzig vorliegen, haben nach Turner et al. (1991) alle eine räumliche Komponente. Um Zusammenhänge zwischen Landschaftsmuster und ökosystemaren Prozessen und deren Veränderungen zu erfassen, sind neue methodische Ansätze erforderlich, mit deren Hilfe raum-zeitliche Landschaftsmuster quantitativ erfaßt werden können.

Die Satellitenfernerkundung bietet aufgrund multitemporaler, multispektraler und multisensoraler Erfassungsmethoden ein geeignetes Hilfsmittel, raumzeitliche Indikatoren der Landschaftsstruktur quantitativ zu erfassen, zu analysieren sowie zu bewerten.

Ziel des Vortrages[4] ist es darzustellen, welchen Beitrag die Fernerkundung als neue Methode zur Analyse von raum-zeitlichen Landschaftsstrukturmustern unterschiedlicher räumlicher und zeitlicher Skalen in der Region Südraum Leipzig zu leisten vermag, sowie auf die Möglichkeiten und Grenzen der Einbeziehung von Fernerkundungsdaten zur Analyse von Indikatoren der Landschaftsstruktur hinzuweisen. Es werden landschaftsökologische Strukturmaße auf der Grundlage einer Flächenutzungskartierung aus Fernerkundungsdaten bzw. der vorliegenden Biotoptypenkartierung berechnet. Die Berechnung der Strukturmaße stellt eine quantitative Methode zur Charakterisierung, Beschreibung und Bewertung von

---

[4]Der Vortrag ist abgeleitet aus dem Projekt *"Methodik zur Erkundung der Biotop-und Landschaftsdiversität in der Braunkohletagebaufolgelandschaft mit Fernerkundungsdaten"*, gefördert durch das Deutsche Zetrum für Luft- und Raumfahrt e.V. (ehemals DARA-GmbH), FKZ: 50 EE 9512

Raummustern mit der Zielsetzung, Rückschlüsse auf ökologische Prozesse ziehen zu können, dar. Ein Vergleich der erfaßten landschaftsökologischen Strukturmaße einer Region mit Literaturdaten ist jedoch kaum möglich, da eine allgemein anerkannte, standartisierte Arbeitsweise zum Erfassen von Landschaftsmaßen bei der Analyse von Zuständen und raum-zeitlichen Veränderungen noch am Anfang wissenschaftlicher Arbeiten steht. So müssen beim Arbeiten mit Fernerkundungsdaten (Satelliten- und Luftbilddaten) folgende Faktoren, die einen Einfluß auf die quantitativ richtige Analyse und Beschreibung von Landchaftsstrukturen haben, unbedingt beachtet werden:

- Realitätsnahe Abbildung des Flächennutzungsmusters mit Fernerkundungsdaten
- Sicherung der Vergleichbarkeit unterschiedlich verwendeter Datenmodelle (Raster, Vektor) der Datenerfassung
- Sachgerechtes Monitoring der Flächennutzungsänderung mit Fernerkundungsdaten (Monitoring von Landschaftsstrukturmaßen)

Hierfür werden innerhalb des Projektes wichtige methodische Vorgehensweisen erarbeitet und zur Diskussion gestellt.

2 Bedeutung und Analyse von Landschaftsstrukturmaßen in der Ökologie

Die Entwicklung der Landschaftsökologieforschung steht in unmittelbaren Zusammenhang mit der Diskussion um den Landschaftsbegriff (Finke, 1995). Diese greift weit zurück und wurde insbesondere durch Arbeiten von Bobek & Schmithüsen (1949), Neef (1963), Barthels (1968), Neef (1967), Leser (1997), Formen & Godron (1986). geprägt. Innerhalb des Wissensgebietes Landschaftsphysiologie wurde die Vorstellung entwickelt, daß die Landschaft die Synthese einer Vielzahl von Einzelelementen sei. Diese Konzeption wurde in der naturräumlichen Gliederung später wieder aufgegriffen und gewann für die Landschaftsökologie an zentraler Bedeutung (Finke, 1995). Nunmehr stand zwar zunächst die Erfassung und Beschreibung der räumlicher Verbreitungsmuster der Ökosysteme im Vordergrund jedoch entwickelte sich hieraus die Einsicht über die vorliegenden Begrenzungen der stark isolierten Betrachtungsweise. Fragen, wie sich Ökosysteme gegenseitig beeinflussen, wie ökologische Nachbarschaftsbeziehungen räumlich und zeitlich ablaufen, rückten stärker in den Vordergrund. Finke (1978) sah in der Erfassung des räumlichen Verteilungsmusters und des räumlich-funktionalen Zusammenwirkens der Ökosysteme die zentrale Aufgabe der Landschaftsökologie.

Im Gegensatz zu dem "klassischen" Ansätzen der deutschsprachigen (Bobeck & Schmithüsen 1963), Neef (1963, 1967) bei der Betrachtung komplexer ökologischer Zusammenhänge, entwickelte sich in den 80er und 90er Jahren eine Arbeitsrichtung, die insbesondere durch nordamerikanische Landschaftsökologen (Forman & Godron 1986, Turner 1989, Turner & Gardner 1991) in den Ansätzen der "quantitativen landscape ecology"[5] Ausdruck finden. So kommen in diesen Konzepten die Methoden wie Geographische Informationsverarbeitung, Satellitenbilderkundung sowie der digitalen Bildverarbeitung massiv zur raum-zeitlichen Analyse der drei wesentlichen Charakteristika von Landschaften - Struktur, Funktion und deren Dynamik - (Forman & Godron 1986, Mc Garigal & Marks 1995) zur Anwendung (vgl. Abbildung 1). Dieser Ansatz bildet auch die Grundlage vorliegender Arbeit.

Das Mosaik bzw. die Struktur einer Landschaft kann durch Landschaftstrukturmaße (LSM) oder auch Raumstrukturmaße (RMS) beschrieben werden. Strukturmaße umfassen die Analyse der Form-und Gestalt, des Musters, der Komplexität, der Konfiguration (Anordnung) sowie der Komposition (Zusammensetzung) von Landschaftselementen oder patches[6] (Fliese, Ökotop, Biotop, Physiotop, Geotop, im englischen auch patches) der Biotop- und Landnutzungsklasse sowie der Landschaft.

Für die Analyse biotischer und abiotischer Parameter, der Struktur und Funktion von Ökosystemen sowie für Untersuchungen von Habitaten und Populationen ist die Erfassung und Bewertung des Attributes Raum und der räumlichen Beziehungen ein grundlegender Untersuchungsschwerpunkt. Die Existenz und das Wissen über räumlich dynamische Prozesse macht den Einsatz neuer quantitativer Methoden notwendig, mit dessen Hilfe Raummuster erfaßt, quantifiziert und dargestellt werden können sowie die Ableitung von landschaftsökologischen Modellen ermöglicht wird (Turner, 1989). So machen sich neben fachspezifischen bewährten Ansätzen der Einsatz relativ neuartiger Verfahren notwendig, dessen Grenzen und Möglichkeiten des Einsatzes jedoch aufzudecken sind, um Vergleichbarkeit und planungsralevanten Einsatz anzustreben.

---

[5]"*quantitative landscape ecology*" versucht begrifflich die starke Dominanz der Verwendung von GIS, Fernerkundung sowie digitaler Bildverarbeitung zur Analyse räumlicher Phänomene hervorzuheben. Umgangssprachlich wird auch vielfach der Begriff "*landscape ecology*" herfür verwendet.

[6]Auch auf deutsch findet der Begriff *patch* Verwendung, da hierfür kein adäquates deutsches Wort existiert. In dieser Arbeit wird der Begriff *patch* für die kleinste homogene Flächeneinheit verwendet.

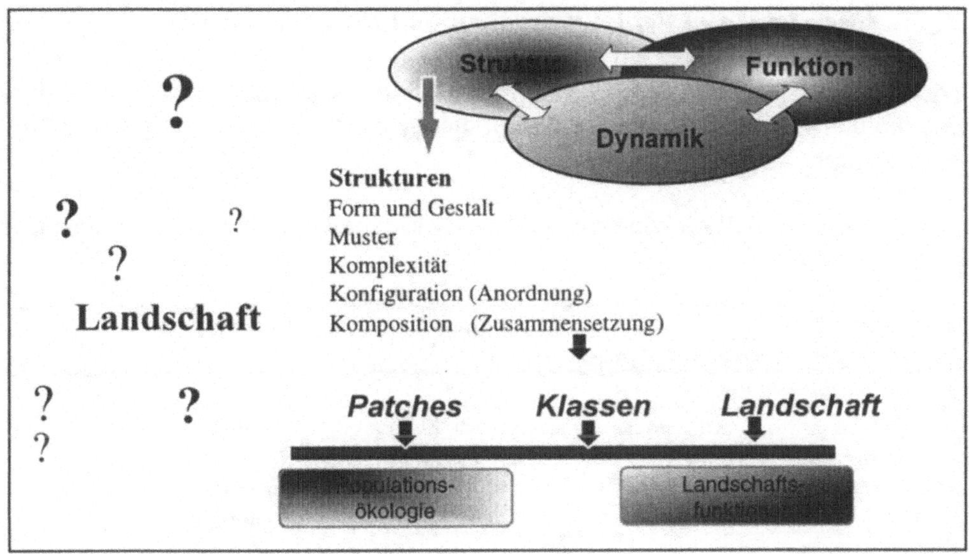

Abb.1: Die drei wesentlichen Grundcharakteristika von Landschaften nach der Landschaftsdefinition von Forman &Godron 1986

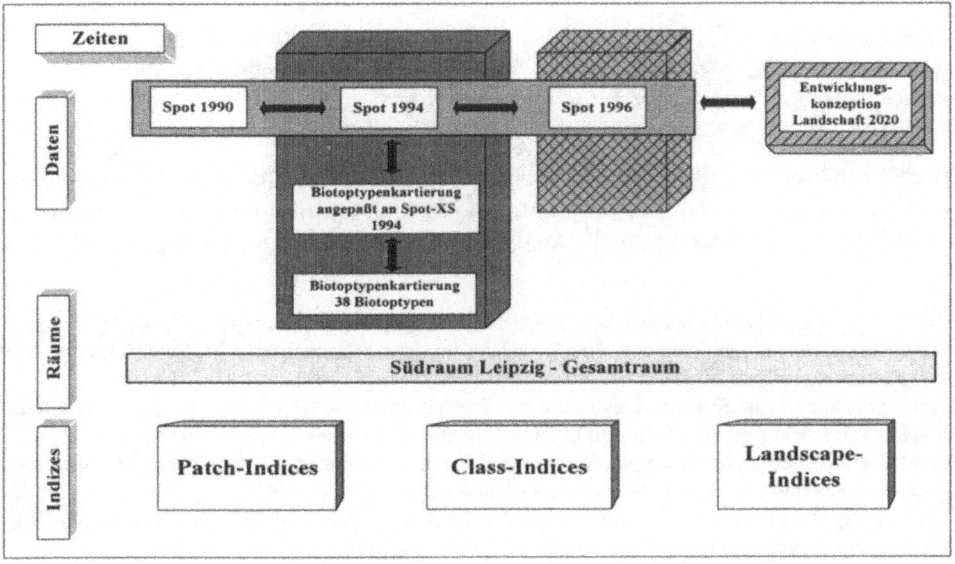

Abb.2: Übersicht zum Projektablauf

3 Übersicht zum Projektvorgehen und Datengrundlagen

Datengrundlagen der raum-zeitlichen Analyse von Landschaftsstrukturmaßen bilden die in Tabelle 1 aufgeführten Daten, die für den Südraum Leipzig zur Verfügung standen.

Tab.1: Datenmaterial zur Analyse von Landschaftsstrukturmaßen für den Südraum Leipzig

Datenmaterial Gesamtraum - Südraum Leipzig	Zeit	Datenformat
Fernerkundungsdaten		
Spot-XS	06.05.90	Rasterdaten[7]
Spot-XS	25.06.94	Rasterdaten
Spot-PAN	16.05.94	Rasterdaten
Spot-XS	31.05.96	Rasterdaten
Luftbilddaten		
CIR-Luftbilder	1992	analoge Luftbilddaten
CIR-Luftbilder	1994	analoge Luftbilddaten
CIR-Luftbilder	1997	analoge Luftbilddaten
Terrestrische und sonstige Daten		
Biotoptypenkartierung Sachsen[8]	1993	Vektordaten[9]
Flächennutzungskarte Südraum Leipzig	1992	Vektordaten
Entwicklungskonzeption Landschaft - Zeitschnitt Jahr 2020 -[10]	1995	analog

Hierbei bildeten insbesondere die vier ausgewählten Satellitenbilddaten des französischen Sensors SPOT[11] eine wichtige Grundlage multitemporaler[12], multisensoraler[13] sowie multispektraler[14] Analysen von Raumstrukturmaßen. Mittels der

[7]Rasterdaten: Rasterdaten beziehen sich direkt auf Flächen. Die geometrische Basis ist das sogenannte Rasterelement (Bildelement, Pixel), welche in einer Matrixstruktur in Zeilen und Spalten gleichförmig angeordnet sind (BILL & FRITSCH, 1994).

[8]Biotoptypenkartierung Sachsen: Landesamt für Umwelt und Geologie, Radebeul; Es erfolgte eine Anpassung der Vektoren der Biotop-und Flächennutzungskartierung an das Jahr 1994.

[9]Vektordaten: Unter Vektordaten werden raumbezogene Elemente verstanden, deren geometrische Grundelemente Punkt, Linie und Fläche darstellen (BILL & FRITSCH, 1994).

[10]Entwicklungskonzeption Landschaft, Jahr 2020: Regionaler Planungsverband Westsachsen, Regionale Planungsstelle Leipzig, Stand 1995.

[11] SPOT = Systeme Probatoire d'Observation de la Terre

[12] Multitemporal: Kombination von Daten eines Sensors mit unterschiedlichen Aufnahmezeitpunkten

[13] Multisensoral: Kombination von Daten verschiedener Sensoren

Bilddaten Spot-XS wurden für alle Zeitschnitte eine hierarchische Klassifikation durchgeführt mit deren Hilfe elf Flächennutzungsklassen ausgeschieden werden konnten. Aufgrund der geringen geometrischen Auflösung (20 Meter/Pixel) der Fernerkundungsbilddaten konnte das vorliegende Verkehrsnetz des Raumes zwar visuell erfaßt, jedoch nicht klassifiziert werden. Hieraus ergab sich die Notwendigkeit der Integration des Verkehrsnetzes aus der vorliegenden Biotoptypenkartierung in die Bilddaten der Flächennutzungsklassifikation.

Die vektoriell vorliegende Biotoptypenkartierung Sachsen (digital erfaßt aus Luftbilddaten) stellt eine wichtige Datengrundlage dar. Mit ihrer Hilfe sind Vergleiche der berechneten LSM nach der Biotoptypenkartierung (vgl. SYRBE 1998) und der Satellitenbilddatenklassifikation möglich. Um Aussagen über die Auswirkungen auf Raumstrukturmaße der zukünftigen Entwicklung von Biotop- und Landschaftsstrukturen für den Raum machen zu können, wurde die Entwicklungskonzeption Landschaft für den Zeitschnitt 2020 vektoriell erfaßt und in die Flächennutzung der Satellitenbildklassifikation des Jahres 1996 integriert. Alle für den Untersuchungsraum vorliegenden Daten wurden in das Rasterformat von 10 Metern/Pixel transformiert und nachfolgend die Berechnungen zu den Landschaftsstrukturmaßen rasterbasiert durchgeführt.

4 Möglichkeiten und Grenzen – Beispiel: Landschaftsstrukturmaß „Shape-Index“

Shape-Index

Die Analyse der Landschaftskonfiguration, speziell der Komplexität von Landschaften, ist für die landschaftsökologische Forschung zu einem wichtigen Untersuchungsgegenstand geworden. So ist die Gestalt bzw. Form von Landschaftselementen von entscheidender Bedeutung für die Wechselwirkung sowie den Ablauf unterschiedlichster ökologischer Prozesse (vgl. FORMEN et al. 1986, Mc GARIGAL et al. 1994). Der Gestaltindex in Interaktion mit der Größe eines Landschaftspatches spielt insbesondere bei Migrationsprozessen unterschiedlichster Arten eine sehr große Rolle.

Der Shape-Index (SHAPE = Shape-Index) als ein Gestaltsmaß findet erstmalig Eingang in der landschaftsökologischen Forschung durch FORMAN & GODRON 1986. Der Index bewertet die Komplexität der Gestalt eines Landschaftselementes durch den Vergleich mit einer Standardgestalt (Rasterversion = Quadrat). Je weiter die Gestalt des Landschaftselementes vom quadratischen Standard abweicht, desto größer ist der Wert des Parameters.

---

[14]Multispektral: Kombination unterschiedlicher spektraler Kanäle eines bzw. mehrerer Sensoren

Die Quantifizierung der Gestalt- und Formmetrik bezieht sich auf die Analyse des Verhältnis von Fläche und Umfang und wird mit folgender Formel beschrieben:

Rasteruntersuchung:
$$\mathrm{SHAPE} = \frac{0{,}25p_{ij}}{\sqrt{a_{ij}}} \quad \text{(Gl. 1)}$$

a_{ij} = Fläche des ij-ten Patches (m²).
p_{ij} = Umfang des ij-ten Patches (m).

In der vorliegenden Untersuchung wird am Beispiel des LSM Shape-Index gezeigt wie wichtig es ist, notwendige Rahmenbedingungen für die Untersuchung von Landschaftsmaßen zu setzen, um repräsentative und mit Literaturdaten vergleichbare Ergebnisse zu erhalten.
Für die Untersuchung der LSM sind zu beachten:

- Rasterzellgröße bzw. geometrische Auflösung
- Realitätsnahe Abbildung der Landschaft durch das klassifizierte Satellitenbild
- Einsatz von unterschiedlichen Datenmodellen der Datenerfassung (Satellitenbilddaten = Rastermodell, Biotoptypenkartierung = Vektormodell)
- Sachgerechter multitemporaler Vergleich von klassifizierten Satellitenbilddaten bzw. multitemporaler Vergleich von Landschaftsstrukturmaßen

4.1 Auswirkungen der Wahl unterschiedlicher Rasterzellgrößen auf LSM – Beispiel Shape-Index

Die Ergebnisse der Flächennutzungsklassifikation aus Fernerkundungsdaten werden durch die geometrische und spektrale Auflösung des verwendeten Sensors stark beeinflußt. Im Untersuchungsraum Südraum Leipzig kamen Fernerkundungsdaten unterschiedlicher geometrischer Auflösung (Spot-XS = 20 Meter/Pixel, IRS-1C/LISS[15] = 20 Meter, Landsat-TM[16] = 30 Meter) für die multisensoralen Auswertungen zur Anwendung.

Hieraus ergab sich die Notwendigkeit zu untersuchen, inwieweit eine Beeinflussung der Berechnungen der LSM bereits durch die Wahl unterschiedlicher Rasterzellgrößen der Fernerkundungsdaten beeinflußt wird. Zur Untersuchung des Einflusses der Rasterzellgröße wurde die mit elf Klassen vorliegende Flächennutzungsklassifikation der Fernerkundungsbilddaten Spot-XS 1994 mit einer geometrischen Auflösung von 20 Meter/Pixel in weitere Datensätze mit einer Rasterzellgröße von jeweils 5, 10, 15, 25 und 30 Meter/Pixel durch den Prozeß – Re-

[15]IRS-1C/LISS-III: Indian Remote Sensing Satellite 1-C / LISS-III: mulitspektrale Bilddaten
[16]Landsat-5-TM: Landsat-5-Thematic Mapper

sampling[17] - transformiert und nachfolgend die Berechnungen der LSM durchgeführt.

In den Untersuchungen konnte nachgewiesen werden, daß bereits die Wahl unterschiedlicher Rasterzellgrößen der berechneten Daten einen Einfluß auf LSM auf den Ebenen Landschaft, Klasse und Patch hat.

Es konnte gezeigt werden, daß beispielsweise bei der Berechnung des Shape-Index auf Patchebene bei den Rasterzellgrößen 5, 10, 15 und 20 Meter/Pixel keine nennenswerten Änderungen zu verzeichnen sind (vgl. Diagramm 1). Hier liegen die Mittelwerte/Patch bei ca. 1,9 wohingegen bei den Rasterzellgrößen 25 und 30 Meter/Pixel die Shape-Index-Werte auf Mittelwerte von 1,6 bzw. 1,5 absinken. Diese quantitative Änderung des Shape-Wertes bei Änderung der Rasterzellgrößen von 20 auf 30 Meter/Pixel konnte auch im Differenzenbild (vgl. Abbildung 3) raumbezogen dargestellt werden. So führt die rasterbedingte Veränderung des Shape-Index-Wertes durch Übergang von 20 auf 30 Meter/Pixel neben Bereichen mit keiner Änderung des Form-und Geometriewertes zu Bereichen einer Zunahme bzw. Abnahme des Gestaltindex.

Folgende Ursachen können für die Änderung der LSM bei der Analyse von Datensätzen unterschiedlicher Rasterauflösung genannt werden:

- Aggregation von Rasterzellen,
- Veränderung der Patch-Form und Patch-Anzahl
- Veränderung der Anzahl der Flächennutzungsklassen (Kleinstrukturen wie Alleen, Gehölze werden eliminiert)
- Veränderungen (Anzahl und Länge) von Grenzen, Rändern und Umfängen von Einzelflächen (Patches)

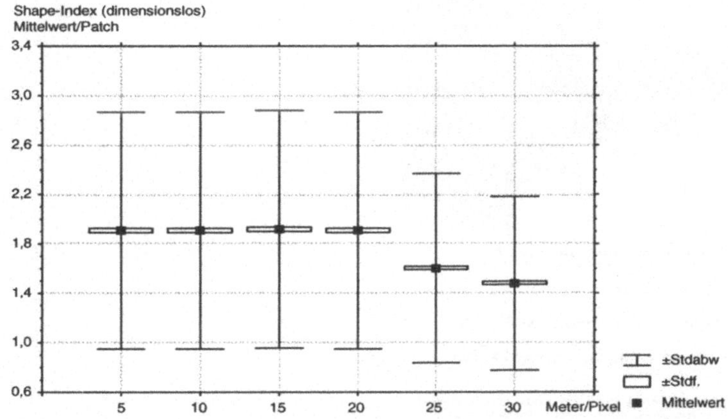

Diagr. 1: Berechnung des Shape-Wertes auf Patch-Ebene für die Klassifikation Spot-XS mit unterschiedlichen Rasterzellgrößen

[17] Resampling: Durch eine geometrische Transformation werden die Grauwerte des Eingabe-Bildes in die Matrix des Ausgabe-Bildes transformiert (ALBERTZ 1991).

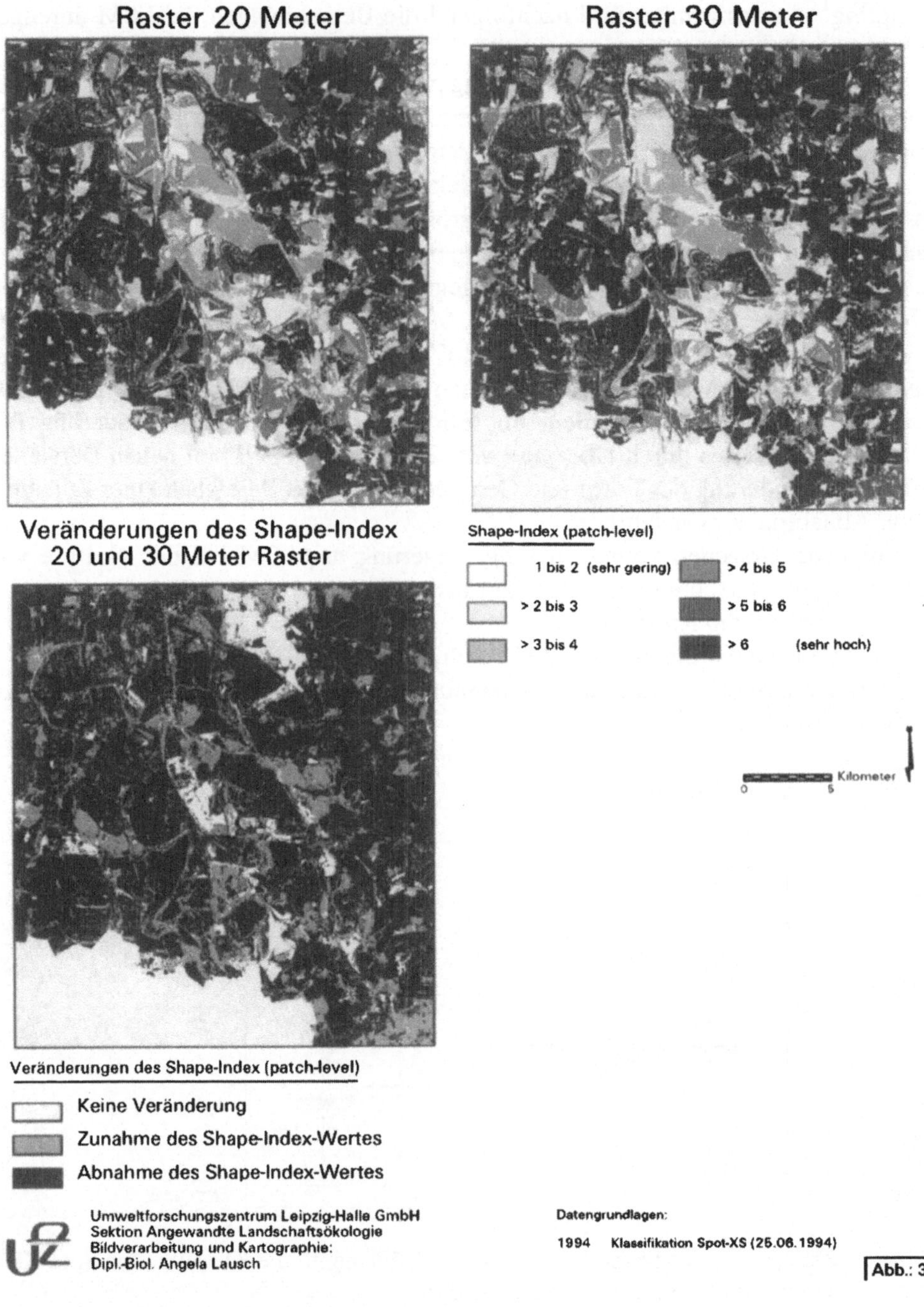

Abb. 3 Veränderungen des Shape-Index (patch-level)
Fernerkundungsdaten mit Rasterauflösung 20 und 30m

4.2 Realitätsnahe Abbildung der Landschaft durch das klassifizierte Satellitenbild

Die Klassifikation und Erfassung von Land cover aus Fernerkundungsdaten stellt eine optimale Datengrundlage zur Generierung unterschiedlicher Landschaftsmetriken und ein praktisches Werkzeug zur Analyse von ökologischen Prozessen dar. Für die Berechnung der LSM kam die aus den Satellitenbilddaten Spot-XS durchgeführte Klassifikation zum Einsatz. Die hierbei berechneten Shape-Werte (vgl. Abbildung 4, oben links) zeigen jedoch ein für die Landschaft uncharakteristisches Bild der vorliegenden Form- und Geometrien der Landschaftselemente. So wurden insbesondere für die im Osten und Westen des Untersuchungsraumes gelegenen landwirtschaftlichen Nutzflächen hohe Shape-Index-Werte ermittelt, wodurch eine stark komplexe Form und Geometrie der Landschaft "vorgetäuscht" wird. Das klassifizierte Satellitenbild gibt somit nicht im genügenden Maße die Form, Geometrie und Muster von Einzelflächen wieder. Dies begründet sich ursächlich aus zwei Problemen, die bei der Bearbeitung von Fernkerundungsdaten auftreten:

Die Klassifikation der Bilddaten erfolgt aufgrund ungenügend vorliegender Fernerkundungsdaten für das Jahr 1994 nur monotemporal[18]. Die sich hieraus ergebende Fehlergröße der Nichttrennbarkeit von Klassen mit ähnlichen Reflexionseigenschaften wie z.B. Ackerland und Grünland wurde durch Aggregation dieser Klassen reduziert. Somit werden die Flächen agrarischer Nutzung im klassifizierte Satellitenbild nur durch einen geringen Anteil anderer Klassen getrennt, wodurch großflächige und komplexe agrarische Bereiche das Landschaftsbild prägen.

Straßen sind wichtige sekundäre Daten, um Aspekte der Habitatfragmentierung (WICKHAM et al. 1997), das Mosaik sowie großräumige Zerschneidungsprozesse einer Landschaft zu untersuchen. Hierzu ist jedoch die Erfassung des Verkehrsnetzes aus Geoinformationssystemen erforderlich. Aufgrund der noch nicht ausreichenden geometrischen Auflösung der Fernerkundungsdaten Spot-PAN (10 Meter/Pixel) sowie IRS-1C/PAN (5,8 Meter/Pixel) sowie den derzeitig zur Verfügung stehenden Klassifikationsalgorithmen ist trotz der bereits gut möglichen visuellen Interpretation des Verkehrsnetzes eine in guter Qualität durchzuführende Klassifikation des Straßennetzes noch nicht möglich. Um eine realitätsnahe Abbildung der Landschaft im Fernerkundungsdbild zu erreichen, wurde das digital vorliegende Verkehrsnetz der Biotoptypenkartierung von Sachsen mit einer Rasterzellgröße von 10 Meter in die Satellitenbildklassifikation integriert.

Die vorliegenden Untersuchungen zum Shape-Index zeigen, daß durch die Integration linearer Elemente (Verkehrsnetz), es zu einer starken Veränderung der

[18]Monotemporal: Auswertung von Bilddaten eines Sensors und eines Aufnahmezeitpunktes

Gestaltskomplexität (Shape-Werte) der einzelnen Patches der Landschaft kommt (vgl. Abbildung 4, oben rechts). So liegen die Shape-Werte der im Osten und Westen stark dominierenden land- und forstwirtschaftlichen Strukturen nach der Integration des Verkehrsnetzes in geringen Wertebereichen von vorrangig 1-3. Diese geringen Shape-Werte liegen erwartungsgemäß für Flächen mit starken geometrischen Formen vor, wie sie Agrarflächen unserer Kulturlandschaft darstellen. Die Bereiche des Tagebauoffenlandes mit einem nur geringen Anteil an Verkehrsflächen und somit geringem Zerschneidungsgrad hingegen, weisen auch nach der Integration der linearen Verkehrsstrukturen einen Shape-Wert von > 6 auf.

4.3 Probleme der Vergleichbarkeit von LSM bei unterschiedlich verwendeter Modellen der Datengrunderfassung

Der Einsatz der Geofernerkundung implementiert die Anwendung von Satellitenbilddaten sowie von Luftbilddaten. Aufgrund der derzeit für Satellitenbilddaten vorliegenden geometrischen und spektralen Beschränkungen, ist eine hybride Kombination von rasterbasierten Satellitenbilddaten mit den vektoriell erfaßten Biotoptypenkartierung aus Luftbilddaten unerläßlich. Hieraus stellt sich jedoch die Frage, inwieweit die Verwendung unterschiedlicher Datenmodelle der Datengrunderfassung (Satellitenbilddaten = rasterbasiertes Datenmodell; Luftbilddaten und der daraus digital erfaßten Biotoptypenkartierung = vektorbasiertes Datenmodell) bereits Änderungen von LSM nach sich ziehen.

Für diese Untersuchung (vgl. Abbildung 2) wurden die Biotop- und Landnutzungstypen der Biotoptypenkartierung auf elf Klassen, entsprechend der Klassifikation von Spot-XS 1994, zusammengefaßt, um vergleichbare Berechnungen zu den LSM durchführen zu können.

In den vorliegenden Untersuchungen zeigen die Berechnungen des Shape-Index-Wertes für die Klassifikation von Spot-XS-Daten sowie der Biotoptypenkartierung ein ähnliches Verhalten der Shape-Index-Werte. In beiden Datensätzen werden die vorwiegend im Osten und Westen des Untersuchungsraumes gelegenen landwirtschaftlichen Nutzflächen mit hohen Shape-Index-Werten belegt, was, wie in Kapitel 4.3. bereits beschrieben, ursächlich mit der nicht realitätsgetreuen Abbildung des Flächenmusters begründet werden kann. Klassen, die in der Biotoptypenkartierung als Flächenvektoren vorliegen, werden nach der Transformation in das Rasterzellenformat aggregiert. Das vektoriell vorliegende Verkehrsnetz wird aufgrund der Konvertierung "Vektor (Poly) zu Raster" eliminiert, wodurch auch hier ein nicht realitätsnahes Raummuster der Landschaftselemente erzeugt wird.

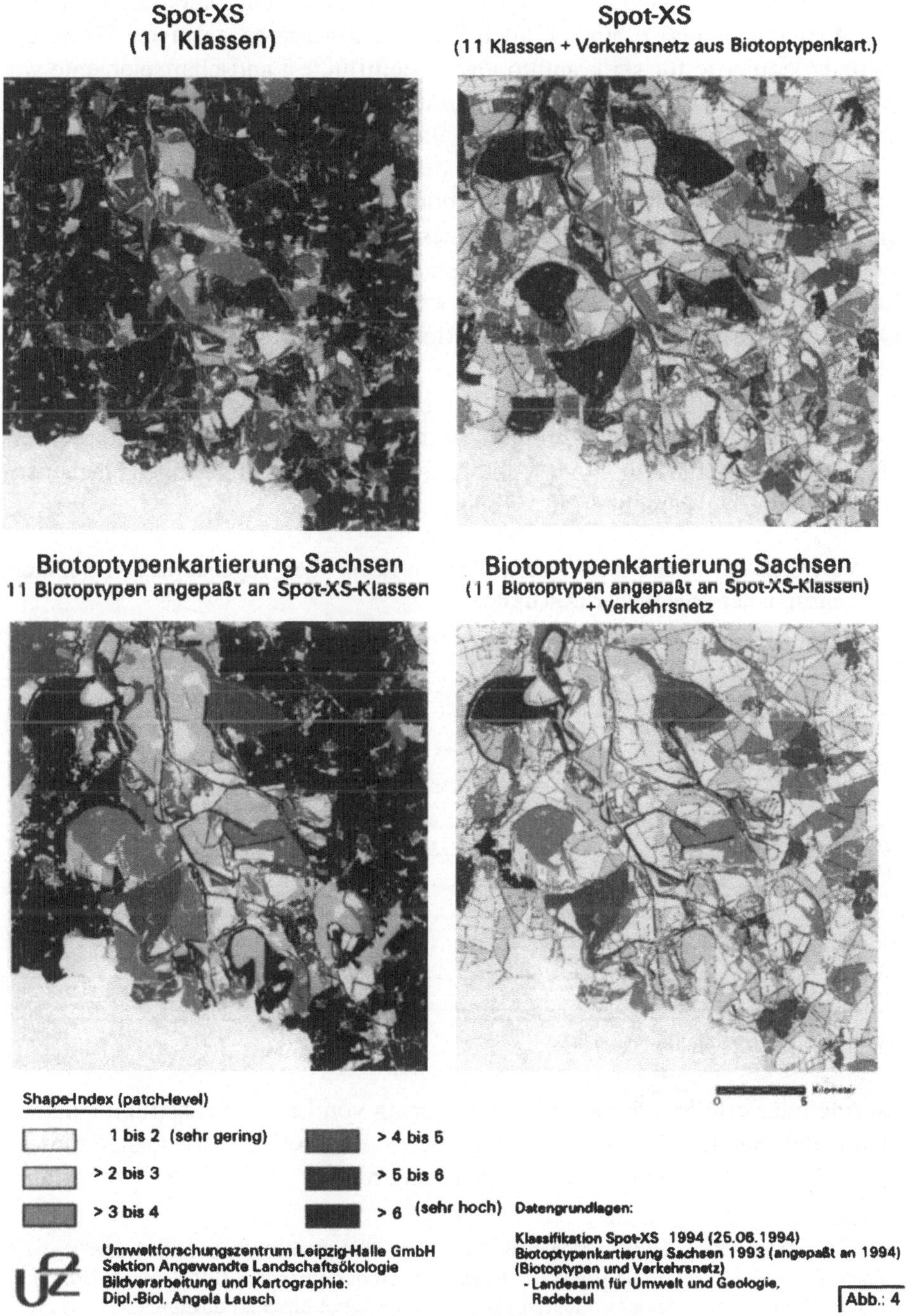

Abb. 4 Shape-Index (patch-level) - Südraum Leipzig

Die Integration des Verkehrsnetzes als Rasterstruktur in den Datensatz (vgl. Abbildung 4, unten rechts) erbrachte auch hier die erwarteten geringen Werte der Form- und Geometrie für stark anthropogen beeinflußte Landschaftselemente wie beispielsweise landwirtschaftliche Strukturen. Die Analyse der unzerschnittenen Tagebauflächen (vgl. Tabelle 2) zeigt in allen verwendeten Datensätzen relativ hohe Shape-Index-Werte, wobei die Werte der Biotoptypenkartierung (ca. 3 bis 5) im Verhältnis zu den Daten der Satellitenbildklassifikation (ca. 6) niedriger ausfallen. Folgende Gründe können hierfür genannt werden:

- Die Klassifikation von Satellitenbilddaten erfolgt pixelbasiert. Die Grenzen der Biotope und Flächennutzungsstrukturen werden durch "weiche"[19] Grenzen charakterisiert. Die vektoriell erfaßte Biotoptypenkartierung zeigt hingegen "harte"[20] Grenzen
- Die Abgrenzung kleiner innerer Biotop- und Flächenstrukturen (Bsp. Pioniervegetation im Tagebau) werden im klassifizierten Satellitenbild pixelbasiert erfaßt, wohingegen diese in einer Vektorerfassung aufgrund geringer Flächenanteile möglicherweise nicht erfaßt werden.

Tab..2: Vergleich der Shape-Index-Werte* (Patch-Level) der Tagebauflächen Südraum Leipzig unterschiedlicher Datensätze

Tagebau-Offenland (vegetationslos)	Klassifikation Spot-XS 1994 (11 Klassen)	Klassifikation Spot-XS 1994 + Verkehrsnetz (11+4 Klassen)	Biotoptypen angepaßt (11 Biotop-u. Flächennutzung s-typen)	Biotoptypen angepaßt + Verkehrsnetz (11+4 Biotop-u. Flächennutzung s-typen)
Zwenkau	>6	>6	>6	>6
Espenhain	>6	>6	>4 - 5	>4 - 5
Peres	>6	>6	>3 - 4	>3 - 4
Witznitz	>6	>6	>3 - 4	>3 - 4
Schleenhain	>6	>6	>4 - 5	>4 - 5
Bockwitz/	>4- - 5	>4 - 5	>3 - 4	>3 - 4

(*Shape-Index-Wert/Patch dimensionslos)

Monitoring mit Fernerkundungsdaten, Monitoring von Landschaftsstruktur-maßen
Mit Hilfe der Satellitenbildklassifikation ist es möglich, relativ kostengünstig, Analysen der Flächennutzung sowie deren Änderungen großräumiger Landschaf-

[19]"weiche" Grenzen: Die Grenze zwischen Biotop- und Flächennutzungsstrukturen ergeben sich aus der gewählten Rasterzellgröße sowie der Klassifikation der einzelnen Bildelemente (Pixel) zu einer Klasse. Die Flächen unterschiedlicher Klassen werden somit unscharf abgegrenzt.

[20]"harte" Grenzen: Die Grenzen zwischen Biotop – und Flächennutzungsstrukturen werden vom Interpreten erfaßt und vektoriell linien-oder flächenscharf abgegrenzt.

ten multitemporal durchzuführen. Die im Untersuchungsraum durchgeführten Analysen der Jahre 1990, 1994, 1996 sowie 2020 zeigte, daß der Erfolg einer multitemporalen Satellitenbildklassifikation von der Lösung folgender drei Hauptprobleme abhängig ist:

- Unterschiedlich vorliegende phänologische Stadien der Vegetation der Satellitenbilddaten unterschiedlicher Jahre müssen berücksichtigt werden
- Änderungen von Flächennutzungsstrukturen landwirtschaftlicher Flächen innerhalb eines Jahres müssen berücksichtigt werden
- Normierung der Klassifikation in allen Zeitschnitten
  Gleiche Vorgehensweise der Klassifikation (Sensor, Klassifikationsalgorithmus) in allen Zeitschnitten
  Gleiche Anzahl der Flächennutzungsklassen sowie Erfassung aller Flächennut zungsklassen in allen Zeitschnitten

Bei Beachtung dieser Rahmenbedingungen können aus den klassifizierten Satellitenbilddaten LSM für unterschiedliche Zeitschnitte (vgl. Abbildung 5) berechnet werden.

Die Analyse der Dynamik der Form und Geometrie von Landschaftselementen für den Südraum zeigen, daß insbesondere die Tagebauflächen einer starken Änderung im Gestaltmaß unterliegen. Diese zeitlichen Änderungen von Landschaftselementen in der Tagebaufolgelandschaft können im Differenzenbild (vgl. Abbildung 6) die Tendenzen der Änderungen wiedergeben. Mit Hilfe der Erfassung von LSM sind somit Änderungen großräumiger Landschaften über große Zeitabschnitte erfaßbar und quantifizierbar. Es können weiterhin die Auswirkungen landschaftsplanerischer Umsetzungen (Bsp. Entwicklungskonzeption Landschaft, Jahr 2020) auf Struktur und Form von Biotop- und Landschaftselementstrukturen erfaßt, quantifiziert und bewertet werden.

5 Diskussion

Ziel der Untersuchungen war es, die Biotop- und Landschaftsstrukturen des Südraumes Leipzig mit Hilfe der Geofernerkundung und der Berechnung von Landschaftsstrukturmaßen raum-zeitlich zu erfassen, zu beschreiben und zu quantifizieren. Es konnte in der Untersuchung nachgewiesen werden, daß sich multispektrale Satellitenbilddaten mittlerer geometrischer Auflösung (Spot-XS) sowie Daten der Biotoptypenkartierung (Luftbilddaten) gut für die Berechnung von Raumstrukturmaßen eignen, wenn folgende Rahmenbedingungen eingehalten werden:

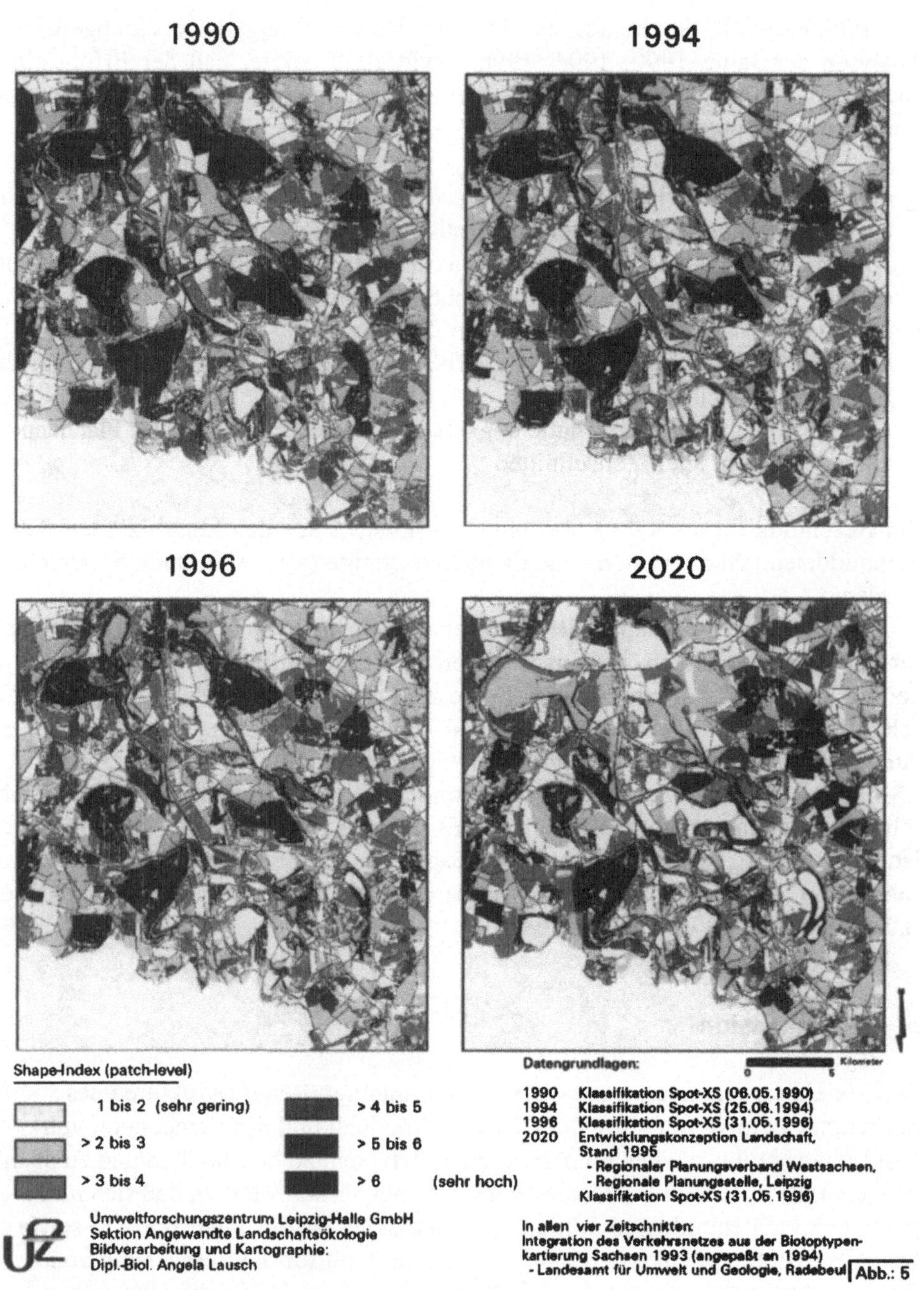

Abb. 5 Shape-Index (patch-level)
Südraum Leipzig im Zeitraum 1990 bis 2020

Abb. 6 Veränderungen des Shape-Index)patch-level)
Südraum Leipzig im Zeitraum 1990 bis 2020

- Die Wahl der Rasterzellgröße hat einen Einfluß auf Berechnungen von LSM (vgl. Beispiel Shape-Index, Kapitel 3.1) Es sollte daher nur ein Vergleich unterschiedlicher Datensätze auf gleicher Rasterzellbasis hinsichtlich der Rausmstrukturmaßen erfolgen.
- Das Verkehrsnetz ist ein wichtiges Element für die Erfassung des Raummusters von Einzelflächen bzw. des Zerschneidungsgrades von Landschaften. Es ergeben sich nur realitätsgerechte Strukturmaße, insbesondere der Form und Geometrie, bei Berücksichtigung und Integration des Verkehrsnetzes in den Bilddatensatz (vgl. Kapitel 3.2).
- Bei der Verwendung von Datensätzen unterschiedlicher Datenmodelle der Datengrunderfassung (Raster, Vektor) treten Änderungen von Raumstrukturmaßen auf, die sich aus den jeweils gewählten Erfassungsmodell (Satellitenbilddaten = Rasterdatenmodell, Luftbilddaten (Biotoptypenkartierung) = Vektordatenmodell) ergeben (vgl. Kapitel 3.3).
- Räumliche Veränderungen der Flächennutzung sowie deren Landschaftsstrukturen kann durch ein Monitoring mit Fernerkundungsdaten kostengünstig und zeitsparend erfaßt werden. Nach Lösung der in Kapitel 3.4 erwähnten Probleme sind qualitative und quantitative multitemporale Aussagen zur Flächendynamik sowie zur zeitlichen Änderung der Landschaftsstrukturmaße der Landschaftselemente des Raumes möglich.

Literatur

ALBERTZ, J. (1991): Grundlagen der Interpretation von Luft- und Satellitenbildern: Eine Einführung in die Fernerkundung. Darmstadt, Wiss. Buchges., 205 S..

BARTHELS, D. (1968): Zur wissenschaftstheoretischen Grundlegung einer Geographie des Menschen. In: GZ, Beihefte, 19, 225 S.

BILL, R.; FRITSCH, D. (1994): Grundlagen der Geoinformationssysteme, Band1: Hardware, Software und Daten, Wichmann Verlag Heidelberg, 2. Auflage.

BOBECK, H., SCHMITHÜSEN, J. (1949): Die Landschaft im logischen System der Geographie. – Erdkunde 3, S. 112-120.

FINKE, L. (1978): Landschaftsökologie – was sie ist, was sie will, was sie kann. In: Umschau 78, S. 563-571.

FINKE, L. (1994): Landschaftsökologie, Westermann Verlag, Braunschweig, 232 S.

FORMAN, R.T.T.; GODRON, M. (1986): Landscape ecology. John Wiley & Sons, New York.

LESER, H. (1997): Landschaftsökologie. Uni Taschenbücher 521, Stuttgart.

Mc GARIGAL, K.; MARKS, B. (1994): Fragstats - Spatial pattern analysis programm for quantifying landscape structure. - Forest Science Department, Oregon State University, Corvallis, OR 97331.

NEEF, E. (1963): Topologische und chorologische Arbeitsweisen in der Landschaftsforschung. In: Petersmanns Geogr. Mitteilungen, 107, 4, S. 249-259.

NEEF, E. (1967): Die theoretischen Grundlagen der Landschaftslehre. Leipzig.

REGIONALER PLANUNGSVERBAND WESTSACHSEN: Regionalplan Westsachsen. Entwurf vom 09.08.1996, Leipzig 1996.

SCHMIDTHÜSEN, J. (1964): Was ist eine Landschaft? Erdkundliches Wissen 9, Wiesbaden.

SYRBE, R.-U. (1998): Indikatoren der Landschaftsstruktur zur Erfassung und Bewertung des Landschaftswandels auf der Grundlage geoökologischer Raumeinheiten. – Beitrag in diesem Band.

TURNER, M.G (1989): Landscape ecology: The effect of pattern on process. - In: Annual Review of Ecology and Systematics, 20, pp. 171-197.

TURNER, M.G.; GARDNER, R.H. (eds.) (1991a): Quantitative methods in landscape ecology. - In: Springer-Verlag, New York.

WICKHAM; J:D.; WU, J.; BRADFORD, D.F. (1997): A conceptual framework for selecting and analyzing stressor data to study species richness at large spatial scales. - In: Environmental Management Vol. 21, No. 2, pp. 247-257.

Raum-zeitliche Maßstabsprobleme und deren Ergebnisrelevanz - dargestellt am Beispiel der Quantifizierung diffuser Stoffeinträge in Oberflächengewässer

Karsten Grunewald, Karl Mannsfeld und Michael Gebel

1 Quantifizierung diffuser Stoffeinträge in Oberflächengewässer

Die Prozesse und das Stoffverhalten in der Landschaft sind auf allen Maßstabsebenen aus methodischen Gründen nur schwer zu fassen, aufgrund

- der außerordentlichen Komplexität und Kompliziertheit,
- der Vernetzung und Verflechtung sowie
- der Dynamik

der geoökologischen und sozioökonomischen Zusammenhänge. Da sich das Wirkungsgefüge der miteinander verflochtenen Faktoren und Prozeßstrukturen durch Integration natur- wie kulturbedingter Aspekte auszeichnet (von NEEF gedanklich 1969 als Systemzusammenhang: Natur-Technik-Gesellschaft entwickelt), gestattet die sytemkonzeptionelle Betrachtungsweise der Landschaft, den Landschaftshaushalt zu erfassen und damit die verschiedenen Erscheinungen unserer natürlichen sowie der gestalteten Umwelt auf diesen Landschaftshaushalt zu beziehen (MANNSFELD, 1997). Flächendeckende Erhebungen, die regionaldifferenzierte Handlungsempfehlungen für zu erstellende Planungsansätze liefern können, müssen sich auf Indikatorparameter reduzieren, die flächenhaft erhoben bzw. abgeleitet werden können und bestimmend für den Stoffhaushalt sind (GRUNEWALD, 1997).

Die Erarbeitung von Bewirtschaftungsplänen nach § 6 des Sächsischen Wassergesetzes erfolgt in Sachsen zunächst pilothaft für zwei Flußeinzugsgebiete. Es wurden dafür die Große Röder (A_{EO} = 934 km²) und der Schwarze Schöps bis einschließlich der Talsperre Quitzdorf (A_{EO} = 176 km²) ausgewählt, für welche aktueller Untersuchungs- und Handlungsbedarf besteht, um eine nachhaltige Sanierung der Gewässerbeschaffenheit zu erreichen. Die methodischen Ansätze zur Quantifizierung der diffusen Stoffeinträge in die Oberflächengewässer wurden vorrangig am Beispiel des Gebietes der Großen Röder entwickelt. Die Testung der Übertragbarkeit der Modelle zur Nährstoffquantifizierung erfolgte zunächst für den Schwarzen Schöps. Die FuE-Projekte gab das SMU bzw. das LfUG Sachsen in Auftrag.

Um hinsichtlich der stofflichen Belastungen Maßnahmen zur Reduzierung einleiten zu können, müssen nutzungsabhängige Ursachen, Eintragspfade, Belastungsgrenzen u.ä. bekannt sein. Aufgrund der komplizierten Prozeßstrukturen zwischen Nutzungseingriff (z.B. Düngung), Bodenpassage und Abflußgeschehen sind die stoffhaushaltlichen Bedingungen sowohl für allgemeine Einsichten, als auch erst recht für regionale Differenzierungen in ihrem zeitlichen Gefüge schwer zu erfassen, zu beschreiben und zu interpretieren. Wegen des Verharrungsvermögens der Stoffe in Böden und Sedimenten sind kurzfristige Erfolge insgesamt nicht zu erwarten.

Diesbezüglich besteht insbesondere zu den Mechanismen des nutzungs- und naturraumbezogenen Wirkungsgefüges in der Kulturlandschaft noch umfangreicher Forschungsbedarf (s. z.B. LAWA, 1996; EU-Richtlinie, 1997).

Folgende Schwerpunkte standen bei der Realisierung der Teilaufgabe zu den Musterbewirtschaftungsplänen im Mittelpunkt:

- Ermittlung diffuser Einträge von Stickstoff- und Phosphorverbindungen sowie ausgewählter Pflanzenbehandlungs- und Schädlingsbekämpfungsmitteln (PBSM).
- Aufarbeitung vorhandener und Erhebung neuer Unterlagen zur landschaftlichen Ausstattung für die Einzugsgebiete. Als herausragende Untersuchungsgegenstände, weil Einflußgrößen für die Stickstoffauswaschung bzw. die Phosphorverlagerung, kamen vor allem Relief- und Klimamerkmale, die Struktur der Bodendecke und die Flächennutzung in Betracht.
- Aufnahme von Messungen in ausgewählten Kleinsteinzugsgebieten zum Nachweis von Stickstoff- und Phosphorverbindungen sowie ausgewählter PBSM (z.B. Triazine).
- Einschätzung der Höhe von Stoffeinträgen aus diffusen Quellen mit Hilfe einschlägiger Bewertungsverfahren für die mittelmaßstäbige Übersicht. Besonderes Gewicht ist auf Einflüsse durch die Flächennutzung zu legen. Die Ergebnisse sollten für verschiedene Bezugsflächen (Teileinzugsgebiete, Naturraumeinheiten, Bewirtschaftungsflächen) dargestellt werden.
- Anwendung und Weiterentwicklung vorhandener Modellierungsansätze bzw. Erarbeitung eines neuen Modells, speziell zur Ermittlung des diffusen Stickstoffeintrages aus oberflächennahen Bodenschichten/Sickerwasser. Dieses muß sowohl die Verhältnisse im Berg- und Hügelland, als auch im pleistozän geprägten Tiefland widerspiegeln und sollte auf andere Flußgebiete Sachsens übertragbar sein.
- Herausarbeitung erforderlicher Bewirtschaftungsvorschläge zur weiteren Belastungsreduzierung mit dem Ziel der Minimierung des Stoffeintrages im Rödergebiet.

Die Hauptzielstellung bestand darin, Raum- und Prozeßaussagen für die mittlere Maßstabsebene aus Geoökosystemmerkmalen zu gewinnen. Die Umsetzung des Vorhabens setzte insbesondere die Erstellung eines durchgängigen, schlüssigen Konzeptes hinsichtlich der stofflichen, räumlichen und zeitlichen Ansätze voraus.

- Dies bedarf geeigneter methodischer Ansätze in den Projekten, vor allem hinsichtlich

- der Raumgliederung, des Maßstabsbezuges und -wechsels,
- der zeitlichen Skalierung,
- der quantitativen und semiquantitativen Parameterkennzeichnung sowie
- der Aggregierungs- und Regionalisierungsverfahren.

Das Ergebnis kann bei derartigen Ansätzen stoffhaushaltliche Größenordnungen bzw. räumliche Handlungsschwerpunkte ausweisen, da es nur möglich ist, mittlere Niveaus von Fließgleichgewichten zu beschreiben.

2 Methodische Herangehensweise

2.1 Grundlegendes Vorgehen

Die Strukturierung der zu lösenden Aufgabe erfordert die Beachtung folgender Grundsätze:

- holistische, integrative, komplexe Ansätze
  Auswahl aller relevanten, naturhaushaltlich und gesellschaftlich bestimmten Schlüsselfaktoren
  geeignete Verknüpfung und Wichtung der Parameter
  Verknüpfung von Subsystemmodellen
- prozessuale und quantitative Ansätze
  Messen bzw. Modellieren der Regel-, Speicher- und Prozeßmerkmale
  Erfassung mittlerer Systemzustände und -beziehungen
- räumliche Ansätze
  Ausweisung von Raumgliederungen
  Aggregierung und Verschneidung der Einzelebenen
  flächengemäße Abbildung vorwiegend lateraler Prozesse

Ausgangspunkt ist die Erfassung der Einzelfaktoren. Dies können relativ statische Merkmalsdaten (wie Relief), aber auch variable Parameter (z.B. Fruchtfolgen) sein. Auch raum- und zeitkonkrete Aussagen zu Stoffvorräten im Boden, Grund- bzw. Oberflächenwasser sowie Stoffeinträge (Immissionen, Düngung etc.) sind zu bilanzieren. Separate Darstellungen zu Einzelfaktoren können Teilergebnisse liefern, die für verschiedene Anwender von Nutzen sind (z.B. Bodenkarte).

Das Prozeßgeschehen wird über Modelle beschrieben. Die Modellierungsansätze können in repräsentativen Kleinsteinzugsgebieten geeicht, überprüft und validiert werden. Die detaillierte Erfassung und Beschreibung der Stoffumsätze und -flüsse im mittleren Maßstabsbereich stellt dabei das methodische Hauptproblem dar. Entscheidende Fragen für die Relevanz der Ergebnisse sind:

- Wie ist die Reichweite der Daten in Raum und Zeit?
- Wie stark wurden die realen Bedingungen vereinfacht bzw. aggregiert?
- Wie hoch ist die Auflösung des Modells, welche Unschärfen treten auf?

Der Untersuchungsansatz zur Realisierung der Aufgabenstellungen (s. Abschn. 1) leitet sich aus den Spezifiken der zu analysierenden Parameter (N, P, PBSM) sowie dem Untersuchungsraum (Gebietsgröße und -ausstattung) ab. Zu beachten ist grundsätzlich, daß sich die agrarischen, forstlichen und urbanen Ökosysteme in ihrer Ausstattung und ihrem stoffhaushaltlichen Prozeßverhalten erheblich unterscheiden.

Tabelle 1 verdeutlicht am Beispiel des Rödergebietes die grundlegende Vorgehensweise. Aufgrund der Dimension des Einzugsgebietes der Großen Röder macht sich das Arbeiten in verschiedenen Maßstabsbereichen notwendig.

Durch rasterbezogene Modellrechnungen (1 km^2-Raster), in welche die flächenhaft vorliegenden Gebietsinformationen eingehen, erfolgte die Beurteilung des Gesamtgebietes, insbesondere für die Belastungsgrößen Stickstoff und Phosphor (MANNSFELD et al, 1998).

Tab.1: Übersicht zur inhaltlich-räumlichen Vorgehensweise im Projekt „Diffuse Stoffeinträge in die Oberflächengewässer im Einzugsgebiet der Großen Röder“

Untersuchungsgebiet	Untersuchungsmaßstab	Untersuchungsschwerpunkte
Kleinsteinzugsgebiete [A] „Kleine Röder“ - repräsentiert das untere Berg- und Hügelland [B] „Langer Grund“ - repräsentiert das pleistozän bestimmte Tiefland	großmaßstäbig (¤ 1:10.000)	Bestimmung von Korrelationen zwischen Fließgewässern, Geokomponentenmerkmalen und anthropogenen Beeinflussungen in zeitlicher und räumlicher Auflösung Erfassung der Abflußregime und -mengen mittels eingebauter Meßwehre Überwachung und Bilanzierung von Wasserinhaltsstoffen (N-, P-Parameter, PBSM) Erhebung bodenkundlicher, klimatologischer und nutzungsbezogener Daten im Detail
Gesamteinzugsgebiet	mittelmaßstäbig (1:25.000 und 1:100.000)	Erarbeitung einer naturräumlichen Gliederung auf der Basis von Mikrogeochoren (M 1:25.000) Ableitung einer geoökologischen Raumgliederung des Einzugsgebietes, der klimatologischen und pedohydrologischen Gegebenheiten sowie des Bodenformengefüges Aufnahme der Flächennutzungsstruktur (Nutzungsarten/Fruchtfolgen, Stoffinput) Darstellung von Reliefparametern zur Bestimmung von Prozeßbedingungen

Die Modellierung des diffusen Stickstoffaustrages macht dabei eine vorgeschaltete Bilanzierung des Wasserhaushaltes notwendig, da die Verlagerung der gelösten Nitrat-Ionen vorwiegend mit dem Sickerwasser erfolgt. Für die Ermittlung des Gesamtabflusses konnte auf das Programm „Rechnergestützter Arbeitsplatz GW-

Dargebot" zurückgegriffen werden (GLUGLA et al., 1988). Ergänzend hierzu erfolgte die Berechnung des Gebietsabflusses unter Einbeziehung des Reliefs (Hangneigung) und der Grundwasserbeeinflussung (Hydromorphie-grad des Bodens), denn die Modellansätze waren für Tieflandsverhältnisse und Berg- und Hügelgebiete zu entwickeln. Für die Eichung des Modells standen die in den Kleinsteinzugsgebieten erhobenen Frachtmessungen zur Verfügung.

Hinsichtlich der Belastungsgröße Phosphor erfolgte eine Abschätzung der diffusen Einträge insbesondere über die Faktoren Flächennutzung und Erosionsdisposition (MANNSFELD et al., 1998). Dazu werden ebenfalls die Erhebungen auf 1km²-Rasterbasis genutzt.

Für die Einschätzung der Gewässerbelastung durch PBSM kann bei der Vielzahl potentieller Wirkstoffe, dem Analyseaufwand, dem komplizierten Verhalten im System Boden-Wasser-Pflanze, aber auch aufgrund der sehr differenzierten Anwendung in der Praxis keine einzelstoffbezogene Quantifizierung erfolgen. Deshalb wurde versucht, die relevanten PBSM in ihrem grundsätzlichen räumlichen und zeitlichen Eintragsverhalten zu erfassen und zu beschreiben.

2.2 Raumansätze

Die Nutzung bzw. die Erarbeitung von zweckorientierten Raumgliederungen stellt die Basis geoökologischen Arbeitens dar. Feldforschungen sind konsequent größenordnungsbezogen durchzuführen. Geeignete Raumbezüge sind für den Ansatz (Parameterbezug) und für die Ergebnisaussagen (Möglichkeit der Ableitung von raumkonkreten Maßnahmen) von entscheidender Bedeutung. Der Stofftransfer in den zu betrachtenden Systemen steht in direktem Zusammenhang zur Raumstruktur und zur Zeitdauer, innerhalb derer das System in Funktion ist (LESER, 1997).

Als Grundlage ist die Theorie der geographischen Dimensionen (NEEF, 1963) unbestritten. Die konkreten Raumgliederungen werden aber von der jeweiligen Aufgabenstellung diktiert. Anhand der Abbildungen 1 und 2 sollen die Raumansätze für das Einzugsgebiet der Großen Röder verdeutlicht werden.

Das hydrologisch bestimmte Gesamteinzugsgebiet kann und muß in sehr verschiedene Teilräume zerlegt werden (Abbildung 1). Die Größe und die Geometrien der Teilflächen können dabei stark variieren. Aufgrund des großen Maßstabs sind die Raumbezüge in den Kleinsteinzugsgebieten überschaubarer (Abbildung 2). Einzeluntersuchungen punkthafter Art (wie Bodenproben entlang einer Hangsequenz) oder auf wenigen Quadratmetern großen Testflächen (z.B. Beregnungsversuche) vervollständigen die Raumansätze, tragen jedoch den Charakter von Stichproben. Anzumerken ist, daß es sich in Abbildung 1 und 2 vorwiegend um zweidimensionale Ausweisungen handelt, die Tiefenkomponente höchstens indirekt dargestellt werden kann.

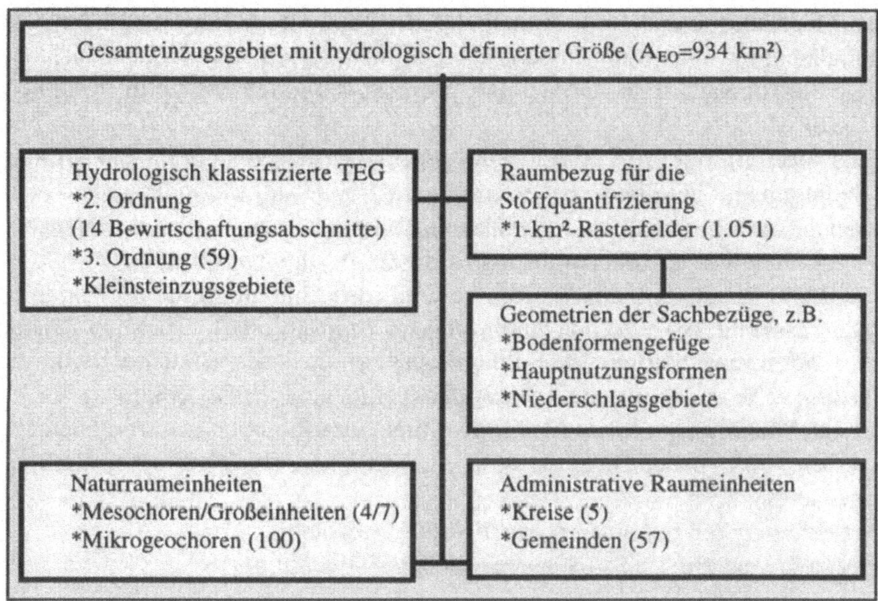

Abb.1: Raumbezüge für die Parametererhebung und die Ergebnisaussagen auf der Gesamtfläche im Projekt„Diffuse Stoffeinträge in die Oberflächengewässer im Einzugsgebiet der Großen Röder" (in Klammern Anzahl der Raumeinheiten)

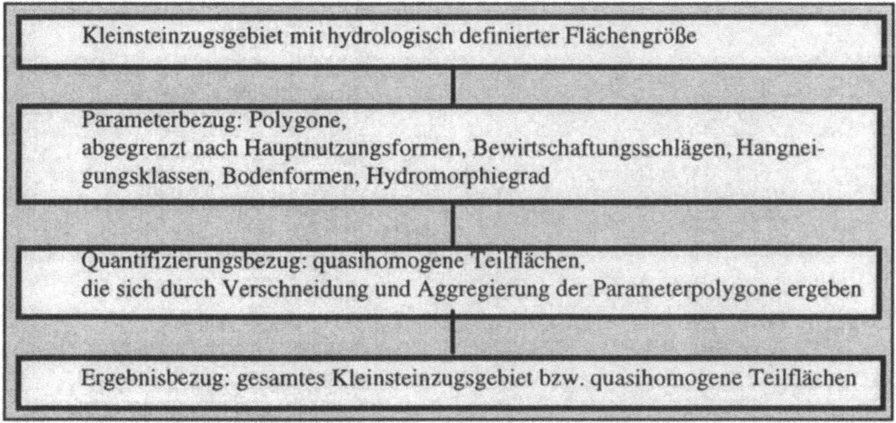

Abb. 2 Raumbezüge für die Parametererhebung und die Ergebnisaussagen in den Kleinsteinzugsgebieten im Projekt „Diffuse Stoffeinträge in die Oberflächengewässer im Einzugsgebiet der Großen Röder"

2.3 Zeitliche Skalierung

Stoffhaushaltliche Prozesse verlaufen in der Regel äußerst zeitvariabel. In der mittleren Maßstabsebene besteht deshalb das Hauptziel darin, langfristige Niveaus von Fließgleichgewichten zu erfassen. Dies ist methodisch schwer zu realisieren, denn viele Stoffumsatz- und -verlagerungsprozesse verlaufen kurzzeitig (FREDE & BACH, 1996).

Diffuse Stoffeinträge in Oberflächengewässer werden vor allem von klimatischen Bedingungen gesteuert. Einzelereignisse, Witterungsperioden, aber auch Wettertrends sind regional kaum exakt modellierbar. Die anderen relevanten Schlüsselfaktoren weisen ebenso differenzierte Zeitbezüge auf (Tabelle 2).

Die zeitliche Reichweite der Ergebnisse wird insbesondere durch die variablen Parameter bestimmt (wie Klima, anthropogene Stoffeinträge). Daneben spielen aber auch Naturraumfaktoren (wie Retentionsvermögen des Bodens) sowie die Vorbelastung (z.B. der Stoffgehalt des Bodens) eine wesentliche Rolle.

Die zeitliche Skalierung soll (im Idealfall) zumeist drei Etappen kennzeichnen:

- Rückblick - wie haben sich die stoffhaushaltlichen Prozesse in bestimmten Etappen entwickelt;
- Kennzeichnung der gegenwärtigen Fließgleichgewichte;
- Prognose der zukünftigen stoffhaushaltlichen Entwicklung.

Tab. 2 Raum- und Zeitbezüge für die flächenhaften Untersuchungsparameter im Röder-Projekt

Parameter	Untersuchungs-maßstab/-raum	Zeitbezug	Ergebnis
Boden	1:25.000	-	Bodenformengefügekarte (1:25.000 und 1:50.000) Bodenart, Bodentyp sowie Hydromorphiegrad je 1km²-Raster
Relief	1:25.000	-	Dominierende Hangneigungsklasse je 1km²-Raster
Niederschlag	1:100.000 (Meßstat. im Gebiet bzw. angrenzend)	Mittel der Jahre 1961-90	Niederschlagsverteilung (Karte 1:100.000 und 1km²-Raster)
N-Deposition	1:100.000 (Meßstat. im Gebiet bzw. angrenzend)	vorwiegend 1990-94	N-Deposition für das Gesamtgebiet (ein Wert für 1995/96)
Flächennutzung	1:25.000/1:10.000	1990-94	Dominierende Flächennutzung je 1km²-Raster
Landwirtschaftliche Nutzung	Gemeinde, Teilgebiete	1993-96	Anbaustrukturen, mineralische und organische Düngereinträge, Ernteerträge, legume N-Fixierung (für Teilgebiete und 1km²-Raster)

In Tabelle 2 sind am Beispiel des Röder-Projektes die Raum-Zeit-Bezüge für das Gesamtgebiet aufgeführt, welche für die Parametererarbeitung und Ergebnisdarstellung relevant sind.

Als Ergebnis werden mittlere potentielle Stoffeinträge (Größenordnungen) in die Oberflächengewässer des Einzugsgebietes der Großen Röder für die 90er Jahre vermittelt.

3 Dimensionsspezifik der Schlüsselparameter und Modellierungsprobleme

Für die zu erstellenden chorischen Landschaftsökosystembilanzen (Bsp. Gebietswasserhaushalt, Nitratverlagerung) sind dimensionsspezifische Merkmals- und Prozeßdaten erforderlich. Die Auswahl der Schlüsselparameter wird im Stoff-Raum-Zeit-Gefüge im Wesentlichen durch die Aufgaben- und Zielstellung sowie die verwendeten Modelle und Rechenverfahren bestimmt. Die Indikatorgrößen - in Tabelle 2 sind die für die Quantifizierung diffuser Nährstoff-einträge in Oberflächengewässer relevanten aufgeführt - müssen

- den geeigneten Bezug zum Raum aufweisen,
- flächenhaft erfaßbar sein und
- in das ökologische Bewertungssystem passen.

Dies erfordert konzeptionell vor allem:

- einen durchgängig schlüssigen Erhebungsansatz (Verwendung möglichst gleichdimensionierter Parameterdaten);
- maßstabsbezogene Modellrechnungen (z.B. Überprüfung der Modellansätze in den Kleinsteinzugsgebieten bei passender/übertragbarer Raum-Zeit-Auflösung);
- realisierbare Ansätze (Nutzung vorhandener Daten, sinnvolle Erhebungen/Ergänzungen /Überprüfungen, Beachtung des Aufwand-Nutzen-Verhältnisses etc.).

Es muß im Hinblick auf das zu erwartende Ergebnis kritisch hinterfragt werden:

- Ist die Datenbasis in Menge und Qualität ausreichend?
- Ist die Datenauflösung räumlich und zeitlich optimal für die Rechenansätze und Fragestellungen?
- Bilden die gerade in der chorischen Dimension vorzunehmenden Modellvereinfachungen die Realität noch ausreichend adäquat ab?

In den Projekten „Große Röder“ und „Schwarzer Schöps“ wurde mit einem Rastermodell auf 1-km²-Basis gearbeitet. Die Schlüsselparameter sind demzufolge auf diese Dimension bezogen, erhoben und generiert worden. Flächenhaft werden bei diesem Ansatz nur die dominierenden Parameteranteile berücksichtigt.

In Tabelle 3 ist die Dimensionsspezifik für die Faktoren Niederschlagsmenge und Bewirtschafterdaten zusammengestellt. Gerade der für die Quantifizierung diffuser Stickstoff- und Phosphorverlagerungen wichtige Parameter „Bewirtschafterdaten" bereitet bei der Erfassung und dimensionsspezifischen Aufbereitung besondere Probleme. Zu benennen sind u.a.:

- die datenschutzrechtliche Lage,
- Betriebs-/Hoftorbilanzen,
- die Variabilität der Fruchtfolgen,
- das kleinräumige Muster der Eigentümer/Nutzer.

Tab.3: Dimensionsspezifik der Parameter Niederschlag und Bewirtschafterdaten bei Erhebungen im Projekt „Diffuse Stoffeinträge in die Oberflächengewässer im Einzugsgebiet der Großen Röder"

Parameter	**Einzugsgebiet Große Röder (mittelmaßstäbig)**	**Kleinsteinzugsgebiet (großmaßstäbig)**
Niederschlagsmenge		
• Raumdimension	Differenzierung in Niederschlagsgebiete	ein Wert für das Kleinsteinzugsgebiet
• zeitliche Skalierung	langjährige Mittelwerte	Mittelwert für eine konkrete Zeitspanne
Bewirtschafterdaten		
• Raumdimension	aggregierte Daten für größere Teilgebiete	schlagbezogen
• zeitliche Skalierung	mittlere Zustände über Jahre	konkreter Jahresbezug

Modellierungsprobleme im mittleren Maßstabsbereich zeigt die Abbildung 3. In der Regel wird ein Kompromiß aus großmaßstäbigen Ansätzen und Überblicksquantifizierungen im kleinen Maßstab versucht. Der Ansatz soll eine möglichst hohe Komplexität und Aussageschärfe auf Basis einer präzisen Datengrundlage erlauben. Dies ist bei der Auswahl der Indikatoren zu beachten. Ziel der Projektstudien war die Erarbeitung von einfach anzuwendenden, übertragbaren Verfahren zur Ermittlung von Nährstoffbilanzen, die über die Ansätze im kleinmaßstäbigen Bereich hinausgehen (z.B. Berücksichtigung N-dynamischer Prozesse) und einen Praxiseinsatz gestatten.

Beispielsweise erfordern eher großmaßstäbige Ansätze der Stickstoffmodellierung (z.B. SYRING & SAUERBECK, 1985; GRÜNEWALD et al., 1989; KERSEBAUM, 1990; REICHE, 1991; HUWE, 1992) einen hohen Meß- bzw. Erfassungsaufwand, der beim Einsatz auf größeren Flächeneinheiten letztlich nicht leistbar ist. Dies gilt insbesondere für die Teilmodelle zur Ermittlung des Wasserhaushalts (z. B. Unterteilung des Bodens in 10 cm-Kompartimente) sowie der N-dynamischen

Prozesse, wie Mineralisierung und Immobilisierung (z.B. Einbeziehung von Tageswerten der Temperatur und Bodenfeuchte).

Bei Bilanzierungsansätzen, die eine kleinmaßstäbige Betrachtungsweise und somit eine wesentlich weniger komplexe Vorgehensweise als die oben erwähnten Verfahren zum Ziel haben (z.B. RENGER et al., 1990; WEINZIERL, 1990; WERNER & WODSACK, 1994; WENDLAND, 1992; WNDLAND et al., 1993; SANDNER et al., 1993), fehlt eine Berücksichtigung von Mineralisierungs- und (mit Ausnahme von WENDLAND, 1992) Denitrifikationsprozessen. Die Ansätze von RENGER et al. (1990) und WEINZIERL (1990) beruhen auf regressionsanalytischen Erhebungen und haben somit, was ihre Übertragbarkeit angeht, statischen Charakter.

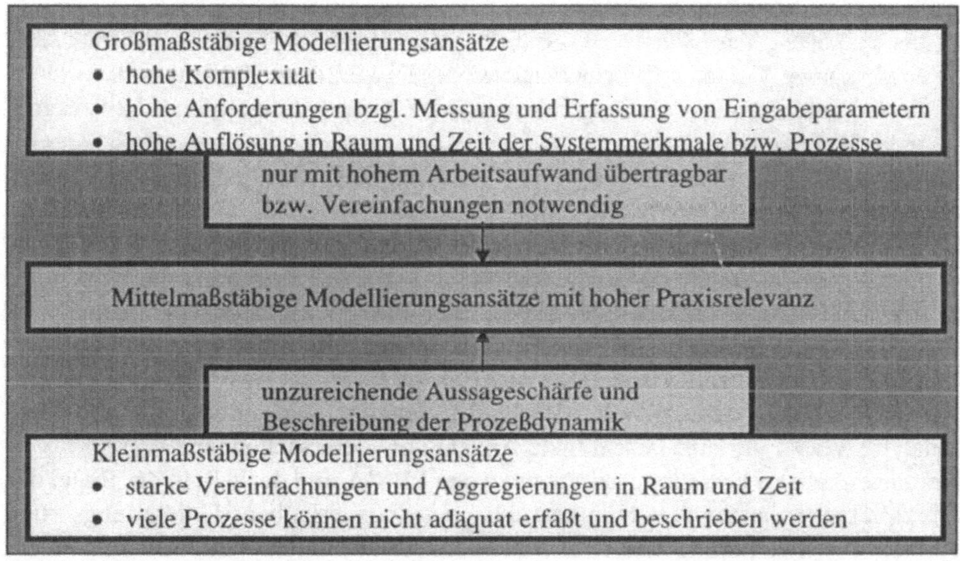

Abb.3: Modellierungsansätze im mittleren Maßstab als Kompromiß zwischen groß- und kleinmaßstäbigen Verfahren

4 Reichweite der Ergebnisaussagen

Der Auftraggeber bzw. Anwender geoökologischer Forschungen muß die Ergebnisdaten in einen sachgerechten Kontext bringen können. Die quantitative Kennzeichnung des Landschaftsökosystems ist je nach Dimensionsstufe unterschiedlich komplex. Die jeweiligen Bearbeiter sollten die Möglichkeiten und Grenzen der Aussagen aufzeigen.

In den Projekten „Große Röder" und „Schwarzer Schöps" lieferten die Quantifizierungen der diffusen Stickstoff- und Phosphoreinträge auf 1-km²-Rasterbasis in erster Linie

- Größenordnungen der Stoffverlagerungen;
- räumliche Handlungsschwerpunkte (nutzungs- und naturraumbezogen);
- die prozeßbestimmenden Faktoren der Stoffeinträge.

Ableitungen hinsichtlich exakter, umfassender Stoffbilanzen, der Beurteilung von Einzelpfaden oder dem Verbleib der Stoffe sind nur eingeschränkt möglich.

Die großmaßstäbigen Untersuchungen auf Testarealen dienten der Aufhellung naturraum- und nutzungstypischer Prozeßabläufe und der Validierung der Rechenansätze, nicht aber als Entscheidungsgrundlagen in den jeweiligen Modellgebieten.

In den Kleinsteinzugsgebieten sollten die allgemeinen Ergebnisaussagen überprüft werden, vor allem bezüglich

- der Speicher-, Transformations- und Regelfunktion der Böden im Stoffhaushalt (mehrjährige Trends und Umsatzzeiten; der Kapazität der Böden) und
- der betrieblichen Auswirkungen sowie der Effizienz empfohlener bzw. ergriffener Maßnahmen.

Dafür sind die Untersuchungen in den Testgebieten bisher jedoch weder ausreichend komplex, noch langfristig genug angelegt.

Die Reichweite der Ergebnisaussagen soll anhand der Stoffgruppe PBSM verdeutlicht werden. In Deutschland sind etwa 215 Pflanzenschutzmittelwirkstoffe zugelassen (AUTORENKOLLEKTIV, 1993), über 1.000 verschiedene Präparate werden im Handel vertrieben. Auf welcher Fläche welches Mittel wann und wie aufgebracht wurde, ist mittelmaßstäbig nicht quantifizierbar. Das Verhalten der einzelnen Biozide in der Umwelt ist sehr differenziert. Die aufwendige und teure Analytik erlaubt nur eine beschränkte Anzahl von Untersuchungen.

Bei mesoskaligen Forschungsansätzen zu den PBSM sind deshalb in der Regel nur Überblicksuntersuchungen möglich, die es jedoch erlauben, Gefährdungs- und Handlungsschwerpunkte raum- und zeitkonkret abzuleiten (GRUNEWALD et al., 1998).

Die Untersuchungen in den Einzugsgebieten der Großen Röder und des Schwarzen Schöps erbrachten insbesondere Aussagen zu

- den relevanten Stoffgruppen,
- der Häufigkeit und der Höhe der Konzentrationen,
- den grundsätzlichen zeitlichen und räumlichen Belastungsschwerpunkten,
- den nutzungsbezogenen Verursachern.

In drei Kleinsteinzugsgebieten wurden die PBSM 14-tägig analysiert. Daraus waren Beziehungen zur Naturraumausstattung und -bedingungen, der Flächennutzung sowie dem Abfluß (bedingt) herstellbar. Bilanz- oder Frachtaussagen sind aber sehr schwierig zu treffen, da die Wirkstoffe im Abfluß nicht kontinuierlich auftreten.

6 Zusammenfassung und Ausblick

Anhand der Quantifizierung diffuser Stoffeinträge in Oberflächengewässer, als Teil für die Erarbeitung von Bewirtschaftungsplänen für Flußeinzugsgebiete, wurden raum-zeitliche und methodische Maßstabsprobleme und deren Ergebnisrelevanz diskutiert. Die Zielstellung bestand hauptsächlich darin, auf mittlerer Maßstabsebene flächendeckende und raumdifferente Aussagen zu gewinnen, die wasserwirtschaftliche Planungen auf verschiedenen Handlungsebenen erlauben und umsetzungsorientiert sind. Dafür muß ein Kompromiß aus großmaßstäbigen und kleinmaßstäbigen Modellansätzen gefunden und realisiert werden.

Entscheidend ist die Auswahl und Verknüpfung der Schlüssel- oder Indikatorparameter, die für die jeweiligen stoffhaushaltlichen Größen prozeßbestimmend sind. Ein Hauptproblem besteht in der Verschneidung sehr unterschiedlicher Raum- und Zeitebenen, was zu Informationsverlusten und Verallgemeinerungen führt. Die Schätzgenauigkeit der regionalisierten Variablen sollte deshalb mit angegeben werden und ist bei der Ergebnisbetrachtung zu berücksichtigen.

Die Quantifizierungsansätze auf mittlerer Maßstabsebene, die von der Praxis nachgefragt werden, müssen vor diesem Hintergrund ständig verbessert werden. Dies bezieht sich einerseits auf Fortschritte in der Datenlage (z.B. Naturraumdaten und sozioökonomische Daten, die in Umweltinformationssystemen gespeichert werden; Bewirtschafterdaten, die als Flächen- statt als Hoftorbilanzen erhoben werden sollten) und andererseits auf Modellverbesserungen. Beides bedingt einander und muß durch die Bearbeitung angewandter Fragestellungen vorangetrieben werden. Die Abschätzung großräumiger und langfristiger stoffhaushaltlicher Prozesse kann dann einen wichtigen Beitrag zur Umsetzung einer nachhaltigen Landnutzung leisten.

Literatur

AUTORENKOLEKTIV (1993): Belastungen der Oberflächengewässer aus der Landwirtschaft, wiss. Arbeitstagung am 24./25. März 1993 in Bonn, hrsg. vom Vorstand des Dachverbandes DAF, Frankfurt (Main)

EU-RICHTLINIE (1997): Vorschlag der Kommission für eine Richtlinie des Rates zur Schaffung eines Ordnungsrahmens für Maßnahmen der Gemeinschaft im Bereich der Wasserpolitik

FREDE, H.W.; M. BACH(1996): Landschaftsstoffhaushalt, In: BLUME, H.-P. et al. (Hrsg.): Handbuch der Bodenkunde, ecomed-Verlag, Landsberg/Lech, S. 1-34

GLUGLA, G.; A. EYRICH; B. KÖNIG; S. SUR (1988): Methodik und CAD-Arbeitsplatz für die GW-Dargebotsermittlung nach Menge und Beschaffenheit (Nitrat) für den Lokkergesteinsbereich (unveröff. Forschungsbericht), Inst. f. Wasserwirtsch., Berlin

GRUNEWALD, K. (1997): Großräumige Bodenkontaminationen - Wirkungsgefüge, Erkundungsmethoden und Lösungsansätze, Springer-Verlag, Berlin, Heidelberg, New York

GRUNEWALD, K.; K. MANNSFELD; W. SCHMIDT (1998): PBSM-Belastung der Oberflächengewässer im Einzugsgebiet der Großen Röder - Ergebnisse aus klein- und mittelmaßstäblichen Gebietsuntersuchungen, Zschr. Wasser & Boden (im Druck)

GRÜNEWALD, U.; J. WALTHER; K. MIEGEL; P. SCHIEKEL (1989): Rechnergestützter Ansatz zur Bewältigung von wasserwirtschaftlicher Nutzungsüberlagerung, Acta hydrophys. Berlin, 2/3, 33, S. 103-123

HUWE, B. (1992): Deterministische und stochastische Ansätze zur Modellierung des Stickstoffhaushalts landwirtschaftlich genutzter Flächen auf unterschiedlichem Skalenniveau, Mitteilungen des Inst. für Wasserbau der Universität Stuttgart, 77, S. 1-385

KERSEBAUM, K.C. (1990): Die Simulation der Stickstoff-Dynamik von Ackerböden, Diss., Universität Hannover

LAWA (1996): Vermeidung und Verminderung von Belastungen oberirdischer Gewässer aus diffusen Quellen, Strategiepapier (unveröff.), Bayrisches Staatsministerium für Landesentw. und Umweltfragen, München

LESER, H. (1997): Landschaftsökologie, UTB 521, 4. Aufl., Ulmer Verlag, Stuttgart

MANNSFELD, K. (1997): Etappen und Ergebnisse landschaftsökologischer Forschung in Sachsen, In: Dresdener Geogr. Beiträge, H. 1, Technische Universität Dresden, Institut für Geographie; S. 3-21

MANNSFELD, K.; K. GRUNEWALD; M. GEBEL et al. (1998): Erfassung und Quantifizierung diffuser Stoff-einträge in die Gewässer des Einzugsgebietes der Großen Röder sowie Ableitung von Maßnahmen zur Belastungsreduzierung, Forschungsbericht (unveröff.) im Auftrag des SMU/LfUG, Dresden

NEEF, E. (1963): Topologische und chorologische Arbeitsweisen in der Landschaftsforschung, Peterm. Geogr. Mitt. 107, H. 4, S. 249-259

NEEF, E. (1969): Der Stoffwechsel zwischen Gesellschaft und Natur als geographisches Problem, In: Geogr. Rundschau 21, S. 453-459

REICHE, E.-W. (1991): Entwicklung, Validierung und Anwendung eines Modellsystems zur Beschreibung und flächenhaften Bilanzierung der Wasser- und Stickstoffdynamik in Böden, Kieler Geographische Schriften, Band 79, Kiel

RENGER, M.; R. KÖNIG; F. SWARTJES; G. WESSOLEK; C. FAHRENHORST; B. KASCHANIAN (1990): Modelle zur Ermittlung und Bewertung von Wasserhaushalt, Stoffdynamik und Schadstoffbelastbarkeit in Abhängigkeit von Klima, Bodeneigenschaften und Nutzung, Endbericht zum BMFT-Projekt Nr. 0374343, Berlin

SANDNER, E.; K. MANNSFELD; J. BIELER (1993): Analyse und Bewertung der potentiellen Stickstoffauswaschung im Einzugsgebiet der Großen Röder (Ostsachsen), Abhandl. der Sächs. Akad. der Wiss., Bd. 58, H. 1, Akademie Verlag, Berlin

SYRING, K.M.; D. SAUERBECK (1985): Ein Modell zur quantitativen Beschreibung des Stickstoffumsatzes im System Boden-Pflanze, Z. dt. geol. Ges., 136, S. 461-472

WEINZIERL, W. (1990): Ermittlung, Bewertung und Darstellung der potentiellen Nitratauswaschungsgefahr landwirtschaftlich genutzter Böden im Maßstab 1:25.000, Mitteilgn. Dtsch. Bodenkundl. Ges., 68, S. 139-141

WENDLAND, F. (1992): Die Nitratbelastung in den Grundwasserlandschaften der „alten“ Bundesländer (BRD), In: Berichte aus der ökologischen Forschung, Band 8, Forschungszentrum Jülich GmbH

WENDLAND, F.; H. ALBERT; M. BACH; R. SCHMIDT (1993): Atlas zum Nitratstrom in der Bundesrepublik Deutschland: Rasterkarten zu geowissenschaftlichen Grundlagen, Stickstoffbilanzgrößen und Modellergebnissen, Springer-Verlag, Berlin, Heidelberg, New York

WERNER, W.; H.-P. WODSAK (Hrsg., 1994): Stickstoff- und Phosphateintrag in die Fließgewässer Deutschlands unter besonderer Berücksichtigung des Eintragsgeschehens im Lockergesteinsbereich der ehemaligen DDR, DLG-Verlag, Frankfurt a.M.

Ergänzung und Aktualisierung der Biotoptypen- und Nutzungskartierung in Sachsen-Anhalt mit räumlich hochauflösenden Satellitendaten

Claudia Werner und H. Kenneweg

1 Zusammenfassung

Die ersten Erfahrungen mit der Auswertung von Fernerkundungsdaten des neuen indischen Aufnahmesystems IRS-1C für die Aktualisierung und Ergänzung der CIR-Luftbildkartierung der Biotoptypen und Nutzungstypen in Sachsen-Anhalt zeigen, daß die hohe räumliche Auflösung dieser Bilder aus dem Weltraum eine differenzierte Abgrenzung und Identifizierung von Strukturen und Objekten ermöglicht. Für die Bildanalyse werden computergestützte Verfahren (Bildverarbeitung / GIS) und die visuelle Interpretation durchgeführt.

2 Einleitung

Die Aktualisierung und Ergänzung der in Sachsen-Anhalt flächendeckend durchgeführten CIR-luftbildgestützten Biotoptypen- und Nutzungstypenkartierung von 1992/1993 im Maßstab 1:10 000 stellt eine große finanzielle, technische und organisatorische Herausforderung dar. Diese Datenbestände dienen speziellen thematischen Fragestellungen wie Vegetations- und Landschaftsbewertung für planerische Zwecke, Sukzessionsstudien, der Waldzustandserfassung etc.. Im Projekt ‚MOMSIS' wird die Eignung der hochauflösenden Satellitenbilddaten für diesen Zweck untersucht.

‚MOMSIS' wird als Gemeinschaftsprojekt im Auftrag des DLR (Deutsches Zentrum für Luft- und Raumfahrt) und des Landesamts für Umweltschutz Sachsen Anhalt von der Technischen Universität Berlin (Institut für Landschaftsentwicklung, Prof. Dr. H. Kenneweg und Dr. C. Werner) und dem Büro für Umweltplanung Wernigerode (Dr. F. Michael) bearbeitet. Das Landesamt für Umweltschutz Sachsen-Anhalt ist als interessierter Nutzer der Fernerkundungsdaten der Bedarfsträger dieses Projekts.

Zunächst war die Auswertung von Bilddaten des deutschen MOMS-2P-Sensors, der auf der russischen MIR-Raumstation installiert ist, geplant. Aufgrund der technischen Pannen wurden jedoch von Sachsen-Anhalt bislang keine Daten aufgenommen. Daher wurden ersatzweise Bilddaten des indischen Satellitensystems IRS-1C, der ähnliche Eigenschaften hinsichtlich des räumlichen und spektralen Auflösungsvermögens aufweist, vom DLR zur Verfügung gestellt.

Die Datenauswertung besteht aus zwei methodischen Komponenten. Die Klassifizierung ist die Umsetzung der Bilddaten in thematische Daten. Hier werden die Möglichkeiten und Grenzen der Satellitenbildauswertung für die Ausweisung der verschiedenen Biotop- und Nutzungstypen ermittelt und unterschiedliche Klassifizierungsmethoden auf ihre Eignung geprüft. Die Datenanalyse im GIS umfaßt die Einbindung der Satellitendaten für die Fortschreibung, Überwachung, Ergänzung und Kontrolle der CIR-Biotop- und Nutzungstypenkartierung. Darüber hinaus werden weitere GIS-Funktionen getestet und kombiniert, um Indikatoren für die Vegetations- und Landschaftsbewertung für planerische Zwecke ermitteln zu können.

3 Die Rolle der Satellitenfernerkundung in der räumlichen Planung

Die Auswertung von Satellitenbildern eröffnet vorteilhafte Möglichkeiten zur Datengewinnung für räumliche Planung und Naturschutz. Ein Vorteil für Untersuchungen in verschiedenen Maßstabsebenen liegt in der Geometrie der Bilder aus dem Weltraum. So deckt z.B. eine Szene des Aufnahmesystems Landsat-TM ein Areal von 185 km x 185 km ab. Die räumliche Bodenauflösung von 30 m x 30 m ermöglicht die Erstellung thematischer Karten und die Durchführung weiterer Analysen auf den Maßstabsebenen von etwa 1 : 300 000 bis maximal 1 : 50 000. Ein weiterer Vorteil der Verwendung von Satellitendaten ist, daß sie unmittelbar in digitaler Form vorliegen. Sie können daher mit Bildverarbeitungsprogrammen ausgewertet und direkt in ein Geographisches Informationssystem (GIS) eingebunden und analysiert werden. Die Aufnahmerate der Satellitensysteme (z.B. Landsat-TM alle 16 Tage) und somit die Verfügbarkeit aktueller Daten ist recht hoch, und wird sich in naher Zukunft durch den Einsatz mehrerer neuer Systeme verbessern.

Für viele Planungszwecke ist das räumliche Auflösungsvermögen herkömmlicher Satellitensysteme jedoch meist nicht ausreichend, da kleinräumige Strukturen und Einzelobjekte nicht identifiziert werden können. Mit der Entwicklung neuer Sensoren mit verbessertem räumlichen Auflösungsvermögen findet hier ein Qualitätssprung statt (siehe Tabelle 1). So kann das seit Ende 1995 operationelle indische Aufnahmesystem IRS-1C Bilddaten mit einer räumlichen Bodenauflösung von 5,75 m² (IRS-1C-PAN) aufnehmen. Eine Bildszene deckt ein Gebiet von 70km x 70km ab (siehe auch Tabelle 2). Somit können diese Bilddaten maßstabsübergreifend bis maximal 1 : 25 000 / 1 : 10 000 ausgewertet und für weitere Analysen in einem GIS eingesetzt werden. Desweiteren ist der Einsatz weiterer Satellitensensoren mit einem räumlichen Auflösungsvermögen von bis zu unter 1 m² geplant. Die Bilddaten dieser Systeme stellen eine ernstzunehmende Konkurrenz zum Luftbild dar.

Tab.1: Eignung unterschiedlicher Weltraumsensoren für die Kartierung und Planung in verschiedenen Maßstabsebenen (MS = Multispektraldaten / PAN = Panchromatische Daten)

Weltraumsensoren	**Bodenauflösung**		**Maßstabsebenen**
	MS	**PAN**	
NOAA AVHRR	1100 - 3000 m²	-	1 : 1 000 000 - max. 1 : 200 000
Landsat MSS	80 m²	-	max. 1 : 100 000
Landsat TM	30 m²	-	max. 1 : 50 000
SPOT HRV XS / P	20 m²	10 m²	1 : 50 000 - max. 1 : 25 000
Neue Sensorgeneration			
IRS-1C	23 m²	5,75 m²	1 : 50 000 - max. 1 : 10 000
MOMS-2P	18 m²	6 m²	1 : 50 000 - max. 1 : 10 000
in Planung:			
IKONOS 1 (1998)	4 m²	1 m²	1 : 10 000 und größer
QuickBird 1 (1998/99)	3.28 m²	0.82 m²	1 : 10 000 und größer

Ein hohes räumliches Auflösungsvermögen ist jedoch nicht nur für Auswertungen im großmaßstäbigen Bereich wichtig, sondern liefert für die Vegetations- und Landschaftsbewertung wichtige Strukturinformationen, die auch in kleinen Maßstabsebenen berücksichtigt werden sollten. Abbildung 1 zeigt dies an einem Beispiel zweier Datensätze mit unterschiedlicher Bodenauflösung. Die Flächengrößen, die Grenzlinienlängen und deren Ausprägung können anhand räumlich hochauflösender Bilddaten mit einer hohen Genauigkeit bestimmt werden. Zudem ist hieran erkennbar, daß die Vegetationsstruktur wie Dichte Stufung etc. bei einer geringen Auflösung nicht mehr erkennbar ist. Die Ausweisung dieser Merkmale ist jedoch auch für Untersuchungen in kleineren Maßstabsebenen relevant.

4 Das Arbeitsgebiet

Das bislang bearbeitete Untersuchungsgebiet liegt im Südosten Sachsen-Anhalts. Es umfaßt einen Großteil der Dübener Heide, ein strukturreiches Waldgebiet, die Prettiner Elbaue und die Annaburger Heide, die als Truppenübungsplatz genutzt wird. Abbildung 2 zeigt den Ausschnitt der IRS-1C-Daten (PAN), der das Arbeitsgebiet abdeckt. Im Rahmen dieses Projekts wird zudem ab Frühjahr 1998 der sachsen-anhaltinische Harz als Untersuchungsgebiet bearbeitet.

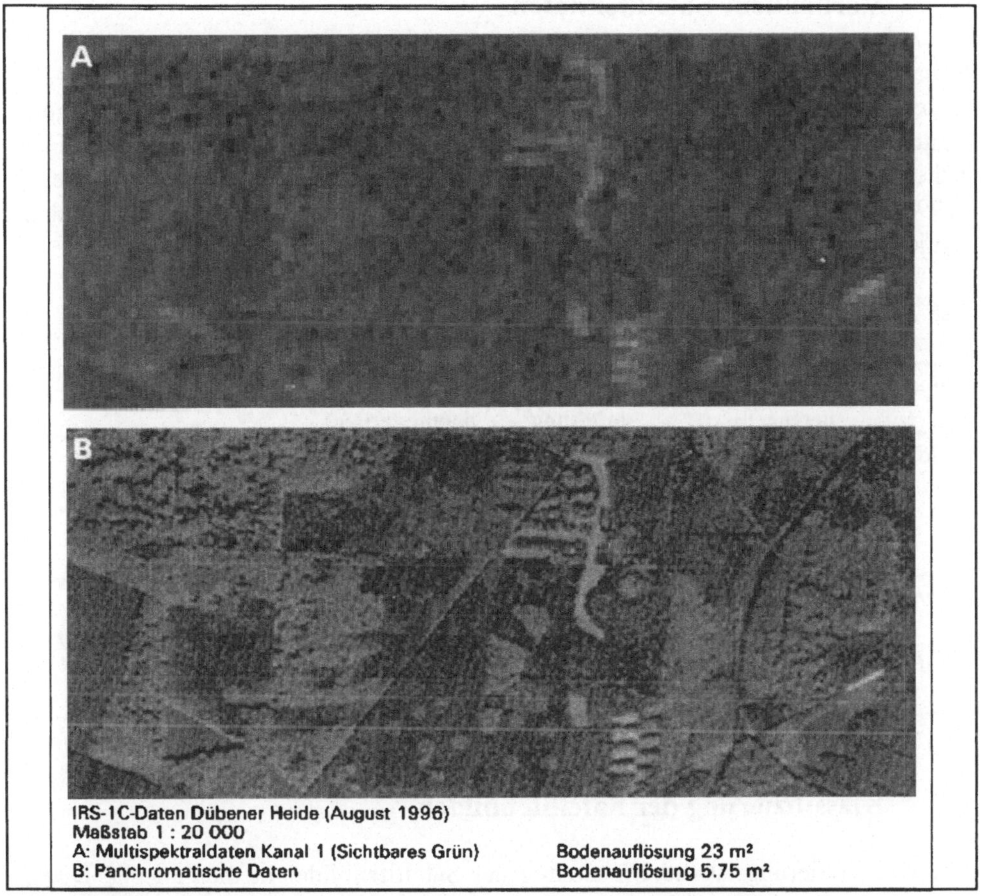

A
B
IRS-1C-Daten Dübener Heide (August 1996)
Maßstab 1 : 20 000
A: Multispektraldaten Kanal 1 (Sichtbares Grün)
Bodenauflösung 23 m²
B: Panchromatische Daten
Bodenauflösung 5.75 m²

Abb. 1 IRS-1C-Bilddaten mit unterschiedlicher räumlicher Bodenauflösung

1 : 300 000
Prettiner Elblandschaft
Annaburger Heide
Dübener Heide

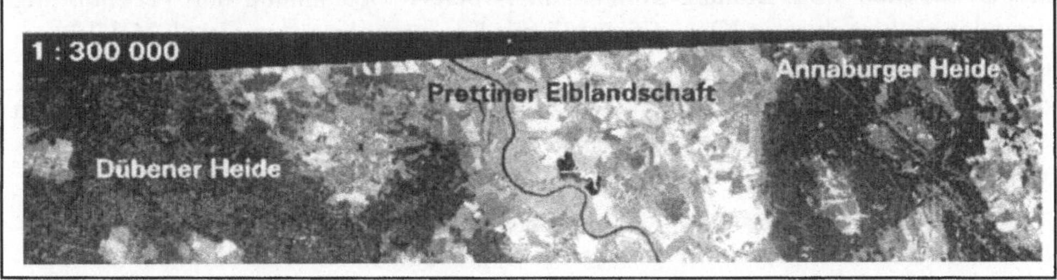

Abb.2: IRS-1C-Satellitenbild (Panchromatischer Kanal) des Untersuchungsgebiets

5 Vorhandene Satellitendaten

Vom Projektgeber, dem DLR, wurden für dieses Untersuchungsgebiet IRS-1C-Daten zweier Aufnahmezeitpunkte (a. August 1996 / b. Juni 1997) zur Verfügung gestellt. Tabelle 2 zeigt die Eigenschaften des IRS-1C-Aufnahmesystems. Eine nähere technische Erläuterung der einzelnen Module kann KALYANARAMAN et al (1995) entnommen werden. Die beiden Sätze des Untersuchungsgebiets beinhalten jeweils Daten des LIS-III und des Pan-Moduls.

Tab.2: Eigenschaften des IRS-1C-Aufnahmesystem

Module	Wellenlängenbereich	Bodenauflösung	Breite des Aufnahmestreifens	Wiederholungsrate
LISS-III	520 - 590 nm	23 m	142 km	24 Tage
	620 - 680 nm	23 m	"	"
	770 - 860 nm	23 m	"	"
	1550 - 1750 nm	70 m	148 km	"
Pan	500 - 750 nm	5,8 m	70 km	48 Tage (5 Tage OFF-Nadir)
WiFS	620 - 680 nm 770 - 860 nm	188 m 188 m	804 km	5 Tage

6 Klassifizierung der Satellitenbilder

Die Klassifizierung ist die Umsetzung der Satellitenbilder in thematische Daten. Die ersten Ergebnisse der visuellen Interpretation und der computergestützten Klassifizierung zeigen, daß detaillierte Abgrenzungen der Biotop- und Nutzungstypen möglich sind. Bislang können im Arbeitsgebiet anhand der Verknüpfung digitaler multispektraler Klassifizierung mit Texturanalysen maximal 26 Klassen, darunter 10 Waldklassen und 9 Klassen der krautigen Vegetation abgegrenzt werden. Die unzufriedenstellende Qualität des panchromatischen Kanals, die sich in einer starken Streifung ausdrückt, bereitet jedoch v.a. bei der Ausweisung unterschiedlicher Altersklassen von Nadelwäldern Probleme.

Hinsichtlich der verwendeten digitalen Klassifizierungsmethoden hat sich die ISODATA-Clusteranalyse als gut geeignet erwiesen, v.a. wenn sie mit Texturanalyseverfahren kombiniert wird. Eine nähere Beschreibung verschiedener digitaler Klassifizierungsverfahren und deren Eignung für die Bildanalyse räumlich hochauflösender Satellitendaten kann WERNER (1996) entnommen werden.

Als Texturanalyseverfahren wurden bislang die Varianzanalyse (siehe Abbildung 3) und die Kontrastanalyse mittels der Berechnung von Co-Occurence-

Matrizen geprüft. Anhand der Kontrastanalyse kann die Klassifizierung der Feldgehölze (Einzelbäume / Baumgruppen / Hecken) optimiert werden.

Im weiteren Projektverlauf werden Methoden entwickelt, um die Zuweisung der Cluster bzw. Spektralklassen zu thematischen Klassen so weit wie möglich zu vereinfachen. Diese thematischen Klassen wurden auf der Basis des CIR-Katalogs der Biotoptypen- und Nutzungstypenkartierung (LANDESAMT FÜR UMWELTSCHUTZ SACHSEN-ANHALT 1992) definiert. Um nachfolgende Auswertungen im GIS vornehmen zu können, ist anzustreben, einen möglich engen Bezug der Luftbildklassen zu den Satellitenbildklassen beizubehalten. Dies ist zudem eine wichtige Voraussetzung, die Klassifizierungsgenauigkeit anhand der Verknüpfung der ausgewerteten Satellitendaten mit den CIR-Vektordaten bestimmen zu können.

Da vom gleichen Gebiet IRS-1C-Daten unterschiedlicher Aufnahmezeitpunkte (Juni / August) vorliegen, konnten ihr Informationsgehalt für die Abgrenzung der Biotoptypen verglichen werden. Sowohl für die visuelle Interpretation als auch für die digitale Klassifizierung gilt, daß der August für die Ausweisung landwirtschaftlich genutzter Flächen, v.a. der Grünlandbereiche, besser geeignet ist als der Juni, da hier viele Flächen frisch gemäht sind. Für die Klassifizierung von Laubwäldern und Laub- Nadel-Mischwäldern dagegen ermöglichen die Juni-Daten eine detailliertere Erfassung mit einer höheren Genauigkeit.

Abb.3: Ausweisung gestufter Laubwälder mit der Varianzanalyse (rechts: hellgraue Flächen)

Abbildung 3 zeigt die Ausweisung gestufter Laubwaldbestände anhand der Verknüpfung des klassifizierten Bildes (ISODATA-Clusteranalyse) mit dem Ergebnis einer Texturanalyse (Varianzberechnung, Fenstergröße 7 x 7). Derart gestufte Bestände weisen eine höhere Naturnähe im Vergleich zu unstrukturierten Forsten auf und sind somit als wertvoller einzuschätzen.

Zudem ermöglicht die multispektrale Klassifizierung die Erfassung weiterer Strukturparameter, die den Waldzustand beschreiben. So können kleine Auflichtungen und Dichteunterschiede der Bestände aufgrund der hohen räumlichen Auflösung ausgewiesen werden.

7 Auswertungen in einem GIS

Erste Ergebnisse der GIS-Analysen umfassen Veränderungsnachweise anhand der Verschneidung verschiedener Datensätze. Beispiele der Ermittlung planungsrelevanter Parameter für die Biotopverbundplanung sind die Berechnung von Flächeneigenschaften und Entfernungen.

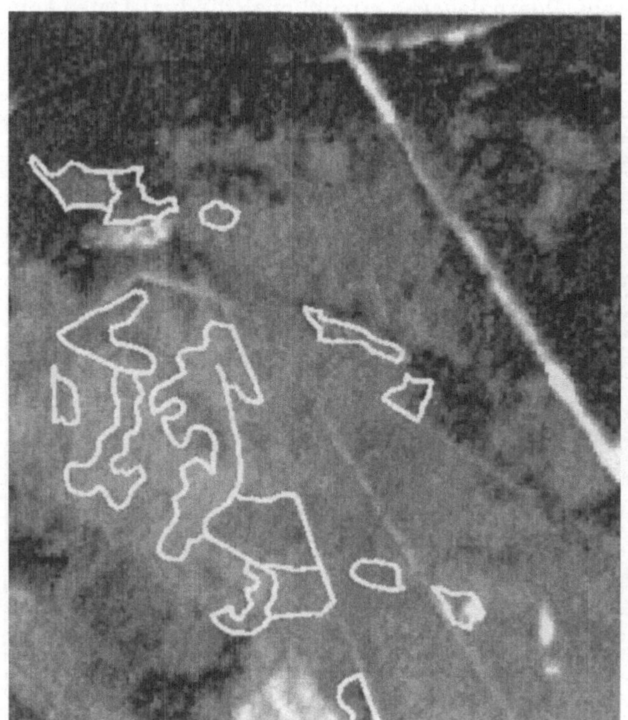

Abb. 4: Sukzessionsflächen auf einem Schießplatz in der Annaburger Heide (Maßstab 1 : 15 000)

Für die *Erfassung von Veränderungen* anhand der Verschneidung verschiedener Datensätze unterschiedlichen Alters (multitemporale Auswertung) stehen sowohl im Vektor- als auch im Raster-GIS (ArcInfo / ERDAS Imagine) mehrere Funktionen zur Verfügung. Eine Möglichkeit ist die Verschneidung der Vektordaten mit den klassifizierten Satellitendaten, womit am Beispiel des Truppenübungsplatzes Annaburger Heide Sukzessionsflächen auf einem nicht mehr häufig genutzten Schießplatz ausgewiesen werden konnten (siehe Abbildung 4).

Bei dieser Methode wird für jedes Polygon der Vektordaten die thematische Klasse (= Ergebnis der Klassifizierung der Rasterdaten) ermittelt, die am häufigsten innerhalb dieser Fläche vorkommt. Zudem kann deren Flächengröße und deren Flächenanteil berechnet werden. Die Ergebnisse dieser Analyse werden als zusätzliche Attribute in die Sachdatenbank des Vektordatensatzes aufgenommen.

Die Fehler, die bei diesen ersten Ergebnissen der Verschneidung der CIR-Vektordaten mit dem Satellitenbild auftreten, liegen zu einem großen Teil in der fehlerhaften Selektion von Waldwegen und sehr kleinen Flächen. Hierfür sind Digitalisierungenauigkeiten der CIR-Auswertung, Beschattungseffekte, ein überragendes Kronendach und schlechteres Auflösungsvermögen der Satellitendaten im Vergleich zu den Luftbildern verantwortlich.

Eine weitere Methode der multitemporalen Auswertung ist die Verschneidung mehrerer Satellitenbilder unterschiedlichen Aufnahmedatums im Raster-GIS. Abbildung 5 zeigt ein erstes Beispiel der Verknüpfung der klassifizierten Satellitensszenen a) von August 1996 und b) von Juni 1997, bei der neue Kahlschlagflächen in der Annaburger Heide erfaßt werden konnten. Folgende Einflußfaktoren können jedoch bei dieser Methode das Ergebnis beeinflussen:

- Unterschiedliche Beleuchtungsverhältnisse
- Unterschiedliche atmosphärische Einflüsse
- Unterschiedliche Vorprozeßierungsverfahren
- Jahreszeitliche Nutzungsunterschiede (z.B. größtenteils gemähte Grünlandflächen im Juni)

Um die obengenannten Ungenauigkeiten oder Fehler, die bei der Verknüpfung zweier unterschiedlicher Datensätze in einem GIS auftreten können, zu vermeiden, zu eliminieren oder zumindest zu minimieren, werden im Projektverlauf weitere Verfahren geprüft.

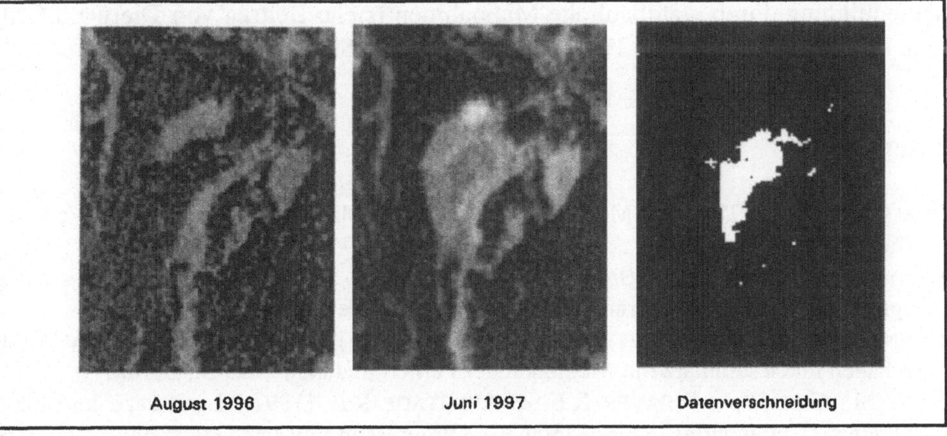

Abb. 5: Ausweisung neuer Kahlschlagflächen durch Verschneidung von IRS-1C-Satellitendaten zweier unterschiedlicher Aufnahmezeitpunkte

Als Beispiel für die Ermittlung von für die Landschaftsforschung bedeutsamen Parametern wurden zunächst verschiedene Methoden der Berechnung von Flächeneigenschaften und Entfernungen getestet und verglichen.

Hinsichtlich der Berechnung der *Flächeneigenschaften*, müssen im GIS mehrere Methoden kombiniert werden, um neben der *Arealgröße* wichtige beschreibende Faktoren, wie die *minimale Breite* und die *Form* der Fläche (Verhältnis Umfang / Flächengröße) zu ermitteln.
Die einfachste Methode der *Distanzenberechnung* ist die Pufferung der Polygone mit der für unterschiedliche Fragestellungen relevanten maximalen Distanz. Das Ergebnis dieser GIS-Bearbeitung enthält jedoch keine quantitative Berechnung der Entfernungen der einzelnen Flächen zueinander. Dies ist anhand der Berechnung der euklidischen Distanz im Raster-GIS möglich. Bei dieser Methode werden für jeden Bildpunkt des Rasterdatensatzes die Entfernung zum nächstliegenden Bildpunkt einer vom Nutzer definierten Klasse berechnet. Dieser Datensatz kann nun für unterschiedliche Eingabeparameter ausgewertet werden.

Im weiteren Projektverlauf werden anhand konkreter Planungsaufgaben derartige Funktionen unter Einbindung der Satellitendaten angewendet, und weitere Methoden der Ermittlung von für die Landschaftsforschung bedeutsamen Indikatoren geprüft. Hierfür können Fernerkundungsdaten wichtige Eingangsinformationen liefern (KENT et al. 1997, FORMAN 1995).

Geplant sind weiterhin u.a. die Erfassung von Natürlichkeits- und Hemerobiegraden der Vegetation. Hierfür werden die klassifizierten Satellitendaten mit zusätzlichen thematischen Daten verknüpft. KENNEWEG et al. (1996) führten eine derartige Analyse anhand der Verschneidung von Satellitenbilddaten mit Standortkarten und eines digitalen Geländemodells (DGM) im Harz durch.

Zudem werden Analysen über die Möglichkeiten der Förderung der Grundwasserneubildung durch waldbauliche Maßnahmen (siehe Beitrag von Dietwald Gruehn, TU Berlin) anhand der Einbindung forstlicher Standortkarten durchgeführt.

Literatur

FORMAN R.T.T (1995): Land Mosaics – The ecology of landscapes and regions. – 632 S.; Cambridge.

KALYANARAMAN S., RAJANGAM R.K. & RATTAN R. (1995): Indian remote sensing spacecraft – 1C/1D. – International Journal of Remote Sensing, 16/5, 791-799.

KENNEWEG H., SCHARDT M. & SAGISCHEWSKI H. (1996): Beobachtung von Waldschäden im Gesamtharz mit Methoden der Fernerkundung. – 229 S.; Berlin.

KENT M., GILL W.J., WEAVER R.E. & ARMITAGE R.P. (1997): Landscape and plant community boundaries in biogeography. – Progress in Physical Geography, 21/3, 315-353.

LANDESAMT FÜR UMWELTSCHUTZ SACHSEN-ANHALT (1992): Katalog der Biotoptypen und Nutzungstypen für die CIR-luftbildgestützte Biotoptypen- und Nutzungstypenkartierung im Land Sachsen-Anhalt. - Berichte des Landesamtes für Umweltschutz Sachsen-Anhalt, Heft 4, 39 S.; Halle.

WERNER C. (1996): Digitale Klassifizierung und GIS-Analyse von MOMS-02/D2-Bilddaten eines tropischen Regenwaldgebiets in Mindanao (Philippinen). – Berliner Geowissenschaftliche Abhandlungen, D/11, 114 S.; Berlin.

Ableitung von Indikatoren für die regional- bzw. naturraumspezifische Bewertung der Grundwasserneubildungsfunktion

Dietwald Gruehn

1 Einführung und Problemaufriß

Die nachhaltige Sicherung der Grundwasserneubildungsfunktion ist - neben der Sicherung weiterer Landschaftsfunktionen - Teil der umfassenden, im Bundesnaturschutzgesetz verankerten Zielsetzung des Naturschutzes und der Landschaftspflege, die natürlichen Lebensgrundlagen auch für zukünftige Generationen zu bewahren (vgl. GRUEHN 1998, S. 224). Im Naturschutz- bzw. Umweltrecht sind in den vergangenen Jahrzehnten mehrere Planungsinstrumente eingeführt worden, die sich mit der Problematik der Bewertung der Grundwasserneubildungsfunktion in unterschiedlichen Zusammenhängen zu befassen haben. Genannt seien hier nur die Landschaftsplanung, die landschaftspflegerische Begleitplanung sowie die Umweltverträglichkeitsprüfung. Der im folgenden dargestellte Verfahrensansatz zur Bewertung der Grundwasserneubildungsfunktion ist primär für die Landschafts*rahmen*planung, d.h. die Landschaftsplanung auf der regionalen Ebene - also den mesoskaligen Bereich - konzipiert, wobei insbesondere die Schnittstellen zur *Forstlichen* Rahmenplanung von Bedeutung sind. Der Ansatz ist im Rahmen eines von 1992 bis 1994 i.A. des MUNR Brandenburg an der TU Berlin gelaufenen Forschungsprojektes[21] zunächst für den Großklimabereich „β", d.h. das „Neubrandenburger Klima", entwickelt worden. Zwischenzeitig wurde das Verfahren auf andere Klimabereiche des nordostdeutschen Tieflandes erweitert (s.u.). Gemäß den „Kernfragen der Landschaftsplanung"[22] ergeben sich für die Landschaftsrahmenplanung in bezug auf das Teilziel „nachhaltige Sicherung der Grundwasserneubildungsfunktion" folgende Aufgaben:[23]

- Ermittlung/Kennzeichnung der für die Grundwasserneubildung wichtigen Bereiche:
  ➔ Für diese Bereiche sind v.a. Sicherungsvorschläge zu erarbeiten;
- Ermittlung/Kennzeichnung der Bereiche mit aktuellen und potentiellen Beeinträchtigungen der Grundwasserneubildung:
  ➔ Für diese Bereiche werden v.a. Entwicklungsvorschläge konzipiert;
- Abgleich der Sicherungs- und Entwicklungsvorschläge mit den aus anderen Naturschutzzielen abgeleiteten Vorschlägen zu einem „Gesamtkonzept":

---

21 Vgl. KENNEWEG et al. (1994).

22 Vgl. hierzu BIERHALS (1978, S. 30), KIEMSTEDT (1992, S. 16) sowie GRUEHN (1992 b, S. 38).

23 Vgl. hierzu auch GRUEHN (1992 a) sowie GRUEHN (1993).

➔ In diesem Arbeitsschritt geht es um die „Verdichtung“ zu konkreten Erfordernissen und Maßnahmen des Naturschutzes und der Landschaftspflege.[24]

Im Rahmen einer flächendifferenzierenden Bewertung der Grundwasserneubildungsfunktion werden die einzelnen Teilräume des Planungsgebietes im Hinblick auf ihr unterschiedliches Vermögen, Grundwasservorkommen zu regenerieren, beurteilt. Hierzu stehen verschiedene Verfahren zur Verfügung.[25] Kennzeichnend für die meisten solcher Verfahren ist es, daß die Grundwasserneubildung mit Hilfe weniger Indikatoren *universell* abgeschätzt werden kann. Dies führt jedoch häufig zu spezifischen Problemen, auf die im folgenden näher einzugehen ist, v. a. um die Rahmenbedingungen für die Weiterentwicklung entsprechender Verfahrensansätze aufzuzeigen. So beruhen diese Methoden meist auf planerisch wenig beeinflußbaren bzw. veränderbaren Kenngrößen, wie z. B. klimatischen oder bodenkundlichen Parametern. Nutzungs-, bzw. Vegetationsparameter, die in stärkerem Maße planerisch beeinflußbar sind, spielen dagegen oft nur eine untergeordnete Rolle.[26] Dieser Sachverhalt ist v. a. darin begründet, daß Klima und Boden einen sehr viel stärkeren Einfluß auf die Grundwasserneubildung haben als die Vegetation.[27]

Gleichwohl besteht aus planungsmethodischer Sicht erheblicher Bedarf an einer stärker differenzierenden Betrachtungsweise, da zur Gewährleistung anderer Teilziele von Naturschutz und Landschaftspflege, wie z. B. der nachhaltigen Sicherung der Lebensraumfunktion oder der Erosionswiderstandsfunktion der Landschaft, Vegetations- bzw. Nutzungsparameter z. T. in sehr viel „höherer Auflösung“ in die Landschaftsanalyse und -diagnose eingehen, als dies bei der Grundwasserneubildungsfunktion der Fall ist. Insofern könnte - systemimmanent, aber ungewollt - bei der Ableitung und Begründung konkreter Erfordernisse und Maßnahmen des Naturschutzes und der Landschaftspflege Aspekten der Grundwasserneubildungsfunktion nicht nur eine *geringere* Bedeutung eingeräumt werden als Anforderungen, die sich in erster Linie aus der Sicherung anderer Landschaftsfunktionen ergeben. Unter Umständen könnten in bestimmten Teilbereichen des Planungsgebietes sogar Entscheidungen über Nutzungsstrukturen oder -verhältnisse getroffen werden, *ohne* daß hierbei Gesichtspunkte der Grundwasserneubildung einfließen *können*, da aufgrund der mangelnden Differenzierung der Vegetationsverhältnisse aus methodischen Gründen keine weitergehenden Anforderungen ableitbar sind. Derartige „Systemfehler“ könnten bei der Abwägung der

---

24 Zur Definition von „Erfordernissen und Maßnahmen“ vgl. GASSNER et al. (1996, S. 99). Zum Zusammenhang der „Verdichtung“ zu konkreten Erfordernissen und Maßnahmen und der „aufgabeninternen Abwägung“ gemäß § 1 (2) 1. Alt. BNatSchG vgl. GRUEHN (1998, S. 15 f.).

25 Vgl. GRUEHN (1994, S. 60).

26 Vgl. z. B. die Verfahren von RENGER & STREBEL (1980), DÖRHÖFER & JOSOPAIT (1980) sowie RENGER (1992).

27 Vgl. z. B. LIEBSCHER (1970, S. 168).

sich aus § 1 BNatSchG ergebenden Belange untereinander zu sogenannten Gewichtungsfehlern, mithin zu Abwägungsfehleinschätzungen - oder allgemein Abwägungsfehlern[28] - führen, was sich wiederum negativ auf die Wirksamkeit der Planung auswirken könnte.[29] Anders verhielte es sich hingegen, wenn für die ungleichrangige Gewichtung verschiedener Belange von Naturschutz und Landschaftspflege gewichtige Argumente vorgebracht würden, etwa wenn die Hypothese „unterschiedliche Vegetationsformen bedingen bei sonst gleichen standörtlichen Bedingungen eine unterschiedliche Grundwasserneubildung" bereits falsifiziert wäre, was jedoch nicht zutrifft. Eine über die Unterscheidung von Acker- und/oder Grünland sowie Nadel- und/oder Laubwald hinausgehende Differenzierung kann jedenfalls mit den Verfahren von RENGER & STREBEL (1980), DÖRHÖFER & JOSOPAIT (1980) und RENGER (1992) nicht gewährleistet werden.[30]

Weitere Probleme ergeben sich v. a. bei großmaßstäbiger Betrachtung, insbesondere waldreicher Landschaften. Hier stellt sich zunächst die Frage, ob der in den Bewertungsverfahren unterstellte „gleiche" Einfluß der Vegetations- bzw. Nutzungsform „Wald" (DÖRHÖFER & JOSOPAIT, 1980) bzw. „Laub- oder Nadelwald" (RENGER & STREBEL, 1980, sowie RENGER, 1992) unabhängig von den spezifischen, in der Realität vorkommenden Baumarten tatsächlich „gleich" ist. Die Frage ist v. a. dann von Interesse, wenn es um die Beurteilung großflächiger, vegetationskundlich stark ausdifferenzierter Waldbereiche geht. In diesen Fällen wäre es aus planungspraktischen Gründen in besonderem Maße vorteilhaft, zwischen unterschiedlichen Wald- und Forsttypen differenzieren zu können, vorausgesetzt, daß diese in ihrem Einfluß auf die Grundwasserneubildung nicht identisch sind. Untersuchungen an einzelnen, wenigen Baumarten[31] lassen jedenfalls grundsätzliche Zweifel an einer „gleichen" Wirkung verschiedener Baumarten in bezug auf die Grundwasserneubildung aufkommen, auch wenn derartige Messungen bisher nicht an sämtlichen in Mitteleuropa wuchsfähigen Baumarten vorgenommen wurden. Aufgrund der bisher noch recht lückenhaften Kenntnisse über die genannten Wirkungszusammenhänge besteht prinzipiell die Gefahr einer zu selektiven Sichtweise. Geht man demnach davon aus, daß eine baumartenbedingte Variation der Grundwasserneubildung prinzipiell denkbar ist, stellt sich sodann die Frage, welche Konsequenzen dies für die Anwendung bzw. Übertragbarkeit der o. g. Verfahrensansätze hätte.

[28] Zur Terminologie von Abwägungsfehlern vgl. HOPPE & GROTEFELS (1995, S. 224) sowie GRUEHN (1998, S. 120).

[29] Vgl. z. B. KORELLA (1995).

[30] Gleichwohl ist darauf hinzuweisen, daß nach den genannten Verfahren Flächen gleicher Vegetation bzw. Nutzung aufgrund klimatischer oder pedologischer Unterschiede weiter untergliedert werden.

[31] Vgl. z. B. BRECHTEL (1973, 1979).

Da das Verfahren von DÖRHÖFER & JOSOPAIT (1980) auf verschiedenen, in mehreren Einzugsgebieten Norddeutschlands gefundenen, Zusammenhängen beruht, ist eine exakte „Rekonstruktion“ der Baumarten (sowie deren Mischungsverhältnisse) innerhalb dieser Einzugsgebiete - als Grundlage für die Definition des in diesem Verfahren verwendeten „Waldbegriffes“ - kaum möglich. Vielmehr ist eine „mehr oder weniger bunte Mischung“ unterschiedlicher Baumarten (in unbekanntem Mischungsverhältnis) anzunehmen. Soweit man eine baumartenbedingte Variation der Grundwasserneubildung nicht ausschließt, ergeben sich daraus für die Übertragbarkeit und Anwendbarkeit dieses Verfahrens insoweit Einschränkungen, als die Baumarten (sowie deren Mischungsverhältnisse) der zu bewertenden Gebiete in hydrologisch relevanter Weise von den Verhältnissen jener Einzugsgebiete abweichen, die dem Verfahrensalgorithmus zugrunde liegen.

Das Verfahren von RENGER & STREBEL (1980) bzw. RENGER (1992) beruht auf Zusammenhängen, die an Kiefern-, Fichten- und Buchenbeständen einer bestimmten Altersklasse ermittelt wurden. Kiefern- und Fichtenbestände werden dabei zu „Nadelwald“ aggregiert, Buchenbestände werden mit „Laubwald“ gleichgesetzt. Für die Anwendbarkeit bzw. Übertragbarkeit des Verfahrens ist dies zumindest dann mit Problemen verbunden, wenn die Anwendung z. B. in Gebieten mit Nadelholzbeständen erfolgen soll, die sich aufgrund des Artenspektrums und Alters in ihren hydrologischen Eigenschaften von jenen Kiefern- und Fichtenbeständen unterscheiden, die den Untersuchungen der o. g. Autoren zugrunde liegen. In gleicher Weise kann die Anwendung des Verfahrens in jenen Laubwaldgebieten problematisch sein, in denen anstelle von Buche Laubbäume mit „buchenunähnlichem“ hydrologischen Verhalten vorkommen.

Ein weiteres Problem ergibt sich aus der zeitlichen Dynamik der Bestandsentwicklung von Wäldern und Forsten, die sich über Jahrzehnte oder gar Jahrhunderte erstrecken kann. In diesem Zusammenhang stellt sich einerseits die Frage nach dem zeitlichen Bezugspunkt der Bewertung: Welches Bestandesalter soll als Vergleichsmaßstab dienen? Welches Bestandesalter liegt den o. g. Verfahren zugrunde? Z. B. 40, 80, 120 oder 160 Jahre? Andererseits ist die Frage aufzuwerfen, ob bei der Bewertung der Bestände lediglich der „gegenwärtige“ Alterszustand bedeutsam ist oder nicht vielmehr der gesamte Vegetationszyklus (bzw. Umtriebszeit) als Bezugsebene festgelegt werden muß? Die Fragen sind insofern höchst relevant, als hiervon das Bewertungsergebnis und somit die Planungsentscheidung abhängen kann. Aus planungsmethodischer Sicht wäre eine Beurteilung auf der Grundlage des gesamten Vegetationszyklus der Wälder bzw. der gesamten Umtriebszeit der Forsten anzustreben, da nur so eine vom Bewertungszeitpunkt unabhängige vergleichbare Bewertung unterschiedlicher Nutzungstypen möglich ist (vgl. GRUEHN, 1994, S. 62).

2 Verfahren zur Ermittlung der Grundwasserneubildung in Wäldern und Forsten des Großklimabereichs „β“

Die im Vergleich zu natürlichen Waldentwicklungen kurze Laufzeit des o. g. Forschungsprojektes[32] sowie der auch wissenschaftsintern bekannte Sachverhalt, daß wissenschaftsextern bereits angesichts ungesicherter Erkenntnisse Entscheidungen fallen (müssen),[33] ließen eine aus wissenschaftlicher Sicht sicherlich wünschenswerte Durchführung jahrzehntelanger Geländemessungen zur Erkundung der Grundwasserneubildung in Brandenburgs Wäldern und Forsten nicht zu. Statt dessen wurde ein anderer methodischer Weg beschritten: Es war der Frage nachzugehen, inwieweit eine Synthese des aktuellen (relevanten) theoretischen und empirischen Wissensstandes aus den Bereichen Hydrologie, Klimatologie, Forstliche Ertragskunde sowie Vegetations- und Standortskunde dahingehend möglich ist, zunächst hypothetische, zu einem späteren Zeitpunkt verifizierbare Aussagen über die Grundwasserneubildung zu treffen. Als empirische Basis für eine solche hypothetische Konstruktbildung konnten einbezogen werden:

- die allgemeine Wasserhaushaltsgleichung,
- langjährige Klimadaten (mittl. Jahresniederschlag/potentielle Evapotranspiration),
- langjährige Daten über die baumartenspezifische Wuchsleistung,
- der Zusammenhang von Produktivität und Wasserverbrauch (Gesamtverdunstung),
- die Zusammensetzung natürlicher Waldgesellschaften,
- die standörtliche Bindung natürlicher Waldgesellschaften.

Die mittlere langjährige Grundwasserneubildung ebener, terrestrischer Standorte läßt sich aus der Differenz des mittleren langjährigen Niederschlags und der mittleren langjährigen Gesamtverdunstung berechnen (in mm).[34] Für den hier relevanten Großklimabereich „β“ (Neubrandenburger Klima) wurde ein korrigierter Jahresniederschlagswert von 621 mm angesetzt.[35] Die Geamtverdunstung der unterschiedlichen Wald- bzw. Forstbestände ist abhängig von ihrer Produktivität, die selbst einerseits durch die - altersabhängige - baumartenspezifischen Wuchsleistung, andererseits durch die Standortsverhältnisse determiniert wird. Derartige Zusammenhänge sind für den Großklimabereich „β“ auf der Grundlage langjähriger Meßreihen vom Institut für Forstwissenschaften Eberswalde ermittelt wor-

---

32 Vgl. KENNEWEG et al. (1994).

33 Vgl. LÜBBE (1997, S. 180).

34 Vgl. SIMON et al. (1984, S.5). Zu den Komponenten der Verdunstung vgl. DYCK & PESCHKE (1989, S. 125 ff.).

35 Vgl. hierzu SIMON et al. (1984, Tab. 8) sowie KOPP, JÄGER & SUCCOW (1982, S. 71).

den.[36] Demnach steht die Gesamtverdunstung innerhalb des genannten Klimabereichs in enger korrelativer Beziehung zum

- laufenden jährlichen oberirdischen Phytomassezuwachs (in t/ha),
- laufenden jährlichen Baumholztrockensubstanzzuwachs (in t/ha),
- Bestandesbaumholzvolumen (in m^3/ha).

Tab. 1 Zusammenhang von Gesamtverdunstung und forstlichen Bestands- bzw. Zuwachsparametern im Großklimabereich „β" nach SIMON et al. (1984)

Zusammenhang zwischen Gesamtverdunstung und...	**bei wintergrünen Baumarten**	**bei winterkahlen Baumarten**
lfd. jährl. oberirdischer Phytomassezuwachs	r = 0,871 B = 0,759	r = 0,775 B = 0,601
lfd. jährl. Baumholztrockensubstanzzuwachs	r = 0,746 B = 0,556	r = 0,785 B = 0,616
Bestandesbaumholzvolumen	r = 0,930 B = 0,864	r = 0,947 B = 0,897

Tabelle 1 enthält die entsprechenden Korrelationskoeffizienten - als Maß für die Intensität des Zusammenhangs von Gesamtverdunstung und der genannten forstlichen Bestands- bzw. Zuwachsparameter für das Neubrandenburger Klima - getrennt für wintergrüne und winterkahle Baumarten. Sowohl bei wintergrünen wie auch bei winterkahlen Baumarten ist die Gesamtverdunstung am stärksten vom jeweiligen Bestandesbaumholzvolumen abhängig. Dabei handelt es sich um eine sehr enge korrelative Beziehung, da $r \geq 0,9$. Das Bestandesbaumholzvolumen vermag - als Regressor - bei den wintergrünen Baumarten 86,4 %, bei den winterkahlen Baumarten 89,7 % der Varianz der Gesamtverdunstung (Predictor) zu erklären, wie die in Tabelle 1 enthaltenen Bestimmtheitsmaße darlegen.[37] Die Restvarianz, d. h. der Anteil der durch dieses Modell nicht erklärten Varianz, ist mit 10,3 % bzw. 13,6 % gering. Die entsprechenden Zusammenhänge für wintergrüne (Gleichung 1) und winterkahle Baumarten (Gleichung 2) können durch folgende Regressionsgleichungen beschrieben werden:[38]

$$RET = 276{,}17 + 46{,}665 \ln(VB) \quad \text{(Gl. 1)}$$

$$RET = 242{,}59 + 48{,}690 \ln(VB) \quad \text{(Gl. 2)}$$

Dabei sind $\overline{RET}$ die mittlere langjährige Gesamtverdunstung in mm und VB das Bestandesbaumholzvolumen in m^3/ha. Ein Vorteil des Vorratsparameters

[36] Vgl. SIMON et al. (1984, Tab. 7).
[37] Vgl. hierzu auch SACHS (1997, S. 503).
[38] Vgl. SIMON et al. (1984, Tab. 7).

„Bestandesbaumholzvolumen" ist es, daß dieser auch für den Prozeß der Interzeption wirksam wird, während die beiden Zuwachsparameter hauptsächlich die Transpiration beeinflussen.[39] Da mit den forstlichen Ertragstafeln umfangreiche Daten zum Bestandesbaumholzvolumen verschiedener Baumarten in Abhängigkeit von Bonität und Bestandsalter vorliegen, ist auch die bereits diskutierte zeitdynamische und standortsbezogene Betrachtungsweise möglich. SIMON et al. (1984) haben auf der Grundlage der in den Gleichungen 1 und 2 beschriebenen Zusammenhänge mit Hilfe forstlicher Ertragstafeln die Gesamtverdunstung sowie unter Berücksichtigung des Niederschlags die Grundwasserneubildung für zahlreiche Baumarten und Bestockungszieltypen mit definierten Umtriebszeiten in Abhängigkeit von den Standortsbedingungen berechnet. Die entsprechenden Werte der Grundwasserneubildung sind auszugsweise in Tabelle 2 dargestellt.

Das dort verwendete Bezugssystem, wonach die Standortsverhältnisse durch die sogenannten Stamm-Standortsgruppen[40] repräsentiert werden, ist in mehrfacher Hinsicht vorteilhaft. Einerseits liegen diesbezüglich flächendeckende Informationen (für die Wälder und Forsten Ostdeutschlands) als Forstliche Standortskarte 1:10.000 vor. Andererseits ist aufgrund langjähriger Untersuchungen die Fruchtbarkeit bzw. Phytomasseproduktivität der jeweiligen Stamm-Standortsgruppen bekannt.[41] Hinzu kommt, daß dieses Bezugssystem ergänzbar ist um Informationen über die kurzfristig veränderbaren Standortseigenschaften, die als sogenannte Zustands-Standortsgruppen erhoben bzw. kartiert werden (können).[42] Damit ist es prinzipiell möglich, auch Degradations- oder Agradationsprozesse[43] in ihrer spezifischen Wirkung auf die Grundwasserneubildung zu berücksichtigen.

Tabelle 2 zeigt, daß sich die berechneten Werte der mittleren langjährigen Grundwasserneubildung verschiedener definierter Bestockungszieltypen bei sonst gleichen standörtlichen Bedingungen z. T. erheblich unterscheiden. Danach liegt z. B. die mittlere langjährige Grundwasserneubildung auf R1-Standorten bei dem Stieleichen-Edellaubbaum-Typ mit einer Umtriebszeit von 110 Jahren bei 145 mm/a, während sie bei dem Kiefern-Lebensbaum-Typ (mit 150 Jahren Umtriebszeit) nur 70 mm/a erreicht.

---

39 Vgl. SIMON et al. (1984, S. 2).

40 Die in Tabelle 2 hinter den Stamm-Nährkraftstufen (R, K, M, Z, A) aufgeführten Ziffern stellen folgende Stamm-Feuchtestufen dar: 1 = frisch, 2 = mäßig frisch, 3 = trocken.

41 Vgl. KOPP (1971) sowie KOPP et al. (1992).

42 Vgl. hierzu KOPP & SCHWANECKE (1994).

43 Vgl. hierzu ausführlich KOPP & SCHWANECKE (1994, S. 103 ff.).

Tab. 2: Mittlere langjährige Grundwasserneubildung (in mm/a) verschiedener Bestockungszieltypen im Großklimabereich „β“ in Abhängigkeit von den standörtlichen Verhältnissen und der Umtriebszeit nach SIMON et al. (1984), ergänzt

	Stamm-Standortsgruppen																	
	R = reich			K = kräftig			M = mittel				Z = ziemlich arm				A = arm			
Bestockungszieltyp	R1	R2	R3	K1	K2	K3	M1	M2	M2	M3	Z1	Z2	Z2	Z3	A1	A2	A2	A3
Umtriebszeit (in Jahren)								+				+				+		
Stieleichen-Edellaubbaum-Typ (110)	145																	
Stieleichen-Linden-Hainbuchen-Typ (110)	129	137																
Japanlärchentyp (60)	120	124		120	124		127											
Buchen-Edellaubbaum-Typ (140)	116	121																
Buchen-Nadelbaum-Typ (120)	101	105	128	101	105	128	113											
Traubeneichen-Linden-Hainbuchen-Typ (160)		104	120		104	122	120	122	126									
Traubeneichen-Buchen-Typ (160)		103	120		103	124	111	120	124									
Lärchen-Linden-Hainbuchen-Typ (110)		103	125	97	103	121	110	115										
Fichtentyp (80)	90	96		90	96		99				117							
Weymouthskieferntyp (80)	85	92		85	92		100	112			112							
Lärchen-Buchen-Typ (180)	86	89	97	86	89	99	97	101										
Douglasientyp (80)	79	85		82	93		93	97	107		107							
Küstentannentyp (80)	79	85		82	89													
Kieferntyp (110)				81	86	103	89	93	96	110	93	99	103	113	99	107	110	117
Kiefern-Douglasien-Typ (160)					82		84											
Kiefern-Fichten-Typ (130)				70			82				84							
Kiefern-Buchen-Typ (180)	71	75		71	75		80											
Kiefern-Lebensbaum-Typ (150)	70	76		70	76													
Kiefern-Linden-Hainbuchen-Typ (150)		72			72													

Tab. 3: Mittlere langjährige Grundwasserneubildung (in mm/a) natürlicher Waldgesellschaften im Großklimabereich „β“ in Abhängigkeit von den standörtlichen Verhältnissen nach GRUEHN (1994), verändert

	Stamm-Standortsgruppen R = reich			K = kräftig			M = mittel				Z = ziemlich arm				A = arm			
Natürliche Waldgesellschaft	R1	R2	R3	K1	K2	K3	M1	M2 +	M2	M3	Z1	Z2 +	Z2	Z3	A1	A2 +	A2	A3
Eichenwald	-	-	-	-	-	134	-	-	-	140	-	132	-	-	-	-	-	152
Trockener Stieleichen-Birkenwald	-	-	-	-	-	-	-	-	126	-	123	128	132	-	-	-	*137*	*152*
Feuchter Stieleichen-Birkenwald	-	-	-	-	-	-	-	-	-	-	-	-	-	-	*128*	*132*		
Linden-Eichenwald	-	-	-	-	-	-	-	-	124	138	-	-	-	-	-	-	-	-
Stieleichen-Hainbuchenwald	107	*114*	-	111	*118*	-	*116*	*120*	-	-	-	-	-	-	-	-	-	-
Traubeneichen-Hainbuchenwald	104	111	*123*	*108*	115	*128*	113	117	120	*133*	-	-	-	-	-	-	-	-
Buchen-Traubeneichenwald	-	110	122	-	114	127	113	116	119	*132*	*117*	*121*	124	*138*	-	-	-	-
Stieleichen-Buchenwald	-	-	-	-	113	-	-	-	118	-	-	123	-	-	-	-	-	-
Armer Buchenwald	-	-	-	-	-	-	*110*	*114*	*117*	*130*	*114*	*119*	*122*	136	-	-	-	141
Reicher Buchenwald	101	108	120	*105*	112	*125*	-	-	-	-	-	-	-	-	-	-	-	-
Kiefern-Traubeneichenwald	-	-	-	-	-	118	100	105	110	125	105	111	115	-	112	117	122	-
Kiefernwald	-	-	-	-	-	-	79	84	89	108	85	91	96	115	93	99	104	123

- = kein Vorkommen der Waldgesellschaft
kursiv = Vorkommen der Waldgesellschaft ungesichert

Da die in Tabelle 2 enthaltene Auswahl an Bestockungszieltypen primär an einer wirtschaftlichen Zielsetzung orientiert ist, stellt sich die Frage, ob und inwieweit derartige Modellrechnungen auch für natürliche bzw. naturnahe Waldgesellschaften, die für die Zielsetzungen von Naturschutz und Landschaftspflege in stärkerem Maße relevant sein könnten, durchgeführt werden können.[44] Hierzu bedarf es u.a. ergänzender Informationen über die in der Region vorkommenden natürlichen Waldgesellschaften, über deren Baumartenzusammensetzung sowie über deren spezifische Standortbindung.[45] Mit Hilfe dieser Informationen kann auf der Grundlage der Daten von SIMON et al. (1984) - analog zu den Bestockungszieltypen - die mittlere langjährige Gesamtverdunstung und damit die Grundwasserneubildung der natürlichen Waldgesellschaften im Großklimabereich „β" berechnet werden. Tabelle 3 enthält eine Übersicht der auf terrestrischen Standorten innerhalb des Großklimabereichs „β" vorkommenden natürlichen Waldgesellschaften und ihrer mittleren langjährigen Grundwasserneubildung.[46] Auch bei den natürlichen Waldgesellschaften ergeben die Berechnungen z.T. erhebliche Unterschiede: Während beispielsweise bei Z2+-Standorten unter Kiefernwald eine mittlere langjährige Grundwasserneubildung von 91 mm/a berechnet wurde, ergeben sich bei einem Eichenwald 132 mm/a. Ähnlich große Unterschiede treten auch bei den übrigen M-, Z- und A-Standorten auf. Bei den reichen und kräftigen Standorten sind die Differenzen hingegen sehr viel geringer.

Da die in den Tabellen 2 und 3 dargestellten Berechnungsergebnisse auf empirischer Grundlage beruhen, d.h. nicht nur „theoretischer Natur" sind, dürften sie sich bereits für den Einsatz in der Planungspraxis - freilich zunächst nur unter den Bedingungen des „Neubrandenburger Klimas" - eignen.[47] Dies gilt v.a. auch deshalb, weil - wie o.a. - Entscheidungen über konkrete Flächennutzungen ohnehin gefällt werden (müssen). Soweit sich aus dem Kriterium Grundwasserneubildung lediglich geringe Unterschiede zwischen den Wald- oder Forsttypen gleicher Standortsverhältnisse ergeben, d.h. eine entsprechende Differenzierung im Hinblick auf die Planungsentscheidung mit Unsicherheiten behaftet zu sein scheint, wären aus planungsmethodischer Sicht Empfehlungen zugunsten oder zuungunsten bestimmter Nutzungstypen v.a. aufgrund anderer Zielsetzungen, als jener der nachhaltigen Sicherung der Grundwasserregeneration, zu treffen. Je größer die Unterschiede der Grundwasserneubildung zwischen den jeweiligen Wald- und Forsttypen hingegen sind, desto eher können Planungsentscheidungen auch auf

---

44 Vgl. hierzu KENNEWEG et al. (1994).

45 Vgl. hierzu im einzelnen GRUEHN (1994, S. 66 ff.).

46 Im Unterschied zu GRUEHN (1994, S. 69) sind die Werte der Grundwasserneubildung für die Stamm-Standortsgruppen in Tabelle 3 nicht bonitätsbezogen aggregiert, sondern entsprechend ihrer (standörtlichen) Produktivität individuell berechnet worden.

47 Zu möglichen Bedenken vgl. Abschnitt „Resümee - Weiterer Forschungs- und Entwicklungsbedarf".

dem Aspekt der Grundwasserneubildung beruhen. Auch in diesem Fall gilt jedoch, daß Planungsentscheidungen in der Regel multifunktional begründet werden. Daß Planungsentscheidungen ausschließlich auf der Grundlage der Bewertung der Grundwasserneubildungsfunktion getroffen werden, dürfte wegen des medienübergreifenden Ansatzes der Landschaftsplanung eine absolute Ausnahme darstellen.

3 Übertragung des Verfahrens auf andere Großklimabereiche

Soll das für den Großklimabereich „β“ konzipierte Verfahren zur Bestimmung der Grundwasserneubildung auf andere Klimabereiche (vgl. Tabelle 4) übertragen werden, stellen sich folgende Probleme: Höhere Niederschläge und eine höhere potentielle Verdunstung, wie z. B. im Fläming, in der Lausitz oder an den Hochflächen der Ostseeküste, bewirken eine höhere (absolute) Bestandesverdunstung. Geringere Niederschläge und eine geringere potentielle Verdunstung, wie z. B. in der Südmark, führen zu einer geringeren (absoluten) Verdunstung. Es existieren jedoch auch Klimabereiche, in denen sich Niederschlag und potentielle Evapotranspiration gegenüber dem Großklimabereich „β“ nicht gleichgerichtet ändern, so z. B. in Mecklenburg. Hier ist der Niederschlag gegenüber dem Neubrandenburger Klima erhöht, die potentielle Evapotranspiration dagegen vermindert. Die für das Neubrandenburger Klima berechneten Werte der Gesamtverdunstung bzw. der Grundwasserneubildung (vgl. Tabellen 2 und 33) können demnach nicht ohne weiteres auf die anderen Großklimabereiche des nordostdeutschen Tieflandes übertragen werden, sondern erfordern eine entsprechende Korrektur. Um den Einfluß der genannten klimatischen Faktoren auf die Bestandesverdunstung zu berücksichtigen, wurden von SIMON et al. (1984, S. 4) auf der Grundlage empirischer Untersuchungen in den jeweiligen Großklimabereichen mit Hilfe des Effektivitätsparameters BAGFN von BAGROV (1953) bzw. GLUGLA und THIEMER (1971) Korrekturfaktoren der Evapotranspiration (K_{ET}, vgl. Tabelle 4) ermittelt.
Mit Hilfe dieser Korrekturfaktoren können zunächst aus den für den Großklimabereich „β“ vorliegenden Werten der Geamtverdunstung nach SIMON et al. (1984, S. 4) die entsprechenden Werte der Gesamtverdunstung der anderen Klimabereiche berechnet werden. Auf der Basis der korrigierten Verdunstungswerte kann sodann die Grundwasserneubildung der unterschiedlichen Wälder und Forsten aus dem spezifischem Niederschlag des jeweiligen Großklimabereichs errechnet werden. Beispielhaft enthält Tabelle 5 eine Übersicht berechneter Werte der mittleren langjährigen Grundwasserneubildung verschiedener Bestockungszieltypen innerhalb des Großklimabereichs „γ“ (Südmärkisches Klima). Entsprechende Tabellen sind auch für die übrigen Großklimabereiche zusammengestellt und berechnet worden. Auf einen Abdruck muß jedoch verzichtet werden, da dies den Rahmen

des Aufsatzes sprengen würde. In der gleichen Weise können aus den korrigierten Verdunstungswerten sowie dem gebietsspezifischen langjährigen Niederschlagsmittel die Werte der mittleren langjährigen Grundwasserneubildung für die naturnahen Wälder errechnet werden. Diese sind in Tabelle 6 beispielhaft für den Klimabereich „δ“ (Altmärkisches Klima) dargestellt.

Tab. 4: Mittlere langjährige Werte von Niederschlag und potentieller Evapotranspiration (in mm/a) sowie Korrekturfaktoren der Evapotranspiration verschiedener Großklimabereiche des nordostdeutschen Tieflandes nach SIMON et al. (1984)

Großklimabereich	**N**	**ET_{pot}**	**K_{ET}**
α (Mecklenburg)	687	600	1,045
β (Neubrandenburg)	621	610	1,0
γ (Südmark)	578	630	0,963
δ (Altmark)	621	600	0,991
ε (Fläming)	665	625	1,044
λ (Darß)	621	615	1,014
κ (Usedom)	621	630	1,02
φ (Lausitz)	676	625	1,063
σ (Küstenhochflächen)	676	620	1,012

4 Möglichkeiten der Validierung des Verfahrens

Derzeit wird das Verfahren einer externen Validierung in den jeweiligen Klimabereichen unterzogen. Hierzu werden mit Hilfe eines Geographischen Informationssystems Bilanzen der Grundwasserneubildung für größere (Einzugs-)Gebiete innerhalb der o.g. Klimabereiche berechnet und den mit anderen, bereits abgesicherten Verfahren gewonnenen Ergebnissen gegenübergestellt. Die dafür erforderlichen Vegetations- bzw. Nutzungsparameter werden z.T. aus Fernerkundungsdaten gewonnen (vgl. Beitrag von C. WERNER in diesem Band). Soweit eine Validierung, z.B. wegen erheblicher Abweichungen zwischen den unterschiedlichen Verfahren, nicht möglich sein sollte, wäre zu versuchen, auf der Grundlage unterschiedlicher, den bisherigen Kenntnisstand geringfügig modifizierender, Hypothesen durch mathematische Simulationen zu einer besseren Modellanpassung zu gelangen.

Tab. 5: Mittlere langjährige Grundwasserneubildung (in mm/a) verschiedener Bestockungszieltypen im Großklimabereich „γ“ in Abhängigkeit von den standörtlichen Verhältnissen und der Umtriebszeit nach SIMON et al. (1984), ergänzt

	Stamm-Standortsgruppen R = reich			K = kräftig			M = mittel				Z = ziemlich arm				A = arm			
Bestockungszieltyp (Umtriebszeit(in Jahren)	R1	R2	R3	K1	K2	K3	M1	M2 +	M2	M3	Z1	Z2 +	Z2	Z3	A1	A2 +	A2	A3
Stieleichen-Edellaubbaum-Typ (110)	120																	
Stieleichen-Linden-Hainbuchen-Typ (110)	112	120																
Buchen-Edellaubbaum-Typ (140)	102	109																
Japanlärchentyp (60)	99			102														
Traubeneichen-Buchen-Typ (160)		87			87	108	96	103	99									
Traubeneichen-Linden-Hainbuchen-Typ (160)		87			87	103	96	98	101									
Buchen-Nadelbaum-Typ (120)	85	89		85	89		89											
Fichtentyp (80)	79	86		79	86		86				114							
Lärchen-Linden-Hainbuchen-Typ (110)		83		76	86	100	91	94										
Weymouthskieferntyp (80)	69	85		69	85		85	101			101							
Küstentannentyp (80)	66	73		70														
Douglasientyp (80)	62	70		66	73		73	78	88									
Lärchen-Buchen-Typ (180)	66	69		66	70		73	77										
Kieferntyp (110)				61	70	83	70	72	75	89	72	79	83	93	75	83	85	93
Kiefern-Douglasien-Typ (160)					65													
Kiefern-Fichten-Typ (130)							61											
Kiefern-Buchen-Typ (180)	52	57		52	59		59											
Kiefern-Linden-Hainbuchen-Typ (150)		51			54													

Tab. 6: Mittlere langjährige Grundwasserneubildung (in mm/a) natürlicher Waldgesellschaften im Großklimabereich „δ“ in Abhängigkeit von den standörtlichen Verhältnissen

	Stamm-Standortsgruppen R = reich			K = kräftig			M = mittel				Z = ziemlich arm				A = arm			
Natürliche Waldgesellschaft	R1	R2	R3	K1	K2	K3	M1	M2+	M2	M3	Z1	Z2+	Z2	Z3	A1	A2+	A2	A3
Eichenwald	-	-	-	-	-	138	-	-	-	144	-	136	-	-	-	-	-	156
Trockener Stieleichen-Birkenwald	-	-	-	-	-	-	-	-	131	-	128	132	136	-	-	-	*141*	*156*
Feuchter Stieleichen-Birkenwald	-	-	-	-	-	-	-	-	-	-	-	-	-	-	*132*	*136*		
Linden-Eichenwald	-	-	-	-	-	-	-	-	129	142	-	-	-	-	-	-	-	-
Stieleichen-Hainbuchenwald	112	*119*	-	116	*123*	-	*121*	*125*	-	-	-	-	-	-	-	-	-	-
Traubeneichen-Hainbuchenwald	109	116	*128*	*113*	120	*132*	118	122	125	*137*	-	-	-	-	-	-	-	-
Buchen-Traubeneichenwald	-	115	127	-	119	131	118	121	124	*136*	*122*	*126*	129	*142*	-	-	-	-
Stieleichen-Buchenwald	-	-	-	-	118	-	-	-	123	-	-	128	-	-	-	-	-	-
Armer Buchenwald	-	-	-	-	-	-	*115*	*119*	*122*	*134*	*119*	*124*	*127*	140	-	-	-	145
Reicher Buchenwald	106	113	125	*110*	117	*130*	-	-	-	-	-	-	-	-	-	-	-	-
Kiefern-Traubeneichenwald	-	-	-	-	-	123	105	110	115	130	110	116	120	-	117	122	127	-
Kiefernwald	-	-	-	-	-	-	84	89	94	113	90	96	101	120	98	104	109	128

- = kein Vorkommen der Waldgesellschaft; *kursiv* = Vorkommen der Waldgesellschaft ungesichert

5 Resümee - Weiterer Forschungs- und Entwicklungsbedarf

Das dargestellte Verfahren erlaubt insbesondere im Hinblick auf Vegetations- bzw. Nutzungsparameter sehr viel stärker differenzierende Aussagen als herkömmliche Verfahren. Die Synthese von hydrologischen klimatologischen, ertragskundlichen, vegetations- und standortskundlichen Kenntnissen läßt erhebliche Zweifel an der Richtigkeit der bisherigen „Gleichbewertung" unterschiedlicher Wald- und Forsttypen im Rahmen der Beurteilung der Grundwasserneubildungsfunktion aufkommen. Die auf empirischer Grundlage beruhenden Modellrechnungen sprechen jedenfalls dagegen. Andererseits werfen die aus den Tabellen 2, 3, 5 und 6 ableitbaren Differenzen der Grundwasserneubildung zwischen unterschiedlichen Bestockungszieltypen und natürlichen Waldgesellschaften gleicher Standortsbedingungen - v. a. dann, wenn diese Differenzen sehr klein sind - die Frage nach der Signifikanz der Unterschiede auf. Da es sich bei diesem Ansatz - wie bereits dargelegt - um eine Hypothesenbildung handelt, die auf einer synoptischen Betrachtung unterschiedlicher theoretischer und empirisch abgesicherter Kontexte beruht, besteht vor dem Hintergrund der dargelegten Modellrechnungen begründeter Anlaß, in zukünftigen Untersuchungen das für die Verifizierung erforderliche empirische Material zu erheben. Aus wahrscheinlichkeitstheoretischen Gründen wird sich eine solche Untersuchung über viele Jahre erstrecken und eine Vielzahl unterschiedlicher Bestände einbeziehen müssen, denn der Umstand, ob sich bestimmte Waldtypen hinsichtlich eines Kriteriums signifikant voneinander unterscheiden, hängt nicht nur von der „Realität", der Anzahl der beteiligten Variablen und dem festzulegenden Signifikanzniveau ab, sondern v. a. auch von dem Stichprobenumfang.[48] Insbesondere die Verifikation geringfügiger Unterschiede erfordert große Stichprobenumfänge und bedeutet somit einen hohen Aufwand. Vorrangig sind freilandökologische Untersuchungen zur Grundwasserneubildung insbesondere für die bisher wenig untersuchten Baumarten Hainbuche, Birke, Linde, Ahorn sowie die natürlichen Waldgesellschaften auf unterschiedlichen Standorten. Als weitere Forschungsdesiderata kommen 1. die Überprüfung der Gültigkeit forstlicher Ertragstafeln aufgrund der allseits bekannten „Stickstoffeinträge" in die Landschaft, 2. die Erweiterung des Verfahrens auf semiterrestrische Standorte sowie 3. die Fragestellung der Übertragbarkeit des Verfahrens auf westdeutsche Landschaften gleicher oder ähnlicher klimatischer und standörtlicher Bedingungen in Frage.

---

[48] Vgl. BORTZ (1989, S. 14, S. 136 ff., S. 157 ff.).

Literatur

BAGROV, N. A. (1953): Über den langjährigen Mittelwert der Verdunstung von der Erdoberfläche. Meteorologija i Gidrologija 10, S. 20-25.

BIERHALS, E. (1978): Ökologischer Datenbedarf für die Landschaftsplanung. Anmerkungen zur Konzeption einer Landschaftsdatenbank. Landschaft und Stadt 10 (1), S. 30-36.

BORTZ, J. (1989): Statistik für Sozialwissenschaftler. 3. Aufl. - Berlin.

BRECHTEL, H. M. (1973): Ein methodischer Beitrag zur Quantifizierung des Einflusses von Waldbeständen verschiedener Baumarten und Altersklassen auf die Grundwasserneubildung. Zeitschrift der Deutschen Geologischen Gesellschaft 124, S. 593-605.

BRECHTEL, H. M. (1979): Einfluß der Verdunstung verschiedener Vegetationsdecken auf den Gebietswasserhaushalt. DVWK-Schriften 40, S. 172-223.

DÖRHÖFER, G. & V. JOSOPAIT (1980): Eine Methode zur flächendifferenzierten Ermittlung der Grundwassserneubildungsrate. Geologisches Jahrbuch C 27, S. 45-65.

DYCK, S. & G. PESCHKE (1989): Grundlagen der Hydrologie. 2. Aufl. - Berlin.

GASSNER, E. et al. (1996): Bundesnaturschutzgesetz (BNatSchG). Kommentar. - München.

GLUGLA, G. & K. THIEMER (1971): Grundwasserneubildung - Ein verbessertes Verfahren zur Berechnung der Grundwasserneubildung. Wasserwirtschaft - Wassertechnik 21 (10), S. 349-353.

GRUEHN, D. (1992 a): Der Landschaftsplan. Modellhafte Anwendung am Beispiel der Gemeinde Feldatal/Hessen. Landschaftsentwicklung und Umweltforschung S 7. - Berlin.

GRUEHN, D. (1992 b): Erfahrungen mit der kommunalen Landschaftsplanung. Landschaftsarchitektur 22 (6), S. 36-41.

GRUEHN, D. (1993): Inhalte der Landschafts(rahmen)planung - entwickelt aus dem Brandenburgischen Naturschutzgesetz. In: MINISTERIUM FÜR UMWELT, NATURSCHUTZ UND RAUMORDNUNG DES LANDES BRANDENBURG [Hrsg.]: Landschaftsrahmenplanung Brandenburg, Materialien Nr. 4, 15 S.

GRUEHN, D. (1994): Grundwasserneubildungsfunktion in Waldbereichen. In: KENNEWEG, H. et al.: Abschlußbericht zum Forschungsprojekt "Landschaftsrahmenplanung - Forstliche Rahmenplanung" i. A. des Ministeriums für Umwelt, Naturschutz und Raumordnung des Landes Brandenburg. Berlin, S. 59-75.

GRUEHN, D. (1998): Die Berücksichtigung der Belange von Naturschutz und Landschaftspflege in der vorbereitenden Bauleitplanung. Ein Beitrag zur theoretischen Fundierung und methodischen Operationalisierung von Wirksamkeitskontrollen. Europäische Hochschulschriften 42 (22). - Frankfurt.

HOPPE, W. & S. GROTEFELS (1995): Öffentliches Baurecht. Juristisches Kurzlehrbuch für Studium und Praxis. - München.

KENNEWEG, H. et al. (1994): Abschlußbericht zum Forschungsprojekt "Landschaftsrahmenplanung - Forstliche Rahmenplanung" i. A. des Ministeriums für Umwelt, Naturschutz und Raumordnung des Landes Brandenburg. - Berlin.

KIEMSTEDT, H. (1992): Landschaftsplanung - Inhalte und Verfahrensweisen. - Bonn.

KOPP, D. (1971): Fruchtbarkeitsziffern als Kennziffern für die Waldbodenfruchtbarkeit und ihre Veränderungen. Archiv für Bodenfruchtbarkeit und Pflanzenproduktion 4 (15), S. 267-274.

KOPP, D. et al. (1992): Natürliche Waldgesellschaft (als Stammvegetationsform) und Phytomasseproduktivität für die Klimastufe Trockenes Tieflandsklima. Ökogramm. Landesanstalt für Forstplanung. - Potsdam.

KOPP, D., K.-D. JÄGER & M. SUCCOW (1982): Naturräumliche Grundlagen der Landnutzung am Beispiel des Tieflandes der DDR. - Berlin.

KOPP, D. & W. SCHWANECKE (1994): Standörtlich-naturräumliche Grundlagen ökologiegerechter Forstwirtschaft. - Berlin.

KORELLA, D. (1995): Landschaftsplanung und Gerichtskontrolle am Beispiel Nordrhein-Westfalens. Die gerichtliche Kontrolle der Landschaftspläne nach dem Landschaftsgesetz des Landes Nordrhein-Westfalen. Schriften zum Umweltrecht 60. - Berlin.

LIEBSCHER, H.-J. (1970): Grundwasserneubildung und Verdunstung unter verschiedenen Niederschlags-, Boden- und Bewuchsverhältnissen. Die Wasserwirtschaft 60 (5), S. 168-174.

LÜBBE, W. (1997): Der Gutachterstreit - ein wissenschaftsethisches Problem? GAIA 6 (3), S. 177-181.

MARKS, R. et al. (1992): Anleitung zur Bewertung des Leistungsvermögens des Leistungsvermögens des Landschaftshaushaltes. 2. Aufl. Forschungen zur deutschen Landeskunde 229. - Trier.

RENGER, M. (1992): Bestimmung der Bodenwasserhaushaltskomponenten. DVGW-Schriftenreihe 72. - Eschborn.

RENGER, M. & O. STREBEL (1980): Jährliche Grundwasserneubildung in Abhängigkeit von Bodennutzung und Bodeneigenschaften. Wasser und Boden 32 (8), S. 362-366.

SACHS, L. (1997): Angewandte Statistik. Anwendung statistischer Methoden. 8. Aufl. - Berlin.

SIMON, K.-H. et al. (1984): Hydrologische Kennwerte zur Intensivierung der wasserwirtschaftlichen Leistungen der Wälder auf Sandböden des Tieflandes. Institut für Forstwissenschaften Eberswalde.

Skalenaspekte der Bodenerosion

Katharina Helming und Monika Frielinghaus

1 Einführung

Bodenerosion durch Wasser ist ein Phänomen, das räumlich wie auch zeitlich sehr weite Maßstabsbereiche umfaßt. Die jeweiligen Einflußfaktoren, Teilprozesse und Auswirkungen der Erosion sind dabei unterschiedlich und werden in verschiedenen Wissensgebieten behandelt. Mit diesem Beitrag wird versucht, die räumliche und zeitliche Skala der einflußnehmenden Faktoren, der Teilprozesse und der Auswirkungen zu prüfen und daraus funktionale Skalen abzuleiten. Der Ansatz basiert auf der Überlegung, daß die Kenntnis der funktionalen Skalengrenzen die Grundlage darstellt für eine skalenübergreifende Betrachtung der Erosion.

Der treibende Prozeß für die Wassererosion ist maßstabsunabhängig die Konzentration von oberflächlich abfließendem Wasser in Abflußbahnen, welche in einer hierarchischen Anordnung zu komplexen Abflußmustern konvergieren. Die Muster dieser Abfluß- bzw. Erosionspfade weisen fraktale Strukturen auf, die über einen breiten Maßstabsbereich ähnlich und somit skaleninvariant sind (RODRIGUEZ-ITURBE et al., 1994). Die vier Hauptkomponenten der Erosion: Klima, Relief, Hydrologie und Boden sowie Landnutzung sind ebenfalls in allen Maßstabsbereichen dieselben. Skalenspezifische Unterschiede ergeben sich durch die jeweilige Wichtung der einflußnehmenden Faktoren und durch unterschiedliche Teilprozesse, welche das Erosionsmuster erzeugen. Da dies zu unterschiedlichen ökologischen Auswirkungen des Erosionsprozesses führt, ist ein skalenspezifischer Ansatz bei der Ableitung von Erosionsschutzmaßnahmen notwendig.

In einem einfachen Ansatz werden an dieser Stelle die vier funktionalen Skalen Pedotop, Hang, Hanggesellschaft und Einzugsgebiet definiert. Sie unterscheiden sich sowohl hinsichtlich ihres Prozessverlaufs, als auch hinsichtlich ihrer ökologischen Auswirkungen. In der Abbildung 1 sind die einzelnen Faktoren der drei Hauptkomponenten Relief, Hydrologie und Boden sowie Landnutzung für die vier funktionalen Skalen skizzenhaft zusammengefaßt. In Form einer Literaturauswertung werden im Folgenden Beispiele für skalenspezifische Faktoren und Prozesse der Bodenerosion diskutiert.

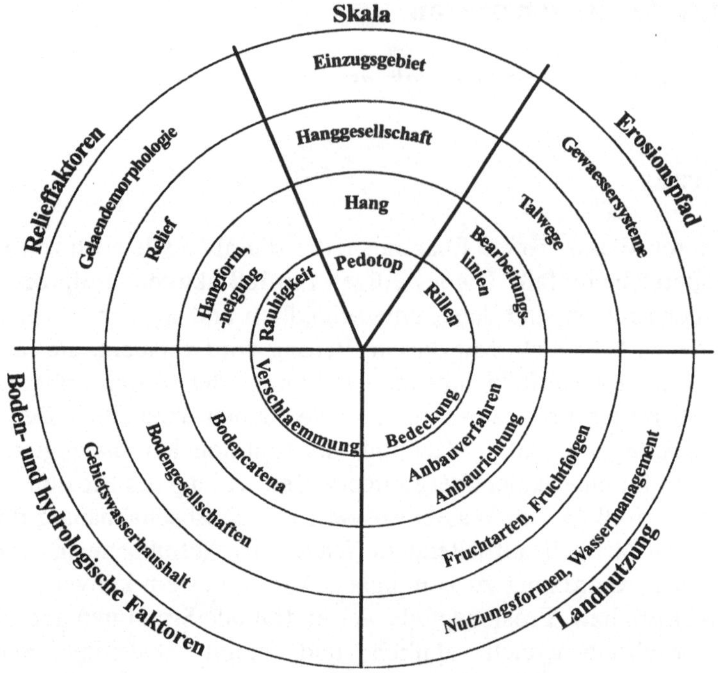

Abb.1: Faktoren der Wassererosion für vier funktionale Skalen.

2 Skalenebene Pedotop: Faktoren und Teilprozesse der Wassererosion

In der Skala des Pedotops ist die Aufteilung des Niederschlags in Infiltration und Oberflächenabfluß der vorherrschende Prozeß. Er bestimmt das Anfangsstadium der Erosion. Der Zustand an der Bodenoberfläche (Feuchte, Rauhigkeit, Vegetationsbedeckung) und die Intensität sowie Energie einzelner Niederschläge entscheiden über die Dynamik der Infiltrations- und Abflußrate während des Ereignisses (MOORE and LARSON, 1980; RÖMKENS et al., 1995; ROTH et al., 1995). Der Faktor Landnutzung wirkt über die Bedeckung der Bodenoberfläche (MILLS et al., 1988). Auf vegetationsbedeckten Flächen wird bei einem Niederschlag die Energie der aufprallenden Regentropfen abgepuffert, und das Niederschlagswasser infiltriert in den Boden. Oberflächenabfluß bildet sich, wenn der Boden gesättigt oder die Niederschlagsintensität größer als die hydraulische Leitfähigkeit des ungesättigten Boden ist. Der erste Fall wird als Sättigungsabfluß, der zweite als Horton'scher Abfluß bezeichnet (CHORLEY, 1978). Sättigungsabfluß tritt unter mitteleuropäischen Klimabedingungen bei hohen Niederschlagsmengen besonders im Winter auf (KWAAD, 1991). Die Wahrscheinlichkeit des Auftretens von Sättigungsabfluß wird auf solchen Standorten erhöht, wo Schichten oder Horizonte mit geringer Leitfähigkeit (Pflugsohlenbasisverdichtung, Bt-Horizont) vorliegen, welche das wasseraufnehmende Bodenvolumen limitieren (FRIELINGHAUS et al., 1992a).

Bei unbedeckter Bodenoberfläche ist die Niederschlagsenergie der prozessbestimmende Faktor (EIGEL & MOORE, 1983; MUALEM et al., 1990; SHARMA et al., 1991). Die kinetische Energie des Regentropfens wird beim Aufprall auf die Bodenoberfläche in vertikal und lateral wirkende Kräfte umgesetzt, welche in einer Planschwirkung die Bodenoberfläche verdichten und die Aggregatstruktur zerstören (AL-DURRAH & BRADFORD, 1982; LE BISSONAIS et al., 1989). Abgesprengte Bodenpartikel werden im Bodenverband eingeregelt oder sedimentieren als Haut mit geringer Porosität auf der Bodenoberfläche, wodurch eine dichte Verschlämmungsschicht entsteht (ROTH & HELMING, 1992). Die hydraulische Leitfähigkeit dieser nur wenige mm mächtigen Schicht ist um mindestens eine Zehnerpotenz geringer als die des strukturierten Bodens (MCINTYRE, 1958; BRESLER & KEMPER, 1970; ROTH et al., 1995). Die Folge ist eine exponentielle Abnahme der Infiltrationsrate, so daß Oberflächenabfluß einsetzt. Die Verschlämmungsbildung tritt besonders im Frühling und Frühsommer auf, wenn Niederschläge mit hoher Intensität (Konvektionsniederschläge) auf nicht oder wenig bedeckte Bodenoberflächen treffen (KWAAD, 1991).

Die Stärke des Verschlämmungsprozesses ist außer von der Niederschlagsenergie abhängig von den Bodeneigenschaften (Textur, Kationenbelegung, organische Substanz) und dem aktuellen Bodenzustand (Rauhigkeit, Vorverschlämmungsgrad, Bodenfeuchte) (RÖMKENS et al., 1990; SHAINBERG & LEVY, 1996). Dabei ist im Gegensatz zum erstgenannten Fall der vegetationsbedeckten Bodenoberfläche die Verschlämmung und Abnahme der Infiltrationsrate um so stärker, je geringer die Bodenfeuchte an der direkten Oberfläche ist (RUDOLPH et al., 1997). In diesem Fall beschleunigt die Luftsprengung, d.h. das plötzliche Entweichen von während der schnellen Befeuchtung im Aggregatinneren eingeschlossener Luft den Aggregatzerfall (LE BISSONAIS et al., 1989; POTRATZ et al., 1991; AUERSWALD, 1993).

Die Komponente Relief wirkt in der Pedotopskala über den Faktor Rauhigkeit (RÖMKENS & WANG, 1984) bzw. Mikrorelief (HELMING et al., 1993) in einem Maßstab von 2-100 mm. Diese von der Sekundärbodenbearbeitung verursachte, ungerichtete Rauhigkeit beeinflußt die Größe der tatsächlichen Bodenoberfläche relativ zu einer Grundfläche und damit die Dichte der aufprallenden Regentropfen (HELMING & ROTH, 1995), und sie beeinflußt die Größe der wasserbestandene Fläche (ponding) welche die Energie der auftreffenden Regentropfen abpuffert (PROFFITT et al., 1991; HAIRSINE et al., 1992). Je gröber die Rauhigkeit, um so geringer ist die Verschlämmungsrate. Hat sich Oberflächenabfluß gebildet, entscheidet die Rauhigkeit über das Muster des Oberflächenabflusses und den Grad der Abflußkonzentration, da auf der Oberfläche liegende Klumpen und Bröckel umflossen werden. Je gröber diese als Formrauhigkeit (*form roughness*; ABRAHAMS et al., 1992) bezeichnete Reliefeigenschaft ist, um so stärker ist die Abflußkonzentration in zufällig angeordneten Bahnen, und um so größer ist die Ablösungs- und Transportkapazität des Abflusses und damit der Bodentransport (HELMING et al., 1998).

Der Faktor Klima wirkt über die Komponenten Niederschlagsmenge und -intensität, so daß die zeitliche Skala sehr klein ist. Der Prozeß der Abflußbildung findet während eines Niederschlages oder einer Niederschlagssequenz statt. Die Auswirkung der Verschlämmungsbildung erstreckt sich allerdings über die Vegetationsperiode bzw. bis zur nächsten Bodenbearbeitung, bei der die Verschlämmungsschicht wieder zerstört wird (ROTH et al. 1995).

Das Erosionsschutzziel in der Pedotopskala ist die Vermeidung der Verschlämmungsbildung, um eine hohe Infiltrationskapazität und Bodendurchlüftung zu erhalten sowie eine mechanische Behinderung des Pflanzenwachstums vermeiden. Die Erosionsschutzstrategien liegen in der landwirtschaftlichen Anbautechnik, indem eine ganzjährige Bodenbedeckung mit lebender oder abgestorbener Vegetation und eine möglichst grobe Bodenoberfläche zur Vermeidung der Verschlämmung angestrebt wird (FRIELINGHAUS et al., 1992b).

3 Skalenebene Hang: Faktoren und Teilprozesse der Wassererosion

In der Skala des Hanges sind zwei Teilprozesse vorherrschend: die Abflußbeschleunigung als eindimensionaler, und die Abflußkonzentration sowie Rillenbildung als zweidimensionaler Prozeß. Hanglänge, Hangneigung und Hangform sind die Relieffaktoren, welche eindimensional die Abflußgeschwindigkeit und Abflußmenge je Flächen- und Zeiteinheit steuern (WISHMEYER & SMITH, 1978; MITCHELL & BUBENZER, 1980). Beide Faktoren sind direkt proportional zur Scherkraft des Abflusses, welche die Ablösungs- und Transportkapazität für Sediment und somit die Erosivität des Abflusses bestimmt (FOSTER et al., 1977; ROSE et al., 1983). Die Hangform beeinflußt dabei die Beschleunigung des Abflusses bei konvexen und gestreckten Hangteilen, bzw. die Verzögerung der Abflußgeschwindigkeit bei konkaven Hangteilen. Im ersten Fall findet Bodenabtrag, im zweiten Fall Sedimentation statt. Ein zusätzlicher Relieffaktor ist die hydraulische Rauhigkeit (*hydraulic roughness*; HAIRSINE et al., 1992) in der mm-Skala, die zusammen mit der Vegetationsstruktur den Widerstandsbeiwert bestimmt, welcher die Abflußgeschwindigkeit und somit die Scherkraft beeinflußt (GILLEY & KOTTWITZ, 1995). Die Erosionsrate ist bei gegebener Scherkraft des Abflusses eine Funktion der Scherfestigkeit des Bodens, welche von mehreren Bodeneigenschaften (Textur, org. Substanz, Strukturzustand) abhängig ist (NEARING, 1991). Außerdem beeinflußt der aktuelle Bodenwassergehalt die Scherfestigkeit des Bodens, da mit steigendem Wassergehalt die Kohäsivität des Bodens und somit seine Scherfestigkeit sinkt (RÖMKENS et al., 1997). Der Bodenprofilaufbau entlang des Hanges, d.h. die Bodencatena kann den Erosionsverlauf zusätzlich beeinflussen, wenn z.B. Horizonte geringer hydraulischer Leitfähigkeit am Übergang vom konvexen zum konkaven Hangbereich an die Oberfläche ausstreichen, so daß am Oberhang infiltriertes Wasser dort wieder exfiltriert und durch Erhöhung der Abflußrate zu verstärkter Erosion führt (Huang & Laflen, 1996). Der eindimensionale Prozeßverlauf der Bodenablösung und des Bodentransportes ist weitreichend untersucht und hat in deterministische Erosionsmodelle wie z.B. WEPP Eingang gefunden (NEARING et al., 1989). Auch empirische Modelle wie ABAG (SCHWERTMANN et al., 1987) oder RUSLE (RENARD et al., 1997) beschreiben den eindimensionalen Erosionsverlauf in der Hangskala.

Ein weiterer Relieffaktor in der Hangskala ist bodenbearbeitungsbedingte, gerichtete Rauhigkeit im dm-Maßstab, welche wesentlich den zweidimensionalen Prozeßverlauf der Abflußkonzentration und Rillenbildung beeinflußt (FRIELINGHAUS et al., 1994a; DESMAT & GOVERS, 1997). Je nach Ausrichtung der Fahrspuren und Bearbeitungslinien (Dämme, Furchen) längs oder quer zum Hang erfolgt die Abflußrichtung und Konvergenz der Abflußbahnen, welche bei Überschreitung eines kritischen Schwellenwertes der Abflußkonzentration zu Rillenbildung führt (KIRKBY, 1980; PROSSER & DIETRICH, 1995). Diese wird eingeleitet durch ein stufenförmiges Einschneiden der Abflußbahn in den Boden, einen '*headcut*', wodurch größere Bodenmassen in Suspension gebracht und transportiert werden (SLATTERY & BRYAN, 1992). Somit wirken auf der Hangskala drei Relieffaktoren: im m-Maßstab das Hangrelief, welches die Abflußgeschwindigkeit bestimmt; im dm-Maßstab das Bearbeitungsrelief, welches die Abflußkonzentration beeinflußt; und im mm-Maßstab die hydraulische Rauhigkeit, welche den Widerstandsbeiwert bestimmt.

Die zeitliche Skala des Abfluß- und Erosionsverlaufs ist wie in der Pedotopskala von einzelnen Niederschlagsereignissen bestimmt und damit sehr klein. Allerdings führt die erosionsbedingte Bodenumlagerung am Hang langfristig zu einer Veränderung der Bodencatena (SCHMIDT, 1991), so daß die Auswirkungen der Erosion eine zeitliche Skala von Jahrzehnten bis Jahrhunderten besitzen.

Das wesentliche Erosionsschutzziel in der Hangskala ist die Vermeidung der Bodenumlagerung durch Erosion, welche vom Oberhang das fruchtbare Bodenmaterial abtransportiert und am Unterhang durch Sedimentation die Vegetation verschütten kann. Die Erosionsschutzstrategien liegen außer in der Auswahl geeigneter Anbaufruchtfolgen hauptsächlich in der landwirtschaftlichen Bearbeitungstechnik, d.h. in der Art und Richtung der Bodenbearbeitung (UNGER, 1996).

4 Skalenebene Hanggesellschaft: Faktoren und Teilprozesse der Wassererosion

Mit dem Begriff Hanggesellschaft wird die räumliche Organisation von zwei oder mehr Hängen beschrieben. In dieser Skala ist der zweidimensionale Prozess der Abflußkonzentration in Tiefenlinien des Geländes wie z.B. Talwegen vorherrschend (DEPLOEY, 1990; PRASUHN, 1991). Der Faktor Relief wirkt damit über die morphologische Anordnung der Hänge zueinander, welche die Größe des Einzugsgebietes bestimmt, aus dem der Abfluß in eine Tiefenlinie konvergiert (DIETRICH et al., 1993). Trotz geringer Hangneigung der Tiefenlinie kann die Abflußkonzentration zu Grabenbildung (*ephemeral gully*, POESEN, 1993) führen. Die Länge und Tiefe des entstehenden Grabens ist einerseits von der Stärke der Abflußkonzentration selbst und andererseits von dem Bodenprofilaufbau in der Tiefenlinie abhängig. Der Prozess der Grabenbildung in Geländetiefenlinien sowie die Häufigkeit und das Ausmaß dieser Erosionsform ist bislang wenig untersucht. Erste Studien deuten darauf hin, daß die Grabenbildung zwar nur während seltener, starker Niederschläge stattfindet, aufgrund des hohen Sedimenttransportes aber erheblich zum jährlichen Gesamtbodenabtrag beiträgt (GRISSINGER, 1996; VANDAELE & POESEN, 1995).

Der Faktor Landnutzung wirkt wie in der Hangskala über die Fruchtfolgegestaltung und die Bearbeitungsrichtung. Im Gegensatz zur Hangskala kann aber bei einem durch Tiefenlinien geprägten Relief die Bodenbearbeitung quer zum Hang zu verstärkter Erosion führen, weil dann die Abflußführung in den Bearbeitungslinien in Richtung der Tiefenlinien erfolgt (DESMET & GOVERS, 1997). Ein zusätzlicher Relieffaktor ist die Form und Anordnung der einzelnen Schläge relativ zum Relief. Stellen die abflußführenden Tiefenlinien Schlaggrenzen dar, sind begrünt oder z.B. mit Hecken und Feldgehölzen versehen, wird die Gefahr der Grabenbildung minimiert (FRIELINGHAUS et al., 1994b; LUDWIG et al., 1995).

Die Auswirkungen der Erosion in dieser Skala betrifft im Gegensatz zur Pedotop- und Hangskala weniger die Bodenumlagerung auf der Fläche (Onsite-Schäden), sondern besonders den Materialtransport aus der Fläche heraus in schlagangrenzende Ökotope (Offsite-Schäden). Sediment und aufgrund des geringen spezifischen Gewichtes bevorzugt transportierte organische Substanz sowie gebundene oder in Lösung befindliche Nähr- und Schadstoffe gelangen auf diesem Wege in umgebende Stand- oder Fließgewässer (BACH et al., 1994; FRIELINGHAUS et al., 1994b). Diese Einträge können sowohl kurz- als auch mittelfristig die Gewässerqualität so stark beeinträchtigen, daß die Habitateigenschaften nachhaltig verändert werden (Kalettka & Rudat, 1997; SCHNEEWEIß, 1996)). Das wesentliche Erosionsschutzziel besteht dementsprechend in der Vermeidung des Materialaustrages aus den erodierenden Flächen zum Schutz schlagangrenzender Ökotope. Erosionsschutzstrategien liegen einerseits im produktionstechnischer Bereich bei der Auswahl geeigneter Fruchtfolge- und Anbaussysteme auf gefährdeten Standorten. Wesentlich sind außerdem betriebstechnische und flurgestaltende Maßnahmen wie die Schlagformgestaltung und Talwegbegrünung zur Verhinderung der Grabenbildung und des Stoffaustrages (AUERSWALD et al., 1996). Vielversprechend scheinen in diesem Zusammenhang neue Möglichkeiten des 'computer aided design' in Verbindung mit GIS-gestützten Erosionsmodellen zur Auswahl effektiver erosionsschützender Maßnahmen der Flurgestaltung (MITAS AND MITASOVA, 1998).

5 Skalenebene Einzugsgebiet: Faktoren und Teilprozesse der Wassererosion

In der Skala des Einzugsgebietes stellt das Vorfluter- und Fließgewässersystem den Haupttransportpfad für Sediment dar. Die Stoffanlieferung aus den erodierenden Flächen in das Gewässersytem ist außer von der Erosionsfracht auf den Flächen selbst abhängig von der Morphologie des Einzugsgebietes und der Konnektivität des Gewässersystems. Während z.B. Karstgebiete oder junpleistozän geprägte Landschaften mit kurzer Entwicklungszeit durch einen großen Flächenanteil an Binneneinzugsgebieten ohne Vorflutverbindung geprägt sind, hat sich in geologisch älteren Landschaften eine hierarchische Einzugsgebietsstruktur mit verzweigtem Entwässerungsnetz ausgebildet. Im ersten Fall verbleibt auch bei hohen Erosionsraten ein Großteil des Sediments im Gebiet, im zweiten Fall kann das Gewässernetz zu einer großräumigen Stofftranslokation führen (FREEMAN, 1991; GOODCHILD, 1988). Die Bestimmung von Art und Umfang der Erosionsauswirkungen in der Einzugsgebietsskala setzt deshalb eine topographische Analyse und die Identifikation des oberirdisch ins Vorflutersystem entwässernden Flächenanteils voraus (FRITSCH, 1998).

Zu den ein- und zweidimensionalen Erosionsprozessen auf den erodierenden Flächen kommt in der Einzugsgebietsskala die Gerinneerosion in den Gewässern selbst als zusätzlicher Teilprozess hinzu. Die Erosion im Gerinne wird von der Gewässermorphologie, der Eigenschaften des Sohl- und Ufermaterials sowie der Durchflußrate und seiner niederschlagsabhängigen Dynamik geprägt. Allerdings ist die Durchflußdynamik im Gewässer wiederrum abhängig vom Gebietswasserhaushalt, dessen relative Anteile (Oberflächen- und Zwischenabluß, Evapotranspiration, Retention im Boden) von den Bodeneigenschaften und der Landnutzungsstruktur im gesamten Einzugsgebiet bestimmt werden. (TUCKER & SLINGERLAND, 1997; ORBOCK-MILLER et al., 1993). Darüberhinaus steht die Erosionsrate im Gerinne in direkter Wechselwirkung mit der Erosionsrate von den Flächen: bei hoher Sedimentanlieferung von den Flächen kann im Gerinne die Sedimenttransportkapazität ausgeschöpft sein, so daß aus dem Gerinne selbst kaum Sediment transportiert wird. Sinkt die Sedimentnachlieferung von den Flächen z.B. durch eine veränderte Landnutzungsstruktur, kann zusätzlich Sediment aus dem Gerinne selbst transportiert werden, bis bei gegebener Durchflußrate die Transportkapazität erreicht ist (KUHNLE et al., 1996).

Das wesentliche Erosionsschutzziel ist in der Einzugsgebietsskala der Erhalt bzw. die Verbesserung der Gewässerqualität und eine Verhinderung der Translokation von Nähr- und Schadtstoffen. Auch hier sind die für die anderen Skalen aufgeführten und vornehmlich von den landwirtschaftlichen Betrieben anzuwendenden Schutzstrategien effektiv. Hinzu kommen regional-administrative Schutzstrategien, welche die Anteile und das Muster der Nutzungsformen im Einzugsgebiet und das Gewässermanagement inclusive der Anlage und Pflege von Retentionsflächen und Uferverwallungen regeln.

6 Zusammenfassung

Für vier funktionale Skalen Pedotop, Hang, Hanggesellschaft und Einzugsgebiet wurden die wesentlichen Einflußfaktoren, Teilprozesse und Auswirkungen der Wassererosion dargestellt und Schutzstrategien skizziert. Die vorgenommene Einteilung in die funktionalen Skalen geschah mit dem Ziel, eine logische und handhabbare Sortierung zu erstellen, auf deren Basis zielorientiert Schutzstrategien abgeleitet werden können. Dabei mußte vereinfachend vorgegangen werden. Eine grundsätzliche, physikalisch basierte Skalenzuordnung der einzelnen Teilprozesse konnte nach dem derzeitigen Kenntnisstand nicht immer erreicht werden. Die vorgenommene Sortierung mag aber als Hilfestellung dienen, um je nach Erosionsschutzziel die geeigneten Maßnahmen wie auch die an der Umsetzung der Maßnahmen beteiligten Akteure zu identifizieren. Dies scheint von wesentlicher praktischer Relevanz, da Erosionsschutzmaßnahmen immer eine begrenzte räumliche und zeitliche Wirkbreite haben. Dringender Forschungsbedarf besteht in Bezug auf die physikalisch korrekte Identifikation der räumlichen und zeitlichen Skalen der einzelnen Faktoren und Teilprozesse der Wassererosion.

Literatur

ABRAHAMS, A.D., A.J. PARSONS, & P. HIRSCH (1992): Field and laboratory studies of resistance of interrill overland flow on semi-arid hillslopes, southern Arizona. S. 1-24. – In: A. J. Parsons & A. D. Abrahams (eds.) Overland Flow. UCL Press, London.

AL-DURRAH, M.M. & J.M. BRADFORD (1982): The mechanism of raindrop splash on soil surfaces. – Soil Sci. Soc. Am. J. 46, S. 1086-1090.

AUERSWALD, K. (1993): Bodeneigenschaften und Bodenerosion, Wirkungswege bei unterschiedlichen Betrachtungsmaßstäben. – Relief, Boden, Paläoklima, Band 8, Gebrüder Bornträger, Berlin, Stuttgart, 208 S.

AUERSWALD, K., A. EICHER, J. FILSER, A. KÄMMERER, M. KAINZ, R. RACKWITZ, J. SCHULEIN, H. WOMMER, S. WEIGAND, & K. WEINFURTNER (1996): Development and implementation of soil conservation strategies for sustainable land use – the Scheyern project of the FAM. – In: H. Stanjek (ed.): Development and implementation of soil conservation strategies for sustainable land use. S. 25-68, Tech. Univ. München, Freising-Weihenstephan, Germany.

BACH, M., J. FABIS, H.G. FREDE, & I. HERZOG (1994): Kartierung der potentiellen Filterfunktion von Uferrandstreifen. – 2. Teil: Kartierung eines Flußeinzugsgebietes im Mittelgebirgsraum. – Z. Kulturtechnik Landschaftsentwicklung 35, S. 155-164.

BRESLER, E. & W.D. KEMPER (1970): Soil water evaporation as affected by wetting methods and crust formation. -Soil Sci. Am. Proc. 34, S. 3-8.

CHORLEY, R.J. (1978): The hillslope hydrologic cycle. - In: M. J. Kikby (Ed.): Hillslope hydrology, S. 1-42. John Wiley, Chichester, England.

DE PLOY, J. (1990): Threshold conditions for thalweg gullying with special reference to loess areas. – Soil Technology 1, S. 147-151.

DESMET, P.J.J. & G. GOVERS (1997): Two-dimensional modelling of the within-field variation in rill and gully geometry and location related to topography. – Catena 29, S. 283-306.

DIETRICH, W.E., C.J. WILSON, D.R. MONTGOMERY, & J. MCKEAN (1993): Analysis of erosion thresholds, channel networks, and landscape morphology using a digital terrain model. – J. Geol. 101, S. 259-278.

EIGEL, J.D. & I.D. MOORE (1983): Effect of rainfall energy on infiltration into bare soil. – Proceedings of the national conference on advances in infiltration. 12-13 December 1983, Chicago, USA.

FOSTER, G.R., L.D. MEYER, & C.H. ONSTAD (1977): An erosion equation derived from basic erosion principles. – Trans. ASAE 20, S. 678-682.

FREEMAN, T.G. (1991): Calculating catchment area with divergent flow based on regular grid. – Comput. Geosci. 17, S. 413-422.

FRIELINGHAUS, MO., H. PETELKAU, & R. SCHMIDT (1992a): Wassererosion im norddeutschen Jungmoränengebiet. – Zeitschrift f. Kulturtechnik und Landentwicklung 33, S. 22-33.

FRIELINGHAUS, MO., D. BARKUSKY, & G. KÜHN (1992b): Bewertung von Nutzungssystemen in Hinblick auf den Bodenschutz vor Erosion im nordostdeutschen Tiefland. – 104. VDLUFA Kongreß, Kongreßband, S. 615-618.

FRIELINGHAUS, MO., H. PETELKAU, & CH.H. ROTH (1994a): Evaluation of increased erosion risk on slopes with wheel tracks. – In: International Soil Tillage Research Organization (ISTRO), Proceedings of the 13th International Conference, Aalborg, Denmark, S. 347-352.

FRIELINGHAUS, MO., G. KÜHN, H. SCHÄFER, & MA. FRIELINGHAUS (1994b): Extensive Flächenutzung zur Unterbrechung von erosionsbedingten Austragspfaden in der Landwirtschaft Nordostdeutschlands. - VDLUFA Schriftenreihe, Kongreßband.

FRITSCH, U. (1998): Zur Bestimmung von potentiellen Abflußbahnen aus einem digitalen Höhenmodell am Beispiel einer Jungmoränenlandschaft. – Diplomarbeit, Universität Potsdam.

GILLEY, J.E. & E.R. KOTTWITZ (1995): Darcy-Weisbach roughness coefficient for surfaces with residue and gravel cover. – Trans. ASAE 38, S. 539-544.

GOODCHILD, M.F. (1988): Lakes on fractal surfaces: a null hypothesis for lake-rich landscapes. – Mathematical Geology 20, S. 615-630.

GRISSINGER, E.H. (1996): Reclamation of gullies and channel erosion. – In: M. Agassi (ed.): Soil erosion, conservation, and rehabilitation. S. 301-314. Marcel Dekker Inc., New York.

HAIRSINE, P.B., C.J. MORAN, & C.W. ROSE (1992): Recent developments regarding the influence of soil surface characteristics on overland flow and erosion. – Aust. J. Soil Res. 30, S. 249-264.

HELMING, K., CH.H. ROTH, R. WOLFF, & H. DIESTEL (1993): Characterization of rainfall – microrelief interactions with runoff using parameters derived from digital elevation models (DEMs). – Soil Technology 6, S. 273-286.

HELMING, K. & CH.H. ROTH (1995): Effective rainfall energy as the microrelief dependent portion of kinetc energy affecting surface sealing. – In: So. H. B., G. D. Smith, S. R. Raine, B. M. Schafer, & R. J. Loch (eds.): Sealing, crusting, and hardsetting soils: productivity and conservation, S. 469-472.. Australien Society of Soil Science Inc., Brisbane, Australia.

HELMING, K., M.J.M. RÖMKENS, & S.N. PRASAD (1998): Surface roughness related processes of runoff and soil loss: a flume study. – Soil Sci. Soc. Am. J. 62, S. 243-250.

HUANG, CH.H. & J.M. LAFLEN (1996): Seepage and soil erosion for a clay loam soil. – Soil Sci. Soc. Am. J. 60, 408-416.

KALETTKA, T. & C. RUDAT (1997): Untersuchungen zur Senken- und Habitatfunktionen von Söllen. – Deutsche Gesellschaft für Limnologie (DGL), Tagungsbericht, S. 552-556. H. Kaltenmeier Söhne, Krefeld.

KIRKBY, M.J. (1980): The stream head as a significant geomorphic threshold. – In: Coates, D.R. & J.D. Vitek (eds.): Thresholds in geomorphology. Allen and Unwin, London.

KUHNLE, R.A., R.L. BINGNER, G.R. FOSTER, & E.H. GRISSINGER (1996): Effect of land use changes on sediment transport in Goodwin Creek. – Water Resources Res. 32, S. 3189-3196.

KWAAD, F.J.P.M. (1991): Summer and winter regimes of runoff generation and soil erosion on cultivated loess soils (The Netherlands). – Earth Surface Processes and Landforms 16, S. 653-662.

LE BISSONAIS, Y., A. BRUAND, AND M. JAMAGNE (1989): Laboratory study of soil crusting: relation between aggregate breakdown mechanism and crust structure. – Catena 16, S. 377-392.

LUDWIG, B., J. BOIFFIN, J. CHADOEUF, & A. AUZET (1995): Hydrological structure and erosion damage caused by concentrated flow in cultivated catchments. – Catena 25, S. 227-252.

McIntyre, D.S. (1958): Permeability measurements of soil crusts formed by raindrop impact. – Soil Sci. 85, S. 185-189.

Mills, W.C., A.W. Thomas, & G.W. Langdale (1988): Rainfall retention probabilities computed for different cropping-tillage systems. – Agric. Water Mgt. 15, S. 61-71.

Mitas, L. & H. Mitasova (1998): Distributed soil erosion simulation for effective erosion prevention. – Water Resources Res. 34, S. 505-516.

Mitchell, J.K. & G.D. Bubenzer (1980): Soil loss estimation. – In: M.J. Kirkby & R. P. C. Morgan (eds.): Soil erosion., S. 17-62. John Wiley, Chichester.

Moore, I.D. & C.L. Larson (1980): An infiltration-runoff model for cultivated soils. – Trans. ASAE 23, S. 1460-1467.

Mualem, Y., S. Assouline, and H. Rohdenburg (1990): Rainfall induced soil seal. (C). A dynamic model with kinetic energy instead of cumulative rainfall energy as independent variable. – Catena 17, S. 289-303.

Nearing, M.A., G.R. Foster, L.J. Lane, & S.C. Finkner (1989): A process-based soil erosion model for USDA-water erosion prediction technology. – Trans. ASAE 32, S. 1587-1593.

Nearing, M.A. (1991): A probabilistic model of soil detachment by shallow turbulent flow. – Transaction of the ASAE 34, S. 81-85.

Orbock Miller, S., D.F. Ritter, R.C. Kochel, & J.R. Miller (1993): Fluvial responses to land-use changes and climatic variations within the Drury Creek watershed, southern Illinois. – Geomorphology 6, S. 309-329.

Poesen, J. (1993). Gully typology and gully control measures in the European loess belt. – In: S. Wicherek (ed.): Farm land erosion: In temperate plains environment and hills. S. 221-239. Elsevier Science Publishers B.V., Amsterdam.

Potratz, K., U. Henk, & A. Skowronek (1991): Luftsprengung, Aggregatzerfall und Verschlämmung als wichtige Prozesse der Erosionsdynamik – Ergebnisse von Starkregensimulationen an Lößböden. – Z. Geomorph. 89, S. 21-33.

Prasuhn, V. (1991): Bodenerosionsformen und –prozesse auf tonreichen Böden des Basler Tafeljura und ihre Auswirkungen auf den Landschaftswasserhaushalt. – Physiogeographica Band 16, 373 S.

Proffitt, A.P.B., C.W. Rose, & P.B. Hairsine (1991). Rainfall detachment and deposition: experiments with low slopes and signigicant water depths. – Soil Sci. Soc. Am. J. 55, S. 325-332.

Prosser, I.P. & W.E. Dietrich (1995): Field experiments on erosion by overland flow and their implications for a digital terrain model of channel initiation. – Water Resour. Res. 31, S. 2867-2876.

Renard, K.G., G.R. Foster, G.A. Weesies, D.K. McCool, & D.C. Yoder (1997): Predicting soil erosion by water: A guide to conservation planning with the revised universal soil loss equation (RUSLE). – USDA-ARS Agric. Handb. 703. U.S. Gov. Print. Office, Washington, D.C.

Rodriguez-Iturbe, I., M. Marani, R. Rigon, & A. Rinaldo (1994): Self-organized river basin landscpaes: fractal and multifractal characteristics. – Water Resources Res. 30, S. 3531-3539.

Römkens, M.J.M. & J.Y. Wang (1984): The effect of tillage on surface roughness. – ASAE paper 84, S. 1-20.

RÖMKENS. M.J.M., S.N. PRASAD, & F.D. WHISLER (1990): Surface sealing and infiltration. – In: M.G. Anderson & T.P. Burt (eds.): Process studies in hillslope hydrology, S. 72-127. John Wiley, Chichester.

RÖMKENS, M.J.M., S.H. LUK, J.W.A. POESEN, & A.R. MERMUT (1995): Rain infiltration into loess soils from different geographic regions. – Catena 25, S. 21-32.

RÖMKENS, M.J.M., S.N. PRASAD, & K. HELMING (1997): Effect of negative soil water pressure on sediment concentration in runoff. – In: Wang, S.S.Y., E.H. Langendoen, & F.D. Shields (eds.): Mangement of landscapes disturbed by channel incision., S. 1002-1007. The University fo Mississippi, Oxford, MS.

ROSE, G.W., J.R. WILLIAMS, G.C. SANDER, & D.A. BARRY (1983): A mathematical model of erosion and deposition processes. I. Theory for a plane land element. – Soil Sci. Soc. Am. J. 47, S. 991-995.

ROTH, CH.H. & K. HELMING (1992): Dynamics of surface sealing, runoff formation, and interrill soil loss as related to rainfall intensity, microrelief, and slope. – Z. Pflanzenernähr. Bodenk. 155, S. 209-216.

ROTH, CH.H., K. HELMING, & N. FOHRER (1995): Oberflächenverschlämmung und Abflußbildung auf Böden aus Löß und pleistozänen Sedimenten. Z. Pflanzenernähr. Bodenk. 158, S. 43-53.

RUDOLPH, A., K. HELMING, & H. DIESTEL (1997): Effect of antecedent water content on microrelief changes. – Soil Technology 10, S. 69-81.

SCHMIDT, R. (1991): Genese und anthropogene Entwicklung der Bodendecke am Beispiel einer typischen Bodencatena des Norddeutschen Tieflandes. – Petermanns Geogr. Mitt. 1, S. 29-37.

SCHNEEWEIß, N. (1996): Habitatfunktionen von Kleingewässern in der Agrarlandschaft am Beispiel der Amphibien. Nat.schutz Landschaftspflege, Sonderheft „Sölle„, S. 13-17.

SCHWERTMANN, U., W. VOGL, & M. KAINZ (1987): Bodenerosion durch Wasser – Vorhersage des Abtrags und Bewertung von Gegenmaßnahmen. Ulmer Verlag, 64 S.

SHAINBERG, I. & G.J. LEVY (1996): Infiltration and seal formation processes. – In: M. Agassi (eds.): Soil erosion, conservation, and rehabilitation. S. 1-22. Marcel Dekker, Inc., New York.

SHARMA, P.P., S.C. GUPTA, & W.J. RAWLS (1991): Soil detachment by single raindrops of varying kinetic energy. – Soil Sci. Soc. Am. J. 55, S 301-307.

SLATTERY, M.C. & R.B. BRYAN (1992): Hydraulic conditions for rill incision under simulated rainfall: a laboratory experiment. – Earth Surface Processes and Landforms 17, S. 127-146.

TUCKER, G.E. & R. SLINGERLAND (1997): Drainage basin responses to climate change. – Water Resources Res. 33, S. 2031-3047.

UNGER, P.W. (1996): Common soil and water conservation practices. – In: M. Agassi (ed.): Soil erosion, conservation, and rehabilitation. S. 239-266. Marcel Dekker Inc., New York.

VANDAELE, K. & J. POESEN (1995): Spatial and temporal patterns of soil erosion rates in an agricultural catchment, central Belgium. – Catena 25, S. 213-226.

WISHMEYER, W.H. & D.D. SMITH (1978): Predicting rainfall erosion losses – a guide to conservaton planning. - USDA Agriculture Handbook No. 537, 58 S.

Fazit: Ableitung dimensionsspezifischer Indikatoren für die Landschaftsbewertung

Martin Volk und Uta Steinhardt

In enger Verbindung mit dem ersten Themenblock steht das zweite Problemfeld, das die Tagung behandelte: Die „Ableitung dimensionsspezifischer Indikatoren für die Landschaftsbewertung". Daher ist auch hier eine hohe Anzahl an Beiträgen zu verzeichnen. Während man jedoch beim ersten Themenblock vermehrt prozeßorientierte Arbeiten findet, läßt sich beim zweiten Themenblock eine stärkere Gewichtung strukturorientierter Herangehensweisen erkennen, bzw. Arbeiten, die sich mit der Verbindung von Landschaftsstrukturen und landschaftsökologischen Prozessen beschäftigen, an der es noch immer häufig mangelt.

Stand im ersten Themenblock das Problem der Übertragung von Punktdaten auf die Fläche und die Entwicklung skalenübergreifender bzw. skalenunabhängiger Konzepte, (Modell)Anwendungen und Verfahren im Vordergrund, so werden im zweiten Themenblock also skalenspezische Eigenschaften behandelt.

Dabei wird davon ausgegangen, daß alle landschaftsökologischen Phänomene durch hierarchisch geordnete Prozesse unterschiedlicher Raum-Zeit-Skalen entstehen. Eine Grundlage bei der Ableitung von Indikatoren für die Landschaftsbewertung besteht nun darin, hierarchische Hypothesensysteme für das Erkennen dieser Prozeß- und Strukturhierarchien zu entwickeln. Eine sichtbare Folge dieser Prozesse sind Raummuster und Landschaftsstrukturen, die wiederum andere Prozesse zur Folge haben. Das Hauptproblem besteht in der Frage: Welcher Indikator (Prozeß und/oder Struktur) ist charakteristisch für einen Landschaftszustand einer spezifischen Dimension? Bei den Beiträgen zum Themenblock „Ableitung dimensionsspezifischer Indikatoren für die Landschaftsbewertung" gibt es tendenziell zwei Herangehensweisen in bezug auf die Ableitung von Indikatoren.

Einerseits wird versucht, zunächst über die Ableitung struktureller Größen aus verschiedenen Einzelmerkmalen zu einer Abstraktion (Rahmenmerkmale, Haupttypen, etc.) zu kommen, um so Landschaftselemente, Einzelflächen, etc. parametrisieren bzw. charakterisieren zu können. Zum Beispiel müssen bei der Bewertung der Einflüsse von Landnutzung(sänderungen) auf das biotische Potential neben einer hierarchischen Betrachtung der Beziehungen zwischen biotischer Struktur und Landnutzungsstruktur und deren Wechselwirkung mit landwirtschaftlichen Produktionssystemen auf verschiedenenen Maßstabsebenen analysiert werden.

Neben der Verwendung und Modifizierung bereits vorhandener, älterer Kartierungsergebnisse werden mit der Erkennung und Klassifizierung von Raummustern und Landschaftsstrukturen (z.B. Landnutzungsstrukturen, Biotoptypen und Nutzungstypen) strukturelle Größen inzwischen häufig auch aus Fernerkundungsdaten abgeleitet. Beide Methoden werden auch gekoppelt, wobei dann Analysen zu Flächennutzungsänderungen und Umweltveränderungen optimiert werden können, zumal die Satellitenfernerkundung sich hier aufgrund der multitemporalen, multisensoralen sowie großflächigen Erfassungsmöglichkeiten besonders anbietet. Beide Verfahren basieren also zunächst einmal auf der Erfassung von „Landschaftsmustern“, „Raummustern“ oder „Landschaftsstrukturen“. Die Entwicklung und Anwendung der Strukturindikatoren, wie z.B. Qualität, Dichte, Ausprägung, Zerschneidungsgrad, Dominanz, Fläche-Umfang-Verhältnisse, Symmetrik, Lage-Kontakt, Anzahl etc., erweist sich jedoch gerade bei der Anwendung auf Fernerkundungsdaten noch als problematisch (technische Probleme, räumliche Auflösung, keine standardisierten Arbeitsweisen/“Kartieranleitungen“ zum Erfassen von Landschaftsmaßen). Über multitemporale Analysen können Strukturänderungen - also Landschafts- und Umweltveränderungen - erfaßt werden, womit also auch die prozessuale Komponente mit in die Betrachtungen einfließt. Dieses Landschafts- bzw. zunächst Landnutzungsmonitoring ist derzeit eine der Stärken in der Anwendung von Daten und Methoden der Fernerkundung. Auch mit der Differenzierung von Struktureinheiten (z.B. Waldbestände) und der anschließenden Untersuchung der Einflüsse von diesen differenzierten Elementen (beim Waldbestand also z.B. Baumart) auf Landschaftsfunktionen (z.B. Grundwasserneubildung) versucht man, zu Erkenntnissen über die Verbindungen von (ökosystemaren) Prozessen und Strukturen zu kommen. Solche Erkenntnisse sind grundlegende Voraussetzung zur nachhaltigen Sicherung von Landschaftsfunktionen. Die Stärke der o.g. Herangehensweise zeigt sich, gerade in Verbindung mit dem Einsatz von Fernerkundung und Geoinformationssystemen, in den multitemporalen und großflächigen Erfassungsmöglichkeiten, während konkrete Aussagen zu Stoffpfaden oder Prozeßverläufen hier nicht oder nur begrenzt möglich sind.

Daher werden andererseits Verfahren zur Ableitung dimensionsspezifischer Indikatoren entwickelt, die maßstabsabhängige Struktur- und Prozeßfaktoren in den Vordergrund stellen und z.B. die Frage stellen, welcher Prozeß welches Muster in einer bestimmten Dimension erzeugt (Struktur- und Prozeßhierarchie). In diesem Zusammenhang ist nochmals nachdrücklich auf die Wechselwirkung von Strukturen und Prozessen zu verweisen. Ebenso wie Strukturen bestimmte Prozesse auslösen, führen Prozesse auch zur Bildung neuer Strukturen. Häufig wird der Zusammenhang zwischen beiden Gesichtspunkten auf die erstgenannte Richtung reduziert.

Die Prozesse und das Stoffverhalten in der Landschaft sind jedoch mittel- und kleinmaßstäbig nur schwer zu erfassen. Dennoch erfordern z.B. Sanierungsaufgaben (z.B. Reduzierung von Stoffeinträgen) und Schutzkonzeptionen (z.B. Erosionsschutz) die Kenntnis der nutzungsabhängigen Ursachen (prozeßauslösende Faktoren), der Eintragspfade oder der partialkomplexbezogenen Prozeßstrukturen (z.B. Geometrie des Stoffpfades bei der Bodenerosion durch Wasser in unterschiedlichen Landschaften). Je nach Maßstabsebene sind Einflußfaktoren, Teilprozesse und Auswirkungen sehr unterschiedlich. Daher werden einflußnehmende Faktoren, die Teilprozesse und die Auswirkungen geprüft, um Skalengrenzen zu definieren. Dabei stellt die Kenntnis der funktionalen Skalengrenzen die Grundlage für skalenübergreifende Betrachtungen der entsprechenden Prozesse dar.

Die Muster von Prozessen sind in verschiedenen Skalenebenen ähnlich, die skalenspezifischen Unterschiede ergeben sich durch die einflußnehmenden Faktoren und die unterschiedliche Wichtung der Teilprozesse (skalenspezifischer Ansatz).

Nach der Analyse funktionsbezogener und partialkomplexbezogener Prozeßstrukturen müssen dimensionsspezifische Prozeßfaktoren gekennzeichnet und mathematisch formuliert werden, damit sie und die an sie gebundenen Merkmale landschaftsökologischer Phänomene regionalisiert werden können. Wichtig ist dabei, daß die erforderlichen Meßnetzdichten geprüft werden sowie Signifikanzbetrachtungen von stochastischen Reihen und dimensionbezogene Raum-Zeit-Strukturierungen (z.B. Raum-Zeit-Struktur von Umweltschäden/Schädigungspotentials) erfolgen. Im Gegensatz zum oben aufgeführten ersten Ansatz ist also hier eine starke Prozeßorientierung zu verzeichnen, mit der man konkrete Aussagen zu Prozeßverläufen und -strukturen in unterschiedlichen Dimensionen treffen kann. Probleme ergeben sich allerdings bei der Anwendung dieses Ansatzes noch immer bei großräumigen Betrachtungen, so daß auf eine Ergänzung der beiden Ansätze orientiert wird. Dabei sollte aber hier die Schnittstelle definiert werden, in welcher Maßstabsebene welcher Methode der Vorzug gegeben werden sollte.

Themenblock 3

Regionale Bewertungs- und Bezugseinheiten

Regionale Bezugseinheiten - nur ein Diktat des Maßstabs?

Günther Schönfelder

Das Tagungsthema läßt aufhorchen. Einerseits erscheint es überhaupt nicht spektakulär, denn die „regionalgeographische Dimension" gilt nach NEEF (1967a) als eine von mehreren Dimensionsstufen landschaftsökologischer, d.h. landschaftshaushaltlicher wie physiognomischer Betrachtung. Was ist also das Besondere in diesem Bereich landschaftsökologischer Tätigkeit? Erweist sich vielleicht diese Formulierung als ein „schwarzer Rabe" unserer Begriffswelt? Andererseits verstehen wir heutzutage wohl in vielen Fällen etwas anderes unter dem Begriff „Regionalisierung" und damit wird es schon spannender.

Lassen Sie mich ein paar Aspekte zur Tagungsthematik vortragen, wie sie sich aus meiner Sicht, aus der Sicht eines landeskundlich Tätigen im Einzugsgebiet unserer Akademie, in Sachsen, Sachsen-Anhalt und Thüringen, ergibt.

Landeskundliches Arbeiten ist heute, neben der Aufbereitung von Wissen und Erkenntnissen für Bildung und Unterricht, überwiegend anwendungsorientierte oder gar angewandte Tätigkeit zur Lösung aktueller Fragen der Zeit, wobei häufig schon vorhandenes Grundlagenmaterial - meistens erarbeitet von den Einrichtungen der „staatlichen Landeskunde" - aufbereitet und zweckgerichtet dargestellt wird. Diese besondere Art von *Landschaftsforschung*, wohl zweifelsfrei zur Landschaftsökologie gehörig - insbesondere dann, wenn der gesetzliche Auftrag des BNatSchG und weiterer Gesetze räumlicher Fachplanungen im Mittelpunkt stehen - besitzt u.a. folgende Einsatzfelder im Rahmen geographischer Landeskunde:

- die Landesentwicklungs- und Regionalplanung,
- Fachplanungen wie die überörtliche Landschaftsplanung, Wasserhaushaltsplanungen oder Agrarstrukturelle Vorplanungen,
- regionale Strukturpolitik und Wirtschaftsförderung sowie
- regionales Marketing und die Tourismuswirtschaft.

Schon allein diese kurze Aufzählung offenbart, daß die so aufgefaßte landeskundliche Tätigkeit nicht ohne anwendungsorientierte „Landschaftsökologie" erfolgen kann und schon gar nicht, ohne den Prozeß der „Regionalisierung" zu berücksichtigen.

1 Landschaftsökologie und Regionalisierung - traditionelle Arbeitsweisen und Anwendungsfelder von Landeskunde und Geographie

Die *Landschaftsökologie* stellt, um mit HAASE & Mitarbeitern (1997), LESER u.a. (1997) zu sprechen, einen interdisziplinären Fachbereich dar, der auf die raumbezogene ökologische Betrachtung des Wirkungsgefüges Mensch-Umwelt gerichtet ist und der sich als komplexe Realität, als Landschaftshülle bzw. -sphäre äußert. Sie befaßt sich im Kern mit den Wechselwirkungen zwischen den Landschaftskomponenten, die den Landschaftshaushalt bestimmen, welche sich wiederum funktional äußern und die zugleich, da im Landschaftsraum sichtbar, erkannt werden können.

Der Prozeß der *Regionalisierung* kann verstanden werden als Gliederung eines Raumes der Erdhülle oder dort räumlich verbreiteter Erscheinungen und Sachverhalte in subordinierte, kleinere Einheiten nach einem zweckgerichteten Gliederungsprinzip. In der räumlichen Planung ist die Begriffsbestimmung dieses Prozesses mehrdeutig (LESER u.a. 1997, 692). Hierzu gehören sowohl die Untergliederung eines Staatsgebietes in verschiedene Regionen (Planungsregionen, Fördergebiete usw.), wie ebenfalls die Aufteilung (heutzutage meist sehr begrenzter) finanzieller Mittel (Finanzausgleich, Subventionen) auf besondere räumliche Einheiten von politisch-administrativen Territorien wie strukturschwache Regionen oder sonstige Fördergebiete. Als generelles Ziel erscheint hier eine problemlösungsgerechte Strukturierung eines Gesamtraumes zu stehen, der kleiner als ein Staatsterritorium oder eines Landes der Bundesrepublik Deutschland, aber großräumiger als eine Raumeinheit der kommunalen Ebene ist. In einem Europa der Regionen, wie von der Europäischen Union proklamiert, bilden diese Raumindividuen nicht nur gewachsene Wirtschafts- und Lebensräume, sondern ebenfalls Kulturregionen (Traditionen, Religion, Sprache, eigenständiges Brauchtum) und sogar besondere Identitätsräume, sozialräumliche Einheiten also, die modellhaft ähnliches Handeln und Wirken einer menschlichen Gesellschaft abbilden und die von Regionalbewußtsein geprägt werden, welches wiederum u.a. durch Zusammenleben in einer länger existierenden politischen Einheit hervorgebracht werden kann.

Im sächsisch-thüringischen Raum hat die *geographische Landeskunde*, auch als Landesforschung bezeichnet, lange Tradition. Landeskunde umfaßt das forschende Bemühen, zur Landeskenntnis sowie zur Identifikation mit Regionen beizutragen. Sie dient einerseits einem allgemeinen Bedürfnis nach Information und sie stellt andererseits für zahlreiche spezielle praktische Anlegen - so auch zur Regionalpolitik, Wirtschaftsförderung, Raumentwicklung sowie zu Naturschutz und Landschaftspflege - wissenschaftliche Unterlagen bereit.

Die Betrachtung dieser alten Traditionskette, die nicht nur bis zur Gründung der heutigen Deutschen Akademie für Landeskunde (DAL) im Jahre 1882 in Halle a. d. S. zurückreicht, lehrt, daß jede Epoche bestimmte Forderungen an Landeskunde und Landesforschung stellt. Diese beziehen sich auf Zielsetzung, Inhalt und Methode der jeweiligen Untersuchung, welche zuweilen erhebliche und charakteristische Unterschiede zeigen. Diese Forderungen werden auch an die, auf regionale Einzelfälle ausgerichteten, Untersuchungen gestellt, deren Gesamtheit als ein Zweig der (Kultur-)Landschaftsforschung gilt, welcher auf die Meso-Maßstabsebene spezialisiert ist und der schließlich als Teildisziplin von Landeskunde und Landesforschung gelten kann.

Ein weiterer Aspekt sei hierzu erwähnt. Alle paar Jahrzehnte beschäftigen wir uns in der Forschung und in unserer wissenschaftlichen Auseinandersetzung mit dem erreichten Stand der Erkenntnis auf unserem Wissensgebiet und deren Anwendung in der Praxis mit ähnlichen oder gar gleichen Fragestellungen. Der Kreis schließt sich sozusagen. Wir hoffen dabei jedoch immer, daß diese kreisförmige Bewegung zur Schraubenbewegung, zur Spirale wird, wo wir uns nun, gegenüber früheren Zuständen, gewissermaßen auf höherer Ebene mit dem Gegenstand beschäftigen. Der Radius der aufstrebenden Drehbewegung ist im Laufe der Zeit größer geworden, der Wissensumfang in der Sache hat sich erweitert. Dabei hoffen wir ferner immer darauf, daß ebenso eine Erkenntniserweiterung stattfindet oder in zeitlicher Entwicklung stattgefunden hat. Besonders plastisch können wir die soeben geschilderte Problematik verdeutlichen bei der Betrachtung des Themenfeldes „Kulturlandschaftsforschung“, wenn wir einerseits die Bemühungen der geographischen Landesforschung der 40er und 50er Jahre zur Untersuchung von Landschaftselementen, der Entwicklung des Wald-Offenland-Verhältnisses, der Feldhecken- und Steinwall-Problematik im ländlichen Freiraum u.a. würdigen oder die Bestrebungen zur Kenntnis nehmen, welche wesentlichen Etappen den Landschaftswandel besonders gut nachzeichnen, und diese dann andererseits mit heutigen Bemühungen vergleichen zu wollen. Ein Unterschied, nicht nur nebenbei bemerkt, drängt sich sofort auf. Die Hochschulgeographie beschäftigt sich heutzutage mit dieser Problematik weniger, nur einige, teils versprengte Fachkollegen, meist organisiert in noch vorhandenen Nischen außeruniversitärer Forschungsinstitute, widmen sich dieser Aufgabenstellung. Die Ermittlung, Beschreibung, Wertung und Darstellung der „Kulturlandschaft“, in Sonderheit der sog. „historischen Kulturlandschaft“ (der obendrein vielfach besondere Naturnähe unterstellt wird) - also die so gewordene wie die zweckgerichtet gestaltete Landschaft - obliegt heute wohl überwiegend den „Landschaftswissenschaften und deren Anwendungsfeldern“ *außerhalb* geographischer Landeskunde und -forschung. Vertreter von Naturschutz, Landespflege, Landschaftsplanung und Denkmalpflege sowie Vertreter der räumlichen Planung sind heute die Hauptakteure auf diesem Gebiet.

Mancher wird einerseits beklagen können, daß die vielfältigen Vorleistungen der Geographen für die Landschaftsforschung oftmals noch zu wenig bekannt sind und damit manches einschlägige methodische Verfahren wiederholt erneut erfunden wurde und immer noch wird. Andererseits ist es bei genauer Betrachtung des Phänomens „Landschaft bzw. Landschaftsraum" - das „continuum geographicum", welches sich durch gleichzeitiges Wirken von „togetherness" und „Synergie" der verschiedenen Landschaftskomponenten auszeichnet, und das demnach als „Ensemble" (NEEF 1967b) bezeichnet wird - gar nicht möglich, die heutige reale Wirklichkeit „Landschaft" als den Gegenstand der Landschaftsökologie so gliedernd und ordnend zu behandeln, daß sich sog. „historische Landschaftsräume" exakt von aktuellen Raumeinheiten scheiden ließen.

Im Gegenteil: wir müssen Klaus FEHN zustimmen, wenn er formuliert, daß es keine sog. „historische Kulturlandschaft" im Sinne flächenhafter Überreste von Strukturen ehemaliger Natur-, Wirtschafts-, und Lebensräume früherer Zeiten mehr gebe, „...sondern nur noch gelegentlich Landschaften mit einer Konzentration von historisch bedeutsamen Kulturlandschafts-elementen" (FEHN 1996, 298). Diese können, um mit NEEF (1967b, 99/100) zu sprechen, ebenfalls als reliktische persistente Elemente der Landschaft bezeichnet werden. Diese landschaftsräumlichen Glieder sind zu einer bestimmten Epoche funktionslos geworden, sie bleiben bestehen, sind allmählichem natürlichen Verfall preisgegeben oder es erfolgt ihre Eingliederung in aktuell bestehende Funktionen. Die Erschließung von Burgruinen für neue Flächenwidmungen gehören hierzu ebenso wie die Umgestaltung ehemaliger Bergbaustandorte und alter Industriestanlagen, der Wandel eines aufgelassenen Steinbruches zu einem bedeutsamen Biotop durch Sukzession oder die Aufrebung ehemaliger Weinbergshänge und -terrassen. So bleiben die Formen „alt und reliktisch ..., aber der Inhalt entspricht den ... Bedürfnissen der Gegenwart" (NEEF 1967b, 100). Reliktische Gebilde in der Landschaft sind u.a. Gegenstände sowohl des Naturschutzes wie des Denkmalschutzes.

Die naturräumliche Ausstattung, die Art und Weise sowie Intensität der Flächennutzung und die reliktischen Elemente der Landschaft können ebenso wie die vielgestaltigen Landschaftsfunktionen erfaßt und wertend beurteilt sowie ebenfalls für spezielle Nutzanwendungen aufbereitet und dargestellt werden. Die Gesichtspunkte landschaftlicher Betrachtung sind - je nach Standort und Erkenntnisziel - sehr verschieden. Wir können ohne Mühe streng landschaftsökologische (landschaftshaushaltliche) aber auch landschaftsästhetische, historisch-geographische, regionalgeschichtliche, kulturhistorische, soziologische und wirtschaftsorientierte Aspekte unterscheiden. Daher wird nur ein interdisziplinärer Forschungsansatz dem komplizierten Objekt „Landschaft" angemessen gerecht werden können. Es erscheint zweckmäßig, daß sich Landschaftsökologen mit Vertretern „biophysikalischer Wissenschaftsdiziplinen" - hierzu sind zweifelsohne die Geowissenschaften zu rechnen - mit jenen der Sozialwissenschaften und Geisteswissenschaften verbünden sollten wie ebenso mit den Vertretern, die sich mit Ressourcenmanagement, Landschaftsplanung und -gestaltung sowie Naturschutz beschäftigen.

Aus dem bisher gesagten erscheint wohl ein Argument gegeben zu sein, daß das weite Betätigungsfeld „Landschaftsökologie" nur in interdisziplinärer Kooperation hinreichend zu beackern und zu bestellen ist, um einen befriedigenden Ertrag der Forschung zu erzielen. Damit komme ich nun meinem eigentlichen Thema wieder näher. Ich halte jedoch die lange Vorrede für erforderlich, da ich im Kern meiner Ausführungen auf Beispiele der regionalgeographischen Landschaftsforschung zurückkommen möchte. Dieser Zweig der Landschaftsforschung, der am interdisziplinären landschaftsökologischen Forschungsfeld und Anwendungsgebiet teilhat, wird nicht nur allein maßstabsbedingt determiniert, sondern er ist jeweils zweckgebunden ausgerichtet gemäß der jeweiligen Aufgabenstellung der Grundlagenforschung oder der anwendungsbezogenen Aufgabe.

2 Die regionalgeographische Dimensionsstufe landschaftsökologischer Betrachtung

Landschaftsökologisches Arbeiten im Rahmen landeskundlicher Tätigkeit ist sowohl der Regionalen Geographie (sie gilt als ihr Teilgebiet) wie der Angewandten Geographie verpflichtet. Letztere besteht nicht vordergründig in der Anwendung bzw. Nutzung geographischer Kenntnisse, sondern vielmehr in der Berücksichtigung regional-geographischer Erkenntnisse bei der Lösung praktischer Aufgaben (u.a. NEEF 1967b). Dies deckt sich wiederum mit dem Betätigungsfeld der Landschaftsökologie. Ihr anwendungsbezogener Zweig dient u.a. der Untersuchung (a) aktueller praktischer Probleme der Nutzung, Beanspruchung, Entwicklung und Schutz der Landschaft durch die menschliche Gesellschaft einerseits, sowie (b) der dadurch einhergehenden Wandlungen in der naturräumlichen Ausstattung und der Funktionstüchtigkeit der Landschaft andererseits. Ebenso besteht ein besonderer Bezug zu naturressourcen- und umweltbezogener räumlicher Fachplanung sowie zur intergrierten Raumplanung.

Im Hinblick auf den komplizierten Gegenstand „Landschaft" einerseits und auf die gängigen Niveaus der räumlichen Planung, dem Anwendungsfeld landschaftökologischer Kenntnisse und Erkenntnisse, andererseits, werden seit langem Klassifikationen vorgenommen, die die Aussonderung von systematischen und hierarchischen Strukturniveaus erlauben. Die Vertreter der Neefschen Schule sprechen von verschiedenen *„Dimensionen geographischer Betrachtung"* der

Wirklichkeit „Landschaft“ als Realität, die sich als „Ensemble“ charakterisieren läßt (NEEF 1963, 1967 a,b, 1984).

Der regional-geographische Ansatz ist auf die Meso-Maßstabsebene spezialisiert. Hier dominieren mittlere, regionale und großräumigere Makro-Landeinheiten als deren Assoziationen. Im Unterschied zu den landschaftlichen Raumeinheiten auf dem größermaßstabigen Mikro-Niveau der topischen und chorischen Einheiten, deren Kennzeichnung inhaltlich wie lagebezogen weitgehend unter gleichrangiger Berücksichtigung der Komponenten und konkret erfolgen kann, wird die Bestimmung von Meso- und Makro-Einheiten in eher akademischer und vor allem abstrahierter Form vorgenommen. Oft liegt der Ermittlung solcher Raumeinheiten die Anwendung des Dominanzprinzips zugrunde und sie erscheint damit wesensgleich mit den lange bekannten „klassischen“ regionalgeographischen *Gliederungen*, erstellt auf dem „Weg von oben“, die nicht erst seit der Erarbeitung der „Naturräumlichen Gliederung Deutschlands“ (MEYNEN & SCHMITHÜSEN 1953...1962) zur Verfügung stehen. Diese Herangehensweise zielt auf die zweckgerichtete Kennzeichnung, Abgrenzung und Darstellung lagegebundener einmaliger Räume, wobei dem Vergleich dienende typologische Merkmale ebenso zur Charakteristik der ermittelten Bezugseinheiten und ihrer Teilglieder einbezogen werden wie traditionell überliefertes landeskundlich bedeutsames Namengut.

Die räumlichen Bezugseinheiten auf der regionalen Dimensionsstufe landschaftsökologischer Betrachtung werden gebildet auf der Grundlage von chorologischen Merkmalen und bestimmt von regional bedeutsamen Eigenschaften (Dominanzprinzip) im Übergang von beispielsweise der naturräumlichen Haupteinheit zur naturräumlichen Großeinheit (SCHMITHÜSEN 1948), der Mesochore zur Makrochore (NEEF 1963) oder der Mesochore zur Mikroregion (RICHTER 1967). Gleiches geschieht beim Übergang vom „land systeem“ zur „regio“ (ANTROP 1981).

Diese Art der Gewinnung von Bezugseinheiten, die Gliederung, wird erst dann von einer landschaftlichen *Ordnung*, dem „Weg von unten“ abgelöst werden können, wenn hinreichende Informationen auf Mikro-Niveau erfaßt und zu Mikro- und Mesochoren aggregiert worden sind. Dies wird gegenwärtig für den Freistaat Sachsen versucht und die Bearbeiter hoffen, im kommenden Jahr diese Aufgabe in einem ersten Stadium im wesentlichen bewältigt zu haben (HAASE & Mitarbeiter 1997).

3 Landschaftsräumliche Gliederungen zur räumlichen Planung - Beispiele aus Sachsen, Sachsen-Anhalt und Thüringen[1]

3.1 „Landschaften“ sind weder „Ganzheiten“ noch Raumeinheiten einer bestimmten Dimensionsstufe

„Landschaften“ sind weder „Ganzheiten“ noch Räume nur einer, spezifischen Dimensionsstufe landschaftsökologischer Betrachtung, sondern zweckgerichtet ausgewählte, hinsichtlich inhaltlich bestimmter Typisierung und damit folglich räumlich wie ebenfalls darstellerisch notwendiger Generalisierung wohldefinierte Ausschnitte der Landschaftshülle. Diese, für den landschaftsökologisch Tätigen, welcher sich der Neefschen Schule verpflichtet fühlt, selbstverständliche Auffassung war lange Zeit noch nicht und ist auch gegenwärtig keineswegs Allgemeingut.

So gibt es, wie sie sicher alle wissen, nicht nur einen „Farbatlas Landschaften ... Deutschlands“ (JEDICKE & JEDICKE 1992), den wir uns heutzutage im Handel beschaffen können. Ebenso wirken Bestimmungen aus den 50er Jahren bis in die Gegenwart nach, mittels derer „Landschaften“ Ausschnitte aus der Erdoberfläche seien, welche einer gewissen, „mittleren“ Größenordnung zugerechnet werden sollen.

Ein Beispiel, wie im *ersten* Fall angesprochen, gibt der „Farbatlas Landschaften und Biotope Deutschlands“ (JEDICKE & JEDICKE 1992), der einer kurzen Erläuterung bedarf. Seit langem haben wir Geographen uns daran gewöhnen müssen, nicht überall wo Atlas drauf steht ist auch Atlas drin. So wie es anatomische Atlanten gibt, sind heutzutage ebenfalls „landschaftliche Atlanten“ existent, die unsere Bedingungen nicht erfüllen. Verstehen wir doch Atlanten als systematische Sammlungen von Karten topographischen und thematischen Inhalts, welche auf einen bestimmten Raumausschnitt konzentriert und an ausgewählte Maßstäbe gebunden sind. Obendrein suggeriert der Begriff „Farbatlas“ im Titel wohl eher eine Thematik, die für Vertreter des Maler- und Lackiererhandwerks o.ä. gewidmet zu sein scheint.

Die angezeigte Schrift umfaßt 320 Seiten und enthält 4 Kartenskizzen, 11 Blockbilder und 3 Profile. Ihr Inhalt besteht in der Darstellung in Wort und Typenbild von a) 55 sog. „Landschaften“ - von bestimmten landschaftsräumlichen Individuen, welche 4 naturräumlichen Großregionen, an denen Deutschland Anteil hat, zugeordnet werden - und von b) 129 Biotoptypen, die 12 Typengruppen subordiniert sind. Die Auswahl und Gewichtung der bestimmten 55 „Landschaften“ erfolgt m. E. sehr differenziert und unsystematisch. Einerseits werden eher kleinräumige, lokale Individuen ausgeschieden und explizit gekennzeichnet wie z.B.

[1] Die im Vortrag präsentierten Kartenbeispiele können dem Beitrag leider nicht beigefügt werden. Wesentlich erscheinende Exponate befinden sich in der angegebenen Literatur am Schluß des Beitrages.

das Nördlinger Ries, der Kaiserstuhl und der Hegau; andererseits werden wohl - scheinbar unbekanntere - Räume ungerechtfertigterweise zu stark vergröbert dargestellt. Mit den Farbaufnahmen (landschaftliche Typenbilder), z.B. auf den Seiten 58/59, wird der Leser fehlerhaft orientiert. Es entsteht der Eindruck, daß die zum Norddeutschen Tiefland gehörige Halle-Leipziger Tieflandsbucht (das ist dann möglich, wenn man die Besonderheit der Lößverbreitung außer Acht läßt) im Westen große Teile des östlichen Harzvorlandes einnehme, nach Osten bis über Wurzen und Oschatz hinaus auch das nordsächsische Platten- und Hügelland umfasse sowie nach Süden bis zum „Ronneburger Acker- und Bergbaugebiet" reiche, welches nach Vorstellungen der Regionalkenner (HIEKEL & Mitarbeiter 1993) bereits der Mittelgebirgsregion zugeordnet werden sollte.

In *letzterem* Falle werden „Landschaften" als „Landschaftsökologische Raumeinheiten" einer gewissen „mittleren Größenordnung" verstanden. So etwa im Übergang von der „Einzellandschaft" zur „Großlandschaft" (PAFFEN 1953), von der „Mesochore" zur „Makrochore" (NEEF 1963) oder von der „Mesochore" zur „Mikroregion" (RICHTER 1967). Diese räumlichen Individuen, ausgeschieden in dieser mittleren Dimensionsstufe, und nur in dieser, werden bis zum heutigen Tage von manchen - ähnlich der Begriffsbestimmung in der früheren sowjetischen Landschaftskunde - als „Landschaften" bezeichnet.[2] In diesem Fall liegt dann oft die Vorstellung im Bereich des Möglichen, daß diese ausgeschiedenen regionalen Bezugseinheiten dann vergleichbar wären mit sog. „Ganzheiten" oder gar Organismen, die einer strengen taxonomischen Ordnung unterworfen werden könnten. Mit Ernst NEEF (1967 a,b) wissen wir jedoch schon seit langem, daß es weder eine „geographisch-topographische Grundeinheit Landschaft" - ob als Individuum oder

---

[2] Spricht man von „Landschaften", so kann es leicht sein, daß man diese mit Individuen in dem Maße gleichsetzt und als solche behandelt, wie es den einzelnen Arten und Individuen aus biologischer und/oder soziologischer Sicht zukommt. Landschaftliche Raumeinheiten, die man beliebig aus dem „compositum geographicum", aus dem „Ensemble Landschaftshülle", ausgliedern kann, wobei immer das Erkenntnisziel und der Anwendungzweck den Sinn der Raumdifferenzierung bestimmen, sind jedoch in allen Dimensionsstufen landschaftsökologischer Betrachtung ermittelbar. Sie folgen einerseits der Ordnung, gewonnen auf dem Weg von unten, wobei eine weitgehende ranggleiche Behandlung aller am Landschaftshaushalt beteiligten Komponenten erfolgen soll, bis etwa zur Größenordnung von „Mesochoren" und andererseits ihrer Bestimmung auf dem Weg von oben, der Gliederung, wo zonal bedingte und regional differenzierbare, meist dominante Landschaftskomponenten zur Raumgliederung dienen und sinnvoll Einheiten bis zur Größenordnung der Mikroregionen gliederbar sind. Die weitere, realitätsnahe Untergliederung solcher Mikroregionen erscheint nur dann hinreichend durchführbar, wenn landschaftsökologische Informationen über die, diese aufbauenden, Mesochoren Verwendung finden können, welche bekanntlich nur auf dem Wege der natur- bzw. landschaftsräumlichen Ordnung - auf dem Weg von unten also - erarbeitbar sind. Obwohl durch das geographische Lageprinzip jede erdenkliche landschaftliche Raumeinheit - egal welcher Dimensionsstufe - zugleich ein Individuum darstellt, kann jedoch ebenfalls eine inhaltlich bestimmte zweckgerichtete Typisierung dieser Einheiten erfolgen. Diese dienen einerseits als Vergleichskriterien von Individuen und andererseits für die wertende Charakteristik der ermittelten landschaftlichen Bezugseinheiten.

als Typ - gebe, noch eine besondere Größenordnung bestimmter landschaftsräumlicher Areale oder reel abgegrenzter Gebilde existiere. Vielmehr stellt „Landschaft" jenes Äquivalent dar, das dem Wesen geographischer Realität entspricht. Jedes geographische Objekt und so auch die „Landschaft" ist immer doppelt bestimmt, durch den jeweiligen sachlichen Inhalt und seine Lage (seine Verortung) im Raum. Obwohl das jeweilige Individuum „Landschaftseinheit" in erster Linie das Ziel geographischen Bemühens ist, so erfordert die Vielfalt dieses Gegenstandes eine Ordnung und Reduktion des Untersuchungsobjektes. Die geschieht durch inhaltliche und räumliche Typisierung. Auf der Grundlage reeller Tatsachen werden Typenmerkmale ermittelt, die zugleich ein gemeinsames Merkmal einer Reihe von Individuen darstellen können. Beide Arten landschaftlicher Raumeinheiten - *räumlich-individuelle Regionen* und *Raumtypen (Typenräume)* - kommen in zielgerichtet erarbeiteten, zweckdienlichen kartographischen Modellen in der regionalen Dimensionsstufe - auf mittlerer Maßstabsebene - angemessen zum Ausdruck.

3.2 Landschaftsräumliche Gliederungen der Meso-Ebene

„Landschap als regio", schreibt J.I.S. ZONNEVELD (1991, 3), gilt als einer von mehreren möglichen, sich ergänzenden, Ansätzen landschaftsökologischer Arbeit neben „Landschap als beeld(drager)", „Landschap als systeem" u.a. Hier, so scheint es, sei es vor allem wesentlich, den Grenzen der bestimmten Bezugseinheiten eher eine höhere Priorität einzuräumen; und weniger dem Inhalt. Dies geht häufig eindeutig zu Lasten der Berücksichtigung des vertikalen Zusammenhanges der Landschaftskomponenten und damit der Wirkweise des Landschaftshaushaltes. Resultat der Gliederung, d.h. der Bestimmung, der Umgrenzung von Raumeinheiten, sind - wie bereits ausgeführt - einerseits landschaftliche Typenräume bzw. Raumtypen und andererseits landschaftliche Raumindividuen (als (Mikro-)Regionen, Provinzen oder „Großlandschaften" bezeichnet).

Reduktion des Inhaltes wie des Lagebezugs ist bei jeder Transformation vom großräumigen Niveau zur kleinerräumigen Stufe erforderlich, dies ist aber nicht nur Resultat einer notwendigen Generalisierung - d.h. Verallgemeinerung durch Aussonderung unter Aufrechterhaltung chorologischer Gegebenheiten - , sondern ebenfalls Folge der Typisierung (- einer Verallgemeinerung, wo vom Lagebezug abstrahiert wird und Typenmerkmale zu Kollektivmerkmalen werden -). Das Resultat der Gliederung sind jedoch immer landschaftsräumliche Bezugseinheiten, die einerseits generalisierte lagebezogene Individuen darstellen und andererseits, ebenbürtig oder subordiniert, spezielle Raumtypen bzw. Landschaftstypen charakterisieren. Hierzu können z.B. (Kultur-)Landschaftstypen, ermittelt nach der Art agrarischer Landnutzung, Raumtypen nach der Art und Verbreitung ländlicher

Bauweise - der sog. Volksarchitektur - oder nach dem Typ der Besiedlung und dessen Dichte (Zunahme bebauter Fläche als Ausdruck des Urbanisierungsgrades) ebenso zählen wie individuelle landschaftsräumliche „Regionen" oder „Provinzen" (sog. „physisch-geographische Raumeinheiten"). So unterscheidet beispielsweise ZONNEVELD (1991, 155-164) für die Niederlande insgesamt 11 Provinzen. Dagegen unterschieden SCHULTZE & Mitarbeiter (1955) seinerzeit in angemessener Weise 28 Provinzen (sog. „Großlandschaften") für ganz Ostdeutschland, die vormalige DDR, die heutigen „neuen" Länder der Bundesrepublik Deutschland.

Diese, sachlich wie räumlich, zwingend notwendige Reduktion ist generell in allen Zweigen landschaftsökologischer Tätigkeit erforderlich. Sei der Gegenstand „Landschaft" nun aufgefaßt als Landschaftsbild (äußere Wahrnehmung), als Gefügemosaik der (und dann besonders dominanten) Landschaftskomponenten (Reliefform, Nutzungsmuster) oder als Ökosystem, wo, wie wir heute zunehmend anzumerken pflegen, eine zwar notwendige, aber immer - wie wir meinen - zu starke Inhaltsreduktion des Objektes „Landschaft" erfolgen muß, die der Realität „Landschaft als Ensemble" oftmals in nicht hinreichender Weise gerecht werden kann.

Die Gliederung in regionale Landschaftsräume als Bewertungs- und Bezugseinheiten, die sich unter Verwendung der „Grenzgürtelmethode" manuell oder computergestützt durch Verschneiden ausführen läßt, ist seit langem bekannt. Sie wird manuell seit den 30er Jahren angewendet (MAULL 1933). Die Arbeiten von Joachim Heinrich SCHULTZE und seinen Mitarbeitern in Jena (SCHULTZE 1955[3], SCHULTZE & Mitarbeiter 1955) über Thüringen und Ostdeutschland legen beredtes Zeugnis ab. Gleichgeartete Ergebnisse der Gliederung landschaftsräumlicher Bezugseinheiten regionaler Dimensionsstufe sind heute wieder bzw. immer noch in aktuellen Planungsdokumenten der Länder Sachsen, Sachsen-Anhalt und Thüringen präsent.

Im *Freistaat Thüringen* ist eine entsprechende naturräumlich/ landschaftsräumliche Gliederung ist im Maßstab 1:200.000 erarbeitet worden (HIEKEL & Mitarbeiter 1993). Diese hat Eingang gefunden in das Landschaftsprogramm und in den Ersten Raumordnungsbericht des Freistaates. 45 individuelle Landschafteinheiten unterschiedlichen Ranges werden sieben Typengruppen untergeordnet. So zählen beispielsweise sowohl der Harz und die Hohe Rhön wie das

[3] Joachim Heinrich Schultze sieht Landschaft als eine zeitlich und räumlich gebundene Erscheinung und formuliert:"Ein geographisches Landschaftsindividuum ist ein Teil der Erdoberfläche, das durch das Wirkungsgefüge qualitativ und quantitativ bestimmter Geofaktoren gebildet und räumlich begrenzt wird." (Schultze 1955, 292). Er unterscheidet ferner naturbedingte Landschaften und Kulturlandschaften. Zur Bestimmung letzterer bezieht er ergänzende Landschaftskomponenten mit ein: „...die heutige Vegetation, und das (übrige) Menschenwerk, wie Siedlungen, Verkehrsanlagen usw." (a.a.O.).

„Ronneburger Acker- und Bergbaugebiet“ zur Typengruppe Mittelgebirge. Die Raumindividuen repräsentieren wohl mehr Landschafts- als Naturraumeinheiten, da Nutzungsaspekte in Form der Art der Flächennutzung in die Gebietscharakteristik und in die Abgrenzung der Raumeinheiten einbezogen werden. In einigen Fällen wird das charakteristische Nutzungsmosaik in die Namengebung der Einheiten einbezogen (wie z.B. die Benennung „Innerthüringer Ackerhügelländer“ erkennen läßt).

Der zur Zeit gültige Landesentwicklungsplan und der Landesentwicklungsbericht des *Freistaat*es *Sachsen* berücksichtigen naturräumlich dominierte, landschaftsräumliche Individuen in Form von Makrochoren, wohl besser *Mikroregionen* zu nennen (RICHTER 1967, NATURRÄUME 1986), die seit dem ersten Entwurf - der Zuarbeit zum Gemeinschaftswerk „Naturräumliche Gliederung Deutschlands“ (MEYNEN & SCHMITHÜSEN 1953...1962) - wiederholt verändert, korrigiert und ergänzt worden sind (BERNHARDT u.a. 1986). Jüngst erfolgte dies in der Arbeit von MANNSFELD & RICHTER (1995). Hier werden insgesamt 46 Raumeinheiten, Mesochoren und Mikroregionen, für den Freistaat und seine Umgebung ausgeschieden und diese den drei sächsischen Naturregionen zugeordnet. Es sind dies (1) das Heideland der Tieflandregion, (2) die Lößgefilde sowie (3) das Bergland und die Mittelgebirge.

Im *Land Sachsen Anhalt* wurde eigens für das zu entwickelnde Landschaftsprogramm - hier gilt dieses Dokument nur als fachplanerisches Gutachten und wird nicht, wie in den beiden anderen Ländern, in Landesentwicklungspläne und -programme primär integriert - eine *neue* landschaftliche Regionalgliederung erstellt (REUTER 1993). Der Autor ermittelt 38 individuelle Landschaftseinheiten, subordiniert unter fünf „Großlandschaften“. Zur Gliederung, Umgrenzung und inhaltlichen Kennzeichnung werden herangezogen und verbal ausgedrückt: die naturräumlichen Komponenten und Aspekte der Landschaftsgeschichte, dominante Strukturen der Landnutzung und der gegenwärtige Zustand bedeutsamer Schutzgüter. Schließlich werden Leitbilder für jede der 38 individuellen Landschaftseinheiten entwickelt mit dem Ziel, einen Soll-Zustand aufzuzeigen, der durch die Verwirklichung der im Landschaftsprogramm dargestellten Maßnahmen des Naturschutzes im weiteren Sinne zu erreichen wäre.

Diese Raumgliederungen werden zunehmend Bestandteil von Unterlagen in Planung und Verwaltung, in den Planwerken der landschafts- und raumbezogenen Fachplanung sowie in der integrierten Querschnittsplanung der drei Länder. Damit ist mittelfristig sicherlich ebenfalls zunehmende Akzeptanz dieser Gliederungen in der Öffentlichkeit, bei der Arbeit in Verbänden und ebenso in der Tourismusbranche zu verzeichnen. Landeskundliche Darstellungen, die diesem Ziele ebenso dienen und die dann auch erstgenommen werden, sollten derartige Vorlagen der „amtlichen Landeskunde“ berücksichtigen. Auch wenn - wie oben bereits ausgeführt - die Gliederung des Kontinuums „Landschaft“ eindeutig nur so vorgenommen werden kann, daß eine Einteilung in „zweckmäßige" Regionen erfolgt und tunlichst eine Bestimmung von „unzweckmäßigen" oder gar „falschen" (die es ebenso wie „richtige" eigentlich nicht geben kann) Regionen vermieden werden soll. Gleichfalls sollte die Regionalisierung der Landschaft, übrigens wie alle Komponenten der mehr oder weniger natürlichen Raumausstattung (und nicht nur für die Kontinua Georelief und Klima) *nicht* an administrativen Grenzen enden, sondern bis zum Kartenrand geführt werden. Dies sollte auch dann erfolgen, wenn jenseits derartiger Grenzen die Zuständigkeit und Weisungskompetenz der Behörden enden. Naturprozesse halten sich bekannterweise nicht an derartige Grenzziehungen. Daher erscheinen länderübergreifende thematische Landeskartenwerke und Fachinformationssysteme für die Arbeit in den Behörden nicht nur für die Erstellung von Umweltzustandsberichten äußerst zweckmäßig zu sein (sog. „staatliche" Landeskunde).

Auch die „private" Landeskunde befindet sich - so scheint es - gegenwärtig im Aufwind. Die Anzahl der auf den Markt gebrachten landeskundlichen Darstellungen u.a. für Länder und Regionen der Bundesrepublik Deutschland, erarbeitet für einen breiten Nutzerkreis - auch außerhalb von Bildung und Unterricht - wächst rasch. Immer wieder erhält man Kenntis darüber, daß in diesen Abhandlungen ebenfalls neuere Regionalgliederungen der Landschaftshülle angeboten werden. Diese Entwürfe erwecken allerding oftmals den Anschein, bereits vorliegende landschaftliche Raumgliederungen ignoriert zu haben. Sie treten dann logischerweise hinsichtlich Aussagegehalt und Zweckmäßigkeit des Kartenentwurfs hinter bereits vorhandene, ältere Gliederungen zurück. Dieser Fall scheint vorzuliegen in der verbalen und kartographischen Darstellung der naturräumlichen Einheiten Sachsen-Anhalts (SCHRÖDER 1994 in OELKE 1997, S. 64-66). Obwohl die, allerdings kleinmaßstabige, Karte 9 Mikroregionen als Teilräume (naturräumliche Haupteinheiten) enthält, denen verbal nochmals 18 Untereinheiten zugeordnet sind, wäre es wünschenswert gewesen, diese ebenfalls als Kartierungseinheiten in die Abbildung aufzunehmen.

Die Karte im Maßstab 1:1.500.000, gedruckt im Satzspiegelformat (etwa 12 cm x 16 cm), hätte dies durchaus vertragen. Zum Vergleich sei in diesem Zusammenhang die Karte „Naturräume des Freistaates Sachsen und seiner Umgebung" (MANNSFELD & RICHTER 1995) erwähnt. Auf gleichgroßer Kartenfläche werden hier in gleichem Maßstab 46 Naturräume unterschieden. Diese sind problemlos in der einfarbigen Arealkarte unterscheidbar und damit kartographisch dekodierbar. Allerdings ist der Umstand zu erwähnen, daß die Naturräume in der Nachbarschaft Sachsens bis zum Kartenrand geführt werden. Dadurch ist es erklärlich, über fünfmal soviel Raumeinheiten (46 gegenüber 9) auf der etwa 190 cm² großen Kartenfläche unterzubringen. Manch ein kartierter Naturraum, gleich ob als landschaftliches Individuum oder als Raumtyp aufgefaßt, wird als Objekt verständlich und eher erfaßbar, wenn dessen Nachbarräume ebenfalls erfaßt und kartographisch dargestellt werden. Dies wird noch unterstützt, wenn *hinreichend adäquates* Namengut zur Kennzeichnung der Raumeinheiten Verwendung findet. In der bereits erwähnten Darstellung der Naturräume Sachsen-Anhalts gilt die Mikroregion „Elbetal und glazialer Osten Sachsen-Anhalts" als größte Raumeinheit. Sie erstreckt sich über den gesamten Osten des Landes, vom Norden, dort wo der Elbelauf das Land verläßt, bis in den Raum um Bitterfeld entlang der Linie Osterburg, Tangermünde, Magdeburg, Schönebeck und Dessau. Zum Vergleich: im Landschaftsprogramm Sachsen-Anhalts (REUTER 1993) hat dieser Raum Anteil an 14 Landschaftseinheiten und in RICHTERs Entwurf (NATURRÄUME 1986) sind immerhin noch 10 Raumeinheiten festzustellen. Die vier im Text ausgewiesenen subordinierten Einheiten werden daher wohl zur Gebietscharakteristik *nicht* ausreichen.

Letztlich sei die unglückliche Begriffswahl bei der Benennung der Raumeinheiten (Choronyme, SPERLING 1997) angesprochen, die, zugegebenermaßen, innerhalb eines historisch jungen „Bindestrichlandes" wie Sachsen-Anhalt es zweifellos darstellt, sich als schwieriges Unterfangen erweisen kann, wenn man frühere landeskundliche Darstellungen der Gebiete des heutigen Landes und seiner Nachbarländer außer Acht läßt. Der Osten Sachsen-Anhalts wird gebildet von brandenburgischen, magdeburgischen, anhaltischen und sächsischen Gebietsteilen in naturräumlicher wie sprachräumlicher Sicht, so daß sich die Benennungen der zahlreichen subordinierten Einheiten dieses Raumes daran orientieren sollten. Ähnliches gilt beispielsweise für die naturräumliche Einheit im Süden des Landes, für das „Südsachsenanhaltische Hügelland". Es ist doch eine grundsätzliche Tatsache daß das landeskundlich-geographische Namengut sich nicht primär nur aus der Lagekennzeichnung ergibt, sondern daß traditionelle, überlieferte Begriffe zur Kennzeichnung des Individuums oder Typs den wesentlichen Teil der Namengebung (Grundwort) ausmachen und gegebenfalls zur „Verortung" Bestimmungsorte hinzugefügt werden können. Obwohl das Grundwort zur Benennung von landschaftsräumlichen Einheiten in erster Linie zur Kennzeichnung typologischer und individuell-räumlicher Merkmale der betreffenden Raumeinheit dienen soll, so ist ebenso zu erwähnen, daß ebenfalls Hinweise auf historische Territorien, die Verbreitung besonderer Kulturlandschaftselemente oder aber administrative Untergliederungen im Haupt- wie Bestimmungswort der betreffenden Choronyme in Erscheinung treten können.

Die letztgenannte Mikroregion gehört geologisch wie physiogeographisch genauso zu Thüringen wie aus anthropogeographischer Sicht. So erstreckt sich einerseits die Nordostbegrenzung Thüringens über den Lauf der unteren Unstrut hinaus, so daß der Südteil der Querfurter Platte ebenso zum thüringer Raum gehört wie die im Osten anschließenden und sich weit nach dem heutigen Freistaat Sachsen hin erstreckenden Flächen des Altenburg-Zeitzer Lößhügellandes. Anhaltische Flächen haben wohl an dieser Mikroregion keinen Anteil. Andererseits nimmt der thüringer Sprachraum (SPANGENBERG 1994) noch weit größere Teile Sachsen-Anhalts ein. So endet das Nordthüringische an der ik/ich-Linie im Helme-Wipper-Gebiet. Das Mansfeldische, das Nordostthüringische, erstreckt sich von der unteren Unstrut bis zur Saale nach Bernburg und Halle. Das Ostthüringische ist von Jena, Naumburg und Altenburg bis an die Elster-Luppe-Aue und an die Pleiße verbreitet. Daher sollte diese betreffende Mikroregion eher als Teil des „Thüringischen Plateau- und Stufenlandes“ bezeichnet werden, wobei deren 5 Untereinheiten folgendermaßen (von West nach Ost) benannt werden könnten: Goldene Aue, Helme-Schichtstufenland, Unstrut-Saale- Plateau- und Stufenland, Ilm-Saale-Kalkplateau und Hohenmölsen-Zeitzer Platte.

Bisher fehlt eine neuere landschaftliche Regionalgliederung für den landeskundlich Interessierten Mitteldeutschlands (hierzu gehören die Länder Sachsen, Sachsen-Anhalt und Thüringen i.w.S. und die aneinandergrenzenden 6 Planungsregionen der drei Länder i.e.S.), wenn man von den älteren Arbeiten wie z.B. der von MEYNEN & SCHMITHÜSEN (1953...1962) für ganz Deutschland oder jener von RICHTER (NATURRÄUME 1986) - sie berücksichtigt das Gebiet der neuen Länder und Berlin - einmal absieht. Der Versuch, mit dem jüngeren Material eine neuere Gliederung zu versuchen, erscheint reizvoll. Wie die vorgenannten Beispiele zeigen, so wird dies nicht hinreichend gelingen, wenn ältere Arbeiten nicht in angemessener Weise berücksichtigt und ebenfalls traditionelles Namengut in ausreichendem Umfang Verwendung findet. Die Akzeptanz landeskundlicher Information in Karte, Text und Bild wird in Politik, Verwaltung, Wirtschaft, Bildung und im privaten Bereich dann befriedigen, wenn traditionelle, in den betreffenden Regionen gebräuchliche Namen und Begriffsdefinitionen (Choronyme) verwendet werden.

3.3 Landschaftseinheiten der Planungsregionen - Bezugsräume für Leitbilder zur Entwicklung von Natur und Landschaft

In den 6 Planungsregionen im engeren mitteldeutschen Raum - Dessau/Anhalt, Halle, Ostthüringen, Südwestsachsen, Chemnitz-Erzgebirge und (Nord-)Westsachsen - erfolgt der Bezug auf landschaftsräumliche Einheiten in unterschiedlicher Weise. Dies geschieht aus zweierlei Gründen. Einerseits existieren in den drei Ländern unterschiedliche Planungsgesetzlichkeiten und andererseits liegen regional wie methodologisch unterschiedliche Gliederungsentwürfe im mittleren Dimensionsniveau (im Übergang - Weg von oben - von den Mikroregionen zu den Mesoregionen) vor. Letztere entsprechen ebenfalls den bisherigen Arbeiten und unterschiedlichen Forschungstraditionen in Sachsen, Sachsen-Anhalt und Thüringen.

Im Land *Sachsen-Anhalt* wurde erst jüngst (siehe oben) eine Landschaftsgliederung im Maßstab 1:300.000 vorgelegt, die Bestandteil des gültigen Landschaftsprogrammes ist und deren Einheiten, die 38 individuellen landschaftlichen Mikroregionen, sind zugleich die entscheidenden Bezugseinheiten der Leitbilder für Naturschutz und Landschaftsentwicklung in landesweiter wie planungsregionaler Sicht. In die Regionalen Entwicklungsprogramme der *Regionen Dessau und Halle* (die Konfiguration des Planungsgebietes ist mit der Fläche der Gebietskörperschaften der beiden Regierungsbezirke identisch), die die zentrale Aufgabe haben, die Ziele und Grundsätze, niedergelegt im Landesentwicklungsprogramm, sachlich wie räumlich zu präzisieren, beziehen sich nur indirekt auf die landschaftsräumlichen Individuen des Landschaftsprogramms.

Im Freistaat *Thüringen* werden in den Regionalen Raumordnungsplänen, wo per Raumplanungsgesetz ein Landschaftsrahmenplan zu integrieren ist, die vom Landschaftsprogramm vorgegebenen regionalen landschaftsräumlichen Bezugseinheiten aufgenommen und in einer Karte im Maßstab 1:350.000 dargestellt. In der *Planungsregion Ostthüringen* (gebildet von den kreisfreien Städten Gera und Jena sowie von den fünf Landkreisen Altenburger Land, Greiz, Holzlandkreis, Saale-Orla-Kreis und Saalfeld-Rudolstadt) werden die betreffenden individuellen Landschaftsräume - hier handelt es sich sowohl um Regionen wie um Mikroregionen - als regionalplanerische Bezugseinheiten verwendet. Sechs der landesweit sieben landschaftlichen/naturräumlichen Raumtypen kommen in dieser Planungsregion vor. Für diese werden jeweils Leitziele zur Entwicklung von Natur und Landschaft aufgestellt und einzelne Maßnahmen räumlich konkret empfohlen.

Die Planungsregionen des Freistaates *Sachsen*, welche hiervon interessieren, sind die *Regionen Chemnitz/Erzgebirge, Südwestsachsen und Westsachsen*. Im Kapitel „Freiraumstruktur" der jeweiligen Regionalpläne sind Grundsätze und Ziele zur Erhaltung und Entwicklung der regionalen Freiraumstruktur formuliert. Dabei sollen Leitbilder für landschaftsräumliche Teilglieder der Planungsregion erstellt werden. Derartige Leitbilder beschreiben den für die ermittelten Bezugseinheiten der Region angestrebten Zustand von Natur und Landschaft und sie umreißen die dazu erforderlichen Sicherungs- und Entwicklungsaufgaben. Die Leitbilder sind den regionalplanerischen Grundsätzen und Zielen übergeordnet und sie beziehen sich auf die langfristige Entwicklung der Raumeinheiten, ohne daß dieses Gesamtkonzept für die Landschaftsentwicklung auf einen bestimmten Zeitraum bezogen wäre. Die landschaftliche Raumgliederung in den drei Regionen folgt unterschiedlichen Konzepten. Der gegenwärtige Zustand, daß jede sächsische Planungsregion ihr eigenes Gliederungsverfahren besitzt, kann dann verbessert werden, wenn bei der Novellierung bzw. Fortschreibung der Regionalpläne die dann landesweit vorliegenden, nach einheitlichen Grundsätzen (auf dem Weg von unten) erarbeiteten, Mesochoren und Mikroregionen Verwendung finden können.

4 Fazit: Brauchen wir Landschafts- und Regionskarten neuer Prägung ?

Regionale landschaftsräumliche Einheiten, sog. Mikroregionen, können als Erfassungs-, Bewertungs-, Planungseinheiten und demzufolge ebenso als kartographische Darstellungseinheiten zielgerichtet Verwendung finden. Karten erscheinen somit als besonders geeignete Ausdrucksmittel. Deratige Demonstrations- und Darstellungsmittel haben dann vor allem besondere Bedeutung, wenn räumliche Zusammenhänge und eben *regionale Landschaftsräume* dargestellt werden sollen. NEEF (1967b) spricht in diesem Zusammenhang von einer „Karte des Landschaftscharakters“ die es zu entwickeln gelte, mittels derer die Herausarbeitung der typischen Vergesellschaftung von Landschaftseigenschaften geboten sei. Hier im regionalen Maßstabsbereich treffen sich verschiedene methodologische Aspekte, die sowohl auf der Erkenntnisebene wie der Darstellungsebene, welche in der Regel keineswegs identisch sind, koordiniert werden müssen. So bestehen enge Verbindungen, ja Abhängigkeiten zwischen der gewählten Maßstabsebene der Darstellung, der Zwecksetzung und den Zielen des kartographischen Modells, der möglichen bzw. notwendigen Inhaltsdichte der Sachaussage „Landschaft“ und der gewählten Methode des kartographischen Ausdrucks.

Allgemeine Grundlagen sind die individuell - räumlichen Landschaftseinheiten, die zum Vergleich miteinander und für deren treffende Charakteristik mit Typenmerkmalen gekennzeichnet werden und somit gut voneinander unterscheidbar sind. Bei der Benennung dieser wohldefinierten Raumeinheiten ist ebenso darauf zu achten, daß die Verwendung von politisch - administrativen Begriffen nicht zu unklaren, teils realitätsfremden und damit unsinnigen Bezeichnungen führt.

Als mittlerweile klassische, hervorhebenswerte Beispiele gelten immer noch u.a. die Arbeiten von HAASE & RICHTER (1965) sowie NEEF & BIELER (1971) und jene von KUGLER (1984) und seinen Mitarbeitern. Die Arbeiten letztgenenannten Autors bestechen einerseits durch die Berücksichtigung der Eigenart von Landschaftsgrenzen, insbesondere ihrer Qualität, und andererseits durch die Verwendung adäquater Merkmale der Arealstruktur zur Kennzeichnung der landschaftlichen Regionaleinheiten. Zu den elementaren Merkmalen, die der entsprechenden Rangstufe entsprechen, sind u.a. das Mesoklima, die Normbodenbildung, der Gebietswasserhaushalt und der Relieftyp zu zählen (KUGLER & EID 1989). Die Berücksichtigung der Merkmale des Inventars an subordinierten Arealeinheiten, vor allem die Art deren räumlicher Vernetzung erscheinen gut geeignet zu sein, den regionalen Wandel des typologischen Charakters der Landschaftseinheiten zu kennzeichnen.

Berücksichtigen wir letztlich die Ausführungen von Edgar LEHMANN (1990), er plädiert für die *Entwicklung sog. Landschafts- und Regionskarten*, so scheint die Akzeptanz einer weiteren Art regionaler Landschaftskarten geboten zu sein. Derartige Karten sind als Konzentrationsmodelle in der geographischen Wirklichkeit bestehender Ganzheiten zu verstehen. Gegenstand einer solchen Karte ist, daß diese „die Raumausprägung Landschaft" kennzeichnen und umgrenzen sollen, welche durch Wechselwirkung von physischen und sozioökonomischen Komponenten gebildet wird. Die betrifft also den Ausschnitt aus der geographischen Wirklichkeit, welcher als integrativer, den anorganischen, organischen und humanen Seinsbereich umfassender Komplex zu bezeichnen sei und der nach Meinung LEHMANN s als wissenschaftlich erfaßbar gelte.

Da die Kennzeichnung und Darstellung von „Landschaft" die Berücksichtigung der naturräumlichen Ausstattung einerseits und der Flächennutzung andererseits erfordert, erscheint es oftmals günstig, wenn beide Komponenten möglichst mit ihrer Entwicklung im Laufe der Zeit in Verbindung gebracht werden können. Neben genetischen Aspekten (Längsschnitte landschaftlicher Entwicklung) können ebenfalls physiognomische, das Landschaftsbild betreffende Gesichtspunkte ebenso berücksichtigt werden wie solche, die das Wechselspiel der Komponenten, also den Landschaftshaushalt charakterisieren. Es erscheint jedoch der Versuch vergeblich zu sein, diese Aspekte - wie auch immer kombiniert - in nur *einer* kartographischen Ausdrucksform modellieren zu können.

5 Zusammenfassung

Regionalisierung bezeichnet einen Prozeß, ein Verfahren zur Abgrenzung von „Regionen" im besonderen, von Räumen im allgemeinen. Sie ist traditionell, seit Humboldt, dem Begründer der modernen Geographie und Länder- wie Landeskunde, mit Raumgliederung gleichzusetzen. Mit dem Einzug quantitativer Methoden und dem zunehmendem Gebrauch computergestützter Verfahren in der Landesforschung, in der Landschaftsökologie und in der Umweltforschung beschreibt die aus dem englischen Sprachraum stammende (neue) Regionalisierung den Prozeß der Transformation von punktförmig erfaßten Umweltdaten auf die Fläche. Jede derartige Regionalisierung ist mit schrittweisem Informationsverlust, des Inhaltes (der Sachdaten) und des Raumes (der Geometriedaten) verbunden. Im Zuge weiterer Schritte der Regionalisierung streben die gewonnenen Ergebnisse zunehmend abstrakteren Raummodellen und Theoriemodellen zu. Es ist dann bei jedem Schritt zu prüfen und zu entscheiden, inwieweit die erhaltenenen Resultate für die jeweilige zu lösende Aufgabe noch zweckvoll ist oder aber abwegig erscheint. In der Landschaftsökologie und in der klassischen Landschaftsforschung beschreibt die Regionalisierung den Prozeß der Ermittlung, inhaltlichen Kennzeichnung und räumlichen Umgrenzung von Naturräumen und landschaftlichen Raumeinheiten auf einer bestimmten Dimensionsebene landschaftsräumlicher Betrachtung, welche zwischen der chorischen und der planetarischen Ornungsstufe liegt. Die Resultate derartiger Regionalisierung, die Meso- und Makrochoren oder Mikroregionen und (Groß-)Regionen entspringen üblicherweise der „Gliederung", dem Weg von oben. Anhand von ausgewählten natur- und landschaftsräumlichen Gliederungen in den Ländern Sachsen, Sachsen-Anhalt und Thüringen wird dieses klassische Verfahren erläutert. Probleme werden exemplarisch aufgezeigt und Wege zur Verbesserung der Ermittlung von regionalen Raumeinheiten der Landschaftshülle gegeben. Die im Vortrag gezeigten kartographischen Veranschaulichungen können in der schriftlichen Form des Beitrages diesem nicht beigegeben werden.

Literatur

ANTROP, M. (1981): Principes, terminologie, methoden en technieken voor regionaal landschappelijk onderzoek. Een overzicht. Seminarie voor regionale aardrijkskunde. - Gent/Belgie, 250 p.

BERNHARDT, A. u.a. (1986): Naturräume der sächsischen Bezirke. Sächsische Heimatblätter 32, S. 145-228.

FEHN, H. (1996): Grundlagenforschung der Angewandten Historischen Geographie zum Kulturlandschaftspflegeprogramm von Nordrhein-Westfalen. - Berichte zur Deutschen Landeskunde 70, S. 293-300.

HAASE, G. & H. RICHTER (1965): Bemerkungen zum Entwurf der Karte „Naturräumliche Gliederung Nordsachsens 1:200.000". - In: Exkursionsführer zum Symposium zu Fragen der naturräumlichen Gliederung vom 27. September bis 2. Oktober 1965 in Leipzig. Berlin, S. 21-31.

HAASE, G. & Mitarbeiter (1997): Naturräume und Naturraumpotentiale des Freistaates Sachsen. - Staatsministerium für Umwelt und Landesentwicklung (Hrsg.): Materialien zur Landesentwicklung 2/1997, 62 S.

HIEKEL, W. & Mitarbeiter (1994): Wissenschaftliche Beiträge zum Landschaftsprogramm Thüringens. - Schriftenreihe der Thüringer Landesanstalt für Umwelt Nr. N2/94, 105 S.

JEDICKE, L & E. JEDICKE (1992): Farbatlas Landschaften und Biotope Deutschlands. - Stuttgart, 320 S.

KUGLER, H. (1984): Themakartographische Aspekte der landschaftlichen Regionalgliederung. - In: RICHTER, H. (Hrsg.): Umweltforschung. Gotha, S. 108-116.

KUGLER, H. & S. EID (1989): Neue methodische Ansätze zur themakartographischen Modellierung von von Naturraum und Landschaft. - Petermanns Geographische Mitteilungen 133, S. 203-217.

LEHMANN, E. (1990): Landschafts- und Regionalkarten - eine Zukunftsaufgabe von Geographie und Kartographie. - unveröffentlichtes Manuskript eines Vortrages in Ladenburg am 22.11.1990, 10 S.

LESER, H. u.a. (1997): Wörterbuch Allgemeine Geographie. - München/Braunschweig, 1037 S.

MANNSFELD, K. & H. RICHTER, Hrsg. (1995): Naturräume in Sachsen. - Forschungen zur deutschen Landeskunde 238, 228 S.

MAULL, O. (1933): Deutschland. - Leipzig.

MEYNEN, E. & J. SCHMITHÜSEN, Hrsg. (1953 bis 1962): Handbuch der Naturräumlichen Gliederung Deutschlands. - Remagen/Bad Godesberg, 1339 S.

NATURRÄUME (der DDR) im Maßstab 1.1.000.000 (1986): Eine Karte, zusammengestellt nach Vorlagen mehrerer Autoren und redigiert von H. Richter. - Manuskriptdruck: Institut für Geographie und Geoökologie der AdW der DDR. Leipzig.

NEEF, E. (1963): Dimensionen geographischer Betrachtung. - Forschungen und Fortschritte 37, S. 361-363.

NEEF, E. (1967a): Entwicklung und Stand der landschaftsökologischen Forschung in der DDR. - In: Probleme der landschaftsökologischen Erkundung und Naturräumlichen Gliederung. Leipzig, S. 22-34.

NEEF, E. (1967b): Theoretische Grundlagen der Landschaftslehre. - Gotha/Leipzig, 150 S.

NEEF, E. (1984): Der Ensemble-Charakter der Landschaft. - Wissenschaftliche Mitteilungen des Institutes für Geographie und Geoökologie der AdW der DDR 11, S. 155-160.

NEEF, E. & J. BIELER (1971): Zur Frage der landschaftsökologischen Übersichtskarte. Ein Beitrag zum Problem der Komplexkarte. - Petermanns Geographische Mitteilungen 115, S. 73-77.

OELKE, E. Hrsg. (1997): Sachsen-Anhalt. Perthes Länderprofile. - Gotha, 423 S.

PAFFEN, K. H. (1953): Die natürlichen Landschaften und ihre räumliche Gliederung. Eine methodische Untersuchung am Beispiel der Mittel- und Niederrheinlande. - Forschungen zur deutschen Landeskunde 68, Remagen.

REUTER, B. (1994): Beschreibungen und Leitbilder der Landschaftseinheiten (mit einer Karte im Maßstab 1:300.000). - Landschaftsprogramm des Landes Sachsen-Anhalt, Teil 2, Magdeburg, 216 S.

RICHTER, H. (1967): Naturräumliche Ordnung. In: Probleme der landschaftsökologischen Erkundung und Naturräumlichen Gliederung. Leipzig, S. 129-160.

SCHMITHÜSEN, J. (1948): Grundsätze für die Untersuchung und Darstellung der naturräumlichen Gliederung von Deutschland. - Berichte zur deutschen Landeskunde 6, S. 8-19.

SCHRÖDER, H. (1994): 3.6 Naturräumliche Gliederung und Abbildung 15: Naturräumliche Einheiten Sachsen-Anhalts. - In: OELKE, E. Hrsg. (1997): Sachsen-Anhalt. Perthes Länderprofile. Gotha, S. 64-66.

SCHULTZE, J. H. (1955): Begriff und Gliederung geographischer Landschaften. - Forschungen und Fortschritte 29, S. 291-297.

SCHULTZE, J. H. & Mitarbeiter (1955): Die Naturbedingten Landschaften der Deutschen Demokratischen Republik. - Petermanns Geographische Mitteilungen, Ergänzungsheft 257, Gotha.

SPANGENBERG, K. (1994): Kleines Thüringsches Wörterbuch. Rudolstadt/Jena.

SPERLING, W. (1997): Namen und Begriffe. Ein Beitrag über geographische Namen im Leben und in der Schule. - Münchner Studien zur Didaktik der Geographie 8, S. 111-140.

ZONNEVELD, J.I.S. (1991): Levend land. De geografie van het Nederlandse landschap. - Houten/Antwerpen, 296 p.

Regionale naturräumliche Bezugseinheiten am Beispiel des Freistaates Sachsen: Anforderungen, gegenwärtiger Stand und Perspektiven

Eberhard Sandner, Moritz Bauer und Harald Herrmann

1 Anforderungen

An räumliche Bezugseinheiten werden in der Regel zahlreiche und verschiedenartige Anforderungen gestellt. So sollen sie möglichst aussagekräftig, hierarchisch aufgebaut, flächendeckend vorhanden, lange gültig, vielfältig auswertbar und interpretierbar, mithin universell anwendbar, kombinationsfähig, gleich groß und von gleicher Form, gebräuchlich bezeichnet und anschaulich sein (SANDNER, 1989). Es lohnt sich, daraufhin zunächst verschiedenartige räumliche Bezugseinheiten miteinander zu vergleichen (Tabelle 1).

Tab. 1: Räumliche Bezugseinheiten - Charakteristik und Vergleich (nach SANDNER, 1989, verändert)

wichtige Anforderungen an	Bezugseinheiten					
Bezugseinheiten	VE	FEG	gE	NRE	NE	LE
komplexer Inhalt	0	0	0	1	*	1
hierarchische Ordnung	1	1	0	1	1	1
lange Gültigkeit	*	1	1	1	0	*
regionale Verfügbarkeit	1	1	1	1	*	0
universelle Anwendbarkeit	*	0	1	*	0	1
vielfältige Auswertbarkeit und Interpretierbarkeit	*	*	1	1	*	1
leichte Kombinierbarkeit	1	1	1	1	1	1
gebräuchliche Bezeichnung	1	*	0	*	*	1
regelmäßig geformte Areale	0	0	1	0	0	0
gleichgroße Areale	0	0	1	0	0	0
leichte Lokalisierbarkeit	0	1	0	*	1	*
leichte Darstellbarkeit	1	1	1	1	1	1
Anschaulichkeit	0	1	0	*	1	1

Erklärung der Abkürzungen und der Zeichen:

VE	Verwaltungseinheiten	NRE	Naturraumeinheiten
FEG	Flußeinzugsgebiete	NE	Nutzungseinheiten
gE	geometrische Einheiten	LE	Landschaftseinheiten

1 = ja / * = bedingt ja / 0 = nein

Im vorliegenden Falle handelt es sich um Verwaltungseinheiten, Flußeinzugsgebiete und geometrische Einheiten einerseits und um Naturraum-, Nutzungs- und Landschaftseinheiten andererseits. Beim Vergleich lassen sich am ehesten Vorzüge und Mängel erkennen. Dabei wurden die in Betracht gezogenen Bezugseinheiten notwendigerweise idealisiert.

Die wichtigsten Resultate des Vergleichs sind: Erstens vermag keine einzige Art von räumlichen Bezugseinheiten, jede Anforderung gleichermaßen gut zu erfüllen. Zweitens eignen sich Landschaftseinheiten für viele Zwecke besonders gut. Darauf hatte der Verfasser schon vor längerer Zeit hingewiesen (SANNDNER, 1989). Drittens ist es jederzeit möglich, Naturraum- und Landschaftseinheiten mit anderen Bezugseinheiten zu verknüpfen.

In pragmatischer Hinsicht sind die regionale Verfügbarkeit, ein niedriger hierarchischer Rang, eine hohe Komplexität, eine lange Gültigkeit und die universelle Anwendbarkeit der Bezugseinheiten besonders bedeutsame Anforderungen. Zwischen den Naturraumeinheiten und den Landschaftseinheiten dürften in der Gültigkeitsdauer und in der universellen Anwendbarkeit maßgebliche Unterschiede, in der gebräuchlichen Bezeichnung und in der Anschaulichkeit hingegen merkliche Unterschiede bestehen (Tabelle 1). So sind Naturraumeinheiten in jedem Falle länger gültig, Landschaftseinheiten hingegen allem Anschein nach universeller anwendbar, gebräuchlicher bezeichnet (Landschaftsnamen) und anschaulicher.

2 Gegenwärtiger Stand

Zunächst wird eine Übersicht gegeben, welche naturräumlichen Einheiten gegenwärtig überhaupt und für welche Gebiete des Freistaates Sachsen verfügbar sind (Tabelle 2).
Im folgenden werden nur einzelne Anwendungsgebiete von naturräumlichen Bezugseinheiten betrachtet. Es handelt sich um die Regionalplanung und um die Landschaftsplanung im Freistaat Sachsen.

Die aktuellen Regionalpläne weisen als räumliche Bezugseinheiten sowohl Naturraumeinheiten wie auch Landschaftseinheiten auf. Genaugenommen sind es einerseits Naturraumeinheiten mesochorischen Ranges nach MANNSFELD und RICHTER (1995) und andererseits Landschaftseinheiten gleichen Ranges von NIEMANN (1982) und SANDNER (1989).

In der Landschaftsplanung auf kommunaler Ebene werden die in den neuen Bundesländern gebräuchlichen Standorteinheiten der Land- und Forstwirtschaft bevorzugt. Es sind die Standortregionaltypen der mittelmaßstäbigen landwirtschaftlichen Standortkartierung für die ehemalige landwirtschaftliche Nutzfläche und die Standortsformen der forstlichen Standortserkundung für die forstwirtschaftliche Nutzfläche.

Tab. 2: Wichtige naturräumliche Bezugseinheiten im Freistaat Sachsen

Kartierungsverfahren	wichtige Raumeinheiten	Kartenmaßstab	regionale Verfügbarkeit
naturräumliche Gliederung	Naturräume	1:1 Mio.	landesweit
forstliche Standortserkundung	Standortsformen Mosaikbereiche	1:10.000	forstliche Nutzfläche
	Wuchsbezirke Wuchsgebiete	1:300.000	landesweit
landwirtschaftliche Standortskartierung	Standortregionaltypen	1:100.000	landwirtschaftche Nutzfläche
Naturraumtypenkartierung	Nanochoren	1:50.000	Teilgebiete
	Mikrochoren	1:200.000	Teilgebiete
Landschaftskartierung	Landschaftseinheiten chorischen Ranges	1:200.000 bis 1:500.000	Teilgebiete
Biotopkartierung	Biotope	1:25.000; 1:10.000	landesweit

Nachfolgend wird der Charakter der eben genannten Raumeinheiten näher charakterisiert; Vorzüge und Mängel werden dargelegt. Die Standortregionaltypen repräsentieren heterogene landwirtschaftliche Standortseinheiten, die vor allem nach den Merkmalen Substrat und Boden, Bodenwasser und Relief erfaßt und typisiert worden sind. Ihre Leitkriterien sind nach SCHMIDT & DIEMANN (1981) das Inventar an Bodenformen, das Relief und der Gefügestil (d. h. die Grundformen der gesetzmäßigen räumlichen Anordnung der Bodenformen auf Grund der vorherrschenden genetischen und dynamischen Bedingungen). Die Standortregionaltypen sind zweigspezifische Standortseinheiten der Landwirtschaft oder landwirtschaftliche Standortsformengefüge. Nach der Theorie der geographischen Dimensionen entsprechen sie Naturraumeinheiten nanochorischen Ranges.

Die Mittelmaßstäbige Landwirtschaftliche Standortkartierung wurde bereits in der ersten Hälfte der siebziger Jahre konzipiert und hat für die neuen Bundesländer ein standortskundliches Landeskartenwerk hervorgebracht, das heute noch bedingt aktuell ist. Die Grundlage bildet das Material der Bodenschätzung. Obwohl Arbeitskarten im Maßstab 1:25.000 existieren, besteht keine Möglichkeit, die Standortregionaltypen zu degregieren. Nicht zu übersehen sind weitere Nachteile, insbesondere Fehler im Urmaterial (so z. B. bei der Angabe der Leit- und Begleitbodenformen sowie des Hydromorphieflächentyps in den Dokumentationsblättern der Standortregionaltypen) und Unstimmigkeiten zwischen den Arbeitskarten im Maßstab 1:25.000 und den gedruckten Standortsübersichtskarten im Maßstab 1:100.000.

Die forstlichen Standortsformen sind die naturräumlichen Grundeinheiten der Forstwirtschaft. Zum Unterschied von den Standortregionaltypen sind sie im Gelände aufgenommen worden, demnach topischen Ranges und können den Geotopen gleichgesetzt werden. Die forstliche Standortserkundung begann in der ehemaligen DDR in den fünfziger Jahren planmäßig und hat seit den sechziger Jahren international einen hohen Standard erreicht. Ihre wichtigsten Ergebnisse sind die Standortskarten (eigentlich Standortsformenkarten) im Maßstab 1:10.000, die insgesamt ein modernes standortskundliches Landeskartenwerk bilden. Dieses Kartenwerk ist gleichfalls zweigspezifisch: Es berücksichtigt lediglich die forstwirtschaftlich genutzten Flächen zum Zeitpunkt ihrer Aufnahme und besteht aus Inselkarten, die in der Regel ein Forstrevier umfassen. In der ehemaligen DDR wurde ein 15jähriger Laufendhaltungsturnus angestrebt.

Danach können die Kartierungseinheiten der beiden standortskundlichen Landeskartenwerke - die Standortregionaltypen der mittelmaßstäbigen landwirtschaftlichen Standortkartierung und die Standortsformen der forstlichen Standortserkundung - miteinander verglichen werden. Der wichtigste Vorzug wird darin gesehen, daß die Areale der beiden Standortseinheiten zusammengenommen ungefähr 84 Prozent der Landesfläche von Sachsen einnehmen. Der entscheidende Nachteil besteht jedoch darin, daß die beiden Standortseinheiten im hierarchischen Rang (in der geographischen Dimension) und damit auch in den Dokumentationsmerkmalen maßgeblich voneinander abweichen (Tabelle 3). So werden bei den Standortregionaltypen z. B. die Geokomponenten Klima und Vegetation überhaupt nicht berücksichtigt.

Tab. 3: Forstliche Standortserkundung (FSE), mittelmaßstäbige landwirtschaftliche Standortkartierung (MMK) und Naturraumkartierung (NRK): Vergleich der Kartierungseinheiten

Verfahren	**Kartierungseinheiten**		**Anzahl in Sachsen**	**Degregierung möglich**	**Aggregierung zu:**
	Originalbezeichnung	**Standardbezeichnung**			
FSE	Standortsformen	Geotope Typen	....	nein	Nanogeochoren
	Mosaikbereiche	Mikrogeochoren Individuen	205	ja	
	Wuchsbezirke	Mesogeochoren	65	ja	
MMK	Standortregionaltypen	Nanogeochoren Typen	230 (1000)	nein	Mikrogeochoren
NRK	Mikrogeochoren	Mikrogeochoren Individuen	ca. 1500	bedingt ja	Mesogeochoren

Zwischen der klassischen naturräumlichen Gliederung einschließlich der Landschaftsgliederung einerseits und der modernen land- und forstwirtschaftlichen Standortskartierung andererseits klafft eine empfindliche Lücke. Bisher sind nur Naturraumeinheiten verhältnismäßig hohen (mesochorischen) Ranges (nach MANNSFELD und RICHTER, 1995) und Naturraumtypen (nach RICHTER & BARSCH, 1978) als naturräumliche Bezugseinheiten für die Landesfläche von Sachsen flächendeckend verfügbar.

3 Perspektive

Es empfiehlt sich, mindestens zwei perspektivische Zeiträume, nämlich die kurzfristige und die mittelfristige Perspektive, zu unterscheiden.
Im Herbst 1993 hatte die Arbeitsgruppe "Naturhaushalt und Gebietscharakter" der Sächsischen Akademie der Wissenschaften zu Leipzig ein Forschungsprojekt konzipiert, das folgende Ziele und Anforderungen enthielt:

- Schaffung eines neuen naturräumlichen Landeskartenwerkes des Freistaates Sachsen,
- Naturraumeinheiten mikrochorischen Ranges als Kartierungseinheiten,
- Kartierungsverfahren der naturräumlichen Ordnung,
- Nutzung von vorhandenem Quellenmaterial,
- Anwendung eines Geographischen Informationssystems (GIS),
- mittelfristige Bearbeitung.

3.1 Naturraumkarte 1:50.000 des Freistaates Sachsen

3.1.1 Ziel und Zweck

Die Naturraumkarte 1:50.000 des Freistaates Sachsen ist ein modernes naturräumliches Landeskartenwerk, das nunmehr kurz vor seinem Abschluß steht. Es umfaßt 55 Kartenblätter der Topographischen Karte 1:50.00 der Bundesrepublik Deutschland.

Der Inhalt der Naturraumkarte 1:50.000 des Freistaates Sachsen kann insbesondere von der Raum- und Fachplanung, aber auch von der geographischen Landeskunde, von Bildung und Erziehung, Tourismus, Fremdenverkehr und Regionalmarketing ausgewertet und interpretiert werden. Die Kartierungseinheiten sollen vornehmlich als adäquate Bezugseinheiten der Regional- und Landesplanung (in den Regionalplänen und im Landesentwicklungsplan) sowie in der Landschaftsplanung (in Landschaftsrahmenplänen und im Landschaftsprogramm) des Freistaates Sachsen dienen.

Bei der sachlichen und räumlichen Präzisierung landesplanerischer Ziele und Grundsätze auf der Ebene der Regionalpläne können die Kartierungseinheiten zur Bestimmung von Naturraumpotentialen und Landschaftsfunktionen, zur Ableitung und Begründung geoökologischer, naturschutzfachlicher und anderer Leitbilder für Natur und Landschaft mit Erfolg verwendet werden. Die Naturraumkarte 1:50.000 des Freistaates Sachsen soll die Lücke zwischen den Übersichtskarten der klassischen naturräumlichen Gliederung einerseits und den modernen standortskundlichen Landeskartenwerken der Land- und Forstwirtschaft andererseits schließen.

3.1.2 Geschichte und Konzeption

Die Naturraumkarte 1:50.000 des Freistaates Sachsen hat namhafte und bedeutsame Vorläufer. Der wichtigste Vorläufer ist die Naturraumtypen-Karte der DDR im mittleren Maßstab (HAASE u. a., 1991). Mit der Konzeption dieses Kartenwerkes hatte die Landschaftsforschung im Osten Deutschlands Neuland beschritten. Besonders bedeutungsvoll war die enge Zusammenarbeit mit den führenden Vertretern der land- und forstwirtschaftlichen Standortskartierung. Das Projekt der Naturraumtypen-Karte der DDR im mittleren Maßstab wurde jedoch nicht vollendet, sondern blieb im Entwurf von Musterkarten stecken. Nichtsdestoweniger bildete es sowohl in methodischer wie auch in regionaler Hinsicht die Grundlage für die Naturraumkarte 1:50.000 des Freistaates Sachsen.

Die Naturraumkarte 1:50.000 des Freistaates Sachsen wurde im Rahmen des Projektes "Naturräume und Naturraumpotentiale des Freistaates Sachsen im Maßstab 1:50.000 als Grundlage für die Landesentwicklungs- und Regionalplanung" im Herbst 1993 von der Arbeitsgruppe "Naturhaushalt und Gebietscharakter" der Sächsischen Akademie der Wissenschaften zu Leipzig konzipiert. Seit 1994 wird dieses Projekt vom Sächsischen Staatsministerium für Umwelt und Landesentwicklung gefördert (Sächsisches Staatsministerium für Umwelt und Landesentwicklung, 1997).

Das Projekt ist mittelfristig. Anfangs sollte die Bearbeitung sechs Jahre dauern; sie wurde jedoch aus Kostengründen um ein Jahr verkürzt. So wird die Naturraumkarte 1:50.000 des Freistaates Sachsen mit größter Wahrscheinlichkeit Ende 1998 abgeschlossen sein.

3.1.3 Kartierungsverfahren und Kartierungseinheiten

Das Kartierungsverfahren wird als "Naturraumkartierung" bezeichnet. Diese repräsentiert jedoch nicht die klassische naturräumliche Gliederung, sondern die naturräumliche Ordnung. Darunter wird nach RICHTER (1967) ein geographisches

Rayonierungsverfahren verstanden, mit dem naturräumliche Einheiten niederen Ranges zu naturräumlichen Einheiten höheren Ranges aggregiert werden.

Die Kartierungseinheiten der Naturraumkarte 1:50.000 des Freistaates Sachsen sind Naturraumeinheiten mikrochorischen Ranges, kurz "Mikrogeochoren" genannt. Sie stellen Verbände, Gefüge bzw. Mosaike von Naturraumeinheiten des nächstniederen Ranges (Nanogeochoren) dar, die regelhaft bzw. gesetzmäßig miteinander vergesellschaftet und angeordnet sind.

Die Naturraumkarte 1:50.000 des Freistaates Sachsen stützt sich bei der Ermittlung der Kartierungseinheiten und der Erfassung ihrer Merkmale auf vorhandenes Quellenmaterial. Dieses Material ist umfangreich, aber inhomogen. Am wichtigsten sind die Ergebnisse der naturräumlichen Ordnung (vgl. HAASE u. a., 1991), der Mittelmaßstäbigen Landwirtschaftlichen Standortkartierung (SCHMIDT & DIEMANN, 1981) und der forstlichen Standortserkundung (KOPP & SCHWANECKE, 1994).

Die wichtigsten Materialien der Mittelmaßstäbigen Landwirtschaftlichen Standortkartierung sind die Arbeitskarten im Maßstab 1:25.000 und die Dokumentationsblätter A der Standortregionaltypen. Die wichtigsten Materialien der forstlichen Standortserkundung hingegen sind die Standortskarten im Maßstab 1:10.000 und die zugehörigen Erläuterungsbände der ehemaligen staatlichen Forstwirtschaftsbetriebe der DDR. Die beiden standortskundlichen Landeskartenwerke der Land- und Forstwirtschaft ergänzen sich zwar in der Kartierungsfläche. Sie unterscheiden sich jedoch nicht nur im Kartenmaßstab und im hierarchischen Rang (in der Dimension) der Kartierungseinheiten, sondern auch in der Anzahl und Bearbeitungsintensität der erfaßten Komponenten.

Grundsätzlich wäre es wohl besser, anstelle der "Naturraumkartierung" von "Naturraumkartographierung" zu sprechen. Allerdings hat sich der aus dem Russischen stammende Terminus "Kartographierung" im deutschsprachigen Raum bisher nicht durchgesetzt.

3.1.4 Dokumentation der Kartierungseinheiten

Die Mikrogeochoren werden durch die Komponenten (Originalbezeichnung) Geologie, Boden, Relief, Wasser, Klima, Bios und Flächennutzung beschrieben und nach wichtigen Merkmalen differenziert. Diese wiederum werden nach sog. Merkmalstabellen erfaßt und mit Flächenanteilsstufen wiedergegeben.

Die Mikrogeochoren werden nicht auf klassische Art und Weise in einem Erläuterungsheft, sondern in Dokumentationsblättern beschrieben. Diese sind zum Zwecke des Vergleichs standardisiert und bestehen aus drei Teilen. Im Kopf des Dokumentationsblattes stehen neben dem Namen der Einrichtung, die das Dokumentationsblatt erarbeitet hat, die Kurzbezeichnung und der Landschaftsname der Mikrogeochore.

Im ersten Teil, den "Kennungen", werden die Bearbeiter, die Lage der Mikrogeochore auf den Kartenblättern der Topographischen Karten 1:50.000 und 1:25.000, die Flächengröße der Mikrogeochore, das Jahr der Bearbeitung, die Typengruppe und der Typ der Mikrogeochore genannt. Die Zuordnung der Mikrogeochore zu einem Typ und einer Typengruppe ist jedoch erst nach Abschluß des Projektes endgültig möglich.

Der zweite Teil bildet den Hauptteil des Dokumentationsblattes. In ihm sind wichtige Merkmale der Mikrogeochoren zusammengestellt, die nach Komponenten geordnet sind (Tabelle 4).

Der dritte Teil nennt sich "Bewertung". Er enthält exemplarisch Bestimmungen des Natürlichkeitsgrades der Vegetation, der Grundwasserschutzfunktion, des biotischen Ertragspotentials sowie des Arten- und Biotoppotentials.

Tab. 4: Kennzeichnung der Mikrogeochoren in den Dokumentationsblättern

Komponenten	Merkmale
Geologie	geologisch-strukturelle Einheit
	oberflächennahe Gesteine
Boden	Leit- und Begleitbodenformen
	Bodenformenkombination
Relief	Mesorelief-Mosaiktyp
	Mesoreliefformen
	Höhenlage
	Höhenstufe
	Neigungsflächentyp
Wasser	Hydromorphieflächentyp
	Oberflächengewässer
	Gewässerfläche
	Gesamtfließgewässernetz
Klima	Makroklimagebiet
	klimatische Normalwerte
	Niederschlagsbezirk
	meso- und makroklimatische Lageeigenschaften
Bios	potentielle natürliche Vegetation
	Anteile wertvoller Biotope
	Schutzgebiete
	Flora und Fauna
Flächennutzung	Arten und Artengruppen

3.1.5 Kartographische Darstellung und Bearbeitungsstand

Die Naturraumkarte 1:50.000 des Freistaates Sachsen wurde als synthetische Karte konzipiert. Demnach werden nur die Kartierungseinheiten, die Mikrogeochoren, jedoch nicht ihre Eigenschaften dargestellt.

Jede Mikrogeochore trägt einen Landschaftsnamen und eine Kurzbezeichnung. Letztere besteht aus der Nummer des betreffenden Kartenblattes der Topographischen Karte 1:50.000 der Bundesrepublik Deutschland und einer fortlaufenden Nummer, die für jede Mikrogeochore eines Kartenblattes nur einmal vergeben wird. Damit ist die Einmaligkeit und Unverwechselbarkeit, die Individualität einer Kartierungseinheit hinreichend gewährleistet.

Die topographische Grundlage bildet die Topographische Karte 1:50.000 (Normalausgabe) der Bundesrepublik Deutschland. Der Arbeitsmaßstab beläuft sich auf 1:25.000, da wichtiges Quellenmaterial diesen Maßstab aufweist. Infolgedessen wurde als Herausgabemaßstab 1:50.000 festgelegt.

Die Kartenblätter der Naturraumkarte 1:50.000 des Freistaates Sachsen werden ebenso wie die Dokumentationsblätter der Mikrogeochoren sowohl in analoger als auch in digitaler Form erstellt. Für das Territorium des Freistaates Sachsen werden ungefähr 1.500 Mikrogeochoren erwartet. Ende 1997 waren 38 Blätter der Naturraumkarte 1:50.000 des Freistaates Sachsen fertiggestellt (Karte 1).

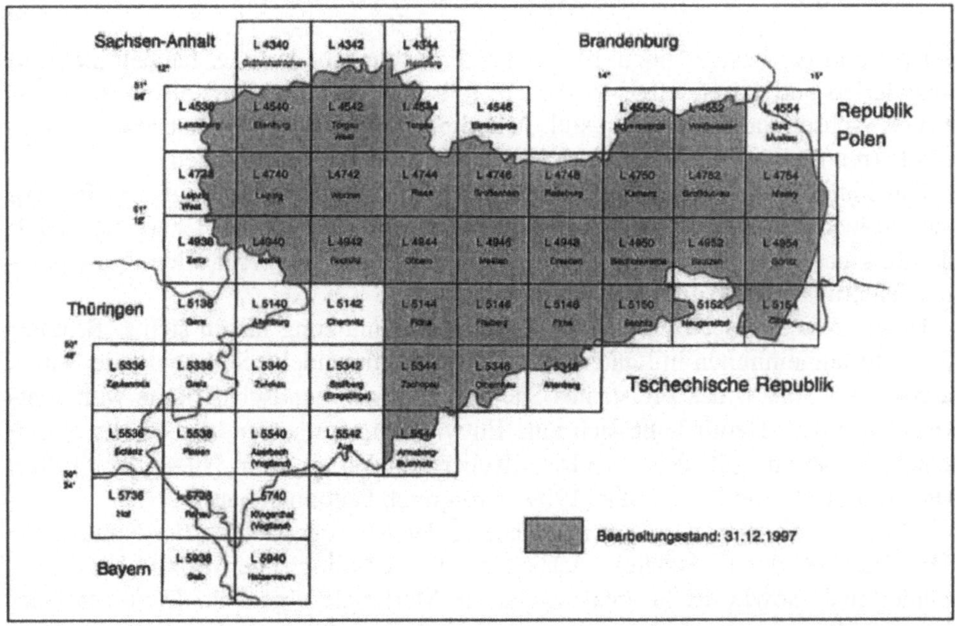

Karte 1 Naturraumkarte 1:50.000 des Freistaates Sachsen: Blattübersicht und Bearbeitungsstand

Diese Kartenblätter enthalten 1.079 Mikrogeochoren. Damit sind rund 14.000 Quadratkilometer aufgenommen, was etwa 75 Prozent der Landesfläche entspricht.
Die Naturraumkartierung des Freistaates Sachsen verfolgt weitere Ziele. Neben der Schaffung der Naturraumkarte 1:50.000 des Freistaates Sachsen sind dies

- die Schaffung vollständiger Kataloge von Mikrogeochoren (Individuen und Typen),
- die exemplarische Bestimmung ausgewählter Naturraumpotentiale und Landschaftsfunktionen,
- die mustergültige Entwicklung von Leitbildern, jeweils für Mikrogeochoren.

Gegenwärtig scheinen in der mittelfristigen Perspektive folgende Ziele und Anforderungen möglich zu sein:

- die Ermittlung von Naturraumeinheiten nanochorischen Ranges (Nanogeochoren) oder sogar von Landschaftseinheiten des gleichen Ranges,
- naturräumliche (landschaftsräumliche) Ordnung als Kartierungsverfahren,
- Nutzung des vorhandenen Quellenmaterials,
- Anwendung eines Geographischen Informationssystems (GIS),

Bei (1) und (2) besteht noch erheblicher Forschungsbedarf. Es handelt sich um langwierige und kostspielige Vorhaben, falls das gesamte Territorium des Freistaates Sachsen kartiert werden soll. Allerdings läßt sich das Vorhaben auf ausgewählte (repräsentative) Gebiete des Freistaates Sachsen beschränken.

Um mittelfristig maßgebliche Fortschritte zu erreichen, muß auf drei Feldern operiert werden. Dazu gehören 1. der hierarchische Rang, 2. der Charakter und 3. die Merkmale (Merkmalskatalog) der Kartierungseinheiten. Auf allen drei Operationsfeldern ist eine Weiterentwicklung möglich.

Unter konsequenter Berücksichtigung der Landnutzung lassen sich z. B. unter (2) Naturraumeinheiten in Landschaftseinheiten umwandeln. So könnte die Naturraumkarte 1:50.000 des Freistaates Sachsen zu einer Landschaftskarte weiterentwickelt werden. Damit ließe sich eine Entwicklung fortsetzen, die bereits in den achtziger Jahren mit den Landschaftsübersichtskarten von NIEMANN (1982), KRÖNERT (1985) und SANDNER (1989) erfolgreich begonnen hatte.

Unter (3) läßt sich der Merkmalskatalog der Mikrogeochoren der Naturraumkarte 1:50.000 des Freistaates Sachsen durch geoökologische Struktur- und Prozeßmerkmale sowie durch arealstrukturelle Merkmale ergänzen. Damit eröffnet sich die Möglichkeit, in der Zukunft ein landschaftsökologisches Landeskartenwerk zu schaffen. Zur Zeit fehlt dem Freistaat Sachsen ein so modernes Kartenwerk wie der Digitale Landschaftsökologische Atlas Baden-Württemberg (DURWEN, WELLER u. a., 1996).

4 Schlußfolgerungen

Die Naturraumkarte 1:50.000 des Freistaates Sachsen kann als Vorbild für Naturraumkarten mittleren Maßstabs in den neuen Bundesländern angesehen werden. Das gilt sowohl für den Inhalt und die Methodik als auch für die Dokumentation der Kartierungseinheiten und deren kartographische Darstellung in analoger und digitaler Form.

Bei den Kartierungseinheiten wird eine Gültigkeitsdauer von mehreren Jahrzehnten angestrebt. Darüber hinaus ist von vornherein eine Nachführung oder Laufendhaltung vorgesehen.

Bei den Kartierungseinheiten sind mehrere Arten der Umwandlung (Transformation) möglich, und zwar (a) die Umwandlung von Naturraumeinheiten mikrochorischen Ranges in Naturraumeinheiten nanochorischen Ranges (Degregierung), (b) die Umwandlung von Naturraumeinheiten mikrochorischen Ranges in Landschaftseinheiten des gleichen Ranges, (c) die Umwandlung von Naturraumeinheiten nanochorischen Ranges in Landschaftseinheiten des gleichen Ranges.

Damit sind in der mittelfristigen Perspektive wiederum neue räumliche Bezugseinheiten für den Freistaat Sachsen möglich und wahrscheinlich.

Literatur

DURWEN, K.-J., F. WELLER, C. TILK, H. BECK, S. KLEIN & A. BEUTTLER (1996): Digitaler Landschaftsökologischer Atlas Baden-Württemberg.- Nürtingen.

HAASE, G. u. a. (1991): Naturraumerkundung und Landnutzung. Geochorologische Verfahren zur Analyse, Kartierung und Bewertung von Naturräumen. - Berlin. (Beiträge zur Geographie 34).

KOPP, D. & W. SCHWANECKE (1994): Standörtlich-naturräumliche Grundlagen ökologiegerechter Forstwirtschaft. Grundzüge von Verfahren und Ergebnissen der forstlichen Standortserkundung in den fünf ostdeutschen Bundesländern. - Berlin.

KRÖNERT, R. (1985): Ermittlung von Landschaftseinheiten mittlerer Ordnung nach Satellitenaufnahmen und deren Interpretation nach Karten des Atlas DDR. - Wissenschaftliche Abhandlungen der Geographischen Gesellschaft der DDR 18, S. 229-236.

MANNSFELD, K. & H. RICHTER (1995): Naturräume in Sachsen. - Trier. (Forschungen zur deutschen Landeskunde 238).

NIEMANN, E. (1982): Methodik zur Bestimmung der Eignung, Leistung und Belastbarkeit von Landschaftselementen und Landschaftseinheiten. - Leipzig. (Wissenschaftliche Mitteilungen des Instituts für Geographie und Geoökologie der Akademie der Wissenschaften der DDR, Sonderheft 2).

RICHTER, H. & H. BARSCH (1978): Eine naturräumliche Gliederung der DDR auf der Grundlage von Naturraumtypen (mit einer Karte 1:500.000). - Beiträge zur Geographie 29, S. 323-340.

SÄCHSISCHE LANDESANSTRALT FÜR FORSTEN (Hrsg.) (1996): Forstliche Wuchsgebiete und Wuchsbezirke im Freistaat Sachsen. - Graupa. (Schriftenreihe der Sächsischen Landesanstalt für Forsten 8).

SÄCHSISCHES STAATSMINISTERIUM FÜR UMWELT UND LANDESENTWICKLUNG (Hrsg.) (1997): Naturräume und Naturraumpotentiale des Freistaates Sachsen. - Dresden. (Materialien zur Landesentwicklung 2).

SANDNER, E. (1988): Beiträge zur Entwicklung der landschaftskundlichen Karten. - Halle, Univ. Halle-Wittenberg, Fak. f. Naturwiss., Diss. B.

SANDNER, E. (1989): Räumliche Bezugseinheiten für den Generallandschaftsplan des Bezirkes Dresden. - Mitteilungen der Gesellschaft für Natur und Umwelt, Bezirksvorstand Dresden 16, S. 46-54.

SCHMIDT, R. & R. DIEMANN (Hrsg.) (1981): Erläuterungen zur Mittelmaßstäbigen Landwirtschaftlichen Standortkartierung (MMK). - Eberswalde.

Landschaftseinheiten versus Naturraumeinheiten?

Rudolf Krönert

1 Einführung

Es dürfte unbestritten sein, daß das Objekt der Landschaftsökologie die Landschaftssphäre der Erde ist und ihr Gegenstand das Studium von Struktur, Dynamik und Funktion eben dieser Landschaftssphäre. Die Landschaftsspäre ist so vielfältig, daß sie in ihrer Totalität nicht erfaßt und untersucht werden kann, sondern daß mehr oder weniger komplexe Kompartimente der Landschaft in Räumen unterschiedlicher Gößenordnung bei verschiedenartigen Betrachtungsweisen in den jeweiligen Mittelpunkt der Forschung treten. Dies dürfte auch der Grund dafür sein, daß es unterschiedliche wissenschaftliche Landschaftsdefinitionen gibt, die in ihrem Kern übereinstimmen, sich in der Wortwahl und in den Nuancen des Inhaltes jedoch unterscheiden. Das wird sehr deutlich, wenn man zwei Landschaftsdefinitionen aus jüngster Zeit gegenüberstellt:

„Landschaft ist die Gesamtheit von Gestalt, Leistungen und Nutzungsmuster eines Ausschnittes des Festlandes der Erde. Die Landschaft wird durch ihre naturräumliche Ausstattung einerseits sowie durch Art, Intensität und Umfang der Flächennutzung andererseits bestimmt" (NATURRÄUME UND NATURRAUMPOTENTIALE DES FREISTAATES SACHSEN, 1997). „In der Geographie wird Landschaft als Landschaftsökosystem definiert, um auf den erdräumlich relevanten Funktionszusammenhang von *Geosphäre, Biosphäre und Anthroposphäre* hinzuweisen, der sich als ein Wirkungsgefüge im Raum repräsentiert und unterschiedlichen Betrachtungsmöglichkeiten unterliegen kann, z. B. als Naturlandschaft oder als Kulturlandschaft" (LESER u. a. 1997).

Beide Definitionen lassen erkennen, daß die anthropogen überprägte Landschaft, also die Kulturlandschaft, gemeint ist. Der weiteren Begriffsklärung kann das viel zitierte, teils modifizierte Messerli-Schema (MESSERLI und MESSERLI, 1978, zit. in GRABAUM, 1996) zugrundegelegt werden. Es enthält die drei Blöcke: Naturkomplex, Landnutzung und sozio-ökonomischer Komplex. In die Landnutzung ist die Landbedeckung (land cover) einzuschließen. Naturkomplex und Landnutzung/Landbedeckung verbinden sich zur Kulturlandschaft. Sozioökonomischer Komplex und Landnutzung/Landbedeckung konstituieren Wirtschafts- und Lebensräume der Gesellschaft, also die Anthroposphäre. Die Integration der Anthroposphäre insgesamt in die Kulturlandschaft ist falsch. In die Kulturlandschaft integriert sind lediglich die gegenständlichen technischen Objekte (z. B. Siedlungen, Infrastrukturnetze) und die Landnutzung/Landbedeckung, so daß in der Definition von Leser u. a. der Begriff Anthroposphäre durch Technosphäre ersetzt werden müßte. Die Kulturlandschaft ist eine natürlich-technische Kategorie. Auf die notwendige Berücksichtigung der Technosphäre in der Landschaftsforschung hat z. B. BILLWITZ (1976, 1977) nachdrücklich hingewiesen. Der Terminus Naturlandschaft in der Definition von LESER u. a. ist mißverständlich. Wenn der Naturkomplex in der real existierenden Kulturlandschaft gemeint ist, sollte der in Deutschland gebräuchliche Begriff Naturraum verwendet werden. Die Art und Intensität der Landnutzung läßt naturnahe Landschaften, Agrar-Forstlandschaften, Urbane Landschaften und Bergbaulandschaften unterscheiden. (HABER 1972, RICHTER und KUGLER 1972, MESSERLI und MESSERLI 1978) Seit der Existenz des Menschen wird die Veränderung und Entwicklung der Kulturlandschaft sowohl durch natürliche Prozesse als auch durch anthropogen-historische Prozesse bestimmt. Kulturlandschaften sind somit auch eine historische Kategorie, die zahlreiche reliktische Merkmale enthalten, die durch gegenwärtige natürliche Prozeße und Nutzungen nicht erklärbar sind.

Landschaftseinheiten versus Naturraumeinheiten so lautet die Frage. Der Autor vertritt die Auffassung, daß beide Raumkategorien notwendig sind und daß beide spezifische Zwecke erfüllen. Naturräume sind eine auf den Naturkomplex bezogene Teilmenge aus der Landschaftssphäre der Erde. Dieser Standpunkt soll im Folgenden etwas näher erläutert werden.

2 Naturräume

In der deutschen Geographie hat die Naturraumerkundung als Bestandteil der physisch-geographischen Landschaftsforschung eine lange Tradition. Erwähnt sei die Herausgabe des HANDBUCHES DER NATURRÄUMLICHEN GLIEDERUNG DEUTSCHLANDS (1955-1962) und die Zusammenfassung der Naturraumforschung der DDR durch HAASE u. a. (1991). Kürzere Zusammenfassungen haben HAASE (1996) und MANNSFELD (1997) vorgelegt.

„Naturraum ist ein durch naturgesetzlich bestimmte einheitliche Struktur und gleiches Wirkungsgefüge der abiotischen und biotischen Komponenten gekennzeichneter Erdraum (Ausschnitt aus dem Festland der Erde), der den Funktionszusammenhang von Geo- und Biosphäre repräsentiert". (NATURRÄUME UND NATURRAUMPOTENTIALE DES FREISTAATES SACHSEN, 1997). Die Geosphäre kennzeichnet ziemlich eindeutig den aktuellen abiotischen Teil des Naturkomplexes. Offen bleibt in dieser Naturraumdefinition was unter Biosphäre verstanden werden soll. Sofern die Biosphäre überhaupt mit untersucht wird, handelt sich in den naturraumbezogenen landschaftsökologischen Arbeiten üblicherweise um die aktuellen Wiesen- und Ackerunkrautgesellschaften sowie Waldgesellschaften mit Ansprache ihres Zeigerwertes und die Angabe der natürlichen potentiellen Vegetation. Die Ansprache der natürlichen potentiellen Vegetation, also der Vegetation, die sich nach Einstellung der menschlichen Tätigkeit einstellen würde, trägt stark hypothetischen Charakter, weil nicht erwartet werden kann, daß sich die vor dem menschlichen Einfluß vorhandenen Waldgesellschaften auf gedüngten oder gar überbauten Böden wieder einstellen würden und weil unklar ist, wie das Migrations und -konkurrenzverhalten der Pflanzenarten heute sein würde und wie sich Neophyten verhalten würden (mehrfache mündliche Diskussionsbemerkungen von KLOTZ, Leiter der Sektion Biozönoseforschung des UFZ). In der Naturraumerkundung wird zunächst von der aktuellen Landnutzung abstrahiert, auch von der landwirtschaftlichen Bodenutzung und der forstwirtschaftlichen Nutzung. Frühe Ansätze, die landwirtschaftliche Bodennutzung in die naturraumbezogenen landschaftsökologischen Forschungen zu integrieren (BILLWITZ, 1968, HAASE, 1968, KRÖNERT, 1968) wurden nicht systematisch weiterverfolgt.

Naturräume sind hierarchsisch aufgebaut. MANSFELD (1997) unterscheidet folgende landschaftsökologische Raumeinheiten in der topischen und chorischen Dimension:

Ordnungsstufe	Abgrenzungsmerkmale
Top	geomorphologisch-energetisch-stofflicher Zusammenhang sowie laterale und vertikale Prozesse
Nanochore	Topkombination nach ökologischen Ähnlichkeiten aktuell-dynamischen Prozessen dynamisch-reliktischer Beziehung
Mikrochore	landschaftsgenetischer („petromorpher" Zusammenhang (Bau, Substrat, Relief, Entwässerung); Struktur nach gegensätzen und Ähnlichkeiten
Mesochore (unterer Ordnung)	landschaftsgenetische Verwandtschaft (orographischer Bau und Lage; Meso- und höhenklimatischer Zusammenhang
Mesochore (oberer Ordnung)	landschaftsgenetische Vielgestaltigkeit; orographischer und hydrologischer Zusammenhang; innere und äußere Lagebeziehungen

Da es sich hier um Naturräume und nicht um Kulturlandschaftsräume handelt, wäre es besser, von naturräumlichen Raumeinheiten zu sprechen. Mesochoren lassen sich zu Naturraumregionen unterschiedlicher Dimension aggregieren.

Die Bedeutung des Ausweises von Naturräumen und der auf diese bezogenen Untersuchungen und Interpretationen sehe ich in der Bestimmung von Naturraumpotentialen (z. B. biotisches Ertragspotential, Bebauungspotential) und von Naturraumfunktionen (insbesondere den Regulationsfunktionen), in der Ermittlung des Natürlichkeitsgrades von naturnah bis naturfern und in der Kennzeichnung der Belastung (z. B. bezüglich Grundwasserkontamination) und Belastbarkeit (z. B. Erosionsdisposition) des Naturhaushaltes, wobei hypothetische natürliche potentielle Zustände als Orientierung für die Bewertung dienen. Die Landnutzung muß und wird selbstverständlich zur Bestimmung des Natürlichkeitsgrades und der Belastung von Naturräumen kartiert und in ihren Wirkungen auf Naturräume bezogen, bewertet.

Nach einer mehrere Jahzehnte umfassenden Erarbeitung der Methodik und von zahlreichen Musterkartierungen erfolgt genwärtig in der Arbeitsgruppe „Naturhaushalt und Gebietscharakter" der Sächsischen Akademie der Wissenschaften die Kartierung der Naturräume im Maßstab 1: 50 000 auf dem Niveau der Mikrogeochoren für den gesamten Freistaat Sachsen (NATURRÄUME UND NATURRAUMPOTENTIALE DES FREISTAATES SACHSEN, 1997). Für Beispielsräume erfolgen Interpretationen in dem soeben erwähnten Sinne.

3 Landnutzung und ihre Wirkungen

Die Landnutzung ist kein Abgrenzungsmerkmal für Naturraumeinheiten. Stadtflächen werden unabhängig von ihrer Bebauung den Naturraumeinheiten zugewiesen. In naturräumlich ähnlichen Mikrogeochoren können die Anteile der Nutzungsarten daher sehr unterschiedlich sein, wie der Vergleich der Espenhainer Moränen-Ebene (12,8 km^2 Fläche) mit der Stockheimer Moränenebene (22,3 km^2 Fläche), südöstlich von Leipzig, zeigt (Tabelle 1).

Tab. 1: Anteil (%) von Landnutzungsklassen in zwei Mikrogeochoren (südöstlich Leipzig)(nach H. Richter, Manuskriptkarte; Landnutzung nach Biotoptypenkartierung des Freistaates Sachsen)

Nutzungsklasse	Espenhainer Moränenebene	Stockheimer Moräneneben
Gewässer	0,79	0,91
Ufervegetation	0,02	0,04
Wirtschaftsgrünland	1,90	9,03
Ruderal- und Staudenflur	8,31	0,58
Offene Flächen	0,49	0,22
Feldgehölze	2,23	1,92
Wald	3,69	1,13
Acker u. Sonderkulturen	43,62	77,49
Siedlungsfläche	28,27	5,38
Verkehrsfläche	10,68	3,30

Die Grenzen von Naturraumeinheiten folgen den Nutzungsgrenzen nicht. In Abhängigkeit vom biotischen Ertragspotential gibt es sowohl acker-, grünland- und waldbestimmte Naturräume. In anderen Fällen laufen Naturraumgrenzen quer durch Wald und Feldfluren. Damit werden anthropogen bedingte Prozeßabläufe zunächst vernachlässigt. Kulturlandschaften werden durch die Landnutzung geprägt. Die Landnutzung hat einen außerordentlich bedeutsamen Einfluß auf den Landschaftshaushalt, insbesondere den Wasserhaushalt und auf alle an das Wasser gebundenen Transportvorgänge. Die Landnutzung widerspiegelt sich im Wärmehaushalt, wie die städtischen Wärmeinseln eindrucksvoll belegen. Als Beispiel werden die Werte für Anteile der Verdunstung und des Abflusses am Niederschlag für ausgewählte Landschaftseinheiten mittlerer Ordnung angegeben (Tabelle 2).

Tab.2: Wasserbilanz in ausgewählten Landschaftseinheiten

Landschaftseinheit **Name/*Landschaftstyp***	**Niederschlag (N) [mm]**	**Evapotranspiration [mm]**	**Abfluß [mm]**	**Evapotranspiration % N**	**Abfluß in % N**
Köthener Ackerland/ *Agrarlandschaft*	540	443	97	82	18
Quellendorf-Thalheimer Ackerland/*Agrarlandschaft*	577	414	163	72	28
Mosigkauer Heide/ *Forstlandschaft mit geringem Agraranteil*	590	473	117	80	20
Oranienbaumer Heide/ *Forstlandschaft mit geringem Agraranteil*	627	513	114	82	18
Westliche Dübener Heide/*Forst-Agrarlandschaft*	641	479	162	75	25
Zentrale Dübener Heide/ *Forstlandschaft*	684	527	157	77	23
Bad Schmiedeberger Hügelland/ *Agrar-Forstlandschaft*	646	483	163	75	25
Jeßnitz-Dessauer Muldental/ *Auen- und Tallandschaft*	610	500	110	82	18
Wittenberg-Dessauer Elbtal/ *Auen- und Tallandschaft*	613	503	70	89	11
Gräfenhainichen-Muldensteiner Bergbaugebiet/ *Bergbaulandschaft*	625	481	144	77	23
Bitterfelder Bergbaugebiet/ *Bergbaulandschaft*	589	422	167	72	28
Dessau/ *Stadtlandschaft*	609	409	200	67	33
Wolfen-Bitterfeld/ *Stadtlandschaft*	592	349	243	59	41

Die aktuelle Verdunstung erreicht in grundwasserbestimmten Auenlandschaften die höchsten Werte. Wald verdunstet bei vergleichbaren Böden und Niederschlag etwa 50 mm mehr als Ackerland. Unbedeckte Tagebauflächen haben eine deutlich geringere Verdunstung als Ackerlandschaften und wegen des hohen Anteils an versiegelten Flächen verdunsten Stadtlandschaften am wenigsten. Bekannt ist, daß Schwarzbrache deutlich höhere Bodenerosionswerte zu verzeichnen hat als vegetationsbestandenes Ackerland und Wald weniger erosionsanfällig ist als vegetationsbedecktes Ackerland. Der Nährstoffaustrag von Ackerflächen ist sowohl vom Versickerungsanteil des Niederschlagswasser als auch von der Intensität der Düngung abhängig (Abbildung 1).

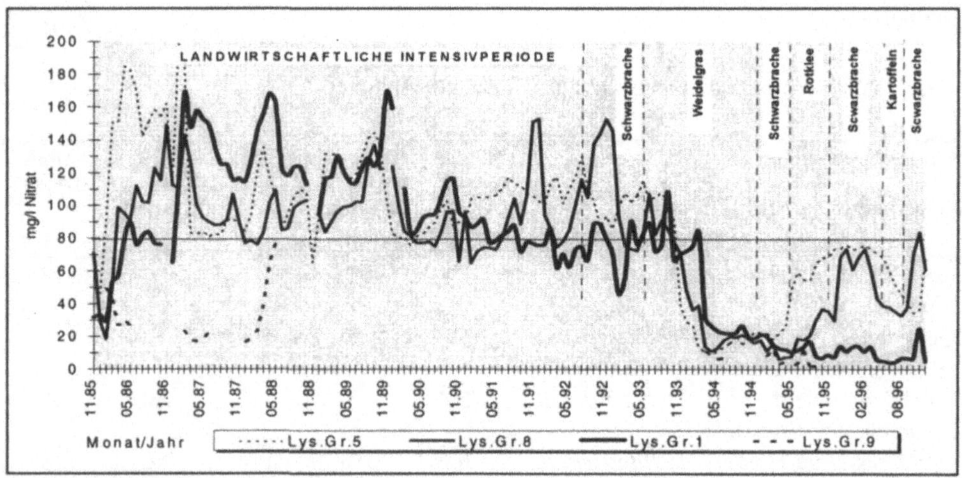

Abb 1: Nitrat im Sickerwasser von vier Bodenformen in drei Meter tiefen, monolithischen Lysimetern bei landwirtschaftlich intensiver Nutzung mit anschließenden Flächenstillegungsmaßnahmen und Übergang zum ökologischen Landbau (KNAPPE u. a. 1997

4 Landschaftsräume und Landschaftseinheiten

Landschaften sind durch Gefüge der Landnutzung, der Siedlungen und der Infrastrukturnetze, des Bodens, der aktuellen Vegetation, des Klimas und des Wasserhaushaltes sowie des Gewässernetzes bestimmte und durch diese Merkmale abgrenzbare geographische Räume.

Die Landschaftsphäre ist hierarchisch aufgebaut. Sie umfaßt:

- Landschaftselemente,
- Landschaftseinheiten und
- Landschaftsregionen,

die wiederum mehrere Ordnungsstufen umfassen.

„Landschaftseinheiten sind durch relativ stabile naturräumliche und anthropogene Faktoren abgrenzbare und in ihren Leistungen durch ein spezifisches Gefüge von Landschaftselementen gekennzeichnete Landschaftsausschnitte chorischer Arealstruktur verschiedener Dimension (NIEMANN 1982). Entscheidend für die Leistung einer Landschaftseinheit im Sinne der Nutzung ist also ein spezifisches Gefüge von Landschaftselementen. Diese „sind kleinste nach der Realnutzung, strukturellen Eigenschaften und gesellschaftlichen Einwirkungen (Nutzungen, technologische Maßnahmen, Behandlungen, Entscheidungen) noch abgenzbare Gegenstandsbereiche der Landschaft" (NIEMANN 1982, leicht verändert von GRABAUM 1996) „Bei der Ermittlung von Landschaftseinheiten werden die Komponenten des Naturraumes und die Flächennutzung gleichberechtigt berücksichtigt." (NATURRÄUME UND NATURRAUMPOTENTIALE DES FREISTAATES SACHSEN, 1997). Wir meinen, daß die Landnutzung das dominierende Gliederungsprinzip beim Ausweis von Landschaftselementen und Landschaftseinheiten ist. Die Bestimmung beginnt mit der Ausgliederung der dem jeweiligen hierarchischen Niveau entsprechenden Stadtlandschaften und Bergbaulandschaften. Danach ist zu prüfen, welche Forstareale eigenständige Landschaftseinheiten bilden, bzw. welche Forstareale Kernbereiche von Landschaftseinheiten darstellen. In den Agrarlandschaften ist die historisch gewachsene Siedlungsstruktur ebenso zu beachten wie die Flurgliederung und die Zerschneidung der Landschaft durch Verkehrstrassen. Landschaftseinheiten werden dann gleichsam mit den Geochoren der entsprechenden Dimensionsstufen unterlegt und in der Grenzführung so modifiziert und so abgeglichen, daß das geochorische Inventar der Landschaftseinheiten relativ homogen bezogen auf die jeweilige Dimensionsstufe der Geochoren bleibt.

Die hierarchische Gliederung der Kulturlandschaftsräume ist noch nicht ausgearbeitet. Die Landschaftselemente schließen Flurelemente wie Hecken und Feldgehölze ebenso ein wie Ackerschläge gleicher Nutzung, auch wenn diese groß sind und ein Inventar aus verschiedenartigen Geotopen besitzen. In Siedlungen werden Gefüge aus Gebäuden, Hofräumen, Hausgärten und Straßenabschnitten als Landschaftselemente aufgefaßt. Große Kleingartenanlagen und große Eigenheimsiedlungen stellen Landschaftseinheiten nanochorischer Dimension dar. Die vom Projektbereich Urbane Landschaften des UFZ erarbeitete Karte der Stadtstrukturtypen Leipzigs (BÖHM u. a. 1996) besitzen teils elementare teils nanochorische Größenordnung. DUHME u. a. (DUHME u. a. 1992, 1994; DUHME u. PAULEIT 1992 u. 1994) kommen einem kulturlandschaftlichen und zugleich dem landschaftsökologischen, Kompartimente des Landschaftshaushaltes integrierenden Ansatz, außerordentlich nahe. Sie lehnen sich in ihrer Landschaftsgliederung im großen Maßstab ganz konsequent an Nutzungsgrenzen an und weisen damit Kulturlandschaftsobjekte im Sinne NEEFs aus. Die von ihnen für München und das Kartenblatt 1 : 25000 Pfaffenhofen ausgewiesenen Einheiten entsprechen Landschaftseinheiten unterster (nanochorischer) Ordnung, z. T. gehen sie bis auf die Darstellung von Landschaftselementen zurück. Diese Einheiten sind ihre Bewertungsräume zur Aufdeckung von Konfliktsituationen mit dem Ziel, den Landschaftszustand, hier insbesondere aus der Sicht eines weit gefaßten Naturschutzes, zu verbessern. Sie ergänzen deshalb diese Bewertung durch Empfehlungen zur Landschaftsveränderung. Sie nennen ihre Einheiten Stadtstruktureinheiten und kartieren Stadtstrukturtypen und im ländlichen Raum nennen sie diese Landschaftsstruktureinheiten und kartieren Landschaftsstrukturtypen. Zur Darstellung von Landschaftselementen und Landschaftseinheiten nanochorischer Größenordnung sind Kartenmaßstäbe von1:25 000 und größer erforderlich. Landschaftseinheiten unterer (mikrochorischer) Größenordnung sollten noch streng den Nutzungsgrenzen folgen. Siedlungen bzw. Siedlungsgefüge ab etwa 5000 Einwohnern bzw. große Industrieareale bilden eigenständige Landschaftseinheiten unterer Ordnung. Wälder und Bergbauareale mit mehr als 5-10 km^2 Flächengröße stellen ebenfalls eigenständige Landschaftseinheiten unterer Ordnung dar. Rein landwirtschaftlich geprägte und land-forstwirtschaftlich geprägte Landschaftseinheiten unterer, mikrochorischer Größenordnung können an die Mikrogeochoren durch deren Anpassung an die Nutzungsgrenzen bestimmt werden. Als Kartiermaßstab ist 1 : 50 000 zu empfehlen. Landschaftseinheiten mittlerer (mesochorischer) Größenordnung sollten Stadtlandschaften mit mehr als 15000 bis 25000 Einwohnern als eigenständig ausweisen. Bergbaulandschaften umfassen Tagebaue, rekultivierte Tagebaue, benachbarte Siedlungen und unverritzte Restflächen. Anteile und räumliche Anordnung von Wald, Acker und Dauergrünland konstituieren Landschaftseinheiten mittlerer Ordnung, die von Forstlandschaften über Mischformen bis zu Agrarlandschaften reichen. Große Talauen bzw. Flußtäler bilden eigenständige Einheiten. Auch hier ist ein Abgleich mit den Grenzen der Mesogeochoren anzustreben. Als Kartier- und Interpretationsmaßstäbe kommen Maßstäbe 1:100.000 und kleiner in Betracht. (Kartenbeispiele sind enthalten in KRÖNERT, 1998 im Druck)

Die Bedeutung des Ausweises von Landschaftsräumen ergibt sich aus dem engen Bezug zur aktuellen Landnutzung. Die Landnutzung bestimmt Merkmale des Landschaftshaushaltes ganz entscheidend mit. Mit der Ermittlung der Landnutzung und der Mehrfachnutzung werden zugleich die Landschaftsfunktionen für das sozio-ökonomische System angesprochen. Die Kenntnis der Landnutzung und der Mehrfachnutzung liefert im Vergleich mit den Naturraumpotentialen und dem Natürlichkeitsgrad von Naturräumen den Schlüssel für das Erkennen von Nutzungskonflikten, die sich aus der Mehrfachfunktion ergeben. Landschaftsräume, insbesondere die Landschaftseinheiten sind Räume für die polyfunktionale Landschaftsbewertung nach Belastung, Belastbarkeit und Eignung für gesellschaftliche Nutzungen sowie für ökologische Stabilität und Diversität (MEYER, 1997, MEYER und KRÖNERT 1998). Wegen der engen Verbindung mit der Landnutzung sind

Landschaftsräume für die Bewertung der aktuellen Bodenerosion, der diffusen Stoffausträge von Agrarflächen, der Biodiversität und der Erholungseignung besser geeignete Bezugsräume als es die Naturräume sind. Landschaftseinheiten sind gut geeignete Bezugsräume für die Bestimmung von Leitbildern der Landschaftsentwicklung und von Umweltqualitätszielen. Leitbilder sollten unbedingt Aussagen zu den Hauptnutzungen, den geplanten und den spontanen Nutzungsüberlagerungen sowie zur Landschafts- und Biodiversität enthalten. Umweltqualitätsziele müssen die angestrebten bzw. zulässigen Nutzungsintensiäten sowie die zulässigen Stoffein- und Austräge kennzeichnen. Leitbilder und Umweltqualitätsziele zu bestimmen, verlangt ein tiefgründiges Ökosystemverständnis, Wissen um den Landschaftshaushalt und um gesellschaftlich anerkannte und akzeptierte ethische Wertvorstellungen.

5 Zusammenfassung

Bei Reduktion auf den anthropogen veränderten Naturkomlex tritt der Naturraum in den Mittelpunkt der Betrachtung. Die zusätzliche Einbeziehung der Landnutzung dient der Charakteristik des landeskulturellen Zustandes und des Natürlichkeitsgrades der Landschaft. Der Naturraumgliederung in Tope, Nanochoren, Mikrochoren, Mesochoren und Naturraumregionen liegt die Differenzierung im Naturkomplex zugrunde. Mit dem Ausweis der Naturraumpotentiale wird die räumlich differenzierte Nutzbarkeit ausgewiesen. Im Vergleich mit der Landnutzung und durch Studium des Prozeßgeschehens bezogen auf Naturräume werden die Belastung und die Belastbarkeit der Naturräume angesprochen und daraus planerische Schlußfolgerungen gezogen.

Bei voller Integration der Landnutzung wird diese zum Hauptmerkmal der Landschaftsgliederung in Landschaftselemente, Landschaftseinheiten und Landschaftsregionen jeweils unterschiedlicher Ordnung. Der Naturkomlex wird mit mehr oder weniger großer Gewichtung ergänzendes Gliederungsmerkmal. Prozeßstudien werden auf diese Landschaftsräume bezogen. Es werden die Landschaftsfunktionen, die Mehrfachnutzung und Nutzungskonflikte bestimmt und daraus landschaftsplanerische Schlußfolgerungen gezogen.

Beide Betrachtungsebenen sind notwendig und planungsrelevant. Eine Vermischung beider Ansätze sollte vermieden werden. Für das Studium und die Bewertung von Leistung, Belastung und Belastbarkeit von Agrar- und Forstlandschaften ist die erste Betrachtungsebene unverzichtbar und von Stadtlandschaften die zweite Betrachtungsebene.

Literatur

BILLWITZ, K. (1968): Die Physiotope des Lößgebietes östlich Grimma und seines nördlichen Vorlandes in ihren Beziehungen zur Bodennutzung. Dissertation., Univ. Leipzig

BILLWITZ, K. (1976): Zur Erfassung des landeskulturellen Zustands des Territoriums in der topischen Dimension.. - Petermanns Geographische Mitteilungen, 120 - 4, S 277-284.

BILLWITZ, K. (1977): Theoretische und methodische Probleme der Erfassung des landeskulturellen Zustandes des Territoriums unter besonderer Berücksichtigung der Stadtrandzonen von Halle und Leipzig. Dissertation B (= Habil-Arbeit), Universität Halle-Wittenberg

BÖHM, P., BREUSTE, J., HEYN, C. U. WICKOP, E. (1996): Karte der Strukturtypen der Stadt Leipzig, 1 : 50 000, Umweltforschungszentrum Halle-Leipzig, Projektbereich Urbane Landschaften u. Sektion Angewandte Landschaftsökologie, Leipzig

DUHME, F., PAULEIT, S. (1992): Naturschutzprogramm für München. Landschaftsökologisches Rahmenkonzept. - Geographische Rundschau 44-10, S. 554-561

DUHME, F., PAULEIT, S. (1994): Strukturtypenkartierung als Instrument der räumlich-integrativen Analyse und Bewertung der Umweltbedingungen in München. Teil 2: Erprobung der Strukturtypenkartierung in einem Testgebiet, Freising, Mai 1994, Auftraggeber: Landeshauptstadt München, Umweltschutzreferat

DUHME, F. (Projektleitung), PAULEIT, S. SCHILL, J. U. R. STARY (1992): Quantifizierung raumspezifischer Entwicklungsziele des Naturschutzes - dargestellt am Beispiel des Kartenblattes 7435 Pfaffenhofen. Freising, Jan. 1992, im Auftrag der Akademie für Raumforschung und Landesplanung, ARL Hannover

DUHME, F., PAULEIT, S., SCHILD, J., STARY, R. (1994): Quantifying development targets for nature conservation in rural landscapes In: Functional Appraisal of Agricultural Landscape in Europe, Eds. L. Ryszkowski and S. Balazy, (EUROMAB and INTECOL Seminar 1992) Poznan, S. 249-266

GRABAUM, R. (1996): Verfahren der polyfunktionalen Bewertung von Landschaftselementen einer Landschaftseinheit mit anschließender "Multicriteria Optimization" zur Generierung vielfältiger Landnutzungsoptionen. Diss. Fak. Physik/Geowissenschaften, Univ. Leipzig,. Shaker Aachen

HAASE, G. (1968): Inhalt und Methodik einer umfassenden Standortkartierung auf der Grundlage landschaftsökologischer Erkundungen. - Wiss. Veröff. d. Inst. f. Länderkunde, NF, Leipzig, S. 309-349

HAASE, G. (1996): Geotopologie und Geochorologie - Die Leipzig-Dresdener Schule der Landschaftsökologie. In: HAASE, G., EICHLER, E. (Hg.) Wege und Fortschritte der Wissenschaft. Beiträge von Mitgliedern der Sächsischen Akademie der Wissenschaften zu Leipzig zum 150. Jahrestag ihrer Gründung. Sächsische Akademie der Wissenschaften zu Leipzig, Berlin, S. 201-229

HAASE, G. unter Mitwirkung von BARSCH, H., HUBRICH, H., MANNSFELD, K. SCHMIDT, R.u. a. (1991): Naturraumerkundung und Landnutzung. Geochorologische Verfahren zur Analyse, Kartierung und Bewertung von Naturräumen. Beiträge zur Geographie, Berlin 34, S. 19-25

HABER, W. (1972):Grundzüge einer ökologischen Theorie der Landnutzungsplanung. - Innere Kolonisation, 21 11, S. 294-298

HANDBUCH DER NATURRÄUMLICHEN GLIEDERUNG DEUTSCHLANDS. (1955-1962): Hg.: E. MEYNEN und J. SCHMITHÜSEN, 1.-9. Lieferung, Bad Godesberg

KNAPPE, S., KEESE; U. und KALBITZ, K. (1997): Lysimeteruntersuchungen zur Wirkung von Flächenstillegungsmaßnahmen auf den Stickstoffaustrag und den Nitratgehalt von Sickerwasser von vier Bodenformen. Bericht über die 7. Lysimetertagung „Lysimeter und nachhaltige Landnutzung" BAL Gumpenstein, S. 105-110

KRÖNERT, R. (1968): Über die Anwendung landschaftsökologischer Untersuchungen in der Landwirtschaft. - Wiss. Veröff. des Deutschen Instituts für Länderkunde, NF 25/26, Leipzig, S. 181-308

KRÖNERT, R. (1998 i. Dr.): Zum Landschaftsparadigma der Geographie mit Beispielen aus der Region Leipzig-Halle-Dessau. - Petermanns Geographische Mitteilungen im Druck

LESER, H. (Hg.), HAAS, H.-D, MOSIMANN, T., PAESLER, R. unter Mitarb. von HUBER-FRÖHLI, J. (1997): DIERCKE-Wörterbuch Allgemeine Geographie, München, Braunschweig

MANNSFELD, K. (1997): Etappen und Ergebnisse landschaftsökologischer Forschung in Sachsen. - Dresdener Geographische Beiträge. 1, S. 3-21

MESSERLI, B; MESSERLI, P. (1978): Wirtschaftliche Entwicklung und ökologische Belastung in Berggebieten (MAB Schweiz). Geographica Helvetica 33-4, S. 203-210

MEYER, B. C. (1997): Landschaftsstrukturen und Regulationsfunktionen in Intensivagrarlandschaften im Raum Leipzig-Halle. Geographischer Vergleich - GIS-Bewertungen - multikriterielle Landschaftsoptimierung. Dissertation, Universität Köln

MEYER, B. C.; KRÖNERT, R. (1998 i. Dr.): Bewertung von Maßnahmenotwendigkeiten des Umwelt- und Ressourcenschutzes im Raum Leipzig-Halle-Bitterfeld. - UFZ-Bericht 15, Leipzig

NATURRÄUME UND NATURRAUMPOTENTIALE DES FREISTAATES SACHSEN (1997): Materialien zur Landesentwicklung 2, Freistaat Sachsen, Staatsministerium für Umwelt und Landesentwicklung Dresden

NIEMANN, E. (1982): Methodik zur Bestimmung der Eignung,Leistung und Belastbarkeit von Landschaftselementen und Landschaftseinheiten. Institut für Geographie und Geoökologie Leipzig, Wiss. Mitteilungen, Sonderheft 2,

RICHTER, H.; KUGLER, H. (1972): Landeskultur und landeskultureller Zustand des Territoriums. In: Wissenschaftliche Abhandlungen der Geographischen Gesellschaft der DDR, Bd. 9 Gotha/Leipzig, S. 33-46

Fazit: Bewertungs- und Bezugseinheiten

Martin Volk und Uta Steinhardt

Der Themenblock „Regionale Bewertungs- und Bezugseinheiten behandelt ein klassisches Gebiet der Landschaftsökologen aus der Sicht der Geographie. Die Meinungen der verschiedenen wissenschaftlichen Schulen zu diesem Thema gingen und gehen hier zum Teil erheblich auseinander. Dies wurde auch bei der Diskussion während der Tagung deutlich. Ein weiteres, damit zusammenhängendes Problem besteht darin, daß die von auf landschaftsökologischem Gebiet arbeitenden Geographen geschaffenen „Dimensionsdefinitionen" wie z.B. Nano-, Meso- und Makrochoren etc., zwar eine jahrzehntelange Tradition aufweisen und sich sicherlich in gewissem Maße auch bewährt haben, diese Begriffe aber bei anderen Fachdisziplinen der interdisziplinär zusammengesetzten Landschaftökologie oft auf Unverständnis treffen.

Leider wird die geringe Anzahl der Beiträge nicht der Bedeutung des Themenblocks „Regionale Bewertungs- und Bezugseinheiten" gerecht. Es deutet sich aber damit ein in der heutigen Zeit wachsendes Problem in der Landschaftsökologie an: Werden die theoretischen, inhaltlichen Überlegungen und Grundlagen der Landschaftsökologie bei einer immer offensichtlicher werdenden Orientierung auf die Verwendung kleinster gemeinsamer Geometrien, die auf der Anwendung GIS-basierter Verfahren beruht, vernachlässigt? Es soll an dieser Stelle keinesfalls die Richtigkeit und Notwendigkeit der Anwendung geographischer Informationssysteme in Frage gestellt oder gar negiert werden, jedoch scheint diese unübersehbare Tendenz nicht zu einer problemadäquaten Lösung zu führen. Der Titel des Themenblocks „Regionale Bewertungs- und Bezugseinheiten" will eine Orientierung des landschaftsökologischen Bezuges auf den komplexen, räumlich-individuellen Landschaftsausschnitt implizieren. Die oben bereits angesprochene geringe Beteiligung zu diesem Themenblock zeichnet jedoch ein anderes Bild.

Der regionalgeographische Ansatz verfolgt die Kennzeichnung, Abgrenzung und Darstellung lagegebundener einmaliger Räume, wobei dem Vergleich dienende typologische Merkmale ebenso in die Charakterisierung der Bezugseinheiten einbezogen werden wie traditionell überliefertes Namensgut. Bezugseinheiten werden gebildet auf der Grundlage von räumlichen Merkmalen und bestimmt von regional bedeutsamen Eigenschaften (hierarchische Übergänge). Diese räumlichen Bezugseinheiten müssen zahlreiche Anforderungen erfüllen (aussagekräftig, hierarchisch geordnet, lange gültig, mannigfach interpretierbar, universell anwendbar, kombinationsfähig, gleich groß und gleichförmig, gebräuchlich bezeichnet, anschaulich und flächendeckend vorhanden sein). Keine Bezugseinheit vermag all diese Anforderungen gleich gut zu erfüllen; Landschaftseinheiten oder Landschaftsökologische Einheiten erweisen sich dabei als noch immer am besten geeignet.

Aufgrund der langjährigen Tradition landschaftsökologischer Arbeiten im mitteldeutschen Raum kann man sich hier auf eine gute Basis (unter anderem mittelmaßstäbige landwirtschaftliche Standortskartierung, forstliche Standortskartierung etc.) stützen, so daß hier z.B. in Sachsen Naturraumeinheiten im Maßstab 1:50.000 (Naturraumkarte) als Bezugseinheiten ausgegliedert wurden. Das Prinzip der hierarchischen Gliederung liegt dieser Differenzierung im Naturkomplex zugrunde. Mit dem Ausweis der Naturraumpotentiale wird die räumlich differenzierte Nutzbarkeit der Landschaft ausgewiesen. Die zusätzliche Einbeziehung der Landnutzung dient hier der Charakteristik des landeskulturellen Zustandes und des Natürlichkeitsgrades der Landschaft.

Kritikpunkte an diesem Verfahren bestehen darin, daß im mitteleuropäischen Raum gebietsweise die Landnutzung seit Jahrhunderten eine dominierende Rolle bei der Prägung und Gliederung von Landschaften eingenommen hat und somit die „ursprüngliche“ naturräumliche Ausstattung nicht mehr merkmalsbestimmend bei der Ausgliederung von Bezugs- und Bewertungseinheiten sein kann (z.B. Stadtlandschaften, Bergbau - und Bergbaufolgelandschaften). Daher sollte man je nach dominierenden Merkmalen den „Naturraumansatz“ oder den die Landnutzung voll integrierenden Ansatz der Landschaftseinheiten verwenden, eine „Vermischung“ der beiden Ansätze sollte jedoch vermieden werden.

Große Unterschiede zu den oben genannten Methoden gibt es dagegen im Verständnis und bei der Ausweisung von regionalen Bewertungs- und Bezugseinheiten in der Planung(spraxis). So hat auch der Begriff der Regionalisierung hier mehrere Bedeutungen, wie z.B. die Untergliederung eines Gebietes in verschiedene Regionen (Planungsregionen, Fördergebiete u.s.w.) Im Gegensatz zu den oben genannten Methoden zur Ausweisung hierarchisch gegliederter Bezugseinheiten nach bestimmten Merkmalen und Eigenschaften (Naturraum- bzw. Landschafteinheiten), existieren in der Raumordnung, Landesentwicklung und Regionalplanung kaum praktikable Gliederungsverfahren, die neben naturräumlichen oder landschaftlichen meist auch historischen und aktuellen sozioökonomischen und/oder administrativen Gesichtspunkten folgen müssen. Nach systematischen oder gar hierarchischen Methoden abgeleitete Bezugseinheiten fehlen zumeist. Man bezieht sich oft auf unterschiedlich alte, auf verschiedenen Ansätzen beruhenden Gliederungen, die auch die Bezugsbasis bei der Entwicklung von Leitbildern darstellen. Hier besteht also Verbesserungsbedarf, und die oben genannten Ansätze würden zumindest eine sinnvolle Ergänzung zu den bisher größtenteils verwendeten Landschaftsgliederungen darstellen. Die großen Unterschiede beim Verständnis und der Anwendung von Methoden und Begriffen zwischen Forschung und Planungspraxis können nur durch Annäherung und verstärkte Zusammenarbeit überwunden werden, wie sie beispielsweise durch die Arbeitsgruppe

Naturhaushalt und Gebietscharakteter der Sächsischen Akademie der Wissenschaften und dem sächsischen Staatsministerium für Umwelt und Landesentwicklung praktiziert wird.

Erforderlich sind darüber hinaus prozeßbezogene Typisierungen von räumlichen Bezugseinheiten im Hinblick auf das Weg-Zeit-Verhalten insbesondere bezüglich wassergebundener Stoffflüsse. Die Integration von Struktur- und Prozeßgrößen darf bei der Abgrenzung von Bezugseinheiten ebensowenig vernachlässigt werden wie im zuvor behandelten Abschnitt der dimensionsspezifischen Indikatoren.

Themenblock 4

Landschaftsbewertungsverfahren auf regionaler Ebene

Landschaftsbewertung und Leitbildentwicklung auf der Basis von Mikrogeochoren

Olaf Bastian

1 Einleitung

Das gegenwärtig von der SAW-Arbeitsgruppe „Naturhaushalt und Gebietscharakter“ bearbeitete Projekt „Naturräume und Naturraumpotentiale des Freistaates Sachsen im Maßstab 1:50.000 als Grundlage für die Landesentwicklung und Regionalplanung“ (SMU 1997) hat zum Ziel, ganz Sachsen (18.340 km²) naturräumlich zu erfassen, zu gliedern und zu dokumentieren. Die Kartierungseinheiten (ca. 1.500 Mikrogeochoren auf 55 Kartenblättern) werden durch Leit- und Begleitmerkmale (7 verschiedene Merkmalskomplexe: geologischer Bau, Relief, Boden, Wasser, Klima, Bios, Flächennutzung) gekennzeichnet, typisiert, mit Hilfe von Dokumentationsblättern und EDV (GIS-Software Arc/Info und ArcView) beschrieben sowie für ein Recherchesystem aufbereitet. Anwendungsaspekte bestehen u. a. als Bezugsareale zur Bestimmung von Landschaftsfunktionen / Naturraumpotentialen sowie zur Erarbeitung von Beiträgen zu regionalisierten Leitbildern für Naturschutz und Landschaftspflege.

2 Landschaftsfunktionen und Leitbilder: eine Begriffsbestimmung

Die Naturschutzgesetze des Bundes und der Länder fordern, „Natur und Landschaft ... so zu schützen, zu pflegen und zu entwickeln, daß 1. die Leistungsfähigkeit des Naturhaushalts, 2. die Nutzungsfähigkeit der Naturgüter, ... nachhaltig gesichert sind (§ 1 BNatSchG). Zur Charakterisierung der Leistungsfähigkeit der Landschaft erweist sich das Konzept der Landschaftsfunktionen als überaus hilfreich. Der Terminus *"Landschaftsfunktion"* bezeichnet die von der Landschaft realisierten Leistungen im weitesten Sinne - die direkt oder indirekt von der Gesellschaft nutzbar sind (vgl. NIEMANN 1982, MARKS et al. 1992, BASTIAN & SCHREIBER 1994, DURWEN, 1995). In engem Zusammenhang damit steht der bereits 1949 von BOBEK & SCHMITHÜSEN zunächst als "räumliche Anordnung naturgegebener Entwicklungsmöglichkeiten in die Geographie eingeführte *Potentialansatz*. NEEF (1966) beschrieb dann das "gebietswirtschaftliche Potential" als das (dauerhafte) Leistungsvermögen des Naturraumes zur Befriedigung der gesellschaftlichen Bedürfnisse bzw. als die naturgegebene Fähigkeit eines Gebietes, dem Menschen zum Gebrauch dienende Stoffe oder Energien zur Verfügung zu stellen. Ausgehend von einem einzigen komplexen Natur(raum)potential definierten später u. a. HAASE (1978) und MANNSFELD (1979) mehrere Teilpotentiale (partielle Naturraumpotentiale), die jeweils die Gesamtheit der Eigenschaften eines (Natur-)Raumes unter nutzungsspezifischem Aspekt bezeichnen.

Das *Leitbild* als Ausdruck einer ganzheitlichen Naturschutzauffassung repräsentiert die zusammengefaßte Darstellung des angestrebten Zustandes, der in einem bestimmten Raum in einer (planerisch) absehbaren Zeitperiode erreicht werden soll (vgl. UPPENBRINK & KNAUER 1987, BASTIAN 1996). Regionale Umweltqualitätsziele müssen sich auf die jeweiligen Landschaftsstrukturen und die funktionale Bewertungen von Leistungsfähigkeit / Belastbarkeit / ökologischer Tragfähigkeit des Landschaftshaushaltes beziehen und daraus konkrete Anforderungen ableiten. Dieser funktionsbezogenen Betrachtungsweise wird der Ansatz „Landschaftsfunktionen / Naturraumpotentiale" am ehesten gerecht. Indem diese ein Bindeglied zwischen ökologischen Sachverhalten sowie gesellschaftlichen Werthaltungen und Handeln verkörpern, sind sie als ein Hilfsmittel zur Erarbeitung ökologischer Leitbilder geeignet.

Generell werden zwei Wege der Leitbildentstehung unterschieden:

- In Expertenmodellen erarbeiten Fachleute Zielvorgaben, die dann planerisch umgesetzt werden müssen.
- Bei der diskursiven Leitbildentwicklung handelt es sich um „offene Planungen", wobei Bürger bzw. Nutzer als Betroffene, Politiker und Experten zusammenarbeiten und im ständigen Dialog miteinander Ziele festlegen und ggf. korrigieren.

Beim hier vorgestellten naturraumbezogenen Ansatz geht es um landschaftsökologische Beiträge, d. h. um fachlich begründete Einschätzungen und Handlungsempfehlungen, die noch der gesellschaftlichen Abwägung entbehren. Es handelt sich um Normen, Eckwerte, unverrückbare Mindestanforderungen, die das Indisponible in der Landschaft zum Ausdruck bringen und die Grenzen der Belastbarkeit bzw. Tragfähigkeit im Sinne der naturraumspezifischen nachhaltigen Entwicklung der Landschaft aufzeigen sollen. Die Festsetzung von Umweltzielen verlangt politische Normensetzungen, die von den Naturwissenschaften lediglich gestützt, nicht aber allein getragen werden können (JESSEL 1995). Hinzu kommt, daß diese Normen unwägbaren politischen und ökonomischen Einflüssen (Entwicklungsszenarien) und schließlich dem „Zeitgeist" unterliegen, die zu unterschiedlicher Gewichtung führen können. Außerdem herrscht in der wissenschaftlichen und praxisorientierten Literatur bis heute keine Übereinstimmung zu normativen Fragen wie zum tolerierbaren Bodenabtrag (in t/ha) oder zur Mindestausstattung mit wertvollen Biotopen (MEYER 1997). Allerdings können Landschaftsökologen sehr wohl effektiv, ja sogar steuernd zur Aufstellung von Leitbildern beitragen, denn die Landschaftsökologie führt eine große Vielfalt an Disziplinen und Ansichten zusammen, d. h. sie kann die vielen biologischen, geographischen und soziologischen Perspektiven und ihre theoretischen und praktischen Ansätze zur Lösung der heutigen Umweltprobleme integrieren.

3 Räumliche Bezugseinheiten

Landschaftsfunktionen bzw. Naturraumpotentiale sowie Leitbilder für Naturschutz und Landschaftspflege sind i.d.R. an räumliche Bezugseinheiten gebunden. Die seit langem geführten Diskussionen zur *Existenzberechtigung ökologischer Raumgliederungen*, vor allem unter dem Blickwinkel der Planung (z. B. HEIDTMANN 1975, KIEMSTEDT 1994, BASTIAN 1994, FINKE 1994, DURWEN 1995) beziehen sich zwar vor allem auf die klassische Naturräumliche Gliederung (MEYNEN et al. 1959/61), vermitteln aber auch für modernere Ansätze Erfahrungen, um Fehleinschätzungen und Irrwegen zu entgehen. Einer der wesentlichsten Vorteile des sächsischen Mikrogeochoren-Projektes ist die vorzugsweise beschrittene Aggregation höherrangiger aus niederrangigen Einheiten oder Elementarflächen (naturräumliche Ordnung). Da dieser „Weg von unten“, wie er vor allem von der Leipzig-Dresdener Schule der Landschaftsökologie entwickelt wurde, arbeitstechnisch für große Gebiete kaum zu bewältigen ist, wird auch eine Kombination der klassischen Prinzipien von naturräumlicher Ordnung und naturräumlicher Gliederung angewendet, wobei die „induktive Methode der naturräumlichen Ordnung (...) in Teilgebieten zur Erkundung des landschaftlichen Gefüges als Voraussetzung für die Begründung der deduktiven Gliederung größerer Flächen“ dient (SYRBE 1993).

Offene Fragen und Widersprüche blieben auch hierbei bestehen und Akzeptanzprobleme (seitens der Planung) unbewältigt. Streitpunkte sind u. a. die Existenz einer universellen, für praktische Zwecke, besonders für Landschaftsbewertungen und -planungen anwendbaren Raumgliederung. So schrieb bereits NEEF (1967): „Einen absoluten Landschaftsraum als für die Praxis gültige Grundlage kann es nicht geben“ oder: „Wo ordnen zum Selbstzweck wird, ist das geographische Ziel verfehlt“und DURWEN (1995) sieht die „Diskrepanz zwischen einer „zweckfreien“ Raumgliederung und einer notwendigerweise an Zwecken orientierten Planung: „Je komplexer und theoretischer eine Naturraumerfassung und -gliederung ist, desto praxisferner wird sie“. In der (Landschafts-)Planung erschöpft sich die Anwendung ökologischer Raumgliederungen meist darin, daß diese einen Rahmen zur Einordnung thematischer Sachverhalte abgeben; eine substantielle Ausnutzung der enthaltenen Informationen (Grenzen und Inhalte) kommt nur selten vor. Dies liegt auch an der weitverbreiteten sektoralen Herangehensweise an Probleme der Landschaft, wobei man mit komplexen Einheiten freilich wenig anzufangen weiß. EDV-gestützte Methoden haben laut DURWEN (1995) diesen Trend unterstützt, da beliebige Merkmalskombinationen im Raum verarbeitet werden können. Aber: Geometrie kann nicht Ökologie ersetzen. Eine komplexe ökosystemare Sicht bei der Analyse und Bewertung der Landschaft hingegen bringt laut KOPP (1994) deren naturräumliche Eigenart besser zum Ausdruck und hilft auch, ihre Reaktion auf technogene Umweltveränderungen kausal zu erkennen als bei der derzeitigen Landschaftsplanung und Umweltindikation, die sich bisher vorwiegend auf isoliert betrachtete und in unökologischer Weise reduzierte Umwelteigenschaften beziehen, die in der Regel ... "verschnitten" werden, wobei der Blick für das Gesamtsystem leicht verloren gehen kann.

4 Landschaftsbewertung im mittleren Maßstab

Generell ist eine Bewertung der entscheidende Schritt, um einen vorgefundenen objektiven Sachverhalt entscheidungs- und handlungsbezogen zu interpretieren. Dabei können je nach Inhalt bzw. Komplexität mehrere Bewertungsebenen unterschieden werden (Abbildung 1). An die Analyse schließt sich die Auswertung der ermittelten Daten an. Erst der Schritt zur 2. Bewertungsebene verkörpert eine Bewertung i.e.S. (Soll-Ist-Zustandsvergleich), es findet eine *Transformation* (naturwissenschaftlicher Sachverhalte in gesellschaftliche Kategorien - vgl. NEEF 1969) statt. Zunächst handelt es sich um (eine) fachspezifische Bewertung(en) (innerhalb von Naturschutz und Landschaftspflege), wobei der Übergang von der monosektoralen (z. B. ornithologischer Wert eines Waldstückes) zur multisektoralen Betrachtungsweise (Bedeutung dieses Waldes für den Arten- und Biotopschutz bis hin zum Naturhaushalt im weitesten Sinne) einer anwachsenden Komplexität entspricht. Auf der 3. Bewertungsebene findet ein Abgleich (politische Interessenabwägung) mit anderen Nutzungsansprüchen bzw. Politikfeldern (außerhalb von Naturschutz und Landschaftspflege) statt, als Grundlage für die Entscheidungsfindung und schließlich die konkrete Handlung (Umsetzung der Ergebnisse). Solange die Aussagen auf der Sachebene verharren, handelt es sich - strenggenommen - bei der Bestimmung von Landschaftsfunktionen bzw. Naturraumpotentialen noch nicht um Bewertungen im eigentlichen Sinne. Erst wenn die Beurteilung der vorgefundenen Zustände anhand vorgegebener Wertmaßstäbe, Zielstellungen bzw. Handlungsaufforderungen hinzutritt, werden die für eine Bewertung i.e.S. maßgeblichen Kriterien erfüllt.
Zur Kennzeichnung von Landschaftsfunktionen gibt es inzwischen eine kaum noch zu überschauende Menge an *Verfahren*. Sie alle gründen sich auf spezifische Algorithmen, mit deren Hilfe aussagekräftige Parameter (Kriterien, Indikatoren) zu hochintegrativen, komplexen Aussagen, wie sie Landschaftsfunktionen darstellen, verknüpft werden. Betrachtet man die einschlägige Literatur zur ökologischen Landschaftsbewertung, so fällt auf, daß ein Großteil der verfügbaren Verfahren für den großen Maßstab, d. h. die topische Ebene konzipiert wurde, sich auf

„homogene“ Einzelflächen bezieht, während kleinermaßstäbige, auf heterogene Areale zugeschnittene Ansätze deutlich zurücktreten. Ein wesentliches Merkmal und gleichzeitig auch Problem chorischer Bezugseinheiten ist aber gerade ihre heterogene innere Struktur (Geotope / Nanogeochoren in Mikrogeochoren).

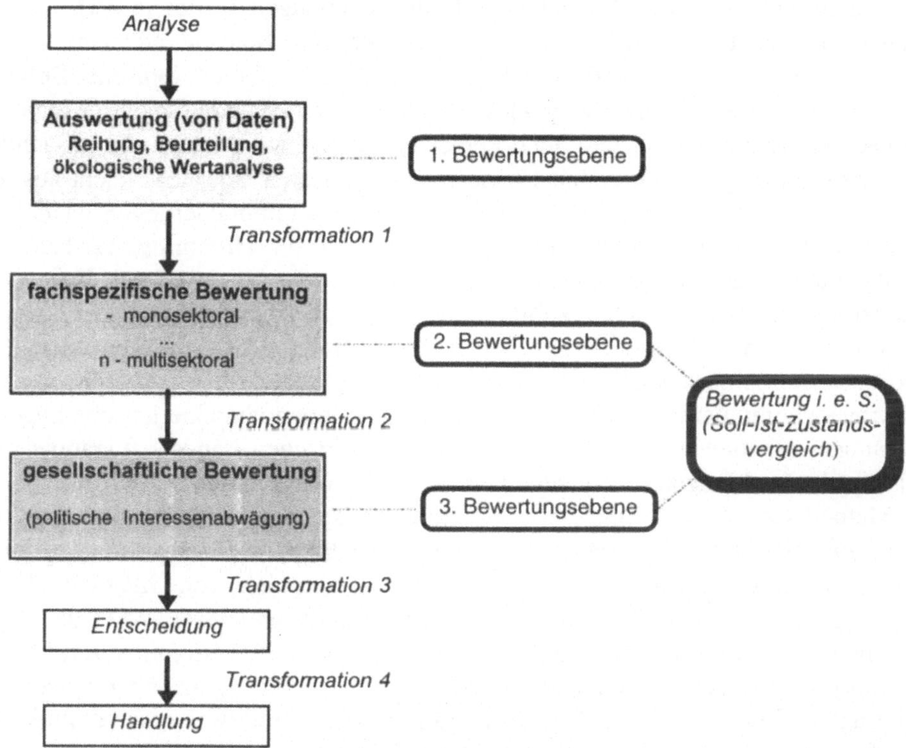

Abb.1: Modell einer Bewertunng in mehreren Stufen (Transformationsschritte) (nach BASTIAN 1997)

Welche Möglichkeiten gibt es nun, diese Schwierigkeiten zu bewältigen? Nicht befürwortet werden kann die Auflösung der Mikrogeochoren in kleinere, homogenere Einheiten, um dem „Mangel'“ der fehlenden Merkmalsverortung entgegenzuwirken. KRÜGER et al. (1993) halten zwar Nanogeochoren für die Bestimmung von Landschaftsfunktionen für geeigneter: Allerdings „entziehen sich Mikrochoren bei bestimmten Fragestellungen einer zusammenfassenden Betrachtung, weil sie Flächenanteile besitzen, die aufgrund ihrer Ausstattung sehr unterschiedlich reagieren. Im einzelnen ist also abzuwägen, welche Betrachtungsebene vorzuziehen ist, die der Nano- oder der Mikrogeochore. Bei Mikrochorentypen ist eine Einschätzung ihrer Funktionen und Potentiale in Kombination mit der jeweiligen Flächennutzung nicht mehr sinnvoll, da die inhaltliche Heterogenität solcher Bezugsareale zu groß ist, um über einen Mittelwert zu einer vertretbaren Aussage zu kommen" (s. a. HAASE et al. 1982, DOLLINGER 1997). Indem die ursprünglich gewählte Dimensionsstufe verlassen wird, kann dieser Weg aber kaum dem Anliegen genügen, zumal die mikrochorische Betrachtungsebene durchaus ihre Berechtigung hat, um für große Gebiete Überblicksaussagen zu liefern. Erforderlich sind jedoch der Dimensionsstufe bzw. dem (mittleren) Maßstab adäquate, relativ „grobe" Verfahren. Keinesfalls sollten vermeintlich „harte" topische Befunde relativ heterogenen Arealen zugewiesen werden, was einerseits nicht erreichbare Genauigkeiten vortäuscht und auch Fehler produziert, wobei man die tatsächlich vorhandenen Möglichkeiten und Chancen des chorischen Ansatzes leicht aus den Augen zu verliert (SYRBE 1993). Bei chorischen Raumgliederungen handelt es sich um Modellvorstellungen natürlicher Strukturen, um Hilfsmittel zur Komplexitätsreduktion der Wirklichkeit. Mit diesen wird versucht, tatsächlich Vorhandenes so korrekt wie möglich abzubilden, es aber auch zu idealisieren und dadurch zu vereinfachen (DURWEN 1995). Neben Summen- und Mittelwerten oder auch Extremwerten sind deshalb vor allem die Leitmerkmale zur Kennzeichnung der Mikrogeochoren heranzuziehen. Darüber hinaus können charakteristische Lagebeziehungen beachtet und die Heterogenität der chorischen Landschaftsräume mittels unscharfer Mengen (fuzzy-sets) berücksichtigt werden (SYRBE 1996).

Methodische Ansätze und Beispiele zur Bestimmung von Landschaftsfunktionen bzw. Naturraumpotentialen im mittleren Maßstab auf der Basis von landschaftsökologischen Raumeinheiten wurden u. a. vorgelegt von NIEMANN (1982: Eignung, Leistung und Belastbarkeit von Landschaftseinheiten), WELLER (1990: Eignungsbewertung für den Landbau), KRÜGER et al. (1993: Eignung von Mikrochorentypen für den ökologischen Landbau, Belastbarkeit gegenüber Schadstoffeinträgen, Filter-, Puffer-, Transformatorfunktion, Grundwasserschutzfunktion, „biologischer Reichtum"), BERNHARDT & MANNSFELD in HAASE et al. (1991: Karte der Unwettergefährdeten Gebiete).

5 Methodischer Ablauf

In Gestalt der für ganz Sachsen angefertigten Dokumentationen der Naturräume im Range von Mikrogeochoren im Maßstab 1:50.000 existiert ein umfangreiches und relativ fein differenziertes Grundlagenmaterial, das - als Voraussetzung für die Formulierung landschaftsökologischer Leitbilder - einerseits die notwendigen Bezugseinheiten, andererseits wesentliche Ausstattungsmerkmale umfaßt. Mit dem Bezug auf Mikrogeochoren wird eine wesentlich kleinerräumige Differenzierung von Leitbildern erreicht, als dies bislang, z. B. in Regionalplänen, üblich ist (vgl. GERHARDS 1997). Der empfohlene, nachfolgend vorgestellte *Bearbeitung-*

salgorithmus wurde am Westlausitzer Hügel- und Bergland (s. MANNSFELD & RICHTER 1995, enthält 83 Mikrogeochoren) erprobt. Er umfaßt folgende Schritte (Abbildung 2):

- Festlegung adäquater räumlicher *Bezugseinheiten* (in diesem Falle Mikrogeochoren);
- Auswahl von *Gesichtspunkten* (hier *Landschaftsfunktionen bzw. Naturraumpotentiale*), die bei der Formulierung ökologischer Leitbilder berücksichtigt werden sollen. In Frage kommen in erster Linie solche Aspekte, die eine maßstabsadäquate Aussage zulassen und auf der entsprechenden Betrachtungsebene sinnvoll planerisch handhabbar sind (vgl. GERHARDS 1997). Bei den einbezogenen Landschaftsfunktionen ist dies der Fall. Auch wird damit die immer wieder erhobene, in der Planungspraxis aber zu wenig beachtete Forderung nach einer breiteren Einbeziehung auch abiotischer Faktoren sowie funktionaler und landschaftshaushaltlicher Bewertungen erfüllt (vgl. MEYER 1997).
- Festlegung von *Kriterien (Merkmalen, Indikatoren)* bzw. *methodischen Ansätzen (Verfahren)* zur Beurteilung dieser Landschaftsfunktionen;
- *Analyse der aktuellen Situation* (Ausprägung, Beeinträchtigungen, Risiken) in bezug auf die ausgewählten Landschaftsfunktionen in den jeweiligen Raumeinheiten. Mittels *Interferenzanalyse* können diejenigen Naturraumeinheiten ermittelt werden, in denen einzelne oder mehrere Landschaftsfunktionen besonders bedeutsam (gut ausgeprägt) sind oder erhebliche (aktuelle / potentielle) Beeinträchtigungen, Gefährdungen, Risiken bestehen.
- Formulierung von *Zielvorstellungen für die Landschaftsfunktionen* in den jeweiligen Raumeinheiten (Tabelle 1, Abbildung 3).
- Aufzeigen von *Zielkongruenzen / Zielkonflikten*: Hierzu kann als Hilfsmittel eine ökologische Wirkungsmatrix herangezogen werden. Die sich in heterogenen Landschaftsräumen manifestierenden Konflikte beziehen sich u. U. jeweils auf unterschiedliche Teilareale und erweisen sich dann als irrelevant (gegenstandslos). Für eine Verifizierung ist die Untersetzung mit auf der nächstniederen Dimensionsstufe gewonnenen Befunden und die entsprechende planerische Handhabung (z. B. auf lokaler Ebene) erforderlich.

Erarbeitung eines *abgestimmten landschaftsökologischen Entwicklungskonzeptes*: Auflistung und Zusammenfassung der - auf Landschaftsfunktionen bezogenen - Ziele für die individuellen Naturraumeinheiten. Auftretende Zielkonflikte werden durch eine innerfachliche Abwägung beseitigt, oder es werden - soweit aus landschaftsökologischer Sicht ein Ermessensspielraum besteht - verschiedene Alternativen aufgezeigt (Szenarien, die sich nach gesellschaftlichen Präferenzen richten). Dabei ist es sinnvoll, zunächst vordringlich zu beachtende Landschaftsfunktionen bzw. Schutzgüter zu benennen (vgl. GERHARDS 1997). Hilfreich für praktische Arbeit sind Entscheidungsbäume (vgl. BASTIAN & RÖDER 1996). Zusätzlich zur Liste der prioritären Landschaftsfunktionen und

Schutzgüter wird (verbal) umrissen, welcher Landschaftscharakter in der Naturraumeinheit angestrebt werden soll. Hierfür sind auch Gesichtspunkte zu beachten, die sich nicht zwangsläufig aus dem Potentialansatz ergeben (z. B. Eigenart der Landschaft, historische Bezüge).

- *Typisierung*: Räume gleicher / ähnlicher Zielsetzung könn0en zusammengefaßt werden, wobei die Möglichkeit der Typenbildung mit wachsender Konkretheit der leitbildbezogenen Aussagen sinkt. Dies ist sinnvoller, als sich von vornherein bei der Leitbilderarbeitung nur auf größere Räume zu beziehen (vgl. GERHARDS 1997).

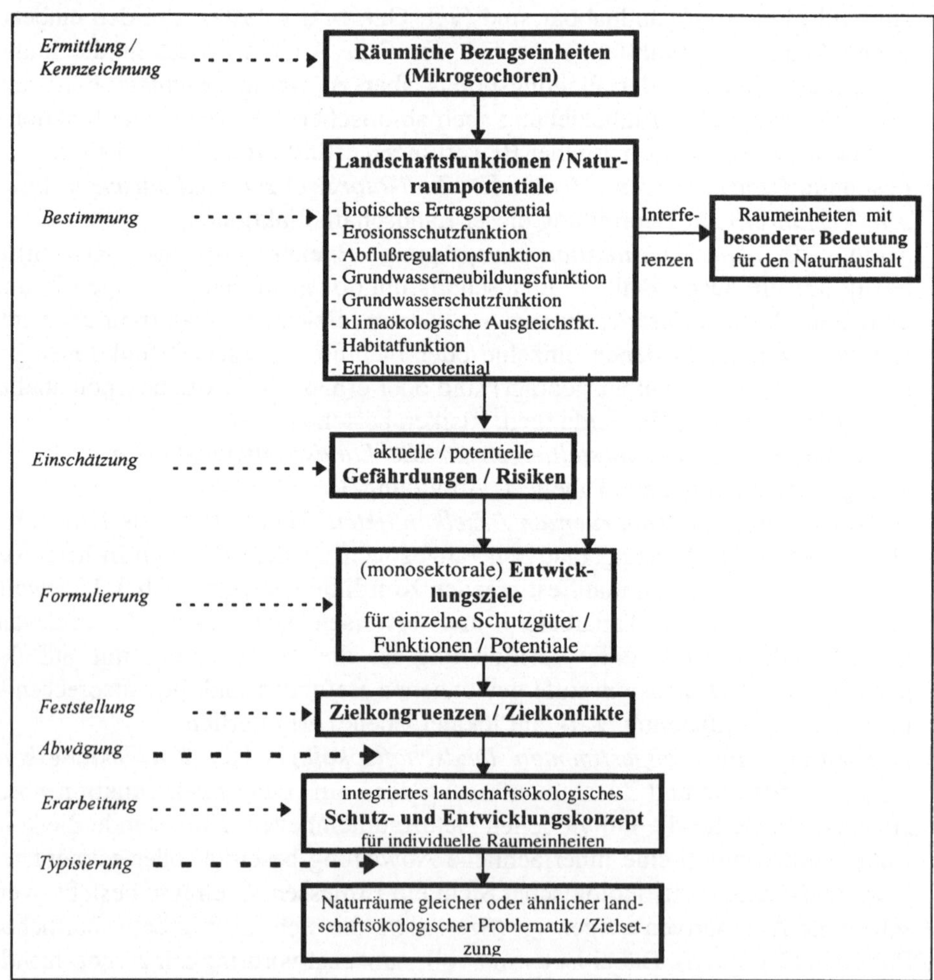

Abb.2: Erarbeitung landschaftsökologischer Beiträge zur Leitbildentwicklung auf der Basis von Naturraumeinheiten (Mikrogeochoren)

Tab.1: Entwicklungsziele für einzelne Landschaftsfunktionen/ Naturraumpotentiale/ Schutzgüter für (ausgewählte) Mikrogeochoren des Westlausitzer Hügel- und Berglandes

Nr.	Boden			Wasser				Klima/Luft			Arten und Biotope								Erholung		
	1	2	3	1	2	3	4	1	2	3	1	2a	2b	3a	3b	4a	4b	5	1	2	3
2		(x)	x	X!		x	x		x	x	x	x	x	x	X		(x)	X			x
5	x	(x)		X	X		(x)	x	x	x	x	x	x	x	x	(x)	x			x	
8		(x)		X	X							x		X					x		
10				X	X		(x)	x	x	x	X	x	x			(x)				x	
28	x	x	(x)				x	x		X	x	x	x		x	X				x	x
48	x	x	(x)	x			x	x	x	X	x			(x)	X	(x)			(x)		x
53				X!		W			W	x		x		X		(x)		x	x		
63	x	x	x				X				X	x		(x)	x	x	x	X		x	
83	x	(x)	x	X	X		x	xt			x		x	(x)	x	X	x				

X - gilt in hohem Maße, x - trifft zu, (x) - trifft eingeschränkt zu, t - gilt für Teile der MiC
Zielkonflikte mit anderen (monosektoralen) Entwicklungszielen: [grau] (stark) ausgeprägt [weiß] vorhanden

B *besondere Anforderungen an Schutz / Entwicklung des Bodens*
B1 Erhalt leistungsfähiger Böden für die Landwirtschaft
B2 Erosionsschutzmaßnahmen (ggf. Aufforstung) auf gefährdeten Agrarflächen
B3 Umwidmung der Agrarnutzung auf stark immissionsbelasteten Böden

W *besondere Anforderungen an Schutz / Entwicklung des Wasserhaushaltes*
W1 Vermeidung von Schadstoff-Kontaminationen in wenig grundwassergeschützten Gebieten; ! - aktuelle starke Gefährdung
W2 extensive Nutzung wenig grundwassergeschützter Gebiete mit hoher Grundwasserneubildung (aber Vermeidung von großflächigen Aufforstungen)
W3 extensive Nutzung oder Aufforstung grundwassergefährdeter Gebiete ohne hohe Grundwasserneubildung *(W - Naturraum überwiegend bewaldet)*
W4 Verbesserung der Abflußregulation

K *besondere Anforderungen an Schutz / Verbesserung von Klima und Luft*
K1 Bewahrung ausreichend dimensionierter Frischluftproduktionsflächen
K2 Förderung des Luftaustausches
K3 Verbesserung / Erhaltung der Luftqualität

A *besondere Anforderungen an Schutz / Entwicklung von Arten und Biotopen*
A1 Erhöhung des Natürlichkeitsgrades der Vegetation
A2a Beibehaltung extensiver Nutzung in Teilbereichen
A2b Senkung der Nutzungsintensität der Landwirtschaft
A3a Bewahrung großräumiger störungsarmer Gebiete
A3b Schaffung von Biotopverbundsystemen /Verminderung von Isolationswirkungen - X, Erhöhung der Flächengröße zu kleiner Einzelbiotope - x
A4a Erhöhung des Anteils wertvoller Biotoptypen
A4b Revitalisierung von Fließgewässern und Auen
A5 Entwicklung von wertvollen Biotopen auf seltenen / extremen Standorten

E *besondere Anforderungen an Schutz / Entwicklung des Rekreationspotentials*
E1 Erhaltung des hohen Erholungswertes der Landschaft
E2 Erhöhung der Vielfalt der Landschaft
E3 Abbau von Umweltbelastungen

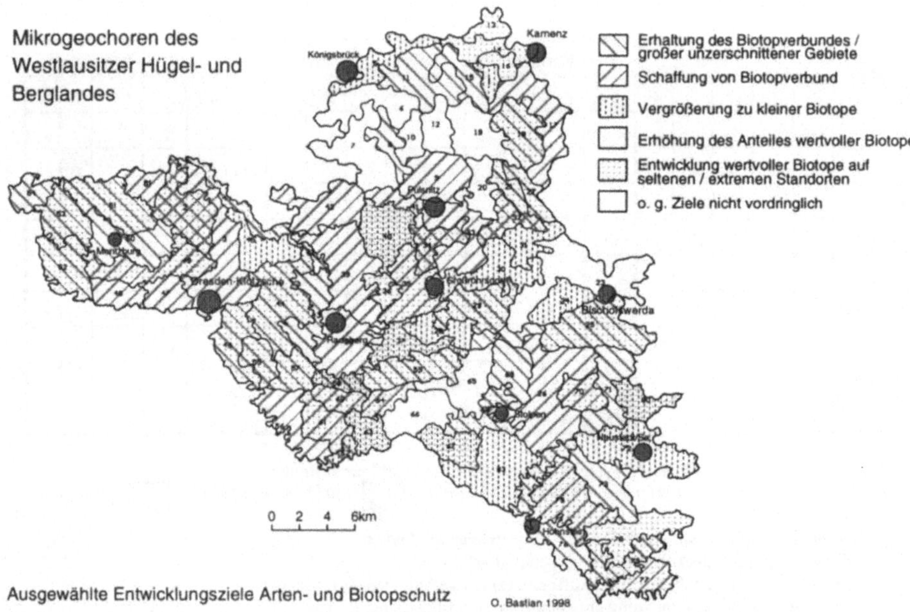

Abb.3: Ausgewählte Entwicklungsziele des Arten- und Biotopschutzes für Mikrogeochoren des Westlausitzer Hügel- und Berglandes

6 Weiterer Forschungsbedarf

Zur Verbesserung des vorgestellten Ansatzes ist es erforderlich,

- die Verfahren zur Bestimmung von Landschaftsfunktionen im mittleren Maßstab unter Beachtung der Heterogenität der Bezugseinheiten zu qualifizieren,
- die ökologische Tragfähigkeit unterschiedlicher Naturräume (bzw. Naturraumtypen) und Grenzwerte in bezug auf Belastungen zu ermitteln,
- Landschaftsprognosen unter differenzierten sozioökonomischen Entwicklungsszenarien durchzuführen,
- in engem Kontakt mit der Planungspraxis die Anwendung voranzubringen, (in Sachsen) z.B. bei der Fortschreibung der Landesentwicklungs- und Regionalpläne.

Literatur

BASTIAN, O. (1994): Ökologische Raumgliederungen als Grundlage landschaftsbezogener Untersuchungen und Planungen.- Hercynia N.F. 29, S. 101-129.

BASTIAN, O. (1996): Ökologische Leitbilder in der räumlichen Planung - Orientierungshilfen beim Schutz der biotischen Diversität.- Arch. für Nat.-Lands. 34, S. 207-234.

BASTIAN, O. (1997): Gedanken zur Bewertung von Landschaftsfunktionen - unter besonderer Berücksichtigung der Habitatfunktion.- NNA-Berichte (Schneverdingen) H. 3, S. 106-125.

BASTIAN, O. &. M. RÖDER (1996): Beurteilung von Landschaftsveränderungen anhand von Landschaftsfunktionen.- Naturschutz und Landschaftsplanung 28, S. 302-312.

BASTIAN, O. &. K.-F. SCHREIBER (Hrsg.)(1994): Analyse und ökologische Bewertung der Landschaft.- G. Fischer Verlag Jena / Stuttgart, 502 S.

BOBEK, H. & J. SCHMITHÜSEN (1949): Die Landschaft im logischen System der Geographie.- Erdkunde III, S. 112-120.

DOLLINGER,F. (1997): Zur Anwendung der Theorie der geographischen Dimensionen in der Raumplanung mittels Geographischer Informationstechnologie.- Salzburger Geograph. Materialien, H. 26, S. 35-46.

DURWEN, K.-J. (1995): Naturraum-Potential und Landschaftsplanung.- Nürtinger Hochschulschr.- 13, S. 45-82.

FINKE, L. (1994): Landschaftsökologie.- Westermann Braunschweig.- 232 S.

GERHARDS, I. (1997): Leitbilder für die Landschaftsrahmenplanung - dargestellt anhand von Überlegungen für Hessen.- Natur und Landschaft 72, S. 436-443.

HAASE, G. (1978): Zur Ableitung und Kennzeichnung von Naturraumpotentialen.- Peterm. Geogr. Mitt. 122, S. 113-125.

HAASE, G. et al. (1982): Kennzeichnung und Kartierung von Naturraumtypen im mittleren Maßstabsbereich.- Wiss. Mitt. Inst. Geogr. u. Geoökol. AdW DDR, Leipzig, Sonderheft 1, 152 S.

HAASE, G.,H. BARSCH, H. HUBRICH, K. MANNSFELD & R. SCHMIDT (1991): Naturraumerkundung und Landnutzung. Geochorologische Verfahren zur Analyse, Kartierung und Bewertung von Naturräumen.- Beiträge zur Geographie, Akad.-Verl. Berlin, 34, 373 S. + Karten.

HEIDTMANN, E. (1975): Die ökologische Raumgliederung - eine sinnvolle Grundlage für die ökologische Planung?- Natur und Landschaft 50, S. 72-74.

JESSEL, B. (1995): Ist künftige Landschaft planbar? Möglichkeiten und Grenzen ökologisch orientierter Planung.- Laufener Seminarbeiträge 4/95, Akad.Natursch.Landschaftspfl. (ANL), S. 91-100.

KIEMSTEDT, H. (1994): Erfahrungen mit Landschaftsgliederungen in Deutschland.- Unveröff. Mskr.,5 S.

KOPP, D. (1994): Naturraumerkundung als Basis der Landschaftsplanung am Beispiel des Landkreises Märkisch-Oderland, ÖNU (Forschungs-, Beratungs- und Projektierungs-GmbH für Ökologie, Natur- und Umweltschutz, Prädikow 1994): Naturraumerkundung - Voraussetzung für die Landschaftsplanung (1. Entwurf eines Landschaftsrahmenplanes im Land Brandenburg für den Landkreis Märkisch-Oderland, S. 12-25.

KRÜGER, W.,G. SAUPE, U. STEINHARDT & H. BARSCH (1993): 3. Die Kennzeichnung von Vorzugsgebieten und Konfliktbereichen der Landnutzung in einem Landschaftsrahmenplan (1:50000) - dargestellt am Beispiel des Kartenblattes Werder. In: BARSCH, H. & G. SAUPE (Hrsg.): Zur Integration landschaftsökologischer und sozioökologischer Daten in gebietliche Planungen.- Potsdamer Geogr. Forschungen 4, S. 113-151.

MANNSFELD, K. (1979): Die Beurteilung von Naturraumpotentialen als Aufgabe der geographischen Landschaftsforschung.- Peterm. Geogr. Mitt. 123, S. 2-6.

MANNSFELD, K. & H. RICHTER (Hrsg.)(1995): Naturräume in Sachsen.- Forsch. z. Dt. Landeskunde 238, Trier, 228 S.

MARKS, R., M. MÜLLER, H.-J. LESER & H.-J. KLINK (Hrsg.)(1992): Anleitung zur Bewertung des Leistungsvermögens des Landschaftshaushaltes.- Forsch. z. Dt. Landeskunde 229, 2. Aufl., Trier, 222 S.

MEYER, B. (1997): Landschaftsstrukturen und Regulationsfunktionen in Intensivagrarlandschaften im Raum Halle-Leipzig. Regionalisierte Umweltqualitätsziele - Funktionsbewertungen - multikriterielle Landschaftsoptimierung unter Verwendung von GIS.- Diss. math.-nat. Fak. Univ. Köln.

MEYNEN, E., J. SCHMITHÜSEN, J. GELLERT, E. NEEF, H. MÜLLER-MINY & H. J. SCHULTZE (1959, 1961): Handbuch der naturräumlichen Gliederung Deutschlands. Bad Godesberg, VI. Lieferung 1959, VII. Lieferung 1961.

NEEF, E. (1966): Zur Frage des gebietswirtschaftlichen Potentials.- Forschungen und Forstschritte 40, S. 65-70.

NEEF, E. (1967): Die theoretischen Grundlagen der Landschaftslehre.- Gotha. 152 S.

NEEF, E. (1969): Der Stoffwechsel zwischen Gesellschaft und Natur als geographisches Problem.- Geogr. Rundschau 21, S. 453-459.

NIEMANN, E. (1982): Methodik zur Bestimmung der Eignung, Leistung und Belastbarkeit von Landschaftselementen und Landschaftseinheiten.- Wiss. Mitt. Inst. Geogr. u. Geoökol. AdW DDR, Leipzig, Sonderheft 2, 84 S.

SMU (1997): Naturräume und Naturraumpotentiale des Freistaates Sachsen. Materialien zur Landesentwicklung 2/1997: 62 S. (Hrsg.: Sächsisches Staatsministerium für Umwelt und Landesentwicklung; Bearbeiter: Sächs. Akademie d. Wiss. zu Leipzig, AG „Naturhaushalt und Gebietscharakter“ Dresden).

SYRBE, R.-U. (1993): Landschaftsbewertung im Oberspreewald auf geoökologischer Grundlage - eine methodische Studie.- Diss. math.-naturwiss. Fak. Univ. Potsdam, 195 S. + Anlagen.

SYRBE, R.-U. (1996): Fuzzy-Bewertungsmethoden für Landschaftsökologie und Landschaftsplanung.- Arch. für Nat.-Lands. 34, S. 181-206.

UPPENBRINK, M. & P. KNAUER (1987): Funktion, Möglichkeiten und Grenzen von Umweltqualitäten und Eckwerten aus der Sicht des Umweltschutzes.- Veröff. d. Akad.f.Raumforschung u. Landesplanung, Forschungs- u. Sitzungsberichte, Hannover, 165, S. 45-131.

WELLER, F. (1990): Erläuterungen zur Ökologischen Standortseignungskarte für den Landbau in Baden-Württemberg 1:250.000 (Hrsg.: Ministerium für Ländlichen Raum, Ernährung, Landwirtschaft und Forsten Baden-Württemberg, Stuttgart), 32 S. + Anlagen.

Möglichkeiten und Grenzen der GIS-gestützten Wasser- und Stoffhaushaltsmodellierung als ein Beispiel der integrierten Landschaftsmodellierung

Martin Wegehenkel

1 Einleitung

Regionale Wasserhaushaltsmodellrechnungen mit Hilfe **G**eographischer **I**nformationsSysteme (=GIS) sind in den letzten Jahren insbesondere in der Wasserwirtschaft und Regionalplanung verwendet worden (z.B. BUCHER ET AL. 1997, HOLZMANN 1994). Eine der Hauptfragestellungen dabei war und ist die Entwicklung der Grundwasserneubildung unter landwirtschaftlich und forstwirtschaftlich genutzten Flächen bei einer möglichen Änderung der Landnutzung. Das Grundprinzip dieser regionalen Modellierung besteht dabei meist immer in der Kopplung eines dynamischen Simulationsmodells mit einer GIS-Datenbasis und der GIS-gestützten Visualisierung und Auswertung der Simulationsergebnisse in digitalen Karten (z.B. WICKENKAMP 1996, HOLZMANN 1994). Die GIS-Datenbasis beinhaltet dabei meistens

- digitale Bodenkarte
- digitale Landnutzungskarte
- Karte der Grundwasserflurabstände
- Stationskarte (Wetterstationen, Grundwasser-Pegel, Abflußpegel)
- digitales Höhenmodell

Durch Verschneidung und Analyse-Operationen im GIS werden kleinste gemeinsame Geometrien erzeugt und in Modellierungskarten abgespeichert, die dann zur Simulation genutzt werden. Eingangsdaten in die Modellrechnungen wie z. B. Kennwerte des Bodenwasserhaushaltes, die nicht aus Analyse-Operationen im GIS selbst ermittelt werden können, müssen über separate Datenmodelle aus den thematischen Inhalten der digitalen Karten abgeschätzt werden. Die Möglichkeiten und Grenzen bei der GIS-gestützten regionalen Wasserhaushaltsmodellierung hängen daher unter anderem auch wesentlich von folgenden zwei Aspekten ab

- Maßstab und Umfang der digitalen Kartenbasis
- Qualität der Datenmodelle

Die Datenmodelle haben einen großen Einfluß auf die Simulationsergebnisse und sind oftmals in diesem Zusammenhang entscheidender als das dynamische Simulationsmodell selbst. In der folgenden Studie soll daher anhand von einigen Beispielen auf die Auswirkungen unterschiedlicher Basisdaten im Bereich Boden auf die Simulationsergebnisse bei der regionalen Wasserhaushaltsmodellierung eingegangen werden.

2 Prinzip der GIS-Modellierung, Modelle und Datenmodelle

In Abbildung 1 ist noch einmal das Grundprinzip der GIS-gestützten Wasserhaushaltsmodellierung schematisch dargestellt.

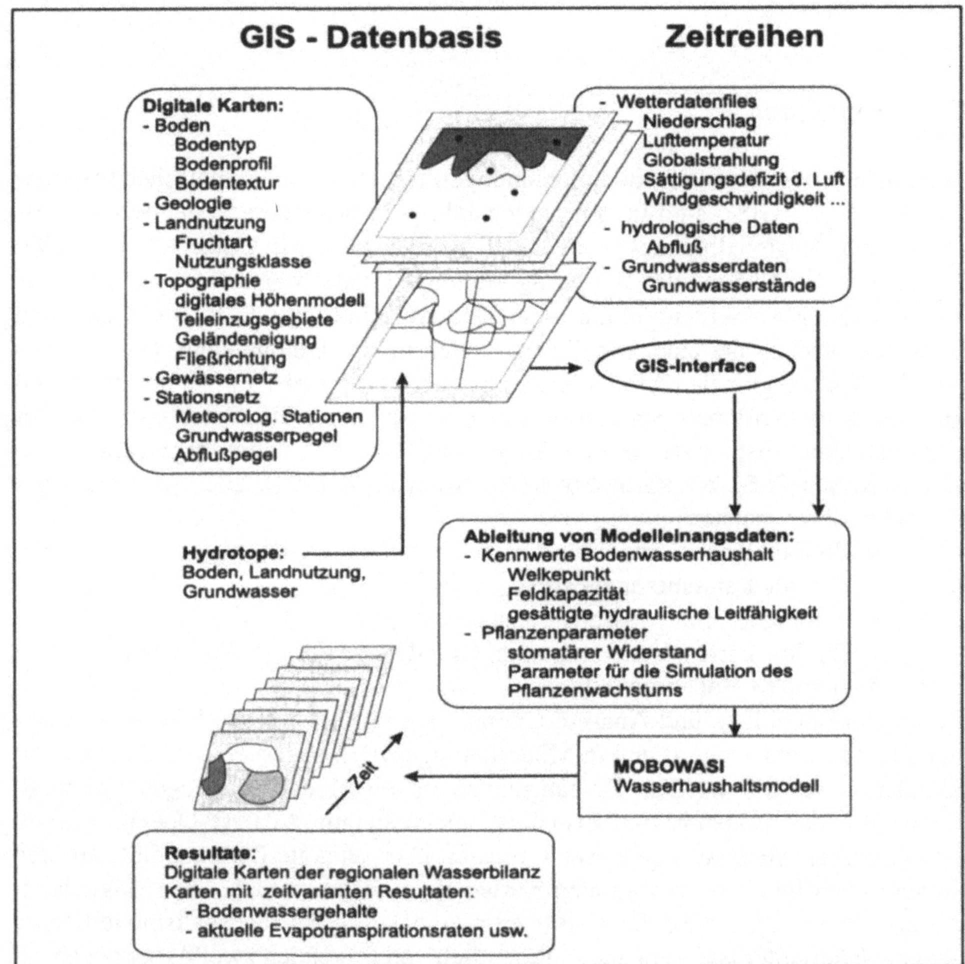

Abb.1.: Schema der GIS-gestützten Wasserhaushaltsmodellierung (nach WICKENKAMP ET AL. 1996, verändert)

Für die Simulation des Bodenwasserhaushaltes innerhalb der GIS-gestützten regionalen Wasserhaushaltsmodellierung existieren zwei unterschiedliche Modelltypen, die zum Einsatz kommen können. Dies sind zum Einen konzeptionelle, halbempirische Platten- oder Kapazitätsmodelle und zum Anderen physikalisch begründete Modelle auf der Basis der RICHARDS-DARCY-Gleichung. Platten- oder Kapazitätsmodelle beschreiben den Bodenwasserhaushalt wie folgt:

$$\Theta_{i,\Delta t} = \Theta_{i,\Delta t-1} + PERC_{i-1,\Delta t} + CAPI_{i,\Delta t} - AET_{i,\Delta t} - PERC_{i,\Delta t}$$

$$\Theta_{i,\Delta t} \rangle FK_i \qquad PERC_{i,\Delta t} = \frac{(\Theta_{i,\Delta t} - FK\ i)^2 \cdot \lambda_i}{1 + \lambda_i \cdot (\Theta_{i,\Delta t} - FK_i)}$$

$$\Theta_{i,\Delta t} \leq FK_i \qquad PERC_{i,\Delta t} = 0 \qquad \text{(Gl. 1)}$$

mit

$\theta_{i,t}$ = Bodenwassergehalt Schicht i zum Zeitschritt Δt (mm dm^{-1}, Vol%)

$PERC_{i,t}$ = Perkolation (mm d^{-1})

$CAPI_{i,t}$ = Kapillarer Aufstieg (mm d^{-1})

$AET_{i,t}$ = Aktuell Evapotranspiration (mm d^{-1})

FK_i = Feldkapazität der Schicht i (mm dm^{-1}, Vol%)

λ_i = Empirischer Speicherparameter der Schicht i

Die Vorteile liegen in der hohen Rechengeschwindigkeit und relativ leichten Verfügbarkeit der Modelleingangsdaten. Die Nachteile bestehen in konzeptionellen Einschränkungen bei der Modellierung staunasser Böden und der Wechselwirkung mit oberflächennahem Grundwasser wie z.B. beim kapillaren Aufstieg in die Wurzelzone .

Im Gegensatz dazu steht die physikalische Beschreibung der Bodenwasserbewegung durch die RICHARDS-DARCY Gleichung. Diese wird basierend auf der Flußdichte- und der Kontinuitätsgleichung meist numerisch gelöst. Die Flußdichtegleichung beschreibt die Flußdichte im porösen Medium als Funktion von hydraulischer Leitfähigkeit des porösen Mediums und dem hydraulischen Gradienten zu

$$q = -k(h) \cdot \frac{\partial H}{\partial z} \qquad \text{(Gl. 2)}$$

mit

q = Flußdichte m d^{-1}

H = Bodenwasserpotential zusammengesetzt aus Druckpotential h und Gravitationspotential m

$k(h)$ = hydraulische Leitfähigkeit des Bodens m d^{-1}

z = Tiefe m

Die Änderung der Bodenwassergehalte in der ungesättigten Bodenzone pro Zeitschritt Δt ergibt sich aus der Kontinuitätsgleichung nach

$$\frac{\partial \Theta}{\partial t} = -\frac{\partial q}{\partial z} + s \qquad \text{(Gl. 3)}$$

mit

s = Senkenterm m d^{-1}
Θ = Bodenwassergehalt m m^{-1}
restl. Parameter s. Gl. 2

Die obere Randbedingung ist entweder das Druckpotential an der Bodenoberfläche entsprechend einer möglichen Wasserüberstauhöhe oder die tägliche Verdunstungsrate. Die untere Randbedingung ergibt sich aus der Höhe einer eventuell vorhandenen Grundwasseroberfläche oder der Bedingung der freien Drainage nach unten. Die numerische Lösung der Gleichungen (2) und (3) beinhaltet auch die Parametrisierung der Funktionen Bodenwasserpotential versus volumetrischer Bodenwassergehalt h(Θ) und hydraulische Leitfähigkeit versus Bodenwasserpotential k(h). Die Vorteile dieses Modellkonzeptes liegen darin, daß alle Böden und Randbedingungen ohne Einschränkung modellierbar sind. Die Nachteile sind die je nach benutztem numerischen Lösungsalgorithmus geringe Rechengeschwindigkeit und die nicht immer gegebene Verfügbarkeit der Modelleingangsparameter. Aufgrund der höheren Rechengeschwindigkeit und des geringeren Aufwandes bei der Abschätzung der Modelleingangsdaten werden bei der GIS-gestützten Wasserhaushaltssimulation häufig einfachere Modelle bevorzugt (z.B. WICKENKAMP 1996).

Die Eingangsdaten für beide Modelltypen wie z.B. Feldkapazität FK und permanenter Welkepunkt PWP für die Plattenmodelle oder Kennwerte zur Parametrisierung der h(Θ) - und k(h)-Funktionen z.B. nach VAN GENUCHTEN (1988) oder BROOKS & COREY (1966) sowie gesättigte hydraulische Leitfähigkeit k_s für die RICHARDS-DARCY-Gleichung müssen bei der GIS-gestützten regionalen Wasserhaushaltsmodellierung aus den thematischen Inhalten der digitalen Bodenkarten abgeleitet werden. Das für diese Ableitung notwendige Datenmodell Boden ist somit entweder ein separates oder im Simulationsmodell selbst integriertes EDV-Programm zur möglichst automatisierten und simultanen Ableitung von Modelleingangsdaten unter Nutzung verschiedener RELATE-Tabellen bei der Modellrechnung. Diese RELATE-Tabellen enthalten bodenkundliche Basis-Informationen wie z.B. Horizont- und Texturabfolge in Abhängigkeit vom Bodentyp oder Wasserhaushaltskennwerte wie FK und PWP in Abhängigkeit von Dichte und Textur. Je nachdem, aus welchem Gebiet die Daten zur Erarbeitung der RELATE-Tabellen zusammengestellt und aggregiert wurden, haben die RELATE-Tabellen einen Regionalbezug d.h. eine bestimmte Region oder Gebiet, für das die in der Tabelle enthaltenen Werte mehr oder weniger repräsentativ sind (s. Tabelle 1).

Das hier vorgestellte Datenmodell Boden ist in dem Modellierungssystem MOBOWASI (**Mo**dellverbund zur **Bo**den**Wa**sser**Si**mulation) integriert, das sowohl standortsbezogene Modellrechnungen zum Wasserhaushalt als auch über eine Schnittstelle GIS-gestützte Regionalsimulationen ermöglicht (WEGEHENKEL 1995,

1997, 1998B), und ist WEGEHENKEL (1997) ausführlich beschrieben. Das darin zentral genutzte GIS-Attribut in der Datentabelle der digitalen Bodenkarte ist die Boden-ID. Die Struktur und die Hierarchie der RELATE-Tabellen im vorgestellten Datenmodell zeigt Tabelle 28-1.

Tab.1: Struktur und Hierarchie der RELATE-Tabellen im Datenmodell Boden

Nr.1: Boden-ID---------Bodenprofile, Horizonte, Textur, Mächtigkeit, Dichte **1. Basis**: Tabelle n. WEISE (1978) mit Regionalbezug NO-Deutschland **2. Basis**: Tabelle n. SCHINDLER ET AL. 1996 mit Regionalbezug Stobber-Gebiet $220km^2$
Nr.2: Textur, Dichte---FK , GPV, PWP, k_s **1. Basis:** Tabelle n. WEISE (1978) mit Regionalbezug Nordost-Deutschland **2. Basis:** Tabelle n. SCHINDLER ET AL. 1996 mit Regionalbezug Stobber-Gebiet $220km^2$ **3. Basis:** Tabelle n. der BODENKUNDL. KARTIERANLEITUNG (1994) mit Regionalbezug Deutschland
Nr.3: Horizt., Textur---VAN GENUCHTEN- bzw. BROOKS-COREY Parameter für h(Θ) - und k(h)-Funktionen **1. Basis:** Tabelle n. BOHNE ET AL. 1993 mit Regionalbezug Nordost Deutschland **2. Basis:** Tabelle n. SCHINDLER ET AL. 1996 mit Regionalbezug Stobber-Gebiet $220km^2$
Nr.4: Textur, Dichte---Pedotransferfunktionen zur Berechnung der VAN GENUCHTEN- bzw. BROOKS-COREY-Parameter für h(Θ) - und k(h)-Funktionen nach RAWLS & BRAKENSIEK (1985) oder nach VEREECKEN ET AL. (1989)

Je nach gewähltem Modelltyp (Platten- oder RICHARDS-DARCY Modell) und Auswahl der Datenbasis durch den Modellnutzer werden die entsprechenden Tabellen bei der GIS-gestützten Modellrechnung zugeordnet (WEGEHENKEL 1997). Die Verwendung von verschiedenen Tabellen im Datenmodell Boden kann jedoch zu höchst unterschiedlichen Simulationsergebnissen für den Bodenwasserhaushalt führen. Das soll im folgenden pragmatisch anhand einer Stichprobenanalyse des Datenmodelles durch Ergebnisse eines bodenhydrologischen Meßplatzes vorgestellt werden.

3 Analyse des Datenmodells Boden

Mit Hilfe eines bodenhydrologischen Meßplatzes mit kontinuierlichen Messungen der volumetrischen Bodenwassergehalte durch TRIME-TDR (=**T**ime Domain **R**eflectometry mit **I**ntellegenten **M**icromodul-**E**lementen) wurden die Tabellen der BODENKUNDLICHEN KARTIERANLEITUNG (1994), SCHINDLER ET AL. 1996 sowie BOHNE ET AL. 1993 mit 2 Modelltypen:

- Plattenmodell
- RICHARDS-DARCY-Modell

durch den Vergleich der gemessenen mit den simulierten Bodenwassergehalten sowie der Wasserbilanzen im Zeitraum 1993-95 exemplarisch getestet. Der bodenhydrologische Meßplatz liegt auf einem Versuchsfeld des ZALF Müncheberg mit grundwasserfernem Sandboden, der Bodentyp ist eine pseudovergleyte Fahlerde und die angebaute Fruchtfolge für den Simulationszeitraum war Zuckerrüben - Winterweizen - Wintergerste. Das Versuchsfeld liegt am Südost-Rand des Stobber-Einzugsgebiets (F= 220 km^2). Für dieses Gebiet wurde bereits eine gebietsspezifische Bodendatentabelle erarbeitet, welche auch in dem hier verwendeten Datenmodell Boden integriert ist (s. Tabelle 1). Ein detaillierter Überblick über die bodenhydrologischen Messungen und Bodenprofile auf dem Versuchsfeld ist in WEGEHENKEL (1998A,B) zu finden. Eine Beschreibung des generellen Meßkonzeptes für das Versuchsfeld geben WENKEL & MIRSCHEL (1995).
Die Simulationsrechnungen zum Bodenwasserhaushalt wurden mit dem Modellierungssystem MOBOWASI (**Mo**dellverbund zur **Bo**den**wa**sser**si**mulation), in dem unterschiedlich komplexe Bausteine aus den Bereichen Boden-Pflanze-Atmosphäre integriert sind (WEGEHENKEL 1995), mit folgenden Modulen durchgeführt:

- Berechnung der Verdunstung nach TURC (1960) und Bestimmung der Transpiration,
- Interzeption und Evaporation nach einem semiempirischen Pflanzenmodell von KOITZSCH & GÜNTHER (1990)
- Plattenmodell zur Bodenwasserbewegung (WEGEHENKEL 1998C)
- RICHARDS-DARCY Sawah (TEN BERGE ET AL. 1995)
- Die Modellierungsvarianten beinhalteten
- RICHARDS-DARCY Modell
  Variante 1) VAN GENUCHTEN Parameter für die h(Θ) - und k(h)-Funktionen nach BOHNE ET AL. 1993 (Nr.3, 1. Basis, s. Tabelle 1)
  Variante 2) VAN GENUCHTEN Parameter für die h(Θ) - und k(h)-Funktionen nach SCHINDLER ET AL. 1997 (Nr.3, 2. Basis, s. Tabelle 1)
- Plattenmodell:
  Variante 3) FK und PWP aus der BODENKUNDL. KARTIERANLEITUNG 1994 (Nr.2, 3. Basis, s. Tabelle 28-1)
  Variante 4) FK und PWP aus SCHINDLER ET AL. 1997(Nr.2, 2. Basis, s. Tabelle 28-1)

Die Ergebnisse für die Simulationen der volumetrischen Bodenwassergehalte zeigen die Abbildungen 2 bis 5.

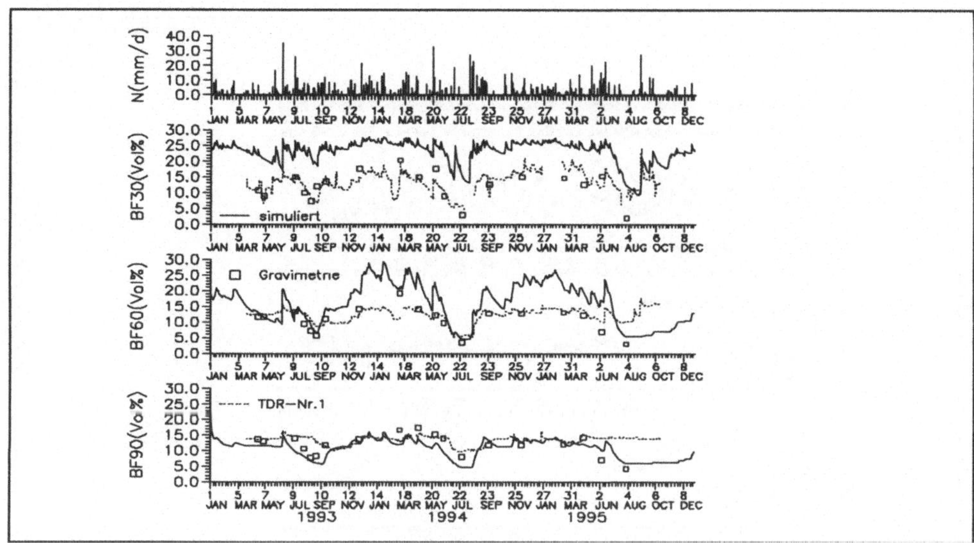

Abb.2: Tageswerte Niederschlag in mm d^{-1} (=N), gemessene und simulierte Bodenwassergehalte in 0-30cm, 30-60cm und 60-90cm Tiefe in Vol% (=BF30, BF60, BF90), Variante 1

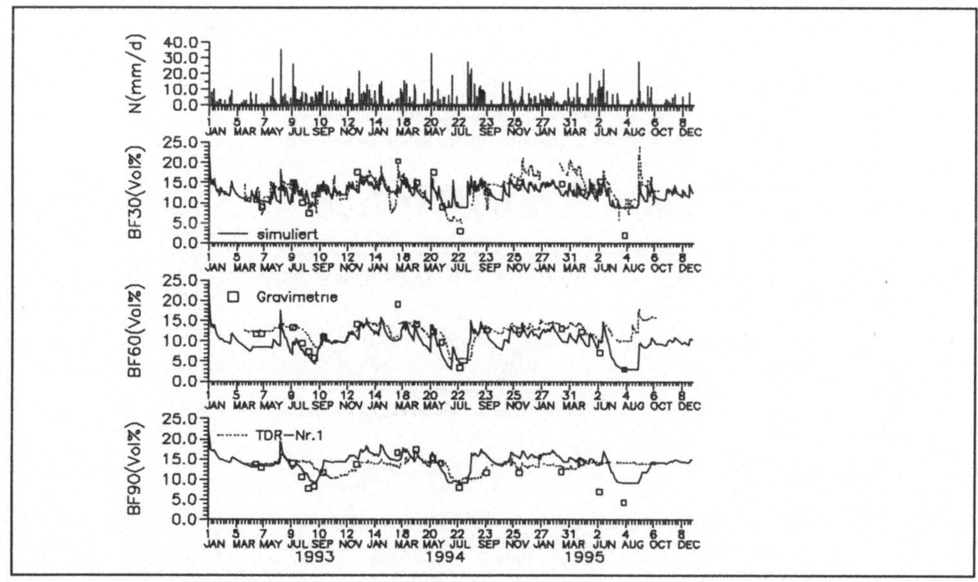

Abb.3: Tageswerte Niederschlag in mm d^{-1} (=N), gemessene und simulierte Bodenwassergehalte in 0-30cm, 30-60cm und 60-90cm Tiefe in Vol% (=BF30, BF60, BF90), Variante 2

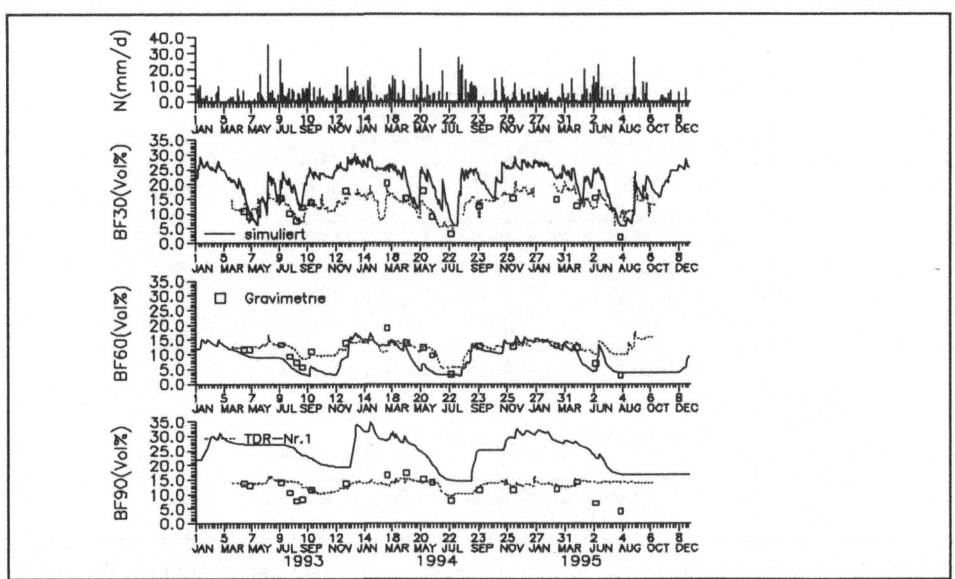

Abb.4: Tageswerte Niederschlag in mm d^{-1} (=N), gemessene und simulierte Bodenwassergehalte in 0-30cm, 30-60cm und 60-90cm Tiefe in Vol% (=BF30, BF60, BF90), Variante 3

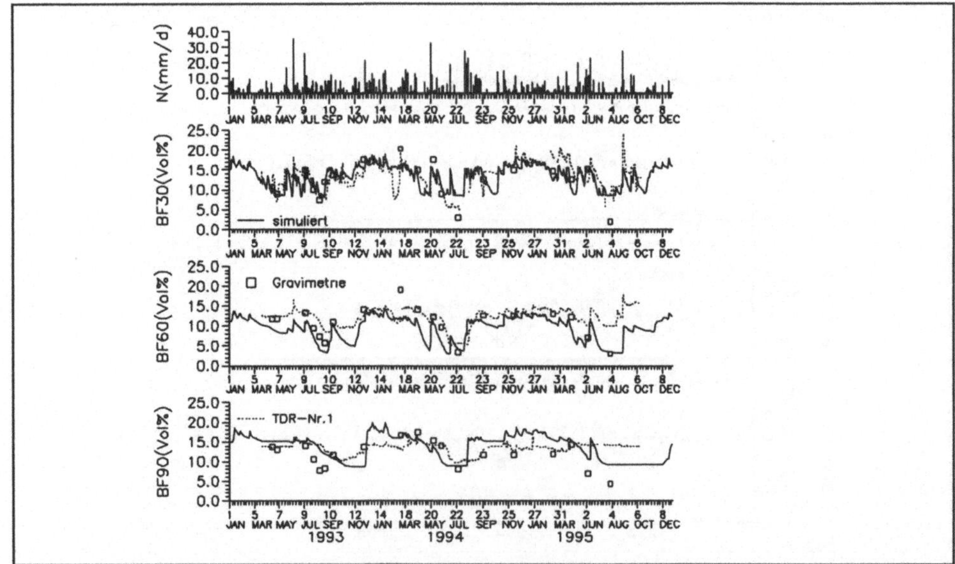

Abb.5: Tageswerte Niederschlag in mm d^{-1} (=N), gemessene und simulierte Bodenwassergehalte in 0-30cm, 30-60cm und 60-90cm Tiefe in Vol% (=BF30, BF60, BF90), Variante 4

Wie zu ersehen ist, zeigen die Varianten 2 und Variante 4 basierend auf der Tabelle nach SCHINDLER ET AL. 1997 hier sowohl bei dem RICHARDS-DARCY Modell als auch beim Plattenmodell die bessere Übereinstimmungen der gemessenen mit den simulierten volumetrischen Bodenwassergehalten im Vergleich zu den restlichen Modellierungsvarianten (s. Abbildungen 2 bis 5).

Die Wasserbilanzen der Periode 1993-95 für die Modellierungsvarianten mit den einzelnen Wasserhaushaltskomponenten zeigt Tabelle 2.

Tab..2: Wasserhaushaltskomponenten (mm), Versuchsfeld Müncheberg, Σ 1993-95

Var.	Nieder-schlag	Aktuelle Evapotrans-piration	Trans-piration	Evapo-ration	Inter-zeption	Perko-lation	Speicher-änderung
1	1844.4	1292.7	575.6	596.4	120.7	-726.4	-174.7
2	1844.4	1014.1	448.0	452.0	114.7	-1078.1	-247.8
3	1844.4	1434.0	650.1	622.1	161.6	-369.6	+41.0
4	1844.4	1302.0	584.3	556.4	161.6	-520.0	+22.1

Für die ökologisch wichtigsten Wasserhaushaltskomponenten Aktuelle Evapotranspiration und Perkolation in Tabelle 2 liegen für das RICHARDS-DARCY Modell die absoluten Differenzen Variante - 1 - Variante 2 bei

Aktuelle Evapotranspiration = 278.6mm ≈ 21% von Var.1
Perkolation = 357.1mm ≈ 49% von Var.1

bzw. für das Plattenmodell die Differenzen Variante 3 - Variante 4 bei

Aktuelle Evapotranspiration = 132.0mm ≈ 9% von Var.3
Perkolation = 150.4mm ≈ 40% von Var.3

Hier sind je nach verwendeter Bodendatenbasis erhebliche Unterschiede zwischen den Simulationsergebnissen zu erkennen (Tabelle 2 und Abbildungen 2 bis 5). Daher können oftmals Resultate der GIS-gestützten Wasserhaushaltsmodellierung zum Bodenwasserhaushalt einzelner Flächen und Geometrien in der Modellierungskarte in ihren Absolutwerten fehlerhaft sein.

4 Diskussion der Ergebnisse

Bei der Diskussion der Resultate dürfen jedoch Skalen-Aspekte und die verschiedenen Regionalbezüge der Bodendatentabellen nicht vernachlässigt werden. Innerhalb der hier durchgeführten Analyse des Datenmodells Boden werden Ergebnisse aus Modellrechnungen basierend auf Tabellendaten mit unterschiedlichen Skalen- und Regionalbezügen wie z.B. Stobber-Einzugsgebiet von 220 km^2 (SCHINDLER ET AL. 1997), Nordost-Deutschland (WEISE 1978, BOHNE ET AL. 1993) und Gesamtdeutschland (BODENKUNDL. KARTIERANLEITUNG 1994) mit Punktmessungen (=Bodenhydrologischer Meßplatz) verglichen. Aufgrund der Skalendifferenz zwischen Punkt und Region sind dieser Vergleich der unterschiedlichen Simulationsergebnisse mit den Punktmessungen am bodenhydrologischen Meßplatz und die aus diesem Vergleich erkennbaren Differenzen zwischen den verschiedenen Modellresulaten mit Vorsicht zu werten. Bei der regionalen Wasserhaushaltsmodellierung stellen Modelleingangsgrößen aus Tabellendaten und damit erzielte Modellresultate effektive Parameter und Simulationsergebnisse dar. Ein effektiver Parameter bzw. Modellresultat ist z.B eine gemittelte oder geostatistisch extrapolierte Feldkapazität bzw. eine damit berechnete Sickerwasserbildungsrate. Derartige effektive Parameter und Simulationsergebnisse sind somit durch punktuelle Meßverfahren wie z.B. bodenhydrologische Meßplätze aufgrund der Differenzen im Regionalbezug (Punkt versus Region) eigentlich nur eingeschränkt nachprüfbar. Demzufolge sind hier die Ergebnisse des Vergleiches der verschiedenen Modellresultate mit den bodenhydrologischen Messungen auch nicht im Sinne einer Qualitätsbeurteilung der zitierten und untersuchten Tabellendaten zu verstehen. Deutlich wird jedoch die mögliche Schwankungsbreite von Simulationsergebnissen zum Bodenwasserhaushalt einzelner Flächen und Polygone im Rahmen der GIS-gestützten Wasserhaushaltsmodellierung je nach verwendeter Bodendatenbasis (s. Tabelle 2 und Abbildungen 2 bis 5).

Trotz der Einschränkungen lassen sich jedoch allgemeine Empfehlungen zur Modellauswahl und zur Verwendung der Tabellendaten aus dem Bereich Boden bei der GIS-gestützten Wasserhaushaltsmodellierung formulieren.

Bei der Auswahl eines Modellkonzeptes müssen neben den Aspekten der Rechengeschwindigkeit und Verfügbarkeit der Modelleingangsdaten auch die für jeweilige Fragestellung notwendige Modellgenauigkeit und vor allem die Sensitivität des Modellkonzeptes in Bezug auf Fehler in den Modelleingangsdaten in Betracht gezogen werden. Allgemein gelten Plattenmodelle im Vergleich zu RICHARDS-DARCY-Modellen als erheblich robuster und weniger sensitiv (DISSE 1997, PENNING ET AL. 1989). Daher wird dieses Modellkonzept zur Zeit bei GIS-gestützten Wasserhaushaltssimulationen vor allem in größeren Gebieten favorisiert (WICKENKAMP 1996, HOLZMANN 1994). Jedoch zeigt sich hier, daß auch Plattenmodelle bei der Nutzung unterschiedlicher Bodendatentabellen innerhalb des Datenmodelles im ungünstigsten Fall auf vergleichbare relative Abweichungen zwischen den verschiedenen Simulationsergebnissen wie das komplexere und sensitivere RICHARDS-DARCY-Modell kommen können. Dies wird vor allem bei den verschieden berechneten Perkolationssummen deutlich (s. Tabelle 2). Die relative Differenz zwischen den nach den verschiedenen Modellierungsvarianten berechneten Perkolationssummen lag für das Plattenmodell bei 40% bzw. für das RICHARDS-DARCY-Modell bei 49%. Die folgenden Ausführungen über die Anwendung von Bodendatentabellen sind daher auch für Plattenmodelle relevant.

Bei der Verwendung von Bodendatentabellen im Rahmen der GIS-gestützten regionalen Wasserhaushaltsmodellierung sind zunächst Skalenaspekte wie z.B. Regionalbezug der verwendeten Bodendatenbasis im Vergleich zur Lage und Größe des zu simulierenden Untersuchungsgebiets zu beachten. Je ähnlicher der Regional- bzw. Skalenbezug der für die Ableitung der Bodenwasserhaushaltskennwerte verwendeten Bodendatentabelle dem Regional- bzw. Skalenbezug des simulierten Untersuchungsgebietes ist, desto höher ist auch die Wahrscheinlichkeit besserer Ergebnisse für einzelne Standorte. Je weiter der Skalenbezug der für die Ableitung der Bodenwasserhaushaltskennwerte verwendeten Bodendatenbank von der Fläche bzw. Skale des simulierten Untersuchungsgebietes entfernt ist, desto höher ist auch die Wahrscheinlichkeit fehlerhafter Ergebnisse für einzelne Standorte. Darauf deuten vor allem die Simulationsergebnisse der Modellierungsvarianten 2 und 4 hin, welche im Vergleich zu den Bodenwassergehaltsmessungen die bessere Simulationsgüte aufweisen als Variante 1 und 3 (s. Abbildungen 2-5). Das Versuchsfeld mit dem bodenhydrologischen Meßplatz liegt innerhalb des Stobber-Einzugsgebietes, für welches eine gebietsspezifische Bodentabellen vorliegt , aus der die Modelleingangsdaten für die Varianten 2 und 4 abgeleitet wurden (s. Tabelle 1). Für diese Varianten ist die Skalendifferenz zwischen den Punktmessungen am bodenhydrologischen Meßplatz und dem Regionalbezug der verwendeten Datenbasis (Tabelle n. SCHINDLER ET AL. 1997, Regionalbezug Stobber-Einzugsgebiet) nicht so groß wie z.B. bei den Modellierungsvarianten 1 (Tabelle n. BOHNE ET AL. 1993, Regionalbezug Nordost-Deutschland) und Modellierungsvariante 3 (BODENKUNDL. KARTIERANLEITUNG 1994, Regionalbezug Deutschland). Demzufolge ist auch die Wahrscheinlichkeit für bessere Simulationsergebnisse im Vergleich zu Punktmessungen höher.

5 Schlußfolgerungen

Bei der Beurteilung der Resultate für den Wasserhaushalt aus GIS-gestützten Modellrechnungen muß vor allem bei größeren Gebieten daher das simulierte generelle hydrologische Verhalten der verschiedenen Kombinationen Landnutzung /Boden auf seine Richtigkeit hin geprüft werden, die Plausibilität der relativen Differenzen zwischen den Simulationsergebnissen der verschiedenen Flächen in der Modellierungskarte getestet werden und weitere Prüfungen über integrative Wasserbilanzen von Teileinzugsgebieten des simulierten Untersuchungsraumes inkl. Vergleiche mit gemessenen Gebietsabflüssen erfolgen, da zur Zeit eine umfassende, räumlich verteilte Validierung von GIS-gestützten regionalen Wasserhaushaltsmodellierungen noch nicht oder nur sehr eingeschränkt möglich ist.

Die GIS gestützte regionale Wasserhaushaltssimulation ist trotz der genannten Einschränkungen ein wertvolles Hilfsmittel zur Abschätzung der Auswirkung von

Landnutzungsänderungen auf den Gebietswasserhaushalt. Ungeachtet der Fehlermöglichkeiten sind hier vor allem die relativen Differenzen von Ist- und Zukunftszustand (z.B. Spannweite der möglichen Reduktion der Grundwasserneubildung und der Gewässerabflüsse bei geplanter Aufforstung bestimmter Flächen) eine wertvolle Entscheidungshilfe im Bereich Wasserwirtschaft und Landesplanung.

Literatur:

AG BODENKUNDE (1994): Bodenkundl. Kartieranleitung.- 4. Aufl. Schweizerbart Stuttgart.

BOHNE, K., HORN, R. UND BAUMGARTL, TH. (1993): Bereitstellung von van Genuchten Parametern zur Cha-rakterisierung der hydraulischen Bodeneigenschaften.- Zeitschrift für Pflanzenernähr. Bodenkd. 56, S.229-233.

BROOKS R.H. & COREY A.T. (1966): Hydraulic properties of porous media .- in : Hydrology Paper 3, S. 22-27; Colorado State University, Fort Collins, Colorado.

BUCHER B., FRIEDEHEIM E., LEVACHER D., WOLF-SCHUMANN (1997): Berechnung der Neubildungsraten mit einem Wasserbilanzmodell zur verbesserten Grundwassersimulation.- Wasser & Boden 49. Jahrg. , H.9, S. 29-42.

DISSE M. (1997): Flächendetaillierte Modellierung der Verdunstung und der Grundwasserneubildung.- Wasser & Boden 49. Jahrg. H.9, S. 43-48.

GENUCHTEN, M.TH. VAN (1980): A closed form equation for predicting the hydraulic conductivity of unsaturated soils.- Soil Sience Sciety of America Journal 44, S. 892-898.

HOLZMANN H. (1994): Modellierung und Regionalisierung der Grudnwasserneubildung und des Bodenwasserhaushaltes.- Univ. f. Bodenkultur Wien, Wiener Mitt. Bd.123.

KOITZSCH, R. UND GÜNTHER, R. (1990): Modell zur ganzjährigen Simulation der Verdunstung und der Bodenfeuchte landwirtschaftlicher Nutzflächen.- Arch. Akker-Pflanzenbau Bodenkd. 24, S.717-725.

Penning F.W.T, Jansen D.M., Ten Berge H.F.M. and Bakama A. (1989): Simulation of ecophysiological processes of growth in several annual crops.- Pudoc, Wageningen.

RAWLS W.J. & D.L. BRAKENSIEK (1988): Estimation of soil water retention properties. - In : Morel-Seytoux, H. J. (Ed.): Unsaturated flow in hydrologic modeling - theory and practice. - NATO ASI, Ser.C.: Math. and Physics Sci. Vol.275, S. 275-300.

SCHINDLER U., WEGEHENKEL M., MÜLLER L. UND EULENSTEIN F. (1997): Wirkung von Böden und Fruchtarten auf die Grundwasserneubildung jungpleistozäner Ackerstandorte Ostbrandenburgs.- Arch. Acker-Pflanzenbau-Bodenkd. 41, S.167-197.

TEN BERGE, H.F.M., METSELAAR, K., JANSEN, M.J.W., SAN AGUSTIN, E.M. AND WOODHEAD, T. (1995): The Sawah riceland hydrology model.- Water Resour. Res. Vol.31, No.11, S.2721-2731.

TURC L. (1960) Evaluation des besoins en eau d'irrigation evapotranspiration potentielle.- Ann. Agron. 12, 13.

VEREECKEN H., MAES J., FEYEN J. & DARIUS P. (1989): Estimating the soil moisture retention characteristic from texture, bulk density and carbon content.- Soil Sci. 148, S. 389-403.

WEGEHENKEL M. (1995): Modellierung des Wasserhaushaltes von landwirtschaftlichen Nutzflächen mit unter- schiedlich komplexen Modellansätzen.- DGM H. 39, S. 58-68.

WEGEHENKEL, M. (1997): SVAT-Modellierung auf GIS-Basis am Beispiel der Agrarlandschaft Chorin.- Arch. für Nat.-Lands. 35: S.100-115.

WEGEHENKEL, M. (1998A): Zum Einsatz von TRIME-TDR zur Messung der Bodenfeuchte auf leichten Sand- böden.- Zeitschr. f. Pflanzenern. und Bodenkde. H.5 (im Druck)

WEGEHENKEL, M. (1998B): Die Validierung von Bodenwasserhaushaltsmodellen mit Hilfe von TRIME-TDR, Tensiometermessungen sowie thermogravimetrischen Bodenfeuchtebestimmung. -Zeitschr. f. Pflanzen-ern. und Bodenkde. II.5 (im Druck)

Zielorientierte Risikoabschätzung der Bodenerosion in Nordostdeutschland

Monika Frielinghaus und Anke Schrade

1 Problemstellung

Wasser- und Winderosion sind Prozesse, die den Stoffhaushalt von Landschaften nach-weislich stark beeinflussen. Einerseits treten erhebliche Veränderungen der Bodenprofile auf den Erosionsflächen selbst auf, andererseits werden Sedimente und Schadstoffe in benach-barte oder weiter entfernte Ökosysteme transportiert. Wenngleich die Auswirkungen in Mitteleuropa geringer als in vielen anderen Klimagebieten der Welt sind, müssen effiziente Schutzmaßnahmen ergriffen werden, weil das System Boden nicht unbegrenzt belastbar ist, ohne Einbußen an seiner nachhaltigen Fähigkeit zur Multifunktionalität zu erleiden. Beim Überschreiten der Belastbarkeit sind irreversible Degradierungserscheinungen zu erwarten. Auch Gewässer oder andere betroffene Biotope können bereits durch einen einmaligen erosionsbedingten Stickstoff-, Phosphor- oder Pflanzenschutzmittelschub nachhaltig in ihrem Millieu verändert werden.

Diese Zusammenhänge zwingen zu einer möglichst präzisen Risikoabschätzung, in deren Ergebnis äquivalente Schutzmaßnahmen eingeleitet werden können.

Nun gibt es weltweit eine große Anzahl von Modellen, die wegen der begrenzten Gültigkeit für spezifische Standortbedingungen und Erosionsformen oder wegen der großen Menge zur Zeit nicht verfügbarer Eingabeparameter nicht befriedigen können. Es werden zwar intensive Bemühungen zur Weiter- oder Neuentwicklung sichtbar, die Anwendbarkeit wird aber in den kommenden Jahren nicht flächendeckend erfolgen können.

Einfache empirische Ansätze wie die Allgemeine Bodenabtragsgleichung (ABAG, SCHWERTMANN et al., 1987) oder die Algorithmen der Mittelmaßstäbigen Landwirtschaftlichen Standortkartierung MMK (LIEBEROTH et al., 1983) können gegenwärtig wegen der verfügbaren Datenbanken genutzt werden, um regionsspezifisch potentielle Gefährdungsgebiete, die be-sonders wenig belastbar sind, zu prognostizieren. Eine genaue Prognose der verlagerten Mengen oder der Erosionsformen ist nicht realistisch. Die Ausweisung von Gefährdungsklassen ist daher sinnvoller als genaue Berechnungen eines zu erwartenden langjährigen mittleren Bodenabtrages. In jedem Falle kommt es darauf an, für welche Zielstellung die Gefährdungseinstufung erforderlich ist, weil sich danach die einzelnen Indikationsschritte richten sollten.

Grundsätzlich muß die Risikoabschätzung für einzelne Regionen dazu genutzt werden, die Bodenqualitätsziele sowie die Umweltqualitätsziele (Oberflächengewässer, Atmosphäre, Biotope) nachhaltig zu sichern, wie es auch im Bundes-Bodenschutzgesetz gefordert wird.

Basierend auf der „Pressure-State-Response"-Strategie (OECD, 1994) läßt sich für alle stofflichen und nichtstofflichen Bodenbelastungen eine schrittweise Bewertung zur Ableitung von Entscheidungshilfen für den Vollzug entwickeln (Abbildung 1).

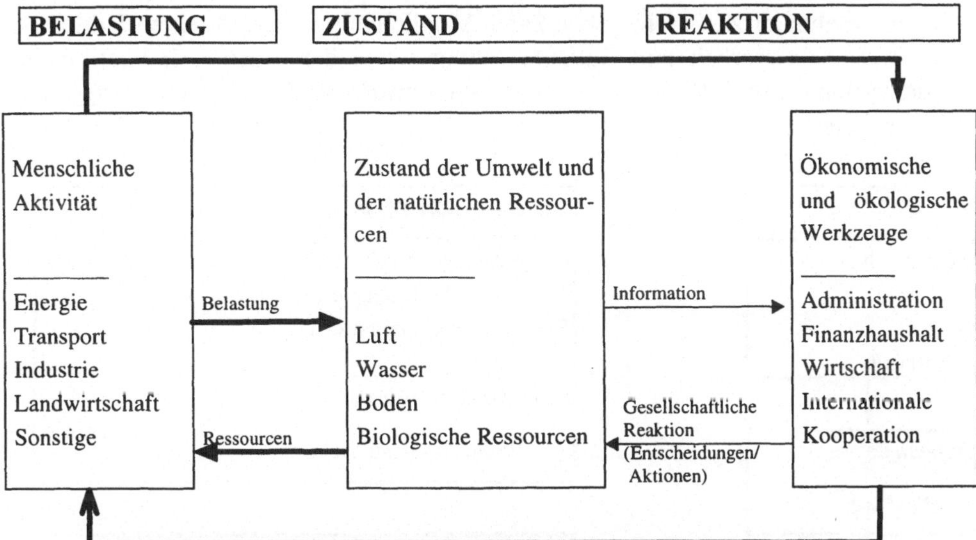

Abb.1: Pressure-State-Response-Ansatz (OECD, 1994; modifiziert)

Nachfolgend wird eine schrittweise Methode der Risikoabschätzung und Indikation am Beispiel der Bodenerosion vorgestellt, bei der die einzelnen Schritte auf eine nachhaltige Gewährleistung von Boden- und Gewässerqualitätszielen gerichtet ist.

Begründung für eine schrittweise Indikation der Bodenerosion und der Risiken

Bodenerosionserscheinungen mit gravierenden kurzfristigen oder langfristigen Folgen treten in Mitteleuropa gegenwärtig hauptsächlich dann auf, wenn die Bodennutzung nicht standortangepaßt erfolgt (BORK, 1988; FRIELINGHAUS, 1988). An den folgenden Darstellungen wird deutlich, welche Faktorenkomplexität (externe, interne stabile und interne variable Faktoren) bei der Risikoabschätzung beachtet werden muß (Abbildung 2).

Will man die zeitlich und räumlich variierenden Prozesse beschreiben und eine sehr genaue Risikoabschätzung in hoher Auflösung vornehmen, so ist das nur für

Teilflächen möglich, weil die vielen Faktoren in überwiegender Anzahl erhoben werden müssen und für größere Gebiete nicht auf vorhandene Datenbanken zurückgegriffen werden kann. Die Erosionsformen und Transportpfade variieren außerdem von Standort zu Standort, was in erster Linie vom differenzierten Bodenaufbau und seiner wechselnden Stabilität innerhalb einzelner Horizonte sowie von der Geländemorphologie bestimmt wird. Da von der Risikoabschätzung stets der Umfang der Schutzmaßnahmen bestimmt wird und die Schutzkonzeptionen effizient sein müssen, um akzeptiert zu werden, sollte das Prinzip einer zielorientierten und regions-spezifischen Risikoabschätzung bevorzugt werden. Das bedeutet, daß es nur ein physikalisch determiniertes Modell, validiert für alle Standorte, in absehbarer Zeit nicht geben kann. Möglichkeiten der indirekten Indikation von Bodenbelastbarkeit und Bodenbelastung sowie der direkten Indikation des Bodenzustandes und der Erosionspfade und -formen sind aber gegenwärtig vielfältig gegeben.

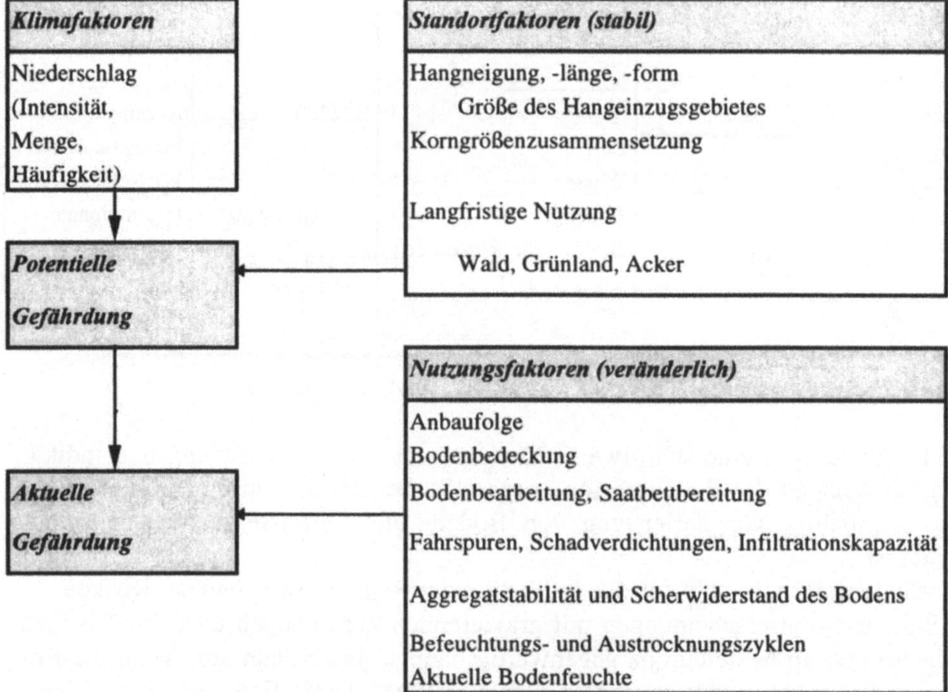

Abb.2: Faktorenkomplex Wassererosion

Es hat sich gezeigt, daß zunächst der indirekten Indikation (Belastung und Belastbarkeit) der Vorrang zu geben ist, da über diese Vorgehensweise flächendekkend für größere Gebiete Gefahrenpotentiale aufgezeigt werden können. Die verfügbaren Daten sind für eine Abschätzung potentieller Risiken der Wasser- und der Winderosion geeignet. Die direkte Indikation und Kontrolle des Bodenzustandes hinsichtlich seiner aktuellen Funktionalitäts-beeinträchtigung oder der eingetretenen Degradierung bleibt der nachgeordnete Schritt für Gebiete mit sehr starker potentieller Belastung und geringer Belastbarkeit. Eine direkte Belastungsindikation kann immer erst nach Kenntnis der standortspezifischen potentiellen Gefährdung und der Belastung durch die jeweilige, in unserem Falle agrarischen, Land-nutzung als wirksame Entscheidungsgrundlage für eine Steuerung eingesetzt werden. Das Erfordernis der direkten Indikation tritt auch erst ein, wenn die Bewertung der Belastbarkeit und Belastung durch indirekte Indikation flächenscharfe Untersuchungen notwendig er-scheinen läßt, weil die Bodenqualitätsziele nicht nachhaltig gesichert sind oder weil der Verdacht von erosionsbedingten Belastungen für benachbarte oder weiter entfernte Ökosysteme besteht.

3 Indikationsmethoden und Beispiele für die zielorientierte Auswertung

In Abbildung 3 ist das vorgeschlagene Schema für die stufenweise Indikation dargestellt. Für das Beispiel Wassererosion werden die einzelnen Schritte an Beispielen erläutert.

Die *Standortbewertung (A)*, in deren Ergebnis die *Belastbarkeit* geschätzt wird, kann über verschiedene Methoden erfolgen. Da im Ergebnis nicht mehr als die potentielle Gefährdung angegeben werden kann, ist die Datenlage ausschlaggebend für die Methodenauswahl. Die wichtigsten Methoden sind in Tabelle 1 zusammengestellt.

In Abbildung 4 wird das Ergebnis einer Gefährdungskarte auf der Basis der MMK für das Land Mecklenburg-Vorpommern dargestellt.

Eine wesentliche Verbesserung der Schätzgenauigkeit kann durch die Einbeziehung von Höhenmodellen zur Bestimmung der morphologisch vorgegebenen „Thalwege" (englischer Begriff für morphologische Tiefenlinien) für potentiell gefährdete Gebiete erreicht werden (Abbildung 5).

Für sehr grobe Überschlagsschätzungen zum potentiellen erosionsbedingten Stoffaustrag aus großen Einzugsgebieten muß quantifiziert werden (WERNER et al., 1994). Hierzu werden genauere Schätzmodelle benötigt. Bisher wurde auf die ABAG zurückgegriffen. Maßgeblich für diese Prozesse sind die Retention und die Retardation der Transporte der gelösten und an die Sedimente gebundenen Stoffe in den verschiedenen Skalen der Einzugsgebiete.

Tab. 1: Zusammenstellung der wichtigsten z. Z. in der BRD anzuwendenden Methoden zur Bestimmung der potentiellen Wassererosionsgefährdung für größere Gebiete

Bewertungs-methode	Datengrund-lagen	Geländearbeit/ Laboranalysen	Bemerkungen
ABAG (Schwertmann et al., 1987) AG Boden KA4 (1994)	Isoerodenkarte, Boden-schätzungskarten, Topografische Karten (Höhenlinien), Fruchtart, Bestelltechnik	Eichung aller Faktoren für differenzierte Standorte an Referenz-plots notwendig	**Bestimmung des langjährigen durchschnittlichen Flächenabtrages** Bewertung verbreitet in Süd- und Südwest-deutschland, dort Datenbanken vorhanden. Vergleich mit tolerierbarem Abtrag problematisch in Hinblick auf Nachhaltigkeit und auf flächen-externe Schäden. Einschränkungen: Niederschlagsreiche und Mittelgebirgsregionen sowie Hochgebirge sind nicht befriedigend zu bewerten, bei Hanglängen über 100 m entstehen Abweichungen, lineare Erosionsformen und Wintererosion lassen sich nicht bestimmen (Marks et al., 1992)
MMK (Lieberoth et al.,1983) Weiterentwicklung der Methode nach Deumlich und Thiere (1996)	MMK-Datenbanken	Datenbanken vorhanden	**potentielle Gefährdung** qualitative Risikoabschätzung großer Räume, keine Aussagen auf Schlagebene möglich, Anwendung auf ostdeutsche Bundesländer beschränkt,
Wassererosions-gefährdung nach Daten der Bodenschätzung (Frielinghaus et al., 1994a)	Boden-schätzungskarten, Topografische Karten	Nachkorrektur über Musterstücken und Kartierung	**potentielle Gefährdung** qualitative Bewertung kleiner Einheiten, kleinste Bewertungsebene ist Schlag bzw. Teilschlag, sehr aufwendig
NIBIS (Müller et al., 1990)	digitale Höhen-daten, Bodenarten nach KA 4	Geländeerhebung durch Kartierer	**potentielle Gefährdung** Anwendung in westlichen und nördlichen Bundesländern, qualitative Bewertung

1. Bewertungsebene ⇒ Indirekte Indikation

Bewertung Standort (A)

Bewertungsnote	Indikation der Belastbarkeit	Gefährdungspotential
1	sehr hoch	sehr gering
2	hoch	gering
3	mittel	mäßig
4	gering	hoch
5	sehr gering	sehr hoch

*Skalen je nach Bewertungsmethode veränderbar

+

Bewertung Landnutzung (B)

Bewertungsnote	Indikation der Belastung	Schutzpotential
1	sehr gering	ausreichende Schutzwirkung
2	hohe Belastung	keine ausreichende Schutzwirkung
3	sehr starke Belastung	keine Schutzwirkung

=

Kombinierte Bewertung von Standort und Landnutzung (C)		Schlußfolgerungen für den Vollzug (D)
Bewertungsnote nach erfolgter Indikation	Interpretation	Erforderliche Schutzstufe
1 bis 2	Bodenqualitätsziel nachhaltig gesichert	vorsorgender Bodenschutz gewährleistet
3 bis 4	Bodenqualitätsziel nicht nachhaltig gesichert	gefahrenabwehrende Maßnahmen notwendig
5 bis 8	Verdacht auf schädliche Bodenveränderungen oder Stoffausträge	**direkte Indikation** (Untersuchungen vor Ort) notwendig

2. Bewertungsebene ⇒ direkte Indikation

Untersuchungen vor Ort (E)			
	Bodenzustandsindikation: Grenzwerte / Meßparameter Indikation von Offsite-schäden und Stoffverlagerungen in benachbarte oder entfernte Ökosysteme	schädliche Bodenveränderung (ja / nein)	Sanierungsmaßnahmen notwendig (ja / nein)

Abb.3: Prinzipschema zur Beurteilung des Nutzungsrisikos und des Realisierungsgrades der Bodenqualitätsziele

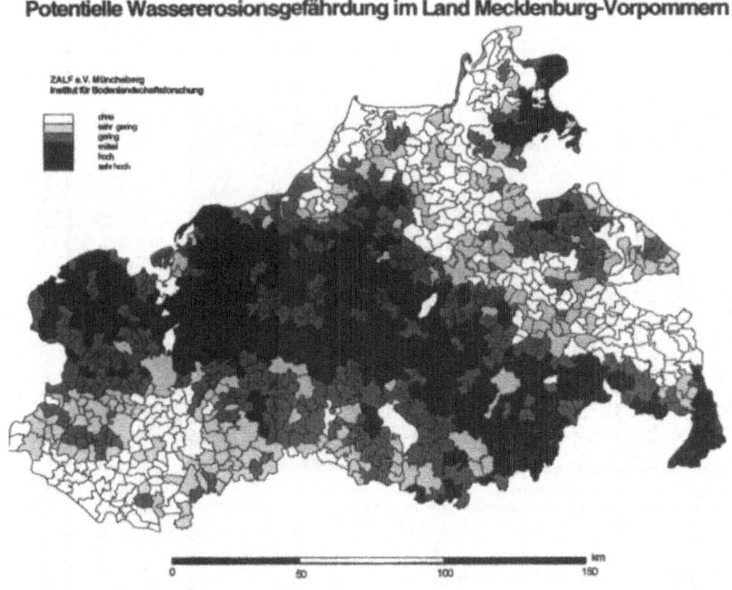

Abb.4: Beispiel für eine Karte der potentiellen Wassererosionsgefährdung auf der Basis der MMK

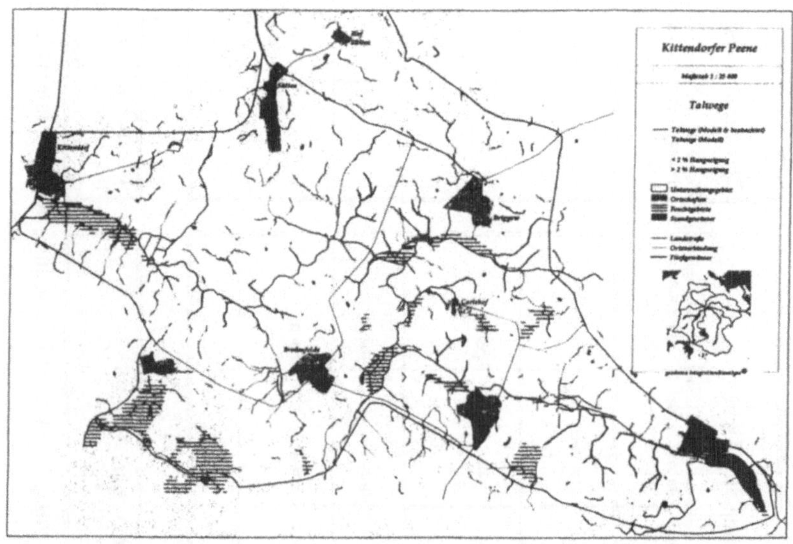

Abb. 5: Beispiel für eine potentielle Talwegerosion auf der Basis eines digitalen Höhenmodells

Darüber ist noch wenig bekannt. Zur Ermittlung des Austrages von Sediment und im Ober-flächenabfluß gelöste oder an Sedimente gebundene Schadstoffe stellt das Modell E2D/ E3D (SCHMIDT, 1996) einen wesentlichen Fortschritt dar. Es wird bereits für Einzugsgebiete bis 100 km^2 Größe in Sachsen-Anhalt angewendet und erlaubt eine relativ genaue Schätzung zu erwartender Stoffverlagerungen. In diesem Modell steckt auch bereits eine genauere Bewertung der Landnutzung, als das bisher mit der ABAG möglich war.

Die *Bewertung der Landnutzung (B)* muß sehr genau erfolgen, weil sich daraus die *Belastung* für die Böden ergibt. Andererseits liegt allein in der Landnutzung auch das *Schutzpotential* für weniger belastbare Standorte, also die Steuerungsmöglichkeit für den Bodenschutz bzw. das Hauptbewertungskriterium für „Gute Fachliche Praxis".

Als aussichtsreichster Indikator der Bewertung der aktuellen Risiken für die Handlungsziele „Schutz des Bodens vor Erosion" wird die Bodenbedeckung angesehen, für deren Ermittlung moderne Verfahren eingesetzt werden können. Damit wird ein Faktor in den Mittelpunkt der Indikation gestellt, der sowohl flächenscharf als auch für größere Einzugsgebiete bestimmt und durch entsprechende Landnutzungsverfahren gesteuert werden kann (Frielinghaus et al., 1997; Prietzsch et al., 1996). Aus langjährigen Untersuchungen ist bekannt, daß bei mehr als 50 % gleichmäßiger Bodenbedeckung (vergleichbar > 2 t Trockenmasse von Pflanzenrück-ständen) der Schutz beginnt (Tabelle 2).

Tab.2: Einfluß der Bodenbedeckung auf Abfluß und Bodenabtrag (Relativwerte auf der Basis 10-jähriger Messungen)

Bodenbedeckung %	Pflanzenrückstände t / ha Trockenmasse	Oberflächenabfluß %	Bodenabtrag %
0	0	45	100
< 20	0,5	40	25
< 30	1	25	8
ca. 50	2	0,5	3
ca. 70	4	0,1	< 1
> 90	8	nicht meßbar	0

Für eine parzellenscharfe Indikation steht eine Matrix (Expertenwissen) zur Verfügung, die die Ermittlung über fünf Bewertungskriterien erlaubt und im Ergebnis drei bewertete Boden-bedeckungsklassen auswirft (Tabelle 3). Ein Anwendungsbeispiel wird mit der Übertragung auf ein Einzugsgebiet demonstriert (Abbildung 6). Die drei Bewertungsklassen können mit Fernerkundungs- oder Satellitenszenen zur wiederholten oder regelmäßigen Bewertung größerer Gebiete genutzt werden (Abbildung 7).

Tab.3: Bewertungsmatrix für die Bodenbedeckung durch Landnutzung

	Bewertungskriterien					
	Geschwindigkeit der Pflanzenentwicklung	Grad der Bedeckung (Standraumverteilung)	Bedeckung während des Frühjahrs und Sommers	Bedeckung während des Herbstes und Winters	Technologisch bedingte Zeitspanne ohne Bedeckung	Gesamtbewertung
	Bodenbedeckung > 50 %					
Fruchtarten						
Dauerbegrünung	1	1	1	1		1
Wintergerste	1	1	1,5	1		1
Winterweizen Aussaat vor 1. Oktober	2	1	1,5	1,5		1,5
Aussaat nach 1. Oktober	3	1	3	2,5		2,5
Sommergerste	1,5	1	2	3		2
Kartoffeln	2,5	3	3	3		3
Zuckerrüben	3	2,5	2,5	3		3
Mais	3	3	2,5	3		3
Sonnenblumen	3	3	2,5	3		3
Anbaufolgen						
Dauerbegrünung	1	1	1	1		1
Mais - Winterweizen-Wintergerste	2,5	2	2	2,5	2,5	2,5
Zuckerrüben - Winterweizen - Wintergerste	2,5	2	2	2,5	2,5	2,5
Spezialanbaufolgen						
Wintergerste - Zwischen-fruchtmulch (abgefroren) - Mais - Winterweizen - Winterroggen mit Untersaat	1,5	1	1,5	1,5	1,5	1,5
Wintergerste - Zwischen-fruchtmulch (abgefroren) - Mais - Winterweizen - Wintergerste	1,5	1	1,5	1,5	1,5	1,5
Wintergerste - Zwischenfruchtmulch (abgefroren) - Zuckerrüben - Winterweizen - Wintergerste	2	1	1,5	2	1,5	2

Bewertung:

1) (weiß)	schnell	hoch	hoch	hoch	ohne	ausreichender Schutz
2) (grau)	mäßig	mäßig	mäßig	mäßig	mäßig lang	verminderter Schutz
3) (schwarz)	langsam	niedrig	gering	gering	lang	unzureichender Schutz

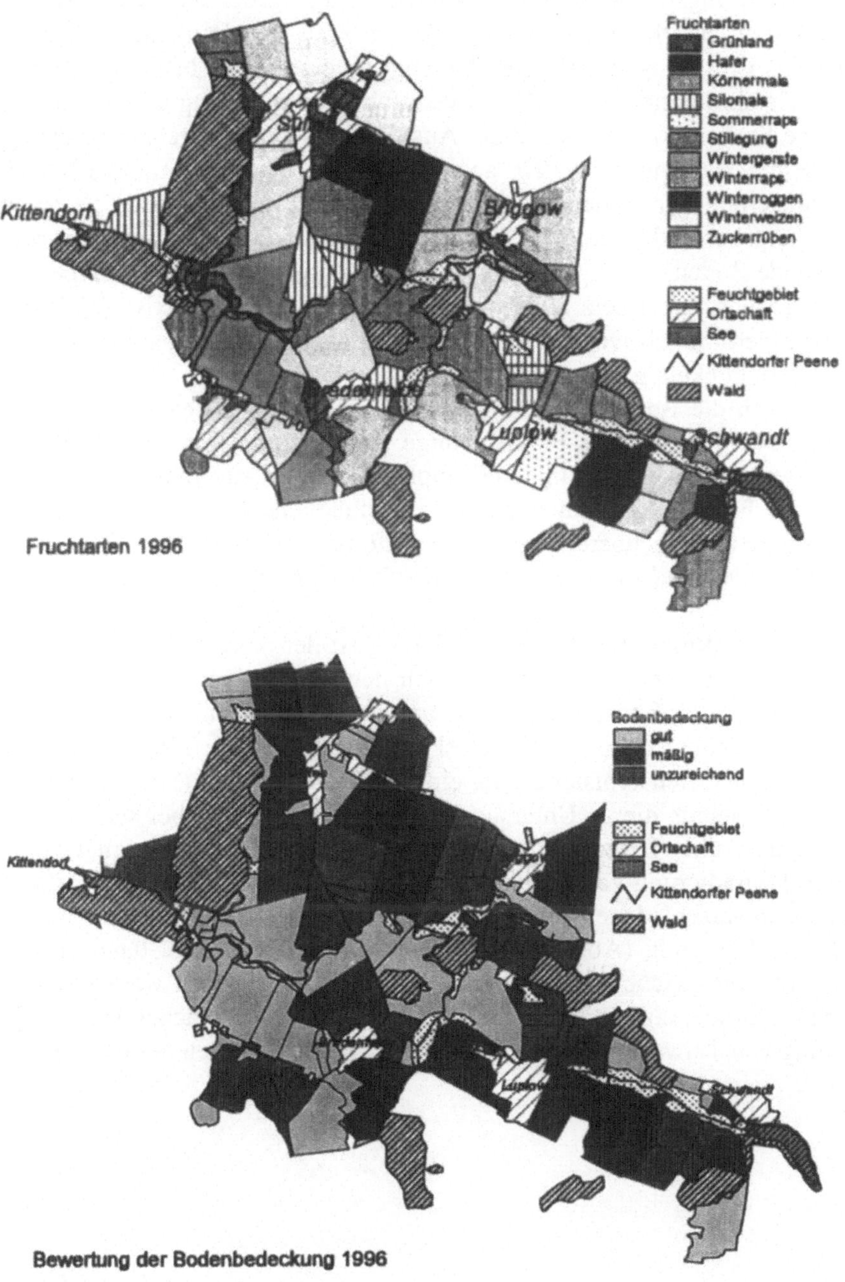

Abb. 6: Einschätzung der Fruchtarten hinsichtlich der Schutzwirkung durch Bodenbedeckung in einem Einzugsgebiet

Die Bewertungsmethoden für die Landnutzung werden zur Zeit durch weitere Indikatoren erweitert, so daß es möglich sein wird, Landnutzungssysteme zu beurteilen. Es ist z. B. von großer Bedeutung, ob eine starke Fahrspurbelastung die aktuelle Gefährdung erhöht und die Einstufung der Belastung dadurch um mindestens eine Stufe erhöht werden muß. Aus den bisherigen Ergebnissen erfolgt nun eine *kombinierte Bewertung (C),* aus der sich die aktuelle Situation hinsichtlich der Realisierung der Bodenqualitätsziele und die *einzuleitenden Schutzmaßnahmen (D)* ergeben (Abbildung 3). Erscheinen diese nachhaltig gesichert, wird der vorsorgende Bodenschutz, wie er demnächst im untergesetzlichen Regelwerk zum Bundes-Bodenschutzgesetz im Terminus „Gute Fachliche Praxis" (§17) definiert sein wird, verbindlich werden. In Komplex 1 und 2 werden nachfolgend die adäquaten Möglichkeiten aufgezeigt.

Erscheinen die Bodenqualitätsziele nicht nachhaltig gesichert, werden zusätzlich zur „Guten Fachlichen Praxis" einige gefahrenabwehrende Maßnahmen verbindlich werden. Diese sind in den Komplexen 3 und 4 zusammengefaßt.

Tritt der Fall ein, daß ein Verdacht auf schädliche Bodenveränderungen oder Stoffausträge in benachbarte oder weiter entfernte Gewässer oder Biotope besteht, muß eine *direkte Indikation (E)* durch Kartierungen oder Analysen vor Ort erfolgen.

Für die Ermittlung der Bodenveränderung ist der Vergleich von Abtrags- und Auftragsbereichen an Hängen hinsichtlich der Mächtigkeit des Solums, der Zusammensetzung der Substrate in den Horizonten, der Zusammensetzung der organischen Bodensubstanz u. a. hilfreich (FRIELINGHAUS et al., 1993). Als Grundlage dazu kann eine Catenatypisierung für einzelne Hänge dienen (FRIELINGHAUS et al., 1992). Im Ergebnis dieser Untersuchungen kann eigentlich bei starker Veränderung nur über eine Extensivierung der Nutzung endschieden werden, um einer weiteren Degradierung vorzubeugen. Für die direkte Indikation der Stoffaustragspfade stehen verschiedene Kartieranleitungen (DVWK 1996; RADERSCHALL et al., 1997) zur Verfügung (Abbildung 8). In deren Ergebnis muß dann entschieden werden, ob und welche „Sanierungsmaßnahmen" verbindlich werden sollten. Im Falle von Stoffausträgen sind Schutzmaßnahmen auf den Flächen selbst, die Umgestaltung von Talwegen oder die Anlage von Filterbereichen denkbar (Komplexe 3 und 4).

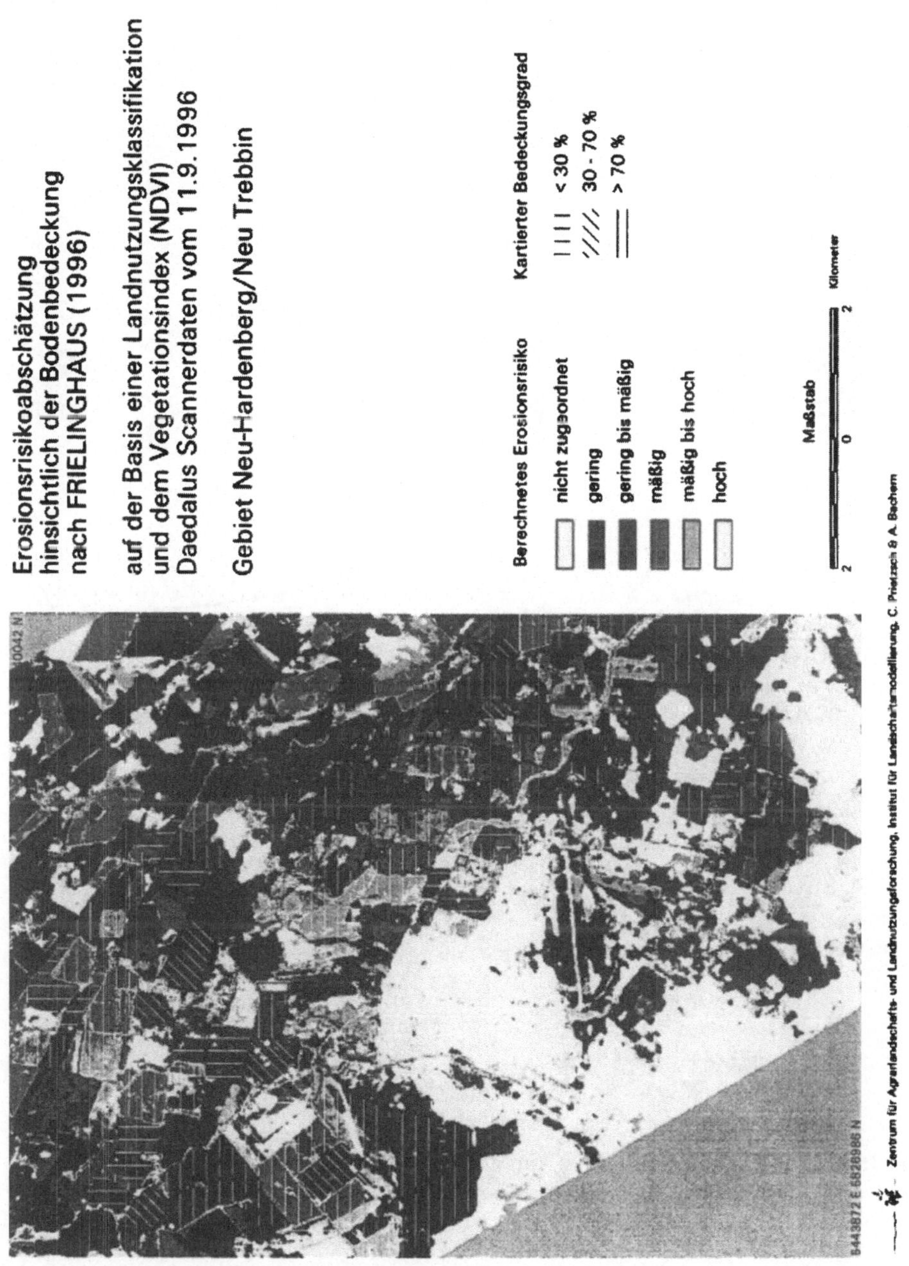

Abb. 7: Abschätzung der Bodenbedeckungsklassen auf der Basis von Daedalus Scannerdaten (Prietzsch et al., 1996)

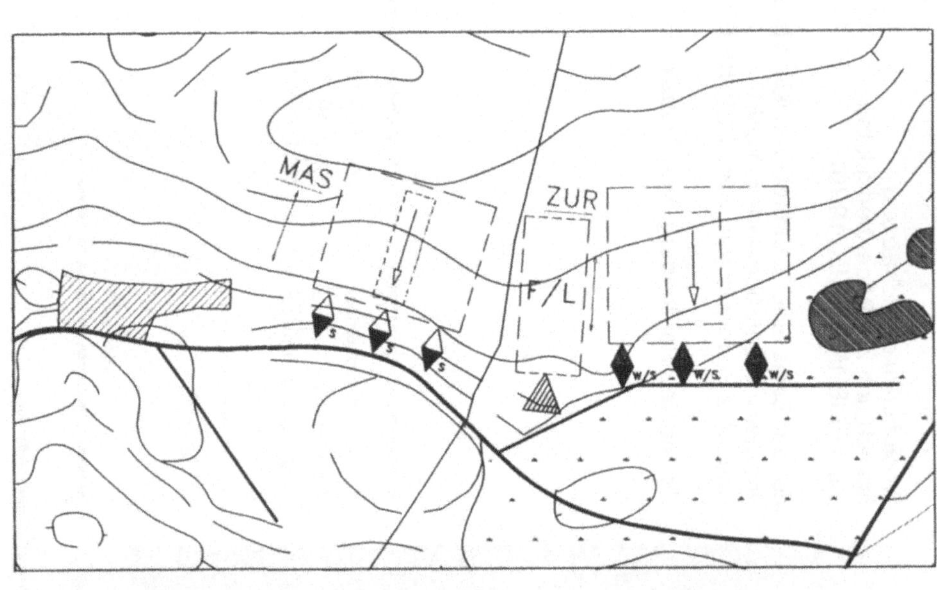

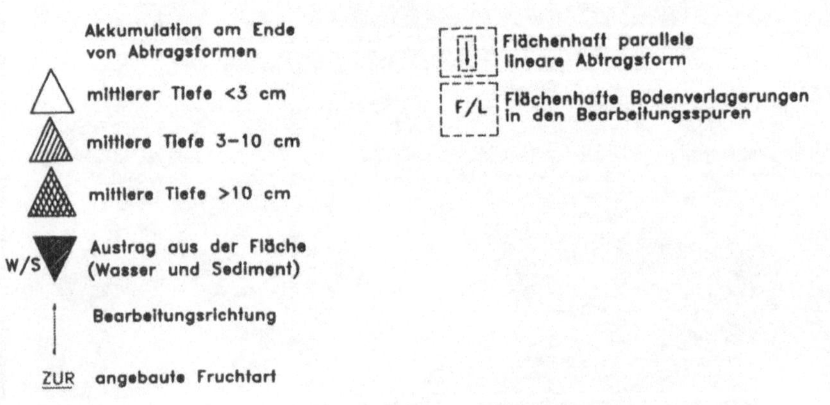

Abb.8: Beispiel für die Kartierung von Stoffeinträgen im Maßstab 1: 5.000

Komplex 1: Anbaugestaltung in erosionsgefährdeten Regionen

Maßnahme	Beschreibung / Wirkung
Fruchtarten-auswahl	•Reduzierung/Vermeidung weitreihiger Fruchtarten (Mais, Zuckerrüben, Kartoffeln, auch Raps und Sonnenblumen), •Wintergetreide statt Sommergetreide, mehrjähriges Futter zur zeitlichen und räumlichen Erhöhung der schützenden Bodenbedeckung
Zwischen-frucht-anbau	•Futter- oder Gründüngungspflanzen, über Winter abfrierende Fruchtarten, •möglichst pfluglose Bestellung der Folgefrucht zur Erhöhung der Bodenbedeckung im Winterhalbjahr, Vermeidung negativ wirkender Brachezeiten
Unter-saaten	•Gras-Untersaaten in Wintergetreide, •Klee- und Kleegrasuntersaaten in Mais zur Erhöhung der Bodenbedeckung ohne zusätzliche Arbeitsgänge, guter Einstieg in Stillegung, Vermeidung von Auswaschung
Streifen-einsaaten	•Höhenlinienparallele (ca. 2 m breite) Gras- oder Getreidestreifen in Mais, •Getreideeinsaat in Einzel- oder Doppelreihen zur Verkürzung von Fließ- und Windangriffswegen, Sedimentrückhalt, nur begrenzt wirksam
Streifen-anbau	•Parallele Streifen quer zu Gefälle oder Hauptwindrichtung im Wechsel von erosionsmindernder und erosionsfördernder Frucht zur Verkürzung von Saltationswegen bei Beibehaltung größerer Einheiten zur Bewirtschaftung, möglich bei gleichmäßigen Hängen
Fruchtfolge-gestaltung	•Mittelfristige Planungs- und Realisierungsmöglichkeit erosions-reduzierender und bodenschonender Nutzung zur Reduzierung von Agrochemikalienbedarf durch natürliche Vorteils-wirkung, Reduzierung von Befahrungs- und z. T. Bearbeitungshäufigkeit, Voraussetzung für bodenschonende Flächenstillegung

Komplex 2: Verminderung von Schadverdichtungen und Fahrspuren

Maßnahme	Beschreibung / Wirkung
Änderung der Arbeitsverfahren	•Zusammenlegung von Arbeitsgängen, •Verkürzung einheitlich bestellter Hanglängen /Windstrecken (zeitweilig), •Netzwerk von Transportwegen zur Transportreduzierung auf den Flächen
Veränderung von Fahrzeug-parametern	•Vergrößerung der Aufstandsfläche, Reduzierung des Reifeninnendrucks, Reduzierung der Radlast zur Erhaltung einer hohen Infiltrationskapazität, Vermeidung von Schadverdichtungen
Erhöhung der Bodentrag-fähigkeit	•Bodenbedeckung (Wintergetreide, mehrjährige Futterkulturen, Zwischenfrüchte, Stoppelrückstände), •Konservierende Bodenbearbeitung zur Stabilisierung der Bodenstruktur und des Makroporensystems
Standort-abhängige Boden-bearbeitung	•keine Bearbeitung bei zu feuchten Bedingungen, •keine vermeidbaren Fahrspuren vor Winter oder im zeitigen Frühjahr, •Nachauflauf - Pflanzenschutzbehandlung zur Vermeidung von Verschlämmung und Verkrustung sowie potentieller Erosionsgräben

Komplex 3: Konservierende Bewirtschaftung gefährdeter Ackerflächen

Maßnahme	Beschreibung / Wirkung
Konservierende Bodenbearbeitung ⇒ Mulchsaat mit Saatbettbereitung ohne Saatbettbereitung	•Einsaat in Pflanzenreste auf der Bodenoberfläche (abgefrorene Zwischenfrüchte, chemisch / mechanisch behandelte Zwischenfrüchte,Ernterückstände) Wirksamkeit ab Bodenbedeckung von > 2 t/ha Trockenmasse zur Erhöhung der räumlichen und zeitlichen Bodenbedeckung, Reduzierung der wendenden Bodenbearbeitung
⇒ Direktsaat	Einsaat ohne alle Bodenbearbeitung mit Spezialmaschinen in: - Stoppeln der Vorfrucht - Reste der Zwischenfrucht
Extensivierung durch Stillegung und Brache	Stillegung auf Teilflächen, Extensivierung besonders anfälliger Standorte (Auen, Niedermoore)

Komplex 4: Verbesserung der Infrastruktur zur Verkürzung der Transportwege sowie der Fließwege

Maßnahme	Beschreibung / Wirkung
Flurneuordnung/ Flurgestaltung	•Form und Größe der Nutzflächen optimieren, •Befestigung von Talwegen zur Oberflächenabflußregulierung Optimierung der Transport- und Fahrstrecken zur Entlastung von Überfahrten
Änderung des Anbauverhältnisses und der Fruchtarten/ Nutzungsänderung	•Anpassung der Nutzung an potentielle Wasser- und Winderosions-gefährdung (oberflächenschützende Kulturen statt erosionsfördernde Sommerkulturen, ggf. mehrjährige Futterkulturen, Dauergrünland, Flächenstillegung, Aufforstung)
Wege- und Straßenbau	•Gute Ableitung an Verkehrswegen, um Sammelwirkung zu verringern (Kanalisation, funktionsfähige Gräben, Neigung bergseitig, ausreichende Zufahrt- und. Wendemöglichkeiten), •Erschließung quer zur Fließ- und Hauptwindrichtung, •Anpflanzung von Windhindernissen an den Trassen
Feldraine, Windschutzpflanzungen, Gewässerrandstreifen, Saumbiotope, Filterstreifen	•Begraste Feldraine an Verkehrswegen und zwischen Schlägen, •Dreireihige, dichte, unterbrechungsfreie, aber durchblasbare Windschutz-gehölze quer zur Windrichtung (mit Überhältern, Saumgehölzen etc.), •Filterstreifen ausreichender Breite an Gewässern und Biotopen

4 Schlußfolgerungen und Zusammenfassung

Das vorgeschlagene Stufenkonzept der Risikoabschätzung (Beispiel Wassererosion) beruht also auf der Indikation der potentiellen Gefährdung (Belastbarkeit) auf der Basis vorhandener Datenbanken, der Präzisierung der zu erwartenden Transportpfade durch Verwendung von Höhenmodellen und einer präzisen Ermittlung und Bewertung der Belastung durch die Land-nutzung über den Faktor Bodenbedeckung. Die parzellenscharfe aktuelle Indikation muß auf der Basis von Schadenskartierungen (Schadenskartierung Wassererosion, Kartierung Gewässerrandstreifen) oder durch den Vergleich gemessener Bodenparameter mit den Normwerten (Indikation der Degradierung) vorgenommen werden.
Fazit ist, daß die Prozesse der Bodenerosion räumlich und zeitlich stark variieren und daraus sehr differenzierte Gefahrenpotentiale für den Landschaftsstoffhaushalt resultieren. Da eine zufriedenstellende Beschreibung der multikausalen Zusammenhänge als Voraussetzung für eine Risikoabschätzung für Landschaften in absehbarer Zeit nicht zur Verfügung stehen wird, muß ein auf Expertenwissen basierender zielorientierter Weg beschritten werden, da Entscheidungshilfen für den Vollzug des Bundes-Bodenschutzgesetzes unmittelbar benötigt werden.

Literatur

AG BODEN, (1994): Bodenkundliche Kartieranleitung. 4. Auflage, 392 S., 33 Abb., 91 Tab., Hannover.

BUNDES-BODENSCHUTZGESETZ, (1997): Gesetz zum Schutz des Bodens; Referentenentwurf v. 22.03.1996. § 17

BORK, H.-R. (1988): Bodenerosion und Umwelt - Verlauf, Ursachen und Folgen der mittelalterlichen und neuzeitlichen Bodenerosion. Bodenerosionsprozesse. Modelle und Simulationen. - Landschaftsgenese und Landschaftsökologie, H. 13. 249 S. Braunschweig.

DEUMLICH, D.; J. THIERE (1996): Einschätzung der potentiellen Wassererosionsgefährdung für Gemeinden und Regionen der Bundesländer Mecklenburg-Vorpommern, Brandenburg, Sachsen-Anhalt und der Freistaaten Thüringen und Sachsen. Arch. Akker-. Pfl. Boden. Vol. 40. (1996) 335-343.

DVWK - Deutscher Verbund für Wasserwirtschaft und Kulturbau e.V. (1996): Bodenerosion durch Wasser. Kartieranleitung zur Erfassung aktueller Erosionsformen. DVWK - Merkblätter zur Wasserwirtschaft, 239. 62 S. Bonn.

FRIELINGHAUS, MO. (1988): Wissenschaftliche Grundlagen für die Bewertung der Wassererosion auf Jungmoränenstandorten und Vorschläge für die Einordnung des Bodenschutzes, AdL Berlin, Habilschrift.

FRIELINGHAUS, MO.; D. BARKUSKY; G. KÜHN (1992): Bewertung von Nutzungssystemen in Hinblick auf den Bodenschutz vor Erosion im nordostdeutschen Tiefland. 104. VDLUFA Kongreß Kongreßbd. S. 615-618.

FRIELINGHAUS, MO.; A. KO MIT; U. RATZKE (1993): Veränderungen von Bodenprofilen an wasserbeeinflußten Hängen und Auswirkungen auf die Bodenerodibilität im Jungmoränengebiet. Mitteilgn. Dtsch. Bodenkundl. Gesellsch. (72). S. 1169-1172.

FRIELINGHAUS, MO. et al. (1994): Bewertung und Kartierung der Wasser- und Winderosionsgefährdung sowie bereits eingetretener Schäden und Ausarbeitung von vorbeugenden und sanierenden Bewirt-schaftungsstrategien für erosionsgefährdete Landschaften Brandenburgs. Endbericht im Auftrage des MUNR Brandenburgs. Müncheberg.

FRIELINGHAUS, MO.; G. HÖFLICH; M. JOSCHKO; H. ROGASIK; H. SCHÄFER (1997): Auswertung eines Langzeitexperimentes zur konservierenden Bodenbearbeitung von Sandböden und Einschätzung des Erfolgs. Arch.- Pfl. Boden. Vol. 41. S. 383-402

LIEBEROTH, I.; P. DUNKELGOD; W GUNIA; J. THIERE (1983): Auswertungsrichtlinie MMK Stand 1983. AdL. FZB Müncheberg. 55 S.

MARKS, R.; M.J. MÜLLER; H. LESER; H.-J. KLINK (1992): Anleitung zur Bewertung des Leistungsvermögens des Landschaftshaushaltes (BA LVL). Forschungen zur deutschen Landeskunde. Bd. 229. 222 S. Trier.

MÜLLER, U. et al. (1990): Niedersächsisches Bodeninformationssystem (NIBIS). Dokumentation zur Methoden-bank. 2. erweiterte Auflage, Hannover.

OECD (Organization for Economic Cooperation and Development), (1994): In: Walz, R. et al. 1996: Weiterentwicklung von Indikatorensystemen für die Umweltberichterstattung Forschungsvorhaben 101 05 016 des Umweltbundesamtes, Abschlußbericht, Frauenhofer- Institut für Systemtechnik und Innovationsforschung (Fh-ISI), Karlsruhe.

PRIETZSCH, C. , A. BACHEM, F. VON PONCÉT & M. TAPKENHINRICHS (1996): Sir-C/X-Sar Campaign on Ruegen Island Germany - First Results on Soil Moisture Retrieval. International Geoscience and Remote Sensing Symposium, Igarss'96, Lincoln, Ne., USA. 28-31 May, 1996. Poster, Proc. Igarss'96,Vol. I, 282-284.

RADERSCHALL. R., H. BEHRENDT, W. PAGENKOPF, MO. FRIELINGHAUS, B. WINNIGE: (1997). Modulares Konzept zur variablen Gestaltung von Gewässerrandstreifen. 1.Teil: Grundlagen.- Zeitschrift für Kulturtechnik und Landentwicklung. Vol. 38 2. 76-81.

RADERSCHALL. R., H. BEHRENDT, W. PAGENKOPF, MO. FRIELINGHAUS, B. WINNIGE: (1997) Modulares Konzept zur variablen Gestaltung von Gewässerrandstreifen. 2.Teil: Anwendung in drei Einzugsgebieten Brandenburgs. Zeitschrift fürKulturtechnik und Landentwicklung, Vol. 38(4). 164-166

SCHMIDT, J. (1996): Entwicklung und Anwendung eines physikalisch begründetenSimulationsmodells für die Erosion geneigter landwirtschaftlicher Nutzflächen. Berliner Geographische Abhandlungen, Heft 61. Im Selbstverlag des Institutes für Geographische Wissenschaften 148 S.

SCHWERTMANN, U.; W. VOGL;M. KAINZ (1987): Bodenerosion durch Wasser: Vorhersage des Abtrags und Bewertung von Gegenmaßnahmen. Ulmer. Stuttgart. 64 S.

WERNER, W.; H.-P. WODSAK (1994): Regional differenzierter Stickstoff- und Phosphateintrang in Fließgewässer Deutschlands unter besonderer Berücksichtigung des Lokkergesteinsbereichs der ehemaligen DDR. agrarspectrum. Bd. 22. Frankfurt/M.

Vorschlag von Bewertungskriterien zur Naturnähe von Wäldern unter Berücksichtigung der Habitatkontinuität

Monika Wulf

1 Einleitung

Naturnähe bzw. Hemerobie wird als Maß für den menschlichen Einflußgrad auf ökologische Systeme definiert. Der Unterschied besteht darin, daß das Naturnähe-Konzept auf einem historisch ausgerichteten Ansatz und das Hemerobie-Konzept auf einem aktualistischen Ansatz beruht. Hemerobie- ist das integrierende Maß der Gesamtheit aller Wirkungen, die bei beabsichtigten und nicht beabsichtigten Eingriffen des Menschen in Ökosysteme stattfinden (SUKOPP 1976, KOWARIK 1988). Beim Naturnähe-Konzept wird z. B. die reale mit der ursprünglichen Vegetation verglichen. In seiner umfangreichen Arbeit zur Naturnähe bzw. Hemerobie bemerkt KOWARIK (1988), daß erste Konzeptionen zur Naturnähe unter anderem auf von HORNSTEIN (1950, 1954) zurückgehen, wobei der damals eingeführte Begriff „Natürlichkeit" wegen seiner Mehrdeutigkeit heute nicht mehr verwendet wird. ELLENBERG (1963) hat in Anlehnung an von HORNSTEIN (1951) eine achtstufige Skala zur Naturnähe vorgeschlagen und betont, daß Wälder neben den abiotischen Faktoren gleichermaßen vom Menschen geprägt sind, in reliefarmen Gegenden Mitteleuropas sogar stärker als von den üblichen vegetationsprägenden Faktoren. Dennoch gelten Wälder unter den terrestrischen Ökosystemen als am naturnächsten und werden, außer junge Forsten, forstliche Monokulturen und gestörte Sekundärwälder von SUKOPP & WITTIG (1993) als oligo- bis mesohemerob eingeschätzt.

Die Einschätzung der Hemerobiestufe von Pflanzenbeständen erfolgt in der Regel über Zeigerarten für bestimmte Hemerobiestufen, welche zuerst von JALAS (1955) vorgeschlagen worden sind. JALAS (1955) ging aber noch weiter, indem er Intensitätsgrade der Kulturwirkungen auf Standorte bzw. den Boden vorschlug. Allerdings wird die Störungsintensität anhand der Abweichung vom „Naturzustand" eingeschätzt, der nicht näher erläutert wird. Bemerkenswert bleibt aber bei JALAS (1955) die Berücksichtigung von Störungen des Bodens als Wirkungsgröße für das Vorkommen bestimmter Pflanzenarten. Ein solcher Ansatz findet sich auch, allerdings stärker untersetzt, bei den Natürlichkeitsgraden für Wälder und Forsten bei DIERSCHKE (1989). Um so erstaunlicher erscheint die Tatsache, daß die Naturnähe in den bereits erprobten Waldbiotopkartierungsverfahren (WBKV) von Baden-Württemberg (VOLK 1988, vgl. auch SCHIRMER 1992), Bayern (AMMER & UTSCHICK 1988) und Niedersachsen (HANSTEIN & STURM 1986) quasi nur das Oberirdische von Beständen (Vegetation, Alter der Bäume, Totholz) bewerten. Eine Ausnahme macht nur das WBKV von Niedersachsen (vgl. auch KASTL et al. 1986). Mit der potentiellen natürlichen Vegetation (pnV) wird zwar der Standort berücksichtigt, aber das pnV-Konzept ist zu Recht umstritten (KOWARIK 1987, ZERBE 1994) und im Grunde wird ein mit vielen Unsicherheiten behaftetes Konzept verwendet. Die Arbeiten von LENZ et al. (1994) haben zudem gezeigt, daß die Einschätzung der pnV deutlich anders ausfallen kann, wenn man die Auswirkungen der Streunutzung auf den Oberbodenzustand berücksichtigt. Man kann sich unschwer vorstellen, welche Konsequenzen das für die Naturnähe-Bewertung und Richtlinien für den naturnahen Waldbau auf der Grundlage der pnV hat.

Da der Waldbau sich von jeher an den Standorteigenschaften orientiert, wäre es für den naturnahen Waldbau nur konsequent bei der Naturnähe-Bewertung den Standort einzubeziehen. In geringem Maße erfolgt das nur im WBKV von HANSTEIN & STURM (1986), indem in Standorte mit und ohne direkte anthropogene Veränderungen unterschieden wird. Da die WBKV im wesentlichen die Ausweisung der für den Naturschutz relevanten Flächen zum Ziel haben, könnte die Berücksichtigung von Bodenstörungen Hinweise auf Waldstandorte geben, die im Vergleich zu anderen terrestrischen Ökosystemen zumindest über einen bestimmten Zeitraum als relativ ungestört einzuschätzen sind. Diese können dann Grundlage für eine zeitgemäße Erfüllung der vor 100 Jahren aufgestellten Forderung von Wetekamp sein. MÜNCH (1994) weist nämlich darauf hin, daß GRADMANN (1900) dem preußischen Abgeordneten Wetekamp zuspricht, die Einrichtung von „Staatsparken“ zum Schutz des Bodens in der „ursprünglichen, naturwüchsigen Form“ anläßlich einer Rede vom März 1898 gefordert zu haben. MÜNCH (1994) stellt ferner fest, daß HESMER (1934) den Gedanken des Naturwaldreservates aufgegriffen hat und dabei Fragen zu den natürlichen Baumarten und natürlichen Bodenzuständen in den Vordergrund gestellt hat. Nun ist in Mitteleuropa sicher keine Waldfläche zu erwarten, deren Boden bzw. Standort gänzlich frei von menschlichen Einflüssen ist, aber es gibt Waldstandorte, die zumindestens als solche, trotz intensiver Rodungsperioden, seit mindestens 250 Jahren überdauert haben. Dieses sind sogenannte historisch alte Wälder bzw. Waldstandorte. Die Bedeutung historisch alter Waldstandorte für den Arten- bzw. Naturschutz ist bereits aus verschiedenen Ländern Europas belegt, z. B. von BALL & STEVENS (1981), DZWONKO (1993), PETERKEN (1993), HERMY (1994) sowie WULF & KELM (1994). Darüberhinaus stellte HEINKEN (1995) für die Lüneburger Heide (Sandstandorte) fest, daß die Buchenbestände (*Luzulo-Fagetum* und *Galio-Fagetum*) fast ausschließlich in der mittelalterlich-neuzeitlichen Waldverwüstungszeit nicht entwaldet waren. Dagegen ist ein bedeutender Anteil der Birken-Stieleichenwälder (*Betulo-Quercetum*) als Sekundärwald auf früheren Heide- und Ackerflächen entstanden und wurde ehemals als Niederwald genutzt.

Die Ausführungen verdeutlichen, daß bei der Naturnähe- bzw. Hemerobiebewertung von Waldflächen nach Kriterien gesucht werden sollte, die die nachhaltigen Auswirkungen ehemaliger Eingriffe auf den Standort, wie z. B. die Streunutzungen (WITTICH 1951) einschließen aber auch alle neuzeitlichen Eingriffe. Damit wird sich prinzipiell dem Vorschlag von KOWARIK (1995) angeschlossen. Der Autor schlägt vor, beides zu berücksichtigen, undzwar die Naturnähe über die historische Perspektive (Dauer der Kontinuität als Waldstandort) und mit Hilfe der anthropogenen Beeinflussungen der Baumschicht die Hemerobie, also Natürlichkeit im aktualistischen Sinne (vgl. auch KOWARIK 1996). Wesentliches Ziel dieser Arbeit ist es Kriterien vorzuschlagen, die den Ansprüchen genügen, daß sie sich weitgehend flächenscharf anwenden lassen, benötigte Daten/Parameter verfügbar sowie problemlos zugänglich sind, und daß die benötigten Daten/Parameter sowohl von wissenschaftlicher als auch praxisorientierter Seite akzeptiert werden können. Aus letzterem Grunde wird deshalb auf verschiedene, bereits laufende Aktivitäten innerhalb und außerhalb Deutschlands hingewiesen und dafür plädiert, diese im Einzelnen sehr guten Ansätze/Verfahren zusammenzuführen.

2 Kurze Darstellung aktueller Verfahren zur Bewertung der Naturnähe von Waldflächen

In Deutschland existieren 3 erprobte Waldbiotopkartierungsverfahren (WBKV) in deren Rahmen die Naturnähe von Waldflächen erfaßt bzw. bewertet werden (WALDENSPUHL 1991), wobei in den einzelnen Verfahren die Naturnähe wie folgt definiert wird:

- WBKV von Baden-Württemberg: „Unter Naturnähe wird der Grad der Angleichung des tatsächlichen Bestandes (Ist-Zustand) an die potentielle natürliche Waldgesellschaft verstanden." (GÖHRINGER 1988, S. 23, auch VOLK 1988, S. 57 und VOLK 1990).
- WBKV von Bayern: „Naturnähe bedeutet geringen menschlichen Einfluß mit mehr oder weniger ursprünglicher Artenzusammensetzung und naturnaher Struktur." (AMMER & UTSCHICK 1988, S. 40).
- WBKV von Niedersachsen: „Als Naturnähe wird der Grad der Angleichung des jeweiligen Bestandes zur potentiellen-natürlichen Waldgesellschaft verstanden." (HANSTEIN & STURM 1986, S. 7).

Allen Verfahren ist also im wesentlichen gemeinsam, daß die Naturnähe im Bemühen um quantitativ faßbare Parameter in der Regel daran gemessen wird, inwieweit die Artenzusammensetzung der pnV entspricht. Bei VOLK (1988) wird lediglich die Baumartenzusammensetzung berücksichtigt, während bei HANSTEIN & STURM (1986) sowie AMMER & UTSCHICK (1988) die Baumartenzusammensetzung und die krautige Vegetation getrennt berücksichtigt werden. Darüberhinaus gehen in die Bewertungen im einzelnen noch folgende Größen ein;

- WBKV von Baden-Württemberg: keine weiteren Kriterien, wie oben bereits erwähnt.
- WBKV von Bayern: Durchschnittsalter, Höchstalter und Altersspanne im Hauptbestand, Naturnnähe und Ausmaß der Verjüngung, Holzvorrat und Totholzreichtum.
- WBKV von Niedersachsen: direkte anthropogene Veränderungen des Standortes, Naturverjüngung und Bewirtschaftung.

Die Verjüngungsart und die Fläche der Freiverjüngung finden auch im österreichischen Verfahren von GRABHERR et al. (1995) Berücksichtigung. Für die Einschätzung der ökologischen Wertigkeit von Waldbeständen an einem Beispiel aus Brandenburg legen LUTHARDT & STORANDT (1993) die Anteile der Haupt-, Begleit- und Pionierbaumarten, gesellschaftsfremde Baumarten, Baumartenzusammensetzung des Unterstandes, das Alter und den Vorrat des starken Totholzes zu Grunde. Im Rahmen der Waldbiotopbewertung in Baden-Württemberg wird nach SCHIRMER (1992) die Naturnähe „ermittelt, indem die aktuelle Baumartenzusammensetzung eines Bestandes mit der potentiellen natürlichen Waldgesellschaft seines Standortes verglichen wird.“ (SCHIRMER 1992, S. 38). Auch der von PERPEET (1991) gemachte Vorschlag zur ökologischen Wertermittlung berücksichtigt lediglich die pnV. In der Regel ist also die pnV wichtigstes Kriterium, daneben werden aber in vielen Fällen auch das Bestandesalter, die Verjüngung und das Totholz einbezogen. Lediglich das WBKV für Niedersachsen unterscheidet sich aufgrund der Berücksichtigung anthropogener Einflüsse auf den Standort von allen anderen Verfahren. Allerdings wird in einer Arbeit aus Baden-Württemberg bemerkt, daß mit Beginn der Waldbiotopkartierung die Aufgabe besteht seltene und naturnahe Waldgesellschaften in einer Suchliste festzuhalten und dazu nur Standortseinheiten aufgenommen wurden, „die nach ihrem Oberbodenzustand (Humusform, Podsolierung) beurteilt, anthropogen weitgehend unbeeinflußt blieben.“ (ALDINGER & MÜHLHÄUßER 1992, S. 16).

3 Vorschlag für Bewertungskriterien zur Naturnähe vor allem unter Berücksichtigung der Habitatkontinuität

Zunächst sei zum Verständnis erläutert, was mit dem Begriff der Habitatkontinuität gemeint ist. In dieser Arbeit spielen sogenannte historisch alte Waldflächen eine besondere Rolle. Der Begriff „historisch alte Wälder“ wurde im Rahmen einer Fachtagung der Alfred-Töpfer-Akademie (vormals Norddeutsche Naturschutzakademie) im Jahre 1993 festgelegt und wird seitdem wie folgt definiert „Wälder auf Waldstandorten, die nach Hinweisen aus historischen Karten, Bestandesbeschreibungen oder aufgrund sonstiger Indizien mindestens seit mehreren 100 Jahren kontinuierlich existieren.“ (WULF 1994, S. 3). Ein Habitat ist definiert als der Wohn- bzw. Standort einer Art. Bestimmte Tier- und Pflanzenarten sind bevorzugt an historisch alte Waldstandorte gebunden (PETERKEN 1993). Mit dem Begriff der Habitatkontinuität soll das Augenmerk darauf gerichtet werden, zumal in relativ waldarmen Gegenden historisch alte Wälder für den Arten- und Naturschutz von besonderer Bedeutung sein können. Daraus leitet sich der wichtige Beitrag von Flächen mit langer Habitatkontinuität für die WBKV ab, da ja vorrangiges Ziel der WBKV die Ausweisung schutzwürdiger Gebiete ist.

Ergänzungen/Erläuterungen zu den Kriterien und „Grenzwerten“ in Tabelle 1;

- *Bestockungskontinuität*

Der Zeitraum „mindestens 250 Jahre“ richtet sich danach, daß für weite Teile Deutschlands aber auch Europas hinreichend genaues Kartenmaterial (Maßstab 1:50.000 oder größer) etwa seit Mitte des 18. Jahrhunderts vorliegt. Hier ist beispielsweise die Schmettausche Karte (1767 bis 1787), die fast ganz Ostdeutschland abdeckt zu nennen und die Kurhannoversche Landesaufnahme (1764 bis 1786), welche für weite Teile Niedersachsens vorliegt. Sofern es sich um Wälder in ehemals klösterlichem oder landesherrlichem Besitz handelt, liegen zuweilen auch forstliche Archivalien mit der Möglichkeit relativ flächenscharfer Verwendung aus früheren Zeiten vor, die nach eigenen Kenntnissen überwiegend bis zu 400 Jahre zurückreichen. Die Berücksichtigung dieses Kriteriums setzt eine Inventarisierung der vorhandenen historisch alten Waldstandorte voraus. Derzeit ist der Autorin nur für Niedersachsen bekannt, daß eine Inventarisierung angelaufen ist, wobei für das Elbe-Weser-Dreieck bereits umfangreiche Vorarbeiten vorliegen (KELM 1994). Grundlage für die Inventarisierung bildet die „Langfristige, ökologische Waldbauplanung für die Niedersächsischen Landesforsten“, RUNDERLASS DES ML VOM 05.05.1994, wo es unter Punkt 2.1.1 heißt „Auf Böden, die durch anthropogene historische Einwirkungen weder degradiert noch erheblich gestört sind, darf die natürlich gewachsene Struktur von Humuskörper und Mineralboden nicht nachhaltig verändert werden.“ (RUNDERLASS DES ML VOM 05.05.1994, S. 11). Hier zeigt sich eine deutliche Parallele zu der Forderung von Wetekamp, der eingangs erwähnt wurde. In dem Runderlass heißt es weiter unter Punkt 2.8.1 „Eine ausreichende Repräsentanz der natürlichen regionalen Waldgesellschaften ist anzustreben. ... Das gilt besonders für Waldgesellschaften auf alten, nie anders genutzten Waldböden.“ (RUNDERLASS DES ML VOM 05.05.1994, S. 24). Außerhalb Deutschlands sind in England und Wales bereits flächendeckende Inventarisierungen historisch alter Wälder erfolgt (SPENCER & KIRBY 1992). In Deutschland gibt es nur für das Land Brandenburg eine flächendeckende Übersicht, die orginal im Maßstab 1:300.000 digital erstellt wurde (WULF & SCHMIDT 1996).

Tab. 1: Liste der vorgeschlagenen Bewertungskriterien und einige „Grenzwerte"

Kriterium	Grenzwert
Bestockungskontinuität	Mindestens seit 400 Jahren
	Mindestens seit 250 Jahren
	Weniger als 250 Jahre
Generationenzahl	Hauptbaumart mindestens in 4. Generation
	Hauptbaumart mindestens in 3. Generation
	Hauptbaumart mindestens in 2. Generation
	Hauptbaumart in 1. Generation
Bestockungskontinuität/ Bestandesalter	Kontinuität mindestens ¾ des (natürlichen) Alters der Hauptbaumart
	Kontinuität mindestens ½ des (natürlichen) Alters der Hauptbaumart
	Kontinuität mindestens ¼ des (natürlichen) Alters der Hauptbaumart
	Kontinuität weniger als ¼ des (natürlichen) Alters der Hauptbaumart
Baumarten/ Standort	Baumartenzusammensetzung zu mindestens 75% standörtlich angepaßt
	Baumartenzusammensetzung zu mindestens 50% standörtlich angepaßt
	Baumartenzusammensetzung zu mindestens 25% standörtlich angepaßt
	Baumartenzusammensetzung weniger als zu 25% standörtlich angepaßt
Krautschicht/ Standort	Krautschichtzusammensetzung zu mindestens 75% standörtlich ange paßt
	Krautschichtzusammensetzung zu mindestens 50% standörtlich ange paßt
	Krautschichtzusammensetzung zu mindestens 25% standörtlich ange paßt
	Krautschichtzusammensetzung weniger als zu 50% standörtlich ange paßt
Verjüngung/ Standort	Verjüngungsarten zu mindestens 75% standörtlich angepaßt
	Verjüngungsarten zu mindestens 50% standörtlich angepaßtf
	Verjüngungsarten zu mindestens 25% standörtlich angepaßt
	Verjüngungsarten weniger als zu 25% standörtlich angepaßt
Verjüngung/ Freifläche	Auf mindestens ¾ der Bezugsfläche Freiverjüngung
	Auf mindestens ½ der Bezugsfläche Freiverjüngung
	Auf mindestens ¼ der Bezugsfläche Freiverjüngung
	Auf weniger als ¼ der Bezugsfläche Freiverjüngung
Waldtypische Arten/ Indikatorarten historisch alter Wälder	Mindestens 75% der Arten waldtypische Arten oder Indikatorarten
	Mindestens 50% der Arten waldtypische Arten oder Indikatorarten
	Mindestens 25% der Arten waldtypische Arten oder Indikatorarten
	Weniger als 25% der Arten waldtypische Arten oder Indikatorarten
Meliorationen	Entwässerung oder Düngung
Historische Nutzungen	Ehemaliger Nieder-, Mittel- oder Hutewald
	Ehemals Streunutzung
Holzvorrat/Totholz	siehe Ergänzungen/Erläuterungen

• *Generationenzahl*

Dieses Kriterium orientiert sich an von HORNSTEIN (1951) bzw. an SCHAAL (1994). Letztgenannter Autor hat auf der Schwäbischen Alb umfangreiche forstgeschichtliche Kartierungen unter Verwendung des Verfahrens von von HORNSTEIN (1951) in etwas abgeänderter Form durchgeführt (vgl. SCHAAL 1992, 1993/94, 1995 a und b). Sollte für ein Gebiet kein weit zurückreichendes Kartenmaterial vorliegen, kann dieses Kriterium mittels forstlicher Archivalien (z. B. alte Wirtschaftsbücher) recherchiert werden und als Grundlage einer ungefähren Abschätzung der Mindestkontinuität eines Waldstandortes dienen. Das Kriterium ist insofern auch von ökologischer Bedeutung, da die Auswirkungen einer z. B. langjährigen Nadelholzbestockung hinlänglich bekannt sind. Noch interessanter wäre zu überprüfen, ob und inwieweit Versauerungen durch langjährige Nadelholzbestokkung durch ehemalige Streunutzung verstärkt wurden.

• *Bestockungskontinuität/Bestandesalter*

Da im Laufe einer primären als auch sekundären Sukzession Phasen auftreten, während der die Hauptbaumart noch jung sein kann, wird das Bestandesalter hier nicht zwingend als Ausdruck von Naturnähe aufgefaßt. Man darf aber unterstellen, daß ein historisch alter Wald mit z. B. 200jähriger Kontinuität als Waldstandort potentiell ermöglicht, daß die Hauptbaumart beispielsweise wenigstens 150 Jahre erreicht, in einer erst 100 Jahre als Wald existierenden Fläche ist das dagegen nicht zu erwarten. Es bietet sich an, die Relation zwischen dem aktuellen Alter der Hauptbaumart und der Kontinuität des Waldstandortes zu bewerten. Das schließt wenigstens die Möglichkeit ein, auch relativ junge Bestände, z. B. 60 bis 80jährige Rotbuchenwälder auf neuzeitlichen Waldstandorten mit einer Kontinuität von beispielweise erst 120 Jahren als relativ naturnah einzustufen. Unter lokalen Gesichtspunkten kann das von Bedeutung sein, wenn zum einen nur sehr wenige naturnahe Waldflächen vorhanden sind und zum anderen nur geringe Flächen historisch alter Waldstandorte vorkommen. Die Berücksichtigung des natürlichen Alters der Hauptbaumart bietet die Möglichkeit im Falle sehr alter Bestände den Beleg der Habitatkontinuität über die vorgeschlagenen Zeiträume hinaus zu erbringen und entsprechend zu bewerten.

Beim aktuellen Alter sollte das durchschnittliche Alter herangezogen werden, wobei mindestens 60% der Hauptbaumart-Inidividuen einer definierten Fläche das durchschnittliche Alter erreichen sollten.

• *Baumarten, Krautschicht und Verjüngung/Standort*

Es sei explizit darauf hingewiesen, daß mit standörtlich angepaßter Vegetation nicht diejenige gemeint ist, die als pnV für das betreffende Gebiet angegeben ist. Der grundlegende Zusammenhang zwischen dem Standort und der Vegetation soll allerdings nicht in Abrede gestellt werden, obwohl damit auch einige Schwierigkeiten verbunden sind. So ist die krautige Vegetation eines entwässerten Erlenwaldes mit flächendeckender Brennessel sehr wohl dem Standort in hohem Maße angepaßt, nur eben nicht in der Art, wie es unter üblichen Naturnähegesichtspunkten wünschenswert ist. Da es müßig erscheint, darüber zu spekulieren, inwieweit sich im Falle des entwässerten Erlenwaldes eine ursprünglich natürliche Vegetation oder pnV (wieder)herstellen läßt, wird ein pragmatischer Vorschlag gemacht. Es dürfte machbar sein, Bestände als Bezugsbasis auszuwählen, die nach heutigem Kenntnisstand eine weitgehende Übereinstimmung zwischen dem Standortpotential und der Vegetation aufweisen bei gleichzeitig möglichst geringfügigen menschlichen Einflüssen (vgl. dazu OTTO 1992). Diese „potentiellen Kulturvegetationstypen" sollten als Vorbilder für annähernd vergleichbare Standorte mit Hilfe der Erfahrung von Forstleuten und Wissenschaftlern erarbeitet werden.

• *Waldtypische Arten/Indikatorarten historisch alter Wälder*

Waldtypische Arten haben ihren pflanzensoziologischen Schwerpunkt in Wäldern und lassen sich mit Hilfe der Übersicht von ELLENBERG et al. (1992) ermitteln. Man kann diese zu den nicht-waldtypischen Pflanzenarten auf einer definierten Fläche ins Verhältnis setzen.

Anders als in Großbritannien (PETERKEN 1993), wurden in Deutschland bislang nur in äußerst geringem Flächenumfang Indikatorarten historisch alter Wälder ermittelt (ZACHARIAS 1994, WULF 1997). Die Zahl der Arbeiten nimmt aber stetig zu und beschränkt sich mittlerweile nicht mehr auf die höheren Pflanzen, sondern umfassen auch die Flechten und Moose (HOMM 1996 a und b). Mit der vorgelegten Arbeit kann deshalb nur der Aufruf erfolgen, die bestehenden Lücken so rasch wie möglich zu schließen, wenngleich dieses mit einem erheblichen Arbeitsaufwand verbunden ist, da allein die Aufarbeitung des historischen Kartenmaterials sehr zeitintensiv ist. Behelfsweise kann aber mit den Listen gearbeitet werden, die bislang publiziert worden sind, z. B. von PETERKEN (1993), HERMY (1994) und WULF (1997). In diesen Arbeiten finden sich zudem zahlreiche weitere Hinweise. Mit Hilfe dieser Zeigerarten kann ebenfalls ein flächenbezogenes Verhältnis zu den „Nicht-Zeigerarten" bzw. auch nicht-waldtypischen Arten errechnet werden.

• *Meliorationen*

Die Berücksichtigung dieser Einflüsse ist zweifelsohne für eine möglichst vollständige Naturnäheerfassung ausgesprochen wichtig, aber hier treten in der Regel die größten Probleme in Hinblick auf die Quantifizierbarkeit und Bewertung auf. Bei der Düngung könnten noch Art, Menge und Häufigkeit herangezogen werden und bei der Entwässerung die Tiefe der Entwässerungsgräben sowie die Größe der betroffenen Fläche. Für das ostdeutsche Tiefland ließe sich zur Einschätzung des Humuszustandes die Ergebnisse des in KOPP & SCHWANECKE (1994) dargestellten Verfahrens der forstlichen Standortskartierung heranziehen.

• *Historische Nutzungen*

Die Bewertung ehemaliger Nutzungsformen dürfte besonders schwierig sein, ist aber unabdingbar für die Naturnähe-Bewertung, da die Auswirkungen z. B. auf die

Bestandesstruktur und den Stoffhaushalt bis in die heutige Zeit nicht vernachlässigbar sind. In manchen Gegenden kann der Erhalt von Waldflächen mit Zeugnissen ehemaliger Nutzungsformen aus Sicht des Naturschutzes von Bedeutung sein, wie es unter anderem SCHULZ (1986) für Mittelwälder dargelegt hat. In diesem Zusammenhang soll noch der Hinweis auf das Niedersächsische Bodeninformationssystem (NIBIS) gegeben werden, dessen Ziel die digitale Aufarbeitung historischer Karten des 18. und 19. Jahrhunderts ist. In den Karten werden Landnutzungsarten des 18. und 19. Jahrhundert als standortskundlicher Beitrag zum Naturschutz dargestellt (OOSTMANN 1994). Dies möge als Beispiel dafür gelten, daß es auch von bodenkundlicher Seite ein Interesse an historischen Kartenwerken bzw. ehemaligen Nutzungsarten in Verbindung mit naturschutzfachlichen Fragen gibt.

- *Holzvorrat/Totholz*

Da der Holzvorrat von der Holzart, dem Bestandesalter und der Bestandesstruktur abhängt, werden diese zur „Grenzwertfindung“ zu berücksichtigen sein. Für die „Grenzwerte“ zum Totholz gibt es einen Vorschlag von LUTHARDT & STORANDT (1993). Hier kann vorerst kein Vorschlag gemacht werden, da die „Grenzwerte“ noch sehr stark diskussionsbedürftig sind.

Der Vorschlag von KOWARIK (1995 und 1996) greift insofern über den hier gemachten hinaus, da er eine klare Unterscheidung von Wäldern und Forsten voranstellt. Andererseits wird die Natürlichkeitsbewertung der Standorte nicht weiter untersetzt, z. B. durch Berücksichtigung der Auswirkungen ehemaliger Nutzungsformen. Der Vorschlag von KOWARIK (1995 und 1996) ist aber außerordentlich begrüßenswert und möglicherwesie stellt die Zusammenführung seines Ansatzes und des hier gemachten Vorschlages eine Alternative zu den bisherigen Verfahren dar.

4 Schlußfolgerungen

GRABHERR et al. (1995) stellen einen praxisnahen Bewertungskatalog vor, mit dem Anspruch, daß dieser auch für Waldökosysteme in Regionen außerhalb Österreichs anwendbar sein soll. Diesen Anspruch der Regionalisierung im Sinne der Übertragbarkeit des Verfahrens auf andere Länder oder Landesteile erhebt auch die vorgeschlagene Liste von Kriterien zur Naturnähe-Bewertung von Waldflächen. Da es sich um einen Diskussionsbeitrag handelt und deshalb kein bekanntes und anerkanntes Verfahren darstellt, wurde Wert darauf gelegt, möglichst viele Hinweise auf bereits laufende Aktivitäten bzw. bereits vorliegende Ergebnisse innerhalb und außerhalb Deutschlands zu geben. Damit soll in Aussicht gestellt werden, daß eine Regionalisierung der vorgeschlagenen Vorgehensweise in einzelnen Landesteilen innerhalb Deutschlands im Prinzip sofort möglich ist und für andere Landesteile durch Zusammenstellung der benötigten Unterlagen mittelfristig realisiert werden könnte, sofern die personellen und strukturellen Voraussetzungen gegeben sind. Da der Autorin daran gelegen ist, daß anhand der vorgeschlagenen Kriterien nach Möglichkeit in einer Diskussionsrunde zwischen Forstleuten und Vegetationsökologen ein Verfahren zur Naturnähe-Bewertung entwickelt wird, seien die Vorzüge der Kriterien nachfolgend zusammengefaßt;

- Die Kriterien wurden so ausgewählt, daß eine Untersetzung nach lokalen Gesichtspunkten erfolgen kann. Zum Beispiel können die Zeitspannen der Habitatkontinuität je nach Existenz historischer Karten aus unterschiedlichen Zeiträumen weiter abgestuft werden.
- Die Kriterien sind weitestgehend aus vorhandenen Unterlagen entnehmbar und lassen sich flächenscharf anwenden, was insbesondere für praktische Belange von Bedeutung ist.
- Zudem lassen sich viele der Daten/Fakten relativ genau quantifizieren, womit die Vergleichbarkeit von Flächen auf verschiedenen Skalenebenen (z. B. Unterabteilung, Abteilung, Forstamtsbereich, forstlicher Wuchsbezirk, Bundesländer) möglich ist.
- Die Anwendung wäre in ganz Mitteleuropa möglich, da hinreichendes Kartenmaterial und forstliche Unterlage verfügbar sind, so daß die Übertragbarkeit auch auf andere Regionen außerhalb Deutschlands möglich ist.
- Die zusammengestellten Unterlagen ermöglichen eine rasche Ausweisung von Schutzgebieten, die mehreren Schutzzielen gerecht werden, z. B. Arten-, Boden-, Grundwasser- und Prozeßschutz. In Regionen mit wenig naturnahen Waldflächen düfte dieser Aspekt von besonderer Relevanz sein.
- Die zusammengestellten Unterlagen geben wertvolle Hinweise für waldbauliche Planungen, wie SCHAAL (1994) aufgrund seiner waldgeschichtlichen Erhebungen auf der Schwäbischen Alb zeigen konnte.
- Nicht zuletzt wird wichtiges Basismaterial für die Grundlagenforschung geschaffen. Wie notwendig dieses ist, ist zum Beispiel durch die Arbeit von HEINKEN (1995) deutlich geworden. Schließlich rücken seine Befunde die Frage der Buchenfähigkeit ausgesprochener Sandstandorte in ein neues Licht.

Als Nachteil ist der nicht unerhebliche Zeitaufwand für die Zusammenstellung und Aufarbeitung des historischen Kartenmaterials zu nennen. Allerdings eröffnen sich damit auch neue Perspektiven für die Forstwirtschaft und Forstwissenschaft sowie für den Naturschutz und die ökologische Forschung.

Danksagung

Die Arbeiten wurden unterstützt vom Bundesministerium für Ernährung, Landwirtschaft und Forsten (BMBF) und vom Landesminsterium für Ernährung, Landwirtschaft und Forsten des Landes Brandenburg (MELF).

Literatur

ALDINGER, E. & MÜHLHÄUßER, G. (1992): Herleitung der seltenen und naturnahen Waldgesellschaften.- AFZ 41 (1), S. 15-16.

AMMER, U. & UTSCHICK, H. (1988): Zur ökologischen Wertanalyse im Wald.- Schriftenreihe Bayer. Landesamt Umweltschutz 84, S. 37-50.

BALL, D. F. & STEVENS, P. A. (1981): The role of „ancient" woodlands in conserving „undisturbed" soils in Britain.- Biol. Conserv. 19 (1980-81), S. 163-176.

DIERSCHKE, H. (1989): Natürlichkeitsgrade von Wäldern und Forsten.- NNA-Berichte 2 (3), S. 149.

DZWONKO, Z. (1993): Relations between the floristic composition of isolated young woods and their proximity to ancient woodlands.- J. Veg. Sci. 4, S. 693-699.

ELLENBERG, H. (1963): Vegetation Mitteleuropas mit den Alpen in kausaler, dynamischer und historischer Sicht.- Ulmer Verlag, Stuttgart.

ELLENBERG, H., WEBER, H.E., DÜLL, R., WIRTH, V., WERNER, W. & PAULIßEN, D. (1992): Zeigerwerte von Pflanzen in Mitteleuropa.- Scripta Geobot. 18, S. 1-258.

GÖHRINGER, S. (1988): Waldbiotopkartierung Bühl. Biotopbewertung in Wäldern der Rheinaue.- Mitt der FVA Bad.-Württ. 140, S. 1-119.

GRABHERR, G., KOCH, G., KIRCHMEIR, H. & REITER, K. (1995): Hemerobie österreichischer Waldökosysteme - Vorstellung eines Forschungsvorhabens im Rahmen des österreichischen Beitrages zum MAB-Programm der UNESCO.- Z. Ökologie u. Naturschutz 4 (2), S. 105-110.

GRADMANN, R. (1900): Zur Erhaltung der vaterländischen Naturdenkmäler.- Blätter des Schwäbischen Albvereins 1900, S. 410-414.

HANSTEIN, U. & STURM, K. (1986): Waldbiotopkartierung im Forstamt Sellhorn: Naturschutzgebiet Lüneburger Heide. Aus dem Walde 40, S. 1-204.

HEINKEN, T. (1995): Naturnahe Laub- und Nadelwälder grundwasserferner Standorte im niedersächsischen Tiefland: Gliederung, Standortsbedingungen, Dynamik.- Diss.Bot.

HERMY, M. (1994): Effects of former land use on plant species diversity and pattern in European deciduous woodlands. In: BOYLE, T. J. B. & BOYLE, C. E. B. (eds.): Biodiversity, temperate ecosystems, and global change, S. 123-144.

HESMER, H. (1934): Naturwaldzellen.- Der Deutsche Forstwirt 1934, S. 133-144.

HOMM, T. (1996a): Die Flechtenflora des Hasbruch (Lkr. Oldenburg., Niedersachsen).- Unveröff. Gutachten erstellt im Auftrag des Forstamtes Hasbruch, Stelle für Waldökologie.

HOMM, T. (1996b): Die Moosflora des Hasbruch (Lkr. Oldenburg., Niedersachsen).- Unveröff. Gutachten im Auftrag des Forstamtes Hasbruch, Stelle für Waldökologie.

HORNSTEIN, F. von (1950): Theorie und Anwendung der Waldgeschichte.- Forstwiss. Cbl. 69, S. 161-177.

HORNSTEIN, F. von (1951): Wald und Mensch. Waldgeschichte des Alpenvorlandes Deutschlands, Österreichs und der Schweiz.- Otto Maier Verlag, Ravensburg.

HORNSTEIN, F. von (1954): Vom Sinn der Waldgeschichte.- Angew. Pflanzensoz. 2, S. 685-707.

JALAS, J. (1955): Hemerobe und hemerochore Pflanzenarten. Ein terminologischer Reformversuch.- Acta Soc. Fauna Flora Fenn. 72(11), S. 1-15.

KASTL, B., KELM, H.-J. & STURM, K. (1986): Naturschutzaufgaben in den niedersächsischen Landesforsten.- Beitr. Naturk. Nieders. 39, S. 60-100.

KOPP, D. & SCHWANECKE, W. (1994): Standörtlich-naturräumliche Grundlagen ökologiegerechter Forstwirtschaft.- Deutscher Landwirtschaftsverlag, Berlin.

KOWARIK, I. (1987): Kritische Anmerkungen zum theoretischen Konzept der potentiellen natürlichen Vegetation mit Anregungen zu einer zeitgemäßen Modifikation.- Tuexenia 7, S. 53-67.

KOWARIK, I. (1988): Zum menschlichen Einfluß auf Flora und Vegetation. Theoretische Konzepte und ein Quantifizierungsansatz am Beispiel von Berlin (West).- Landschaftsentwicklung und Umweltforschung Nr. 56, S. 1-280.

KOWARIK, I. (1995): Wälder und Forsten auf ursprünglichen und anthropogenen Standorten mit einem Beitrag zur syntaxonomischen Einordnung ruderaler Robinienwälder.- Ber. d. Reinh.-Tüxen-Ges. 7, S. 47-67.

KOWARIK, I. (1996): Primäre, sekundäre und tertiäre Wälder und Forsten mit einem Exkurs zu ruderalen Wäldern in Berlin.- Landschaftsentwicklung und Umweltforschung (Berlin) 104, S. 1-22.

LENZ, R. L. M., MÜLLER, A. & ERHARD, M. (1994): Veränderungen der Säureneutralitätskapazität nordostbayerischer Waldböden.- Forstarchiv 65(5), S. 172-182.

LUTHARDT, M. & STORANDT, M. (1993): Die Einschätzung der ökologischen Wertigkeit von Waldbeständen am Beispiel einer Waldfläche im Biosphärenreservat Schorfheide-Chorin.- Beitr. Forstwirtsch. u. Landsch.ökol. 27(4), S. 170-173.

MÜNCH, D. (1994): Naturwaldreservate und das Leitbild "Natürlichkeit" - Eine historische Analyse forstwissensch. Forschung.- Allg. Forst- u. J.Ztg. 166(6), S. 115-121.

OOSTMANN, U. (1994): Die Landnutzungsarten in topographischen Karten des 18. und 19. Jahrhunderts als standortkundliche Beiträge zum Naturschutz.- NNA-Berichte 3/94, S. 60-68.

OTTO, H.-J. (1992): Die niedersächsischen Landesforsten auf dem Weg zu ökologischer Optimierung.- AFZ 11, S. 604.

PERPEET, M. (1991): Ein vereinfachtes Verfahren zur ökologischen Wertermittlung bei der Waldbiotopkartierung.- Forst und Holz 46(5), S. 112-117.

PETERKEN, G. F. (1993): Woodland conservation and management.- 2nd ed., Chapman and Hall, London.

RUNDERLASS DES ML VOM 05.05.1994: Langfristige, ökologische Waldbauplanung für die Niedersächsischen Landesforsten.

SCHAAL, R. (1992): Erhebung geschichtlicher Bestandesdaten als Grundlage für die Planung im Forstbetrieb für den Staatswald Münsingen.- Unveröff. Referendararbeit, Münsingen.

SCHAAL, R. (1993/94): Erläuterungen zur Waldgeschichtskartierung im Staatswald Biberach.- Unveröff. Studie im Auftrag der Forstdirektion Tübingen.

SCHAAL, R. (1994): Waldgeschichtliche Erhebungen im Forstbezirk Münsingen als Beitrag zur Waldbauplanung.- Mitt. Ver. Forstl. Standortskunde u. Forstpflanzenzüchtung 37(1994), S. 61-65.

SCHAAL, R. (1995a): Erläuterungen zur Waldgeschichtskartierung im Staatswald Ochsenhausen.- Unveröff. Studie im Auftrag der Forstdirektion Tübingen.

SCHAAL, R. (1995b): Erläuterungen zur Waldgeschichtskartierung im Staatswald Ulm.- Unveröff. Studie im Auftrag der Forstdirektion Tübingen.

SCHIRMER, Chr. (1992): Verfahren und Ergebnisse der Waldbiotopbewertung.- AFZ Nr. 1(1992), S. 38-41.

SCHULZ, U. (1986): der Mittelwald als Naturschutzobjekt.- AFZ 47, S. 1175-1176.

SPENCER, J. W. & KIRBY, K. J. (1992): An inventory of ancient woodland for England and Wales.- Biol. Conserv. 62, S. 77-93.

SUKOPP, H. (1976): Dynamik und Konstanz in der Flora der Bundesrepublik Deutschland.- Schr. R. Vegetationskde. 10, S. 9-27.

SUKOPP, H. & WITTIG, R. (Hrsg.) (1993): Stadtökologie.- Gustav Fischer Verlag, Stuttgart, Jena, New York.

VOLK, H. (1988): Die Waldbiotopkartierung. Ein Ansatz zur Erfassung des Naturschutzwertes der Wälder.- AFZ Nr. 4(1988), S. 55-62.

VOLK, H. (1990): Ökologische Bestandsaufnahme in den Wäldern.- AFZ Nr. 6/7(1990), S. 152-154.

WALDENSPUHL, T. K. (1991): Waldbiotopkartierungsverfahren in der Bundesrepublik Deutschland. Verfahrensvergleich unter besonderer Berücksichtigung der bei der Beurteilung des Naturschutzwertes verwendeten Indikatoren.- Schriftenr. d. Instituts für Landespflege d. Univ. Freiburg, Heft 17, S.1-261.

WITTIG, W. (1951): Der Einfluß der Streunutzung auf den Boden (Untersuchungen an diluvialen Sandböden).- Forstwiss. Cbl. 70, S. 65-92.

WULF, M. (1994): Überblick zur Bedeutung des Alters von Lebensgemeinschaften, dargestellt am Beispiel historisch alter Wälder.- NNA-Berichte 3/94, S. 3-14.

WULF, M. (1997): Plant species as indicators of ancient woodland in northwestern Germany.- J. Veg. Sci. 8(5), S. 635-642.

WULF, M. & KELM, H.-J. (1994): Zur Bedeutung historisch alter Wälder für den Naturschutz - Untersuchungen naturnaher Wälder im Elbe-Weser-Dreieck.- NNA-Berichte 3/94, S. 15-50.

WULF, M. & SCHMIDT, R. (1996): Die Entwicklung der Waldverteilung in Brandenburg in Beziehung zu den naturräumlichen Bedingungen.- Beitr. Forstwirtsch. u. Landsch.ökol. 30(1996)3, S. 125-131.

ZACHARIAS, D. (1994): Bindung von Gefäßpflanzen an Wälder alter Waldstandorte im nördlichen Harzvorland Niedersachsens - ein Beispiel für die Bedeutung des Alters von Biotopen für den Pflanzenartenschutz.- NNA-Berichte 3/94, S. 76-88.

ZERBE, S. (1997): Stellt die potentielle natürliche Vegetation (PNV) eine sinnvolle Zielvorstellung für den naturnahen Waldbau dar?- Forstw. Cbl. 116(1), S. 1-15.

Landschaftsökologische Bewertung mit GIS und Fernerkundung für die Raumplanung

Ulrich Walz und Ulrich Schumacher

Die moderne Raumplanung soll flexibel und mit möglichst geringem Zeitversatz auf rasch ablaufende Entwicklungsprozesse reagieren können. Zusätzliche Anforderungen erwachsen aus der zukünftig noch zu verstärkenden Einbeziehung von Umweltbelangen. Dabei bildet die raumbezogene Bewertung landschaftökologischer Sachverhalte eine wichtige Grundlage für die Evaluierung von konkreten Eingriffen oder von Szenarien der weiteren Entwicklung. Da die Erhebung, Aufbereitung und Auswertung umweltrelevanter Daten mittels computergestützter Verfahren zu einer hohen Effizienz und Aktualität beiträgt, gewinnt der Einsatz von Geo-Informations-Systemen (GIS) zunehmend an Bedeutung.

An einem Ausschnitt aus dem zentralen Teil des sächsischen Vogtlandes wurde im Institut für ökologische Raumentwicklung e.V. (IÖR) in Dresden untersucht, welche Möglichkeiten, aber auch Grenzen eine GIS-gestützte landschaftsökologische Bewertung im mittleren Maßstab bietet. Einen Überblick dazu bot das Poster "Landschaftsökologische Bewertung für die Raumplanung mit Hilfe eines Geo-Informationssystems". Das für das Projekt aufgebaute Landschaftsmodell umfaßt einen umfangreichen Geo-Datenbestand für das Kartenblatt Plauen der TK50. Der integrative Ansatz führte thematisch unterschiedliche Quellen mit verschiedenen Maßstäben, räumlicher Ausdehnung, Validität und Zeithorizont zusammen, wobei über Analyse- und Modellierungsfunktionen neue Rauminformation generiert wurden. Die Datenbasis reicht von topographischen Grunddaten (einschl. digitalem Höhenmodell) über geologische, klimatische und bodenkundliche Informationen, der Schutzgebiets- und Biotopkartierung bis zur Flächennutzung. Dabei gelangte das quadtreeorientierte Geo-Informationssystem zum Einsatz.

Auf dem Gebiet des Natur- und Landschaftsschutzes galt dabei besonderes Augenmerk den gegenüber anthropogenen Eingriffen sensiblen Bereichen, der Beschreibung landschaftlicher Strukturvielfalt, der Freiflächenzerschneidung sowie der Vernetzung von Biotopstrukturen. So konnten planungsrelevante Indikatoren wie Ökotonlänge, Zerschneidungs- und Vernetzungsgrad mit Hilfe von Analysefunktionen in ihrer räumlichen Ausprägung ermittelt und dargestellt werden. Weiterhin wurde am Beispiel der natürlichen Erholungseignung demonstriert, wie durch Überlagerung verschiedenster Einflußfaktoren (von der Wertigkeit der Flächennutzung bis zu Pufferzonen bei Straßen) eine komplexe Bewertung erfolgen kann, die für großräumige Aussagen ein gut geeignetes, differenziertes Bild liefert. Durch raumbezogene und statistische Analysen können Problembereiche erkannt werden, in denen sich Nutzungsansprüche überlagern. Darüber hinaus können auch Bereiche herausgearbeitet werden, die aufgrund ihrer vielfältigen landschaftshaushaltlichen Funktionen eine hohe Wertigkeit besitzen.

In einer weiteren Testfläche in Ostsachsen, dem Gebiet um Pirna, wurden insbesondere die Methoden der Fernerkundung genutzt um räumlich und zeitlich vergleichbare Indikatoren zur Landschaftsstruktur zu gewinnen. Diesem Thema war das Poster "Indikatoren der Landnutzungsstruktur zur Charakterisierung des Ökosystemzustandes" gewidmet.

Ausgangspunkt ist die systematische Koppelung struktureller Merkmale der Landoberfläche mit einer Vielzahl von landschaftsökologischen Funktionen. Die Verteilung von Energie, Material sowie von Pflanzen und Tieren in der Landschaft steht in enger Beziehung zur Landschaftsstruktur des betrachteten Raumes. Dieser Zusammenhang soll zur großräumigen Beschreibung des Funktionszustandes von Landschaftseinheiten der Landschaft und zur Charakterisierung unterschiedlicher Ökosysteme genutzt werden (Abbildung 1). Ziel des vorgestellten Projektes ist es, verallgemeinerungsfähige Indikatoren zu finden und eine operationelle Methode der Erhebung zu entwickeln.

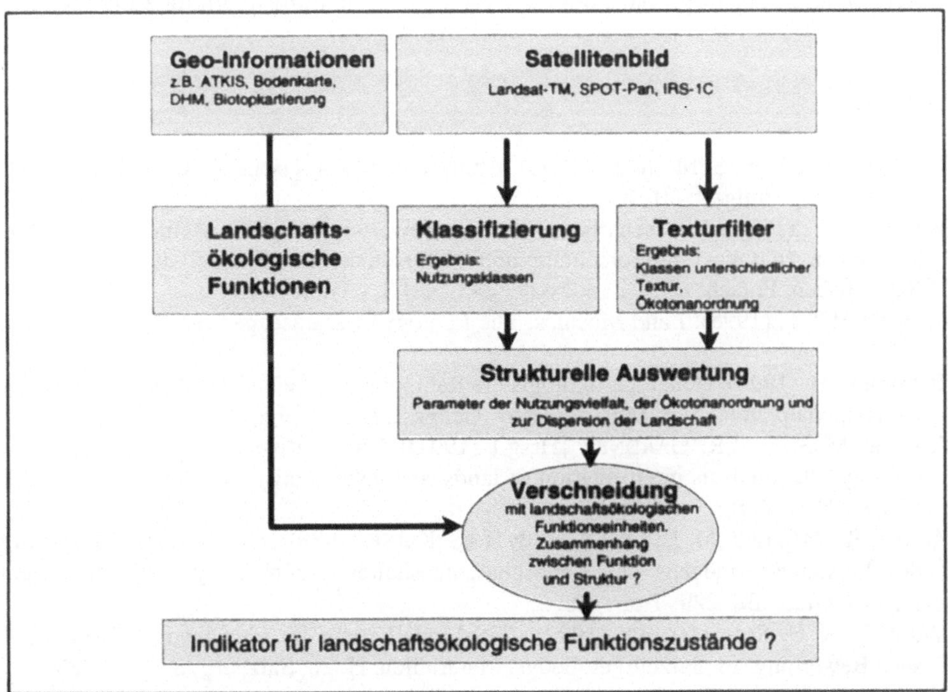

Abb.1 Ablaufschema des Projektes „Indikatoren der Landnutzungsstruktur zur Charakterisierung des Ökosystemzustandes“

Die zu erfassenden Parameter haben dabei vor allem die Zerstückelung und Zersiedelung natürlicher und naturnaher Landschaftseinheiten sowie die Verkleinerungen ihrer Flächenanteile zum Inhalt. Nicht unwesentlich ist dabei auch die Veränderung der Durchmischung von intensiv genutzten Landschaftsbereichen mit naturnahen Landschaftselementen. Hier gilt es, landschaftsökologische Parameter zur Charakterisierung der Landschaftsstruktur auszuwählen und ihre Anwendbarkeit auf die Instrumente der Fernerkundung als Datenquelle zu überprüfen.

Die Arbeiten lassen den Einsatz von Geo-Informationssystemen für Zwecke der Landschaftsökologie bei Planungs- und Monitoringaufgaben als folgerichtig und vorteilhaft erscheinen. Die Einbeziehung von Satellitendaten kann dazu beitragen, die aktuellen Landschafts- und Landnutzungsstrukturen großflächig und vergleichsweise kostengünstig zu erfassen. Neben neuen Möglichkeiten der räumlichen Analyse und Modellierung durch GIS kann die Verarbeitung von vorhandenen Informationen aus den verschiedenen Fachbereichen dazu beitragen, dynamischer und flexibler auf Anforderungen aus der Flächennutzungs- und Landschaftsplanung, der Regional-, oder der Landesentwicklungsplanung zu reagieren.

Literatur

BASTIAN, O. & K.F. SCHREIBER (1994): Analyse und ökologische Bewertung der Landschaft. Jena, Stuttgart; 502 S.

BLASCHKE, T. (1997): Landschaftsanalyse und -bewertung mit GIS. Methodische Untersuchungen zu Ökosystemforschung und Naturschutz am Beispiel der bayerischen Salzachauen. Forsch. z. Dt. Landeskde. 243: 320 S. - Trier.

FORMAN, R.T.T. (1995): Land Mosaics. The Ecology of Landscapes and Regions. 632 p. - Cambridge.

KLAMMER, D. (1996): Generelle ökologische Raumplanung - eine Entscheidungshilfe für die Regionalplanung? In: Mitt. d. Österr. Geogr. Ges., 138. Jg., Wien; S. 91 - 102.

TURNER, M.G. & R.R. GARDNER [Hrsg.] (1991): Quantitative methods in landscape ecology - the analysis interpretation of landscape heterogenity. Ecological studies 82: 536 p. - New York.

MARKS, R.; MÜLLER, M. J.; LESER, H. & H.-J. KLINK (1989): Anleitung zur Bewertung des Leistungsvermögens des Landschaftshaushaltes . Forschungen zur deutschen Landeskunde, Bd. 229. Trier; 222 S.

WALZ, U. & U. SCHUMACHER (1997): GIS-Modellierung für eine landschaftsökologische Bewertung. In: Salzburger Geogr. Materialien, H. 26. Salzburg; S. 421 - 428.

Einfluß von Flächennutzungsänderungen auf die Habitatqualität im Außenbereich von Mittelstädten - Das Fallbeispiel Riesa und Umland

Juliane Mathey, Kareen Seiche und Ulrich Schumacher

1 Einleitung und Methoden

Steigender Nutzungsdruck auf die Stadtrandbereiche fördert die Zerschneidung der Landschaft, die Fragmentierung von Habitaten, die Entkopplung von Komplexlebensräumen und bewirkt so Veränderungen im biozönotischen Gefüge. Daher gilt es fundierte Entscheidungsgrundlagen für die Planung bereitzustellen, die auch die räumlich-funktionalen Aspekte des Natur- und Landschaftsschutzes hinreichend berücksichtigen. Mit dieser Problematik befaßt sich ein interdisziplinäres Forschungsprojekt am Institut für ökologische Raumentwicklung e.V. (IÖR) in Dresden im Hinblick auf den Stadt-Umland-Bereich von Mittelstädten. Mit Hilfe des Geoinformationssystems (GIS) SPANS wurden für ausgewählte Tiergruppen Habitatuntersuchungen durchgeführt, die auf einer Landschaftsanalyse zu Flächennutzungs- bzw. Biotopstrukturen für drei Zeitschnitte (1880/82, 1992/93, Szenario 2010) basieren (Abbildung 1).

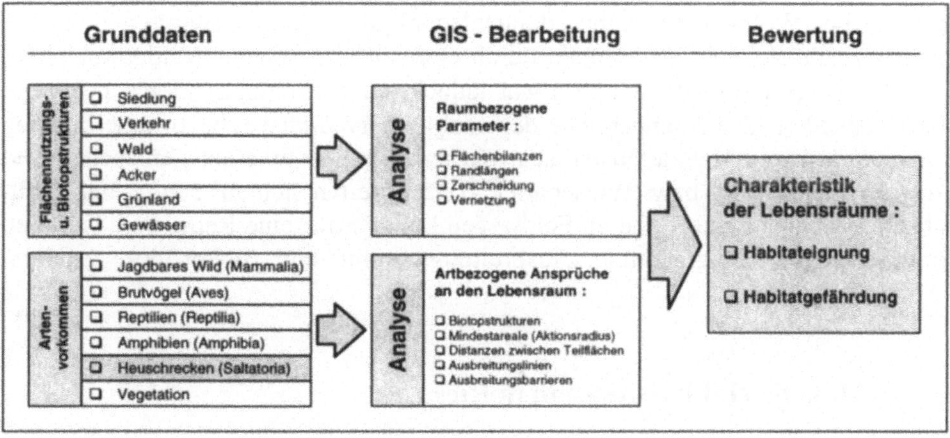

Abb.1: Vorgehensweise bei der GIS-gestützten Habitatanalyse in Riesa und Umland

Bei der räumlich-funktionalen Analyse ging es um die Verknüpfung flächenbezogener Parameter (Eigenschaften der Fläche: Nutzungsart und -intensität, Flächengröße, Strukturvielfalt, Vernetzung, Zerschneidung, Feuchtigkeit) mit artbezogenen Parametern (Ansprüche der entsprechenden Tierart an den Lebensraum: Anforderungen an Flächeneigenschaften, Minimalareale, Mobilität, Rekolonisationsdistanz).

Die Digitalisierung der aktuellen Flächennutzungsstrukturen 1992/93 basierte auf der TK 25 (N) des Landesvermessungsamtes Sachsen. Wegen unzureichender Genauigkeit mußten für den historischen Zustand die über 100 Jahre alten Äquidistantenkarten manuell an die TK 25 (N) angepaßt werden. Für das Szenario 2010 wurden die Vektordaten von 1992/93 zugrundegelegt und beabsichtigte Nutzungsänderungen sowie neu geplante Verkehrstrassen nach dem Flächennutzungsplan Riesa (Stadt Riesa 1997) eingetragen.

2 Riesa - historische Stahlstadt an der Elbe

Naturräumlich prägt das "Riesa-Torgauer Elbtal" mit Fluß und Auwiesen die Landschaft bei Riesa. Die Stadt erstreckt sich linkselbisch zwischen den Unterläufen von Jahna und Döllnitz und hat ein flaches, naturräumlich wenig abwechslungsreiches, bis 1990 intensiv agrarisch genutztes Umland. Bis in die jüngste Vergangenheit bestimmte das Stahl- und Walzwerk die Entwicklung der Region. Nach dessen Stillegung, Anfang der neunziger Jahre, wurde mit der Umnutzung des 72 ha großen Werksgeländes begonnen. Vor Einsetzen der intensiven Industrialisierung (1880/82), waren nur 2,5 % des Untersuchungsgebietes durch Siedlungsfläche (Wohnen, Gewerbe, Bahnanlagen) in Anspruch genommen. Schon damals zeichnete sich das Umland durch eine ausgesprochene Waldarmut (2 %) aus; die Ackerlandschaft (84,2 %) war jedoch durch zahlreiche kleine Feldwege reich gegliedert. Die Auenbereiche der noch unbegradigten Elbezuflüsse bildeten ein kleinflächiges Habitatmuster aus Wiesen, Streuobstwiesen, Gebüschen und Auwaldresten. Wald- bzw. Wiesenarten konzentrierten sich auf Jahna- und Döllnitzauen. Gehölze und Raine an Feldwegen konnten für eine Reihe von Tierarten Funktionen als Refugialräume, Ausbreitungszentren und Biokorridore erfüllen. (Abbildung 2)

3 Aktuelle Habitatsituation in Riesa

Die mit GIS erzeugten Karten und Bilanzen dokumentieren gravierende Flächennutzungsänderungen in den vergangenen 100 Jahren. Von 1880 bis 1993 wurden rund 10 km² Acker und rund 1 km² Grünland (Wiesen und Streuobstwiesen) in Siedlungsfläche umgewandelt. Ehemalige Feldwege sind als Straße ausgebaut oder durch Großschlagbildung beseitigt worden. Trotz Begradigung und Verrohrung von Jahna und Döllnitz sind ihre Auenbereiche noch weitgehend naturnah geblieben. Insgesamt wurden relativ hohe Zahlen, auch gefährdeter Arten, nachgewiesen; wertgebende Arten und Artengruppen kamen aber nur noch in Restbeständen vor. Ursachen sind neben allgemeinen Problempunkten, wie intensive Landwirtschaft, typische siedlungsspezifische Einschränkungen der Lebensräume, wie hohe Versiegelung, Zerschneidung, Störintensität und bei Amphibien außerdem zu hohe Ackeranteile im Umfeld von Laichgewässern. Wirkungsvolle Biotopverbundstrukturen sind nur noch bedingt herstellbar. (Abbildung 3)

4 Szenario Riesa 2010

Laut Regionalplan soll die Agrarlandschaft bei Riesa als weite, mit Feldgehölzen untergliederte Agrarlandschaft erhalten werden. Auf eine Stärkung der ökologischen Verbundfunktion der Auenbereiche von Elbe, Jahna und Döllnitz ist durch eine naturnahe Gestaltung und die extensive Bewirtschaftung des Grünlandes hinzuwirken (Regionaler Planungsverband Oberes Elbtal/Osterzgebirge 1996). Laut Flächennutzungsplan (Stadt Riesa 1997) wird die Bebauung landwirtschaftlicher Flächen auf wenige Standorte begrenzt bleiben. Ökologische Aufwertungen sind durch Erhöhung des Waldanteils (um 30%) und durch Pflanzungen von Gehölzen entlang von Straßen und Bebauungsrändern (um 200 %) geplant. Es ist zwar nicht mit einer Erhöhung der Zerschneidung durch Verkehrswege, wohl aber mit einer Zunahme der Verkehrsdichten zu rechnen. Aus faunistischer Sicht lassen die beabsichtigten Aufforstungen wegen zu kleiner Einzelflächen kaum eine Verbesserung erwarten. Der weitere Rückgang von Brutvogelarten der Agrarlandschaft läßt sich vermutlich nur durch eine Flächennutzungsextensivierung in Verbindung mit der Schaffung von Feldgehölzen und -rainen einschränken. Für Amphibien sind optimale Vernetzungsstrukturen unter den gegebenen Bedingungen nicht wieder zu erreichen. Eine Verringerung der Nutzungsintensität könnte jedoch zur Aufwertung ihrer Lebensräume beitragen. (Abbildung 4)

5 Ausblick

Wegen oben genannter Probleme sind dringend Konzepte erforderlich, die noch bestehende Möglichkeiten für Biotopverbundsysteme im Stadt-Umland-Bereich ausschöpfen und dabei gleichzeitig auch die Qualität vorhandener Lebensräume aufwerten. Für die Planung läßt sich durch Kombination der vorliegenden GIS-Analyseergebnisse für alle untersuchten Artengruppen ableiten, an welchen Stellen vorhandene Biotopstrukturen zu erhalten oder zu fördern bzw. wie mögliche Eingriffe zu kompensieren sind.

Literatur

ASCHE, A. UND SCHREIBER, K.-F. (1995): EDV-gestützte ökologische Karten. Einsatz von GIS-Technologie in der Biotopverbundplanung. Natur und Landschaft 4/95, S. 159 - 165.

BLAB, J. (1993): Grundlagen des Biotopschutzes für Tiere, 4. Aufl., Schriftenreihe für Landschaftspflege und Naturschutz 24, 479 S.

BREUSTE, J. (Hrsg.) (1997): 2. Leipziger Symposium Ökologische Aspekte der Suburbanisierung". UFZ-Bericht 7/1997, 195 S.

MATHEY, J.; SEICHE, K.; LEIMBROCK, H. (1997): Ökologische Bedeutung von Brach- und Freiflächen in ostdeutschen Mittelstädten In: IÖR-Info Nr. 7, Sept. 1997, S. 3-4

MATHEY, J.; SEICHE, K.; SCHUMACHER, U. (1998): Faunistische Aspekte der Habitatqualität in Mittelstädten. Jahresbericht 1997, Institut für ökologische Raumentwicklung e.V. (IÖR), 65-70 (im Druck)

REGIONALER PLANUNGSVERBAND OBERES ELBTAL/OSTERZGEBIRGE (1996): Regionalplan Oberes Elbtal/Osterzgebirge, Entwurf 04/96

REUTER, K. (1997): Biotopverbund Döllnitzaue (bei Riesa). Diplomarbeit zur Erlangung des akademischen Grades eines Diplomingenieurs (FH) für Landespflege (Dipl.-Ing.) an der Hochschule für Technik und Wirtschaft Dresden (FH) Fachbereich Pillnitz, Studiengang Landespflege

RIECKEN, U. (1990): Möglichkeiten und Grenzen der Bioindikation durch Tierarten und Tiergruppen im Rahmen raumrelevanter Planungen. Schriftenreihe für Landschaftspflege und Naturschutz Heft 32/90, Bonn-Bad Godesberg, 228 S.

SCHUMACHER, U.; MATHEY, J. (1998): Zur Analyse der Lebensräume von Heuschrecken mit Methoden der Geoinformatik - dargestellt am Beispiel der Riesaer Elberegion. Tagungsband der AGIT'98 in Salzburg 01.-03. Juli 1998, 6 S. (im Druck)

STADT RIESA, BAUBÜRGERAMT (1997): Flächennutzungsplan der Stadt Riesa mit Erläuterungsbericht, 5. Entwurf

VOGEL, M. UND BLASCHKE, T. (1996): GIS in Naturschutz und Landschaftspflege: Überblick über Wissensstand, Anwendungen und Defizite. Laufener Seminarbeiträge 4/96. Laufen/Salzach, S. 7 - 19.

WALZ, U. UND SCHUMACHER, U. (1998): Zum Einsatz des Geo-Informationssystems SPANS für landschaftsökologische Fragestellungen. Photogrammetrie - Fernerkundung - Geoinformation 2/98, Stuttgart (im Druck).

Digitaler Landschaftsökologischer Atlas Baden-Württemberg

Karl-Josef Durwen und Wolfgang Bortt

1 Die Standortskartierung als Datenquelle

Die Agrarökologische Standortskartierung Baden-Württemberg wurde bereits vor Jahrzehnten begonnen und die Ergebnisse im mikrochorischen Maßstab 1990 von WELLER zusammengefaßt veröffentlicht. Bei der von ELLENBERG et al. (1956) entwickelten Methode der Standortsanalyse handelt es sich um ein kombiniertes Kartierverfahren, bei dem morphologische, bodenkundliche und klimatologische Faktoren mittels Feldmethoden unter Nutzung von Bioindikatoren erhoben werden. Insbesondere sind dies Hangneigung, Wärme, Kaltluftgefährdung, Bodenart, Gründigkeit, Wasser-Luft-Haushalt der Böden, Potentielle Trophie, Kalkgehalt bzw. Azidität sowie Besonderheiten (Terrassierung, Überschwemmungsgefährdung, Rutschungen, Windgefährdung).

Je nach Kartiermaßstab werden bei diesem Verfahren auf örtlicher Ebene relativ homogene Standortseinheiten, auf regionaler oder Landes-Ebene heterogene Standortskomplexe, sowie Teil- und Großlandschaften abgegrenzt. Für Baden-Württemberg entstand eine Gliederung mit 2.200 Naturräumen und ein Tabellenwerk für insgesamt 855 unterschiedliche Standortskomplexe. Darin ist jeder Komplex durch einen Satz von nominalen und ordinalen Merkmalen beschrieben.

Eine umfassende Einführung in die Methode, wie auch die Beschreibung des EDV-Instrumentes und verschiedener Beispielanwendungen wurde von WELLER & DURWEN (1994) unter Bezug auf Problemstellungen der Planung veröffentlicht.

1.1 Fachlicher Kontext

Eine landschaftsökologische Komplexquelle kann nicht durch die Summe von Einzeldaten der Disziplinen Geomorphologie, Geologie, Bodenkunde, Botanik, Klimatologie usw. „substituiert" werden. Denn aufgrund unterschiedlicher Zielvorgaben der Spezialdisziplinen resultieren unterschiedlichen Kartiermethoden, Objektbezüge und Maßstäbe sowie insbesondere jeweils eine eigene Objektdefinition. Daher ergibt die Überlagerung lediglich eine geometrische aber keineswegs eine naturräumliche Ansprache (vgl. DURWEN 1995) und keine naturräumliche Objektdefinition. Somit existiert auch keine geeignete landschaftsökologische Bezugsbasis und die derzeit angeblich landschafts-ökologisch fundierte Planung reduziert sich in vielen Fällen auf reine Flächengeometrie. Wenn dieser Geometrie- und nicht Ökologieansatz dann, statt auf dem Leuchttisch, im Geographischen Informations-System zur Verrechnung kleinster gemeinsamer Grundgeometrien perfektioniert wird (z. B. SCHALLER & SPANDAU 1987), meint man, mit der durch technische Möglichkeiten verwischten Grundproblematik eines fehlenden ökologischen Objektbezuges ökologische Probleme lösen zu können. Nichts anderes ist zwangsläufig die Grundphilosophie aller (digitalen) Landschaftsdatensammlungen und sogenannter „Landschafts-Informations-Systeme", die nicht über Landschaften informieren können, sondern nur über isolierte Teilerkenntnisse für gleiche Bezugslokalitäten.

Die agrarökologische Standortskartierung versucht dagegen, mit vergleichsweise geringem Aufwand relevante Daten für individuelle Naturräume in gleicher Qualität, gleicher Graduierung und insbesondere mit einheitlichem Objektbezug und Methodik in kombinierter Merkmalsansprache bereitzustellen. Somit kommt diese Kartierung - und damit das auf ihr basierende Informations-System - der Forderung des Landschaftsplaners BUCHWALD (1973) weitgehend entgegen, wenn dieser schreibt: „Die ideale landschaftspflegerische Beurteilungsbasis wäre ein landschaftsökologisches Kartenwerk, das sowohl die räumliche Anordnung des Naturpotentials (Naturraumgliederung bzw. natürliche Standortsgliederung) als auch die reale und mögliche Eigenart (ökologische Beurteilung der augenblicklichen Nutzung bzw. der Nutzungskapazität) sowie die biologische Leistung bzw. Leistungsfähigkeit (Produktivität bzw. Produktionspotential) der einzelnen naturräumlichen Einheiten widerspiegelt". Auch der Planer LANGER argumentiert 1970 für derartige Naturraumgliederungen, ebenso der Geograph HAASE (1991) und viele andere Landschaftsökologen, etwa ELLENBERG & ZELLER (1951), sowie Forstwissenschaftler (z. B. SCHLENKER 1950).

Der von Spezialisten immer wieder beklagte, ja vorgeworfene „Mangel" an Detailinformationen der Komplexkartierungen wird bewußt in Kauf genommen, um durch ein einfaches, ganzheitliches und kostengünstiges Kartierverfahren überhaupt zu praktikablen und naturraumspezifischen Aussagen zu kommen. Somit gibt es auch keine Konkurrenz sondern vielmehr eine Ergänzung zu spezifischen, aufwendigen, aber auch isolierten Fachkartierungen.

1.2 Maßstabshierarchie

Die Methode der Standortskartierung ermöglicht eine Kartierung in beliebigen Maßstäben. Wie bei KLEIN (1993) gezeigt wird, sind selbst Detailaussagen methodisch und instrumentell mit vergleichsweise bescheidenem Kartieraufwand erreichbar. Ausgehend von der örtlichen Ebene können daher ohne Logikbrüche auch Aggregationen in einer Hierarchie der Bezugsräume erfolgen (DURWEN & KLEIN 1995). Somit ergibt sich methodisch ein geschlossenes Ganzes, wenn aus den „homogenen" Standortseinheiten nacheinander Gruppen, Verbände und

Komplexe gebildet werden, die sich mit den üblichen Planungsebenen (Objekt, Gemeinde, Kreis, Region) korrelieren lassen. Bei dieser Aggregation treten zunehmend Muster und Strukturen hervor, die den Verlust an Detailinformationen kompensieren, weil sie für die im neuen Maßstab gewünschte Funktionalität geeigneter sind. Der in der landesweiten Kartierung vorliegende Maßstab 1:200.000 reicht für viele Weichenstellungen und Vorentscheidungen aus, weil eine Gesamtansprache wesentlicher Faktoren und eine Gesamtorientierung gegeben ist. Beispiele wurden bereits in größerer Zahl u. a. für das Landesentwicklungsprogramm Baden-Württemberg erstellt (vgl. z. B. WELLER & DURWEN 1994).

2 Das Landschaftsökologische Informations-System und seine Einsatzmöglichkeiten

Insgesamt bietet die agrarökologische Standortskartierung sehr gute Grundlagen für viele den Naturraum betreffende Beurteilungen, also auch für Themenstellungen der Raumordnung und Landschaftsplanung. Dazu müssen die Daten aber vergleichbar, flächendeckend und in flexibler Form für Planungen bereitgestellt werden. Unter derartigen Zielsetzungen wurde das Landschaftsökologische Informations-System erstellt. Inzwischen liegen flächendeckend auf der Ebene sogenannter "Standortskomplexe" standardisierte Daten vor, so daß für alle Landschaftsräume Baden-Württembergs auf qualifizierte und auch quantifizierbare Angaben zu den charakteristischen standörtlichen Strukturen und Eigenschaften mittels EDV zugegriffen werden kann (vgl. DURWEN et al. 1994, 1995). Es mußten Datenbankstrukturen entwickelt werden, welche die spezielle Syntax der Quelle umsetzen und in ihrem Sinn nicht nur interpretieren, sondern auch logisch „zusammenhalten“ können (vgl. DURWEN, WELLER & TILK 1993; DURWEN & WELLER 1995). Selbstverständlich war zudem eine geometrische Abbildung notwendig und die übliche GIS-Funktionalität mußte gegeben sein. Für die Unterstützung der Felddatenaufbereitung und -verarbeitung, der Verwaltung der Sachdaten sowie der Eignungsbewertung entstanden spezielle Programme und Routinen, letztlich ein eigenes Softwarepaket.

Die komplexe Informationsvermittlung wurde von Anwendern jedoch nur bedingt angenommen, so daß deutliche Strukturvereinfachungen sinnvoll erschienen. Dies geschah unter anderem durch die Transformation der Ausprägungen aller Faktoren, einschließlich der Bodenarten, auf eine einheitliche 9-stufige Ordinalskala bzw. auf logische Ja/Nein-Relationen (etwa „windoffen“ oder „überschwemmungsgefährdet“). Zudem erfolgte durch die für jede vorkommender Ordinalstufe eingeführte Bezeichnung „örtlich“, „verbreitet“ oder „vorherrschend“ eine Grobquantifizierung der relativen Flächenanteile in den heterogenen Standortskomplexen. Letztlich resultierte so eine sehr einfache Form, die auch als „Kennmuster“ visualisiert werden kann (vgl. Abbildung 1).

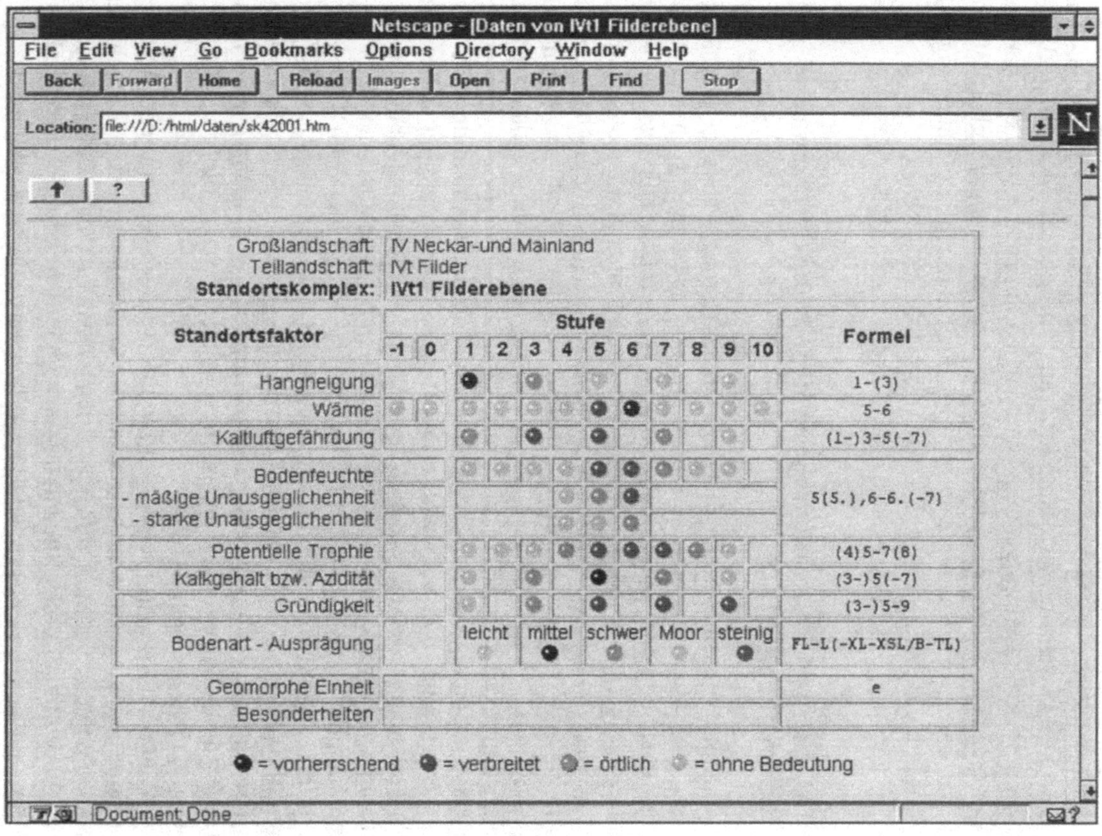

Abb.1: Darstellung der Merkmalsausprägung für einen Standortskomplex

Unschwer nachvollziehbar ist, daß dadurch neben der leichteren Interpretierbarkeit eine einfache Tabellenstruktur resultierte, die von jedem externen EDV-System leicht verarbeitbar ist. Somit können die im System vorliegenden Sachdaten in Verbindung mit den Geometriedaten der Bezugsflächen von jedem externen GIS-Anwender leicht verwendet werden.

Das eigene Informations-System wurde bewußt mit Basiselementen marktüblicher PC-Software entwickelt; denn obwohl für die Ebene der Landes- und Regionalplanung die Einspeisung in das Umweltinformations-System des Landes erfolgt, soll doch auch dem "Normalanwender" eine unmittelbare Nutzung ermöglicht werden. Die Geometrien sind als Raster- oder Vektordaten, in topologischer Form oder mit (redundanten) Flächenumgrenzungen in normaler AutoCAD-Form verfügbar. Die Topographie wurde gescannt und in einem Hybrid-System hinterlegt.

Die Hybriddatenverarbeitung wird mit dem Programm GS-Mapper als Applikation zu MicroStation-PC vorgenommen. Diese Software ermöglicht neben der Ausgabe von Plots auch eine 4-Farbseparation für die Erstellung von Druckfilmen. Für den örtlichen Maßstab können z. B. mit CAD-DIA-ESP ebenfalls Raster- und Vektordaten überlagert werden.

Das erstellte System bietet die Möglichkeit, sowohl in räumlicher als auch in thematischer Hinsicht vielfältige landschaftsökologische und landschaftsplanerische Aussagen auf der Basis von Einzelfaktoren und deren Kombination zu treffen sowie Vergleiche durchzuführen. Die Bandbreite der Einsatzmöglichkeiten erstreckt sich von der Vermittlung der Basisinformationen, insbesondere zu den Ausprägungen der Landschaftsfaktoren, bis zu deren Bewertung und Aufbereitung im gesamten Bereich ökologisch und agrarökologisch orientierter Planungsvorhaben. Für den Bereich der Landwirtschaft lassen sich aus der Bewertung der Faktorenkombination u. a. Aussagen über mögliche, optimale und standortsgerechte landbauliche Nutzungen treffen (Acker-, Obst- und Weinbau sowie Grünland).

Mittels zielgerichteter Analysen unter Einbeziehung und Verschneidung beliebig vieler der eingebundenen Datensätze kann man aber auch zu spezifischen Aussagen gelangen. So zeigt Abbildung 2 die Standortskomplexe mit entweder vorherrschend physiologisch feuchten oder trockenen Standortsbedingungen im Lande. Diese Komplexe können großräumig als zu den natürliche Schwerpunkten für den Arten- und Biotopschutz gezählt werden. Dort ist nämlich eine intensive landbauliche Nutzung weniger lohnenswert und gleichzeitig bieten solche extremen Standorte i. d. R. die natürlichen Voraussetzungen für seltene, schützenswerte Biotopausprägungen. Im Hinblick auf die Landschaftspflege können somit aufbauend auf den Analysen der von der Natur gegebenen Verhältnisse Schutz-, Pflege- und Entwicklungskonzepte erstellt und Empfehlungen für eine landbauliche Flächenextensivierung oder -stillegung sowie für den Biotopverbund abgeleitet werden. Darüber hinaus bietet das Landschaftsökologische Informations-System Auswertungen hinsichtlich der Belastbarkeit der Böden u. a. gegenüber Schwermetallen, Säuren oder Nitrat.

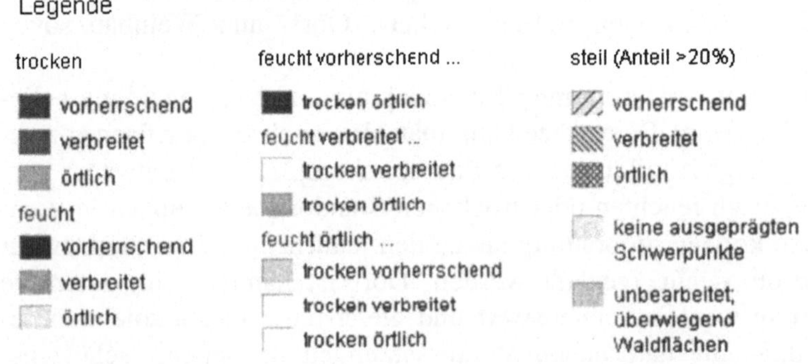

Abb.2: Ausschnitt aus der Karte der natürlichen Schwerpunkte für Schutz, Pflege und Entwicklung in den Agrarlandschaften Baden-Württembergs (Darstellung der Topographie mit Erlaubnis des LVA, Az. 5.13-D/154)

3 Digitaler landschaftsökologischer Atlas

Neben der Bereitstellung der Ausgangsdaten (Sachdaten und Geometrien) schien es angebracht, die bereits einmal erarbeiteten Auswertungen selbst in Form thematischer Karten Dritten anzubieten; dies um so mehr, als sich derzeit selbst bei den Nutzern professioneller Graphiksysteme einige nicht unwesentliche Probleme ergeben:

- Drittanwender verfügen nicht über das gleiche Know-how im Hinblick auf Grenzen und Möglichkeiten der Datengrundlagen bzw. Plausibilitätsprüfungen wie die datengewinnende Stelle, so daß der Bearbeitungsaufwand oft höher oder das Ergebnis weniger befriedigend ist bzw. sich viele Rückfragen ergeben.
- Bestimmte Themen von allgemeinerem Interesse werden zwangsläufig an mehreren und voneinander unabhängigen Stellen jeweils mit dem gleichen Datenmaterial bearbeitet, was nicht nur völlig uneffizient ist, sondern - aufgrund etwas unterschiedlicher Interpretationen und sicherlich sehr unterschiedlicher Darstellungen - zu erheblicher Verwirrung führen kann.
- Es fehlt bei der üblichen Weitergabe der Vektordaten - schon aus rechtlichen Gründen - immer die Topographie.
- Wird, was zur Orientierung nahezu unerläßlich ist, die Topographie benötigt, muß diese vom Drittanwender z.B. vom Landesvermessungsamt bezogen werden (Kosten; ggf. selbst noch aus gedruckter Karte scannen, entzerren usw.) und in einem Hybriddatensystem als Raster der Vektorkarte hinterlegt werden, was mit der notwendigen Einpassung einen hohen Zeitaufwand mit sich bringt und entsprechende Software und Ausgabemedien voraussetzt.
- Aus den digitalen Geometrie- und Sachdaten müssen wieder analoge Karten mit Legenden, Beschriftungen, Farbzuordnungen usw. erstellt werden, wenn diese in rechnerunabhängiger und üblicher Form verwendet werden sollen, was aufwendig ist und oft wenig professionel gehandhabt wird.

Noch gravierender sind die - leider überall vorherrschenden - Einschränkungen für „Normalanwender“, die weder über die speziellen GIS-Instrumente verfügen, noch sich mit Methode und Werkzeug dieser Technologie auseinandersetzen können und wollen: diese werden praktisch von der Nutzung ausgegrenzt. Daher wurde als weiterer wesentlicher Schritt die Erstellung eines digitalen Kartenwerkes in Angriff genommen. Diese Arbeiten umfaßten die Selektion im GIS, die Überlagerung von Vektor- und Rasterdaten und die gesamte Kartengestaltung mit Beschriftungen, Legenden und Farbzuweisungen sowie die Erläuterungen.

Es entstand ein Atlas mit 37 landesdeckenden Karten des Maßstabs 1: 200.000. Dabei handelt es sich um 18 thematische Karten zu Bodeneigenschaften, 6 zu Wärme und Kaltluftgefährdung, 4 zur Morphologie, 3 zur Landbaueignung, 4 zur

Belastbarkeit und je eine zu Überschwemmungs- und Hangrutschungsgefährdung sowie natürlichen Schwerpunkten für Schutz und Pflege. Hinzu kommen eine topographische und eine administrative Karte, die mit den Themenkarten überlagert werden können. Letztlich entstand ein preiswertes Produkt (unter 100 DM incl. allen Lizenzrechten) auf CD-ROM, das jeden Benutzer - auch solche mit minimalen Vorkenntnissen und Windows (ab 3.1) als Voraussetzung - in menügesteuerter Form zur sachgerechten Benutzbarkeit führt, wobei ihm geeignete Zugriffs- und Organisationsformen sowie Erläuterungen zur Verfügung stehen.
Die Karten sind nach Themengebieten gegliedert: Topographie, Verwaltungsgrenzen, Standortskomplex-Grundkarte, Faktoren-, Kombinations-, Eignungs- und Belastbarkeitskarten. Einleitend zu jedem Themengebiet ist die generelle Aussage einer jeden Karte beschrieben. Wahlweise kann ein Erläuterungstext aufgerufen werden, in dem die Ausprägungen landesweit kurz eingeordnet und Besonderheiten herausgestellt werden. Um den Bildaufbau in Geschwindigkeit und Qualität zu optimieren, wird eine automatische „Generalisierung“ dadurch vorgenommen, daß bestimmte Karteninhalte (Schraffuren, Symbole, Beschriftung, gescannte Topographie) nur dann dargestellt werden, wenn sie auch deutlich am Bildschirm erkennbar sind. Neben diesem automatischen Filter können aber auch individuelle Ansichtsweisen, etwa mit oder ohne Topographie, Grenzen, Beschriftungen jeweils gewählt werden (Abbildung 3). Natürlich ist auch ein stufenloses Zoomen in der Karte und die Veränderung des Ausschnitts (Pan) möglich. Die Einstellungen eines gewählten Ausschnittes werden als Vorgabe bis zu einer Neueinstellung beibehalten, so daß weitere Themen mit gleichem Bezug und in gleicher Form angezeigt werden.
Die Art des räumlichen Zugriffs ist über drei verschiedene, hierarchisch gegliederte Zugriffsarten möglich:

- Administrative Grenzen (Regierungsbezirks-, Kreis-, Gemeindegrenzen)
- Blattschnitte der Topographischen Karten (TK200, TK100 und TK50)
- Naturräumliche Abgrenzungen der Standortskartierung (Groß- und Teillandschaften, Standortskomplexe)

Begleitend zu den Karten wird die Methode der Standortskartierung sowie deren Aus- und Bewertung in Hypertext vorgestellt. Dabei arbeiten der WWW-Browser „Netscape“ und der GIS-Browser „Yade“ derart zusammen, daß Raster- und Vektorkarten, Texte, Legenden, Tabellen und Abbildungen „kreuz und quer“ aufgerufen werden können, so daß immer individuellen Wünschen, etwa nach Erläuterungen von Begriffen oder nach Interpretationen der angezeigten Karte entsprochen werden kann. Sowohl Landschafts- und Umweltplaner als auch interessierte Laien können sich so einfach und preiswert über die landschaftsökologischen Bedingungen im Land Baden-Württemberg informieren.

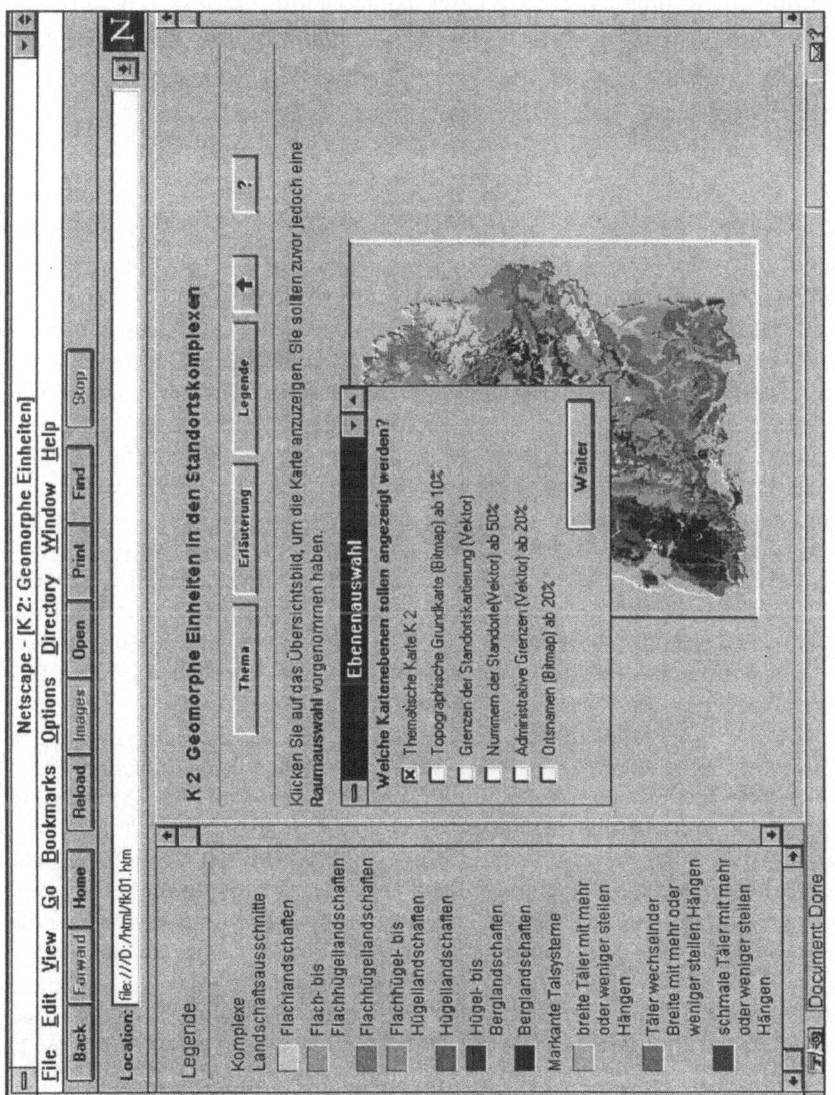

Abb. 3: Beispiel für Auswahlfenster bei der Kartendarstellung

Hinweis

Die Entwicklung des Systems und die Erstellung des digitalen Atlasses erfolgte mit Förderung im Rahmen des „Projektes Angewandte Ökologie (PAÖ)“ sowie durch Mittel der Ministerien für Umwelt und für Ländlichen Raum des Landes Baden-Württemberg.

Literatur

BUCHWALD, K. (1973): Landschaftsplanung und Ausführung landschaftspflegerischer Maßnahmen. In: BUCHWALD & ENGELHARDT (Hrsg.): Landsch.pfl. und Natursch. i. d. Praxis, S. 415ff

DURWEN, K.-J. (1995): Das Agrarökologische Informations-System Baden-Württemberg auf Basis der Standortskartierung. Berichte der Gesellschaft für Informatik in der Land-, Forst- und Ernährungswirtschaft 7, Referate der 16. GIL-Jahrestagung, Kiel, S. 71-79

DURWEN, K.-J., H. BECK, W. BORTT, S. KLEIN, CHR. TILK & F. WELLER (1994): Ein landesweites Agrarökologisches Informationssystem auf der Basis der Standorts-Eignungskarten. Z. Agrarinformatik 5, S. 93-98

DURWEN, K.-J., H. BECK, S. KLEIN & CHR. TILK (1995): Digitaler landschaftsökologischer Atlas Baden-Württemberg auf Grundlage der Standortskartierung. Salzb. Geogr. Mat. 22, Salzburg, S. 60-64

DURWEN, K.-J. & S. KLEIN (1995): Landschaftsökologische Grundlagen für großflächige Schutzkonzepte und Verifizierung in mittleren und großen Maßstäben. Veröff. Projekt "Angewandte Ökologie", Karlsruhe, S. 293-302

DURWEN, K.-J., F. WELLER & CHR. TILK (1993): Digitale Aufbereitung der landbaulichen Standortskarten von Baden-Württemberg als Grundlage für ökologische Planungs- und Ausgleichsmaßnahmen. Verh. Ges. f. Ökologie 22 (Zürich), Freising, S. 191-202

DURWEN, K.-J., F. WELLER (1995): Aufbau eines Agrarökologischen Informations-Systems auf der Basis der Standorteignungskarten und Auswertung für eine umfassende landschaftsökologische Anwendung. Veröff. Projekt "Angewandte Ökologie", Karlsruhe, S. 279-291

ELLENBERG, H. et al. (1956): Grundlagen und Methoden der Obstbaustandortskartierung. Obstbau 75, Stuttgart: S. 75-77, S. 90-92, S. 107-110

ELLERNBERG, H. & O. ZELLER (1951): Die Pflanzenstandortkarte am Beispiel des Kreises Leonberg. Forsch.- u. Sitz.ber. Akad. f. Raumforschung u. Landesplanung II., Hannover: S. 11-49

HAASE, G. (1991): Naturraumkartierung und Bewertung des Naturraumpotentials. Schrr. d. Dtsch. Rates f. Landespflege 59, S. 923-940

KLEIN, S. (1993): Standortskartierung in der Gemeinde Frickenhausen - Grundlage für die kommunale Planung. Diplomarbeit, FH Nürtingen: 101 S. + Kartenband

LANGER, H. (1970): Zum Problem der ökologischen Landschaftsgliederung. Questiones geobiologicae 7, Bratislava, S. 77-95

SCHALLER, J. & L. SPANDAU (1987): MAB-Projekt 6: Der Einfluß des Menschen auf Hochgebirgsökosysteme - integrierte Auswertungsmethoden und Modelle für die Ökosystemforschung Berchtesgaden. Verh. Ges. f. Ökologie 15, Göttingen, S. 35-47

SCHLENKER, G. (1950): Forstliche Standortskartierung in Württemberg. Allg. Forstzeitschr. 5

WELLER, F. (1990): Ökologische Standorteignungskarte für den Landbau in Baden-Württemberg 1 : 250.000. - Hrsg.: Min. f. Ländl. Raum, Ernähr., Landwirtschaft u. Forsten B.-W., Stuttgart: 70 S. + 2 K.

WELLER, F. & K.-J. DURWEN (1994): Standort und Landschaftsplanung - Ökologische Standortkarten als Grundlage der Landschaftsplanung. Landsberg, 174 S., 11 Tab., 95 Farb-Abb., Anlagekarte 1 : 350.000

Integrierte ökonomische und ökologische Bewertung von Landschaftsfunktionen

Monika Müller, Holger Thiele und P. Michael Schmitz

1 Einleitung

1.1 Problemstellung und Zielsetzung des Projekts

Das Projekt „integrierte ökonomische und ökologische Bewertung von Landschaftsfunktionen" ist eines von über 20 Teilprojekten des Sonderforschungsbereichs 299 der Deutschen Forschungsgemeinschaft zum Thema „Landnutzungskonzepte für periphere Regionen", der seit dem 01.01.1997 an der Universität Gießen läuft.

Dieses Projekt hat die wichtige und zugleich schwierige Aufgabe, verschiedene Ausprägungen der Landnutzung, also verschiedene Optionen der Landnutzung, mit den zugehörigen Landschaftsfunktionen zu bewerten. Dabei handelt es sich nicht um einen Soll-Ist-Vergleich von Einzelnen, sondern es soll vielmehr nach dem Prinzip des Abwägens eine Bewertung eines ganzen Zielbündels erfolgen. Schließlich gilt es am Ende des Forschungsabschnitts gemeinsam mit anderen Beteiligten Gestaltungsvorschläge zu erarbeiten.

Dem Forschungsvorhaben liegt kein eng umschriebenes Leitbild der Landnutzung zugrunde, noch wird das Vorgehen anhand nur einer Methode als sinnvoll erachtet. Statt dessen soll ein Zielraum für die Produktion von Landschaftsfunktionen abgesteckt werden, innerhalb dessen sich die tatsächliche Landnutzung unter Wahrung verschiedenster Interessen von Anbietern (Landnutzern) und Nachfragern (Bürger, Politiker, Experten) von privaten und öffentlichen Gütern vollziehen kann. Für das Abstecken des Zielraums soll in mehreren Schritten und mehr methodisch vorgegangen werden, insbesondere auch um den für solche Fragestellungen typischen Schwierigkeiten zu begegnen. Damit wird zugleich der Erkenntnis Rechnung getragen, daß sehr unterschiedliche gesellschaftliche Wertvorstellungen und Methoden der Wertermittlung existieren, die häufig nicht kompatibel sind. Doch zunächst ist eine sorgfältige Methodenanalyse notwendig, insbesondere eine Analyse der verschiedenen Methodenstränge.

1.2 Aufbau und Abgrenzung der folgenden Studie

Zunächst wird ein Überblick über die unterschiedlichen Bewertungsmethoden vermittelt, wobei wesentliche Vor- und Nachteile der einzelnen Bewertungsrichtungen kurz aufgezeigt werden. Anschließend wird am Beispiel einer Methode, der Conjoint-Analyse, die Präferenzermittlung für Landschaftsfunktionen aufgezeigt, die Ermittlung der Zahlungsbereitschaft schließt sich an, unter Berücksichtigung regionaler Knappheiten. Abschließend wird ein Ausblick auf das weitere Vorgehen gegeben, wie die Ergebnisse der Präferenzermittlung mit anderen Methoden vernetzt werden können, um sowohl gewünschte als auch technisch machbare Kombinationen von Landschaftsfunktionen abbilden zu können.

2 Bewertung öffentlicher Güter

2.1 Relevanz des Themas

Unsere Landschaften sind im Laufe der Jahrhunderte durch die menschliche Nutzung geprägt worden. Insbesondere die Land- und Forstwirtschaft hat mit der Produktion von Nahrungsmitteln und Industrierohstoffen erheblichen Einfluß genommen. Spätestens seitdem sich die Landwirtschaft aus bestimmten Regionen zurückzieht, wird immer deutlicher, daß die Landschaft nicht nur private, d.h. mit Marktpreisen bewertete Güter hervorbringt. Jede Option der Landnutzung ist, ökonomisch formuliert, zugleich auch mit der Produktion von öffentlichen Gütern verbunden, wie Erhaltung der Kulturlandschaft, Grundwasserneubildung, Biodiversität und dem Bereitstellen von Flächen für organische Abfälle. Diese öffentlichen Güter werden größtenteils von Landwirten produziert und von der Öffentlichkeit, also den Bürgern, nachgefragt, ohne daß diese ein Entgelt dafür zahlen müssen. Es gibt keine Besitzrechte an ihnen und somit kann sich im Gegensatz zu privaten Gütern auch kein Marktpreis einstellen. Doch es ist sicherlich falsch daraus zu schließen, öffentliche Güter seien nicht knapp bzw. nichts wert. So hat man längst erkannt, daß öffentliche Güter zumindest regional sehr wohl knapp werden können und die Gesellschaft sie infolgedessen zunehmend als wertvoll betrachtet. Die Höhe der Wertschätzung hängt davon ab, wie reichlich ein Gut zur Verfügung steht. Um diese Güter in ausreichendem Maß und den gesellschaftlichen Wünschen entsprechend anbieten zu können, muß die implizite Wertschätzung explizit gemacht werden. Letztendlich läuft es darauf hinaus, daß den Anbietern ein Entgelt für die ausreichende Produktion bestimmter Güter zu zahlen ist, den Nutzern hingegen ist hierfür ein Preis abzuverlangen.

2.2 Verfahren zur Bewertung der Umwelt

Wissenschaft und Praxis bemühen sich seit längerem darum, Bewertungs- und Prämiensysteme für die Erbringung ökologischer Leistungen zu entwickeln (Abbildung 1). Doch ist die Inwertsetzung öffentlicher Güter keine leichte Aufgabe, zumal diese Diskussion immer wieder auch von verteilungspolitischen Ansätzen überlagert wird. So wird die Forderung formuliert, Preisausgleichszahlungen durch die Honorierung ökologischer Leistungen abzulösen. Hier tritt die ökologische Leistung verstärkt als potentielle Einkommensquelle in Erscheinung und ist damit nicht mehr vorrangig an den wahren Knappheitsverhältnissen orientiert. Ebenso weckt sie als potentielle Besteuerungsquelle für Politiker Begehrlichkeiten, ohne die tatsächliche Knappheit eines Gutes überhaupt ermitteln zu müssen.

2.2.1 Nicht-Monetäre-Bewertungsverfahren

Grundsätzlich kann man bei den Verfahren zur Bewertung der Umwelt zwei Ansätze unterscheiden, nämlich monetäre und nicht-monetäre Bewertungsverfahren (vgl. Abbildung1). Nicht-Monetäre Bewertungsverfahren orientieren sich einmal rein an physischen Indikatorsystemen, wie Ökobilanzen und Öko-Audit. Andere Verfahren wie Ökopunktmodelle, die Nutzwertanalyse und die Multi-Kriterien-Analyse sehen sehr wohl die Notwendigkeit, marktrelevante Größen wie Angebot und Nachfrage in die Bewertung einfließen zu lassen. Im Grunde handelt es sich hier um eine quasimonetäre Bewertung, ausgedrückt z.B. in Form von Ökopunkten. Eine hohe Anzahl an Ökopunkten spiegelt einen hohen Wertansatz wieder. Die Wahl der Bemessensgrundlage, also der Ansatzstelle solcher Bewertungsverfahren, ist von entscheidender Bedeutung und nicht selten mit Problemen behaftet. Oft wird an Stellvertretergrößen angesetzt, es erfolgt eine Reduzierung auf wenige praktikable Kenngrößen, Wechselbeziehungen im Ökosystem werden unzureichend oder gar nicht einbezogen.

2.2.2 Monetäre Bewertungsverfahren

Monetäre Bewertungsverfahren suchen einen Preis zur Bewertung der Umwelt. Der Preis resultiert aus der Entwicklung von Angebot und Nachfrage. Es ist daher falsch zu sagen, Preise müssen die „ökologische Wahrheit" bzw. den ökologischen Wert widerspiegeln. Bereits ADAM SMITH (1723-1790) stellte sich dieses Problem im Wasser-Diamanten-Paradoxon. So stellte er fest, daß Wasser einen hohen ökologischen Wert (Gebrauchswert) hat, jedoch zur damaligen Zeit nur einen geringen Preis, ausgedrückt in einem niedrigen Tauschwert. Umgekehrt besaßen Diamanten einen niedrigen Gebrauchswert, jedoch beim Tausch einen hohen Preis. Erst ALFRED MARSHALL (1842-1924) konnte mit dem Gesetz der Marginalanalyse dieses Paradoxon auflösen.
Danach bestimmen Angebot und Nachfrage den Preis wie eine Schere. Entscheidend sind nicht der Gesamtnutzen oder die Gesamtkosten, sondern preisbestimmend ist jeweils die letzte Verbrauchseinheit (Grenznutzen) und die letzte Kosteneinheit (Grenzkosten).

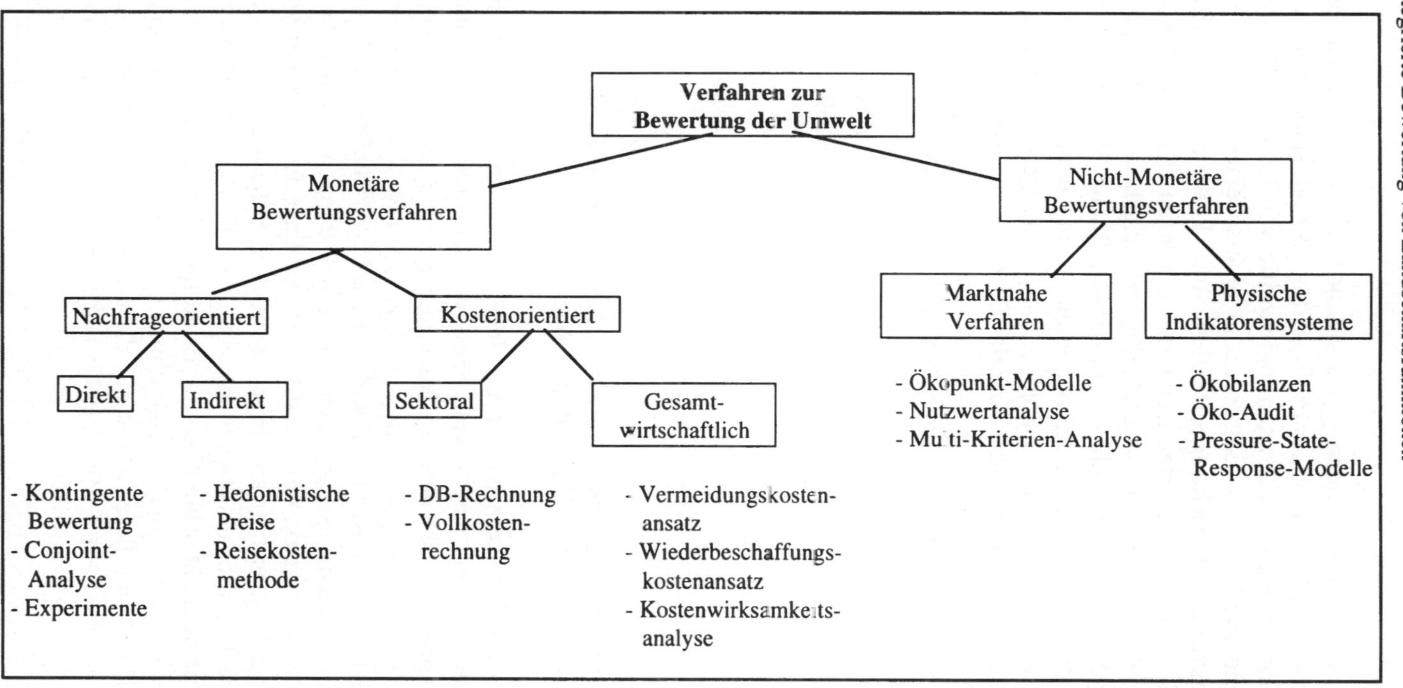

Abb.1: Verfahren zur Bewertung der Umwelt (Quelle: Eigene Zusammenstellung)

Ist ein Gut bereits reichlich vorhanden (großes Angebot), ist der Nutzen der letzten Verbrauchseinheit und damit sein Preis gering. Somit spiegeln Preise ökologische und ökonomische Entwicklungen gleichzeitig wieder, unter Berücksichtigung der Knappheitsverhältnisse. Entsprechend unterscheidet man bei den monetären Bewertungsverfahren nachfrageorientierte und kostenorientierte Bewertungsansätze. Zu den kostenorientierten Bewertungsansätzen zählen die klassischen Verfahren auf sektoraler Ebene, nämlich die Deckungsbeitrags-Rechnung und die Vollkostenrechnung. Aber auch gesamtwirtschaftliche Verfahren sind etabliert. Um jedoch die wahren Knappheitsverhältnisse und damit die wahren Präferenzen bzw. Preise widerspiegeln zu können, ist es zwingend erforderlich, auch die Wertschätzung der Nachfrage zu ermitteln. Da es keinen real existierenden Markt gibt, bedient man sich direkter und indirekter Befragungsmethoden, wobei eine Vernetzung durch die simultane Betrachtung mehrerer Methoden durchaus sinnvoll erscheint.

Im folgenden wird die Ermittlung von Präferenzen und Preisen auf der Grundlage eines nachfrageorientierten Verfahrens, nämlich der Conjoint-Analyse, am konkreten Beispiel der Bewertung von Landschaftsfunktionen näher vorgestellt.

3 Ermittlung von Präferenzen und Zahlungsbereitschaft für Landschaftsfunktionen auf der Basis der Conjoint-Analyse

Die Conjoint-Analyse verdankt ihren Namen der Idee, die diesem Verfahren zugrunde liegt: con-sider joint-ly, was soviel heißt wie gleichzeitig betrachten (WIEGAND,1994). Entsprechend der neueren Nachfragetheorie geht die Methode davon aus, daß Güter nicht mehr ganzheitlich wahrgenommen werden, sondern vielmehr als ein Bündel von Eigenschaften, wobei diese Eigenschaften wiederum eine Vielzahl von Eigenschaftsausprägungen aufweisen können. Dementsprechend ist der Gesamtnutzen den ein Gut zu stiften in der Lage ist, abhängig von seinen Eigenschaften und Eigenschaftsausprägungen. Durch Befragung lassen sich Präferenzwerte für jede Eigenschaftsausprägung ableiten. Die Zusammenfassung dieser Präferenzwerte ermöglicht schließlich die Ermittlung der individuellen Gesamtpräferenz für verschiedene Merkmalskombinationen. Für das vertiefende Studium der Methodik muß an dieser Stelle auf die umfangreiche Literatur verwiesen werden (VON ALVENSLEBEN, 1991; 1993; BACKHAUS 1990; MÜLLER und SCHMITZ, 1996).

3.1 Abgrenzung des zu bewertenden Gutes

Die praktische Umsetzung der CA verläuft trotz breiter Anwendungsmöglichkeiten und unterschiedlicher Erhebungsmethoden nach einem einheitlichen Grundschema ab. Dies soll im folgenden am Beispiel der Präferenzermittlung für Landschaftsfunktionen als private und öffentliche Güter näher vorgestellt werden. In einem ersten Schritt gilt es zunächst, das zu bewertende Gut abzugrenzen sowie nach bestimmten Regeln (Relevanz, Gestaltbarkeit usw.) Eigenschaften und deren Ausprägungen zu ermitteln. Ziel der Arbeit ist es, eine „nachhaltige regionale Entwicklung" zu bewerten, damit daraus Landnutzungssysteme erarbeitet werden können, die sich entsprechend den Besonderheiten einer Region als nachhaltig tragfähig erweisen (Tabelle 1). Nachhaltigkeit beinhaltet eine Landnutzung, welche auf eine dauerhaft umweltgerechte, wirtschaftsverträgliche und sozialverantwortliche Nutzung ausgerichtet ist. Da dies regional durchaus unterschiedlich sein kann, ist eine Abgrenzung auf natur- und wirtschaftsräumliche Einheiten erforderlich.

Bei der Bewertung einer nachhaltigen regionalen Entwicklung sind unterschiedliche Aspekte, Eigenschaften des Gutes, in Form von Landschaftsfunktionen zu berücksichtigen, wobei die Auswahl charakteristischer Eigenschaften und die Festlegung der jeweiligen Eigenschaftsausprägungen von entscheidender Bedeutung ist. Überdies ist die Anzahl der Eigenschaften und ihrer Ausprägungen auf ein sinnvolles Maß festzulegen, da ansonsten die zu beurteilenden Alternativen nicht mehr differenziert wahrgenommen werden und Probleme bei der Schätzung der Parameter auftreten können.

Für den SFB von besonderer Relevanz sind zunächst folgende Landschaftsfunktionen:

- Wasser- und Stoffhaushalt
- Diversität von landschaftstypischen Tier- und Pflanzenarten
- Aufnahme von organischen Abfällen
- Leistungsfähigkeit der Wirtschaft in einer Region
- Erhalt der Kulturlandschaft

Die Produktion dieser Landschaftsfunktionen kann in unterschiedlichen Ausprägungen erfolgen. So kann z.B. die Biodiversität von sehr gering über gering, mittel, hoch bis sehr hoch variieren. Insgesamt sind jeweils 5 Merkmalsausprägungen vorgegeben, welche eine Spannbreite von sehr schlecht bis sehr gut abdecken, wobei eine ordinale bzw. sogar metrische (Aufnahme von org. Abfällen, Erhalt der Kulturlandschaft) Skalierung zugrunde liegt.

Tab.1: Eigenschaften und deren Ausprägungen für das Gut: "nachhaltige regionale Entwicklung"

Eigenschaft	Eigenschaftsausprägung
Wasser- und Stoffhaushalt	sehr schlechter Zustand schlechter Zustand mittlerer Zustand guter Zustand sehr guter Zustand
Diversität landschaftstypischer Tier- und Pflanzenarten	sehr geringe Biodiversität geringe Biodiversität mittlere Biodiversität hohe Biodiversität sehr hohe Biodiversität
Aufnahme von organischen Abfällen	keine Aufnahme von org. Abfällen (0 %) Aufnahme von bis zu 25 % der org. Abfälle Aufnahme von bis zu 50 % der org. Abfälle Aufnahme von 75 % der org. Abfälle Aufnahme aller anfallenden org. Abfälle
Leistungsfähigkeit der Wirtschaft in der Region	sehr geringe Leistungsfähigkeit ... geringe Leistungsfähigkeit ... mittlere Leistungsfähigkeit ... hohe Leistungsfähigkeit ... sehr hohe Leistungsfähigkeit ...
Erhalt der Kulturlandschaft	kein Erhalt der Kulturlandschaft (nur Brache) Erhalt von 25 % der Kulturlandschaft Erhalt von bis zu 50 % der Kulturlandschaft Erhalt von bis zu 75 % der Kulturlandschaft Erhalt von bis zu 100 % der Kulturlandschaft

Quelle: Eigene Zusammenstellung

3.2 Präferenzermittlung

Für die nun notwendige Datenerhebung zur Ermittlung der Präferenzen gibt es unterschiedliche Erhebungsansätze (z.B. kompositionell, dekompositionell). Um den Schwierigkeiten der traditionellen Conjoint-Analyse zu begegnen (Komplexität der Befragung) sind in jüngster Zeit neuere Untersuchungsansätze entwickelt worden, von denen die adaptive Conjoint-Analyse (ACA), ein computergestütztes, interaktives Verfahren, die größte praktische Bedeutung erlangt hat. Hierbei handelt es sich um einen Ansatz, der die Vorteile kompositioneller und dekompositioneller Präferenzmessung verbindet. Das Besondere an der adaptiven

Conjoint-Analyse ist der computergestützte, sich am individuellen Urteilsverhalten des Befragten ausrichtende Befragungsablauf. Erst dadurch ist es möglich, daß eine größere Auswahl von Eigenschaften und Eigenschaftsausprägungen zur Bewertung vorgelegt werden kann. Der Ablauf des Interviews am PC zur Ermittlung der Präferenzen läßt sich in 6 Abschnitte unterteilen:

- Einführung in das Interview
- Ausgrenzung nicht akzeptabler Attribute
- Rangreihung einzelner Merkmalsausprägungen
- Ermittlung der Wichtigkeit einzelner Merkmale
- Paarvergleich
- Kalibrierung verschiedener Produktkonzepte.

Während zunächst eine Einführung in das Interview erfolgt um den Befragten mit dem Sachverhalt vertraut zu machen, dienen die Abschnitte zwei bis sechs der eigentlichen Datenerhebung zur Schätzung der Präferenzwerte. Zur Ermittlung der Präferenzen für die genannten Landschaftsfunktionen sollen diese Schritte nun durchlaufen werden.

3.2.1 Einführung in das Interview

In der Intervieweinführung wird der Befragte über den Bildschirm eines Laptops zunächst begrüßt und mit der Thematik vertraut gemacht. Im vorliegenden Fall erfolgt dies wie folgt:

„Sehr geehrter Interviewteilnehmer!
In diesem Interview möchte ich mich mit Ihnen über die zukünftige Entwicklung Ihrer Region und deren Landschaft unterhalten. Unsere Landschaften sind im Laufe der Jahrhunderte durch die menschliche Nutzung geprägt worden. Insbesondere die Land- und Forstwirtschaft hat mit der Produktion von Nahrungsmitteln und Industrierohstoffen erheblichen Einfluß genommen. Spätestens seit sich die Landwirtschaft aus bestimmten Gegenden zurückzieht, wird immer deutlicher, daß die Landschaft nicht nur der Nahrungsmittelproduktion dient. Die Landschaft regelt den Wasser- und Stoffhaushalt, sie bietet aber auch vielen Tier- und Pflanzenarten einen Lebensraum. Außerdem ist sie in der Lage, organische Abfälle in Form von Klärschlamm und Kompost aufzunehmen. Zugleich ist sie Wirtschaftsstandort, der Arbeitsplätze bereitstellt und in dem Einkommen erwirtschaftet werden kann. Schließlich wird die Landschaft als Kulturgut für Freizeit und Erholung genutzt. Tiefgreifende Veränderungen in der Bewirtschaftung dieser Landschaft, also z. B. der Rückzug der Landwirtschaft aus der Produktion von Nahrungsmitteln, können durchaus unerwünschte Veränderungen der Landschaftsfunktionen nach sich ziehen. Heute bestehen Bestrebungen, nachteiligen Entwicklungen entgegen zu steuern und Rahmenbedingungen für eine wirtschaftliche und zugleich

umweltschonende Landnutzung zu schaffen. Doch welche Aufgaben soll eine solche Landschaft erfüllen? Wo sind Schwerpunkte zu setzen? Um Ihre Einstellung zu erfahren, werden im folgenden einige Fragen an Sie gerichtet. Sie antworten, indem sie eine Nummer auf der Tastatur des Computers drücken. Sie brauchen keine Scheu vor dem Computer zu haben, es wird Ihnen immer erklärt, was Sie zu machen haben. Und nun viel Spaß, es geht los.“ Im Anschluß an diese Einweisung folgt die eigentliche Befragung.

3.2.2 Datenerhebung und Präferenzermittlung

Vor der Beantwortung der einzelnen Fragen wird dem Befragten während des Interviews jeweils kurz erläutert, was er zu machen hat. Als erstes kann ihm die Möglichkeit eingeräumt werden, für einzelne Landschaftsfunktionen nicht akzeptable Attribute auszugrenzen, welche dann im weiteren Verlauf des Interviews auch nicht mehr in Erscheinung treten werden (Abbildung 2). Als nächstes wird der Befragte aufgefordert, die Ausprägungen der einzelnen Landschaftsfunktion in eine Rangfolge zu bringen (Abbildung 3). Sind die Ausprägungen einer Landschaftsfunktion sehr offensichtlich in einer auf oder absteigenden Rangfolge einzuordnen, so kann dieser Teil der Befragung durch Voreinstellung automatisiert werden. Zur Ermittlung der Wichtigkeit der einzelnen Landschaftsfunktionen wird anschließend gefragt, wie bedeutend der Unterschied zwischen zwei Ausprägungen einer Landschaftsfunktion ist, wobei hier über die zuvor ermittelte Rangfolge jeweils die beste und schlechteste Ausprägung der jeweiligen Landschaftsfunktion gegenübergestellt werden (Abbildung 4).

Drücken Sie bitte nur die Nummer, deren Variante Sie auf gar keinen Fall akzeptieren können!

1. sehr schlechter Zustand des Wasser- und Stoffhaushaltes
2. schlechter Zustand des Wasser- und Stoffhaushaltes
3. mittlerer Zustand des Wasser- und Stoffhaushaltes
4. guter Zustand des Wasser- und Stoffhaushaltes
5. sehr guter Zustand des Wasser- und Stoffhaushaltes

Drücken Sie eine beliebige Taste um fortzufahren!

Abb. 2: Ausgrenzung nicht akzeptabler Attribute

Drücken Sie jeweils die Nummer, der Sie am meisten zustimmen können!

1. kein Erhalt von Kulturlandschaft (nur Brache)
2. geringer Erhalt von Kulturlandschaft (bis zu 25 % der Fläche)
3. mittlerer Erhalt der Kulturlandschaft (bis zu 50 5 der Fläche)
4. hoher Erhalt der Kulturlandschaft (bis zu 75 % der Fläche)
5. Erhalt der gesamten Kulturlandschaft (bis zu 100 % der Fläche)

Drücken Sie eine Nummer!

Abb. 3: Rangreihung der Ausprägungen einer Landschaftsfunktion

Wie bedeutend ist für Sie der Unterschied zwischen den beiden Varianten? Geben Sie bitte die Ihrer Beurteilung entsprechende Zahl ein!

sehr guter Zustand des Wasser- und Stoffhaushaltes

versus

sehr schlechter Zustand des Wasser- und Stoffhaushaltes

unbedeutend	bedeutend	sehr bedeutend	extrem wichtig
1 ---	2 ---	3 ---	4

Drücken Sie eine Nummer!

Abb.4: Ermittlung der Wichtigkeit einzelner Landschaftsfunktionen

Der Befragte hat zugleich die Aufgabe, seine Bewertung über unbedeutend, bedeutend, sehr bedeutend bis hin zu extrem wichtig zu gewichten. Damit ist der erste Teil, der kompositionelle Teil des Interviews, abgeschlossen. Das Programm schätzt bereits jetzt für jede Merkmalsausprägung einen vorläufigen metrischen Präferenzwert. Anhand dieser Werte werden die individuell relevanten Kombinationen von Landschaftsfunktionen für den folgenden dekompositionellen Befragungsteil ausgewählt. So stellt der PC in mehreren Paarvergleichen Kombinationen von Landschaftsfunktionen in unterschiedlichen Ausprägungen immer wieder neu gegenüber, wobei beide Konzepte sowohl bevorzugte als auch abgelehnte Merkmalsausprägungen enthalten (Abbildung 5).

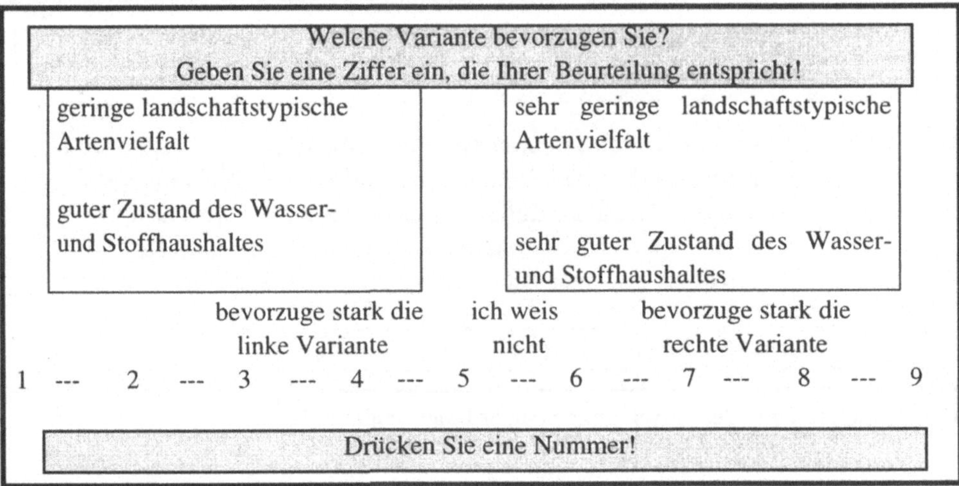

Abb. 5 a: Paarvergleich

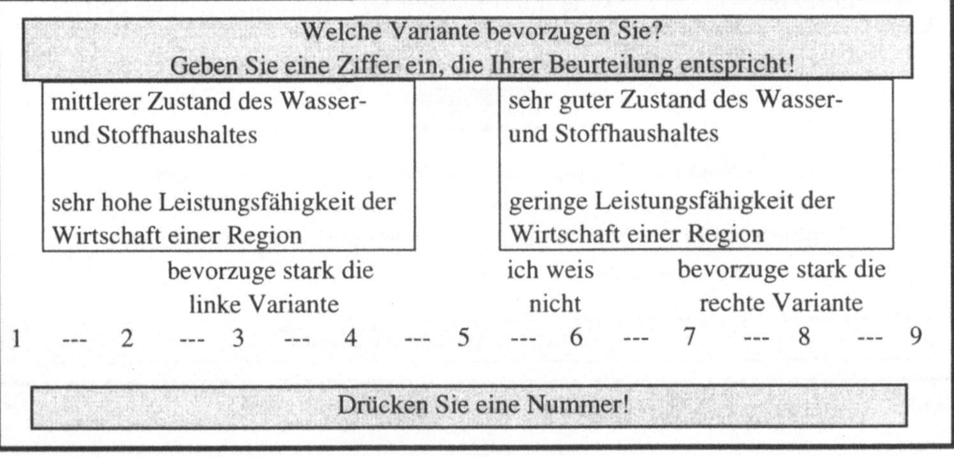

Abb. 5 b: Paarvergleich

Der Befragte hat die Aufgabe, auf einer Ratingskala von 1-9 seine Bewertung zum Ausdruck zu bringen. Hier gilt es nicht mehr nur die Ausprägungen einzelner Landschaftsfunktionen in eine Rangfolge zu bringen, wobei mitunter der Einwand eines reinen Wunschdenkens erhoben wird. Hier findet ein Abwägungsprozess auch zwischen den Ausprägungen verschiedener Landschaftsfunktionen statt, es müssen die tatsächlichen Präferenzen offengelegt werden.

Schließlich kommt der letzte Teil der Befragung, die Kalibrierung der Gesamtkonzepte. Dem Befragten wird eine Kombination aller Landschaftsfunktionen mit jeweils einer Ausprägung vorgestellt. Er soll nun angeben, zu wieviel % ihm diese Kombination zusagt. Dieser Teil der Befragung kann mit jeweils unterschiedlichen Ausprägungen wiederholt werden, wobei sich die Kombination der Ausprägungen jeweils aus den gegebenen Antworten zusammensetzt (Abbildung 6).

Wie sehr sagt Ihnen diese Kombination zu? Antworten Sie, indem Sie eine Prozentzahl von 0 bis 100 eingeben!

- Sehr schlechter Zustand des Wasser und Stoffhaushaltes
- hoher Erhalt von Kulturlandschaft (75 % der Fläche)
- geringe Leistungsfähigkeit der Wirtschaft in der Region
- sehr hohe Aufnahme von organischen Abfällen
- sehr geringe landschaftstypische Artenvielfalt

Antworten: 25 80 60 _

Drücken Sie eine Zahl von 0 bis 100!

Abb. 6: Kalibrierung

Präferenzen für einzelne Landschaftsfunktionen	
56	sehr guter Zustand des Wasser- und Stoffhaushaltes
57	guter Zustand ...
44	mittlerer Zustand ...
23	schlechter Zustand ...
54	sehr hohe Leistungsfähigkeit der Wirtschaft in der Region
37	hohe Leistungsfähigkeit ...
16	mittlere Leistungsfähigkeit
12	geringe Leistungsfähigkeit
0	sehr geringe Leistungsfähigkeit
37	hoher Erhalt von Kulturlandschaft (75 % der Fläche)
20	sehr hoher Erhalt ...
23	mittlerer Erhalt ...
12	geringer Erhalt ...
0	kein Erhalt (nur Brache)

Abb. 7: Beispielhafte Darstellung von Präferenzen für einzelne Landschaftsfunktionen

Als Ergebnis der adaptiven Conjoint-Analyse erhält man für jede Testperson Präferenzwerte für alle getesteten Ausprägungen der Konzeptelemente. Diese Präferenzwerte können als Teilnutzenwerte (Bedeutungsgewichte) aufgefaßt werden, d.h. ihre Höhe drückt den Einfluß auf das Zustandekommen der Gesamtpräferenz für das zu bewertende Gut „nachhaltige regionale Entwicklung" aus. Der Gesamtnutzen läßt sich durch Addition der ermittelten Koeffizienten für das Gut „nachhaltige regionale Entwicklung" errechnen (Abbildung 7).

Die Aggregation der individuellen Nutzenwerte erfolgt durch Mittelwertbildung über alle Befragten bzw. Befragungsgruppen. Damit eröffnet sich zugleich die Möglichkeit, Zielräume für akzeptable Formen einer nachhaltigen Landnutzung aus unterschiedlichen Sichtweisen für den konkreten Fall der Untersuchungsregion abzustecken, unter Wahrung verschiedenster Interessengruppen. Dabei handelt es sich zunächst um den nutzenorientierten Zielraum der Nachfrager nach Landnutzung.

Um die konkrete Ausgestaltung der einzelnen Güter (Landschaftsfunktionen) erfassen zu können, ist in einer vertiefenden Befragungsrunde die Ermittlung von Präferenzen auch für einzelne Elemente der Landschaftsfunktionen notwendig. Auch hier ist eine Aufgliederung in Eigenschaften und Eigenschaftsausprägungen erforderlich, um dann erneut auf der Basis der CA die Präferenzwerte ermitteln zu können. Auf weitere Einzelheiten der vertiefenden Forschungsarbeit kann aufgrund der umfangreichen Darstellung an dieser Stelle nicht näher eingegangen werden.

3.3 Ermittlung der Zahlungsbereitschaft

Nachdem sich der Befragte umfangreich mit der gesamten Thematik auseinander gesetzt hat, kann ergänzend die Zahlungsbereitschaft abgefragt werden. Dazu wird der Befragte aufgefordert, für jede Landschaftsfunktion seine Zahlungsbereitschaft zur Verbesserung eines Zustandes zu benennen. Auf diese Weise wird zugleich der Tatsache Rechnung getragen, daß Umweltgüter regional unterschiedlich knapp und somit differenziert zu bewerten sind (Abbildung 8).

Zur Ermittlung der Zahlungsbereitschaft sind weitere, fundierte Methoden entwickelt worden, welche innerhalb des Forschungsprojektes ebenfalls zur Anwendung kommen. Der mehrmethodische Ansatz empfiehlt sich zur Vernetzung der Ergebnisse, aber auch vor dem Hintergrund dieser für solche Fragestellungen typischen Schwierigkeiten, z.B. fehlende Märkte, unvollständige Informationen, verzerrte Präferenzen und stochastische Zielausprägungen.

Ermittlung der Zahlungsbereitschaft

Wasser- und Stoffhaushalt

Bei einem schlechten Zustand des Wasser- und Stoffhaushaltes wäre ich bereit, _____ DM/Jahr für eine Verbesserung dieses Zustandes zu bezahlen, bei einem guten Zustand würde ich _____ DM/Jahr bezahlen.

Sehr schlechter schlechter mittlerer guter sehr guter

→

Zustand des Wasser- und Stoffhaushaltes

Abb. 8: Ermittlung der Zahlungsbereitschaft am Beispiel einer Landschaftsfunktion

4 Vernetzung von Präferenzen und realisierbaren Kombinationen von Landschaftsfunktionen

Schließlich gilt es, die mittels der Conjoint Analyse ermittelten Präferenzen der Landnutzung mit den „technisch machbaren" bzw. beobachteten Kombinationen von Landschaftsfunktionen zu vernetzen. Die moglichen Kombinationen können gut anhand einer Transformationskurve dargestellt werden. Diese bildet die Trade off Beziehungen zwischen verschiedenen Landschaftsfunktionen ab. Das hier dargestellte Teilprojekt im Rahmen des Gießener SFB 299 geht auch bei Ermittlung dieser Transformationskurven, wie bereits bei der Präferenzanalyse mehrmethodisch vor. Neben Verfahren aus dem Bereich der Multivariaten Analyseverfahren (z.B. Korrelationsanalyse) werden vor allem Verfahren aus dem Bereich der Frontieranalyse verwendet. Letztere können bestmögliche bzw. die technisch machbaren Kombinationen von Landschaftsfunktionen abbilden und stellen somit die Kombinationen auf der Transformationskurve dar.

Die vereinfachte Darstellung in Abbildung 9 verdeutlicht die Vorgehensweise der Analyse. Im rechten oberen Teil sind die Ergebnisse der Conjoint Analyse in Form einer Kurve der Präferenzen der Landnutzung wiedergegeben. In der Abbildung sind zwei Landschaftsfunktionen (LSF) abgetragen. LSF 1 auf der Ordinate könnte beispielsweise die „Intensität der Landbewirtschaftung" sein und LSF 2 könnte die „Biodiversität" sein. Beide LSF werden mittels Indikatoren dargestellt. Der Verlauf der Präferenzkurve verdeutlicht ein Befragungsergebnis, welches besagt, daß bei geringer Biodiversität in einer Region eine höhere Präferenz für mehr Biodiversität besteht und eine entsprechend geringere Präferenz für eine intensive Landbewirtschaftung. Je ausgeprägter die Biodiversität in einer Region ist, desto mehr ist man bereit auf Biodiversität zugunsten eines höheren Einkommens der Landbewirtschaftung zu verzichten.

Neben den Präferenzen sind in der Abbildung 9 die in einer Region beobachtbaren Kombinationen der LSF A, B, C, D und E abgetragen. Sie geben jeweils unterschiedliche Kombinationen von „Einkommen der Landwirtschaft" und „Biodiversität" je Flächeneinheit wieder. Wichtig ist, daß es sich um Flächeneinheiten gleicher Qualität (bzw. Eigenschaften) handelt. Bereits diese einfache Abbildung verdeutlicht das Kernproblem bei der Bewertung von LSF: Wo könnte angesichts der erfragten regionalen Präferenzen und angesichts der beobachteten Kombinationen von LSF die bestmögliche Kombination von Landschaftsfunktionen liegen?

Dieser Zusammenhang kann methodisch mit dem „Multi-Criteria-Decision-Making" (MCDM) Ansatz abgebildet werden. Dazu ist es notwendig, die naturwissenschaftlichen Trade-Off-Beziehungen bzw. Transformationskurven zwischen LSF zu ermitteln. Dabei ist insbesondere zu prüfen, inwieweit komplementäre Zielbeziehungen zur Gewinnung von Synergieeffekten genutzt werden können und sich substitutive Zielbeziehungen (Trade-Offs) zumindest teilweise durch die Auswahl geeigneter Instrumente oder neuerer Technologien neutralisieren lassen. Die Trade-Off-Beziehungen bzw. die Transformationskurve als ein Teilergebnis des MCDM Ansatzes ist in Abbildung 9 als PP' angegeben. Die Kombinationen B, C und E stellen demnach die bestmöglichen Kombinationen von LSF dar. A und D demgegenüber stellen keine bestmöglichen Zielkombinationen von Landschaftsfunktionen dar.

Ein Hauptproblem der Bewertung von LSF ist die Vielzahl an verschiedenen ökonomischen und ökologischen Zielen bzw. LSF die auf einer Flächeneinheit gleichzeitig verfolgt werden. Bei der integrierten Bewertung von Landschaftsfunktionen sind daher Methoden zu verwenden, die viele Ziele simultan analysieren können. Ein weiteres Hauptproblem der Bewertung von LSF ist die Tatsache, daß sowohl nicht monetäre als auch montäre LSF auftreten. Entscheidend ist, daß Methoden verwendet werden, die in der Lage sind sowohl monetäre und nicht monetäre Größen abzubilden. Zusätzlich besteht das Problem in der Bewertung darin, daß die naturwissenschaftlich-technischen Zusammenhänge zwischen den LSF nur unzureichend bekannt sind und Datenlücken aufweisen. Die zu verwendenden Methoden sollten daher geringe Anforderungen an die Funktionsformen stellen. Die im Rahmen des Teilprojektes A4 des Gießener SFB 299 verwendeten Frontiermethoden, wie beispielsweise die MCDM Analyse, werden diesen speziellen methodischen Problemen im größerem Ausmaß gerecht als andere Ansätze.

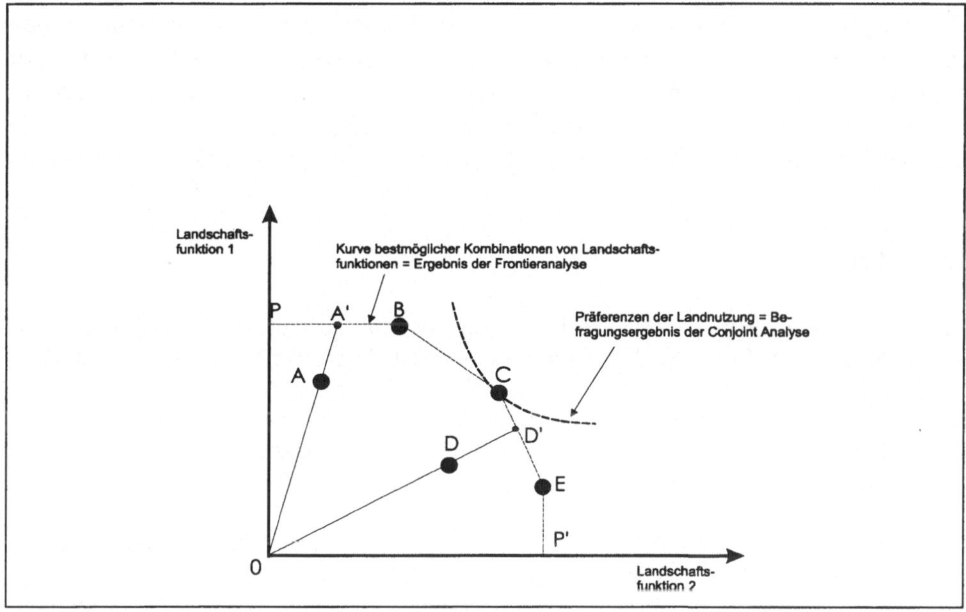

Abb.9: Präferenzen und bestmöglichen Kombinationen von Landschaftsfunktionen (Vereinfachte Darstellung)

5 Zusammenfassung

Das hier in Auszügen vorgestellte Projekt „Integrierte ökonomische und ökologische Bewertung von Landschaftsfunktionen" ist eines von über 20 Teilprojekten des Sonderforschungsbereichs 299 der Deutschen Forschungsgemeinschaft zum Thema „Landnutzungs-konzepte für periphere Regionen", der seit Januar 1997 an der Universität Gießen läuft.

Grundsätzlich konnte aufgezeigt werden, daß die Diskussion der Inwertsetzung öffentlicher Güter keine leichte Aufgabe ist, zumal sie vielfach von verteilungspolitischen Ansätzen überlagert wird. Ein Überblick teilt die Verfahren zur Bewertung der Umwelt in nicht-monetäre und monetäre Bewertungsverfahren, deren wesentliche Vor- und Nachteile heraus gearbeitet wurden.

Die Anwendung der Conjoint-Analyse als eine nachfrageorientierte Methode zur Bewertung der Umwelt konnte am Beispiel der Präferenzermittlung für Landschaftsfunktionen dargestellt werden.

Die Ermittlung der Zahlungsbereitschaft schloß sich durch ein direktes Befragungsverfahren an die Präferenzermittlung an, unter Berücksichtigung regionaler Knappheiten.

Die integrierte Bewertung ökonomischer und ökologischer Landschaftsfunktionen erfordert neben der Befragung der Präferenzen der Bevölkerung die Ermittlung der regionenspezifischen technisch machbaren Kombinationen von Landschaftsfunktionen. Methodisch sind Frontieranalysen besonders geeignet, da sie sowohl viele Ziele gleichzeitig als auch nicht monetäre und montäre Größen abbilden können.

Literatur

ALVENSLEBEN, R. VON (1991): Die Rolle von Marken und Gütezeichen beim Kaufentscheid. In: Schriftenreihe der Agrarwissenschaftlichen Fakultät der Univerität Kiel, Heft 73, Vorträge zur Hochschultagung 1991, S. 189-197

ALVENSLEBEN, R. VON und H. KRETSCHMER (1993) Bevölkerungspräferenzen für Landschaften in Ost und West - Eine Anwendung der Conjoint-Analyse. In Schriften der Gesellschaft für Wirtschafts- und Sozialwissenschaften des Landbaues e.V., Band 29, Münster-Hiltrup, S. 471-479

BACKHAUS, K., ERICHSON, B., PLINKE, W. U. R. WEIBER (1990): Multivariate Analysemethoden. 6. Auflage, Berlin

MÜLLER, M. und SCHMITZ, P.M. (1996): Erfahrungen aus dem Westerwald - Eine conjointanalytische Betrachtung der landwirtschaftlichen Investitionsförderung. In Landwirtschaftliche Rentenbank (Hrsg.), Landwirtschaftliche Investitionsförderung: Bisherige Entwicklung, aktueller Stand, Alternativen für die Zukunft. Frankfurt, S.63-109

WIEGAND, ST. (1994): Landwirtschaft in den neuen Bundesländern. - Kiel

Fazit: Landschaftsbewertungsverfahren auf regionaler Ebene

Martin Volk und Uta Steinhardt

Die interdisziplinäre Zusammensetzung der Landschaftsökologie sowie die Komplexität der Landschaft spiegelt sich auch in der Vielfalt der Bewertungsgegenstände und -verfahren wider. Daraus ergeben sich folglich auch verschiedene Herangehensweisen bei der Bewertung des Leistungsvermögens des Landschaftshaushaltes. Darüber hinaus besteht bei der Entwicklung von Verfahren zur Landschaftsbewertung größerer Räume noch erheblicher Forschungsbedarf. Der eingeschränkten Verfügbarkeit landschaftsökologischer Basisdaten folgt somit ein eingeschränkter Gültigkeitsbereich existierenden landschaftsökologischer Bewertungsverfahren.

Ziel der landschaftsökologischen Bewertung im „ganzheitlichen" Sinne ist die Ermittlung der Landschaftsfunktionen und der Naturraumpotentiale. Daraus können dann ökologische Beiträge zur Formulierung von regionalisierten Leitbildern für Naturschutz und Landschaftsentwicklung geliefert werden. Die Einschätzung der Leistungs- und Nutzungsfähigkeit des Landschaftshaushaltes erfolgt eben anhand des Erfüllbarkeitsgrades von Landschaftsfunktionen und der Ausprägung von Naturraumpotentialen - dafür ist eine Bewertung notwendig.

Ein wichtiger Faktor bei den Bewertungsverfahren ist der Genauigkeitsanspruch. So müssen auch bei einem möglichst „ganzheitlichen" Ansatz die zu bewertenden Landschaftsfunktionen ausgewählt werden, um eine Gesamteinschätzung größerer Räume zu ermöglichen. Dabei werden dabei nach der Abgrenzung von Bezugseinheiten die ausgewählten Landschaftsfunktionen (z.B. biotisches Ertragspotential, Widerstandsfähigkeit gegen Wassererosion, Abflußregulation, Grundwasserneubildung, Grundwasserschutzfunktion, bioklimatische Ausgleichsfunktion, Arten- und Biotopschutzfunktion, naturräumliches Erholungsfunktion) bestimmt. Je nach Anzahl und Art der zu bestimmenden Funktionen sowie der Datengrundlage kann bereits dieser Schritt mit einem gewaltigen Arbeitsaufwand verbunden sein. Anschließend erfolgt eine Einschätzung aktueller (und potentieller) Gefährdungen und Risiken sowie die Hervorhebung von Landschaftsteilen mit besonderer Bedeutung für den Naturhaushalt. Die nächsten Arbeitsschritte bestehen in der Formulierung von Entwicklungszielen für einzelne Schutzgüter, Funktionen und Potentiale und der Feststellung von Zielkongruenzen und Zielkonflikten bezüglich der monosektoralen Entwicklungsziele. Auf Basis dieser Grundlage erfolgt die Erarbeitung eines integrierten landschaftsökologischen Schutz- und Entwicklungskonzeptes und eine Typisierung von Bezugsräumen gleicher oder ähnlicher landschaftsökologischer Problematik und Zielsetzung. Diese Arbeitsschritte können sich je nach Zielstellung und Auswahl der zu bewertenden Funktionen und Potentiale in ihrem Ausmaß natürlich verändern. Zweck einer solchen Herangehensweise kann es zum Beispiel auch sein, im Sinne Landschaftsökologischer Atlanten und/oder eines Umweltinformationssystems spezifische, aufwendige und isolierte Feldkartierungen zu ergänzen sowie Struktur- und Funktionwissen über die Naturräume für den Anwender bereitzustellen. Bei der Bewertung mehrerer Landschaftsfunktionen und -potentiale wird dabei bewußt ein Mangel an Detailinformationen in Kauf genommen, um zu „ganzheitlichen", praktikablen und naturraumspezifischen Aussagen zu kommen. Da verschiedene Fachrichtungen der Landschaftsökologie auch verschiedene Ziele verfolgen ist es sinnvoll, hier möglichst einheitliche Kartier- und Aufnahmeverfahren zu verwenden (z.B. Standortsanalysen, mittelmaßstäbige landwirtschaftliche Standortskartierung, forstliche Standortskartierung, etc.). Damit wird gewährleistet, über eine landschaftsökologische Komplexquelle zu verfügen, die mehr ist als die Summe von Einzeldaten aus verschiedenen Fachdisziplinen. Problem bei diesem Ansatz ist allerdings, daß nicht in allen Gebieten und Regionen auf solche bereits vorliegenden, einheitlichen Datengrundlagen zurück gegriffen werden kann, so daß hier im starken Maße „improvisiert" werden muß (großräumige Kartierungen sind sehr zeit- , arbeits- und kostenaufwendig).

Ein anderer Ansatz besteht darin, die Auswahl der zu bewertenden Funktionen und Potentiale bewußt zu beschränken, um dann aber genauere Aussagen und Einschätzungen zu diesen Einzelfunktionen für größere Räume treffen zu können. Dabei gibt es auch hier Ansätze, die zunächst einmal mittels indirekter Indikation flächendeckend Gefahrenpotentiale aufzeigen (z.B. bei der Risikoabschätzung der Bodenerosion großer Gebiete). Die verfügbare Datenbasis erlaubt dabei zumeist in der Regel nur eine Abschätzung potentieller Risiken. Nachgeordnet erfolgt die direkte Indikation und Kontrolle für Gebiete mit starker potentieller Belastung und geringer Belastbarkeit (vertiefende Untersuchung). Dafür müssen die relevanten Indikatoren für die Bewertung von Zuständen und aktuellen Risiken natürlich bekannt sein. Es muß ferner geprüft werden, um welche Faktoren und Indikatoren die bereits bestehenden Bewertungsmethoden für eine Anwendung auf regionaler Ebene ergänzt oder „geschmälert" werden können oder ob gar neue Bewertungsverfahren entwickelt werden müssen. Beispiele hierfür sind die Beiträge, die sich mit der Naturnähe- bzw. Hemerobie-Bewertung von Waldflächen, der Bewertung der Einflüsse von Flächennutzungsänderungen auf die Habitatqualität sowie dem Potentialansatz zur Bewertung struktureller Veränderungen beschäftigen.

Landschaftsfunktionen/Naturraumpotentiale verkörpern das Bindeglied zwischen ökologischem Sachverhalten und gesellschaftlichem Handeln. Sie stellen damit die Grundlage zur Formulierung von Leitbildern dar. Ökologische Leitbilder wie Umweltqualitätsziele liegen allgemein an der Schnittstelle zwischen objektiv gegebenen Tatsachen, Erkenntnissen und Erfordernissen einerseits sowie gesellschaftlichen Wertvorstellungen andererseits. Die naturwissenschaftlich begründeten Ziele können also lediglich ein fachliches Optimum beschreiben, das noch mit den Möglichkeiten der Gesellschaft abgeglichen werden muß. Diese Einbeziehung sozioökonomischer Komponenten in landschaftsökologische Bewertungsverfahren wird in letzter Zeit verstärkt gefordert. Daß dies noch immer eine Seltenheit ist, zeigt die Tatsache, daß auch bei der Tagung diese Richtung lediglich durch zwei verknüpfte Beiträge repräsentiert war. Dieser Mangel ist wahrscheinlich aber auch auf Verständigungsschwierigkeiten zwischen Ökologie und Sozioökonomie zurückzuführen.

Beim ökonomischen Ansatz wird versucht, den Wert der in unterschiedlichem Umfang produzierten (bzw. vorhandenen) öffentlichen Güter (Kulturlandschaft, Grundwasserneubildung, Biodiversität, Flächen für org. Abfälle, etc.) abzuschätzen. Nur so können diese Güter der Gesellschaft in ausreichendem Maße zur Verfügung gestellt werden. Dabei darf die Bewertung nicht nur „verteilungspolitisch“ erfolgen, sondern muß auch an der wahren Knappheit dieser Güter orientiert sein. Der Nutzen eines Gutes ist abhängig von seinen Eigenschaften und Eigenschaftsausprägungen. Dabei erfolgt zunächst eine Abgrenzung von Landschaftsfunktionen und die Ermittlung deren unterschiedlicher Ausprägung. In einem zweiten Schritt wird eine vergleichende Bewertung der Landschaftsfunktionen zueinander ergänzt. Schließlich werden die Preise für die öffentlichen Güter durch die Zahlungsbereitschaft der Gesellschaft ermittelt. Dabei scheint es derzeit noch keinen alternativen Ansatz zu monetären Bewertungen zu geben, auch wenn diese zumindest fragwürdig sind. Der konträre Ansatz, landschaftliches Leistungsvermögen und den „Wert der Landschaft“ selbst als Gratisleistung der Natur anzusehen, ist jedoch auch abzulehnen. An einer finanziellen Vergütung landschaftspflegerischer Maßnahmen, die zu einer Erhaltung landschaftlicher Potentiale führen, kommt man somit nicht vorbei. Da die Umweltgüter unterschiedlich knapp sind, müssen sie auch differenziert bewertet werden. Die für dieses Bewertungsverfahren erforderlichen Befragungen werden mit zahlreichen anderen Verfahren vernetzt (ermittelte Präferenzen der Nachfrage müssen mit den technisch machbaren Landnutzungsoptionen verknüpft werden). Dieser Zusammenhang wird methodisch mit dem „Multi-Criteria-Decision-Making“ (MCDM) - Ansatz hergestellt. Dazu ist die Ermittlung der naturwissenschaftlichen Trade-Off-Beziehungen zwischen den Landnutzzungsoptionen, wie z.B. unterschiedlichen landwirtschaftlichen Intensitätsstufen der Bodennutzung und verschiedenen Ausprägungen eines Biodiversitätsindikators, notwendig. Diese Kopplung der naturwissenschaftlichen und (sozio)ökonomischen Ansätze bei Landschaftsbewertungsverfahren wird in Zukunft sicherlich in verstärktem Maße Zuspruch finden, da die Nutzung der Landschaft („Kulturlandschaft“) auch eng mit gesellschaftlichen und wirtschaftlichen Interessen verbunden ist.

Auch in diesem Themenblock wurde deutlich, daß für die Bearbeitung der Vielfalt von Faktoren und Informationen und deren Auswertung, die für komplexe

Landschaftsbewertungen und Entwicklung von Szenarien zukünftiger Entwicklungen erforderlich sind, Geoinformationssystme zu fast unerläßlichen Instrumenten geworden sind. Grundlagen der Analysen sind oft Informationen unterschiedlicher Maßstabsebenen und unterschiedlicher Fachdisziplinen. Durch die Verschneidung und Weiterverarbeitung dieser Informationen können zahlreiche Fehler entstehen, die sich summieren und damit das Gesamtresultat verfälschen. Gerade bei Modellierungen der Grundwasserneubildung oder von Stoffausträge aus landwirtschaftlich genutzten Flächen, etc., die auch für die Regionalplanung und Landschaftsanalyse verwendet werden, kann das fatale Folgen haben. Daher müssen bei GIS-gestützten Bewertungen und Modellierungen das simulierte Verhalten der verschiedenenen Kombinationen von Datenebenen auf ihre Richtigkeit und die relativen Differenzen von Ergebnissen der untersuchten Flächen auf ihre Plausibilität hin überprüft werden.

Themenblock 5

Akzeptanz regionaler Landschaftsbewertungsverfahren aus der Forschung bei relevanten Behörden

Bewertungsverfahren im Spannungsfeld zwischen wissenschaftlichem Anspruch und administrativen Anforderungen

Marion Potschin und Micheal Gaede

Zusammenfassung

Eine der Teilaufgaben der Geographie besteht in der Bereitstellung von Grundlagendaten, die in Planungsprozesse einfließen. Diese Informationen wurden in der Regel zweckgerichtet erhoben, da sie sich an bestimmten Problemstellungen orientierten und damit nicht „wertneutral" sind. Im Rahmen anwendungsorientierter Fragestellungen (z.B. Raumbewertungen wie UVP, Eingriffsregelung) muß sehr häufig auf diese Datensätze zurückgegriffen werden. Dabei stellen die beteiligten Akteure unterschiedliche Ansprüche an Inhalte und Abläufe von Planungsprozessen. Während aus wissenschaftlicher Perspektive Anforderungen in bezug auf Qualität/Validität im Vordergrund stehen, wird die (Verwaltungs-)Praxis vielfach von anderen Faktoren dominiert (z.B. Zeit und Kosten). Ausgewählte Aspekte des sich daraus ergebenden Spannungsfeldes werden dargestellt. Hierzu sind Lösungen zu erarbeiten.

Einführung

Umsetzungskonzepte für ökologisches Wissen in ökologisches Handeln müssen von sozialen Systemen ausgehen, nicht von Ökosystemen (HIRSCH, 1992).

Planungsprozesse finden unter definierten gesellschaftlichen und politischen Rahmenbedingungen statt. Dabei formulieren unterschiedliche Gruppen oder Individuen aus ihrer jeweiligen Perspektive ganz spezifische Interessen, die die Realisierung (bzw. Verhinderung) bestimmter Planungen zum Ziel haben. In der nachfolgenden Abbildung ist das daraus resultierende Spannungsfeld dargestellt, innerhalb dessen die beteiligten Akteure rechtliche, fachliche und administrative Anforderungen an umweltbezogene Planungsbeiträge stellen.

Die vorliegenden Ausführungen thematisieren dabei die Beziehungen und Widersprüche, die sich aus den unterschiedlichen Anforderungen und Erwartungen an wissenschaftliche (fachliche) Arbeitsweisen und administrative Handeln ergeben. Bewertungsverfahren, die in solchen Fällen zur Strukturierung des Verfahrensablaufs und zur Entscheidungsvorbereitung zum Einsatz kommen, müssen dabei gleichermaßen auf fachliche Validität (wissenschaftlicher Anspruch) und Praktikabilität (administrativer Anspruch) ausgerichtet sein.

Zwischen diesen beiden Anforderungen besteht ein weitgehend unauflösbarer Zielkonflikt. „Hohe fachliche Validität erfordert in aller Regel höheren Aufwand und mindert damit zwangsläufig die Praktika bilität, im Sinne vereinfachender Vorgehensweise. Damit steht der Maßstab hoher fachlicher Validität weitgehenden Anforderungen der Administration nach 'schlanken' Verfahren und Planungen entgegen" (OTT, 1997). Bewertungsverfahren werden im vorliegenden Kontext in einem weitgefaßten Sinne als Instrumente zur Weiterverarbeitung von Informationen nach vorgegebenen Regeln verstanden - mit dem Ziel, zu Werturteilen[1] zu gelangen, die Verwaltungsentscheidungen vorbereiten. Die folgenden Ausführungen zeigen, nach welchen Gesichtspunkten die hierfür notwendigen Daten erhoben, transformiert und aggregiert werden und welche Beiträge in welcher Form in einzelnen Phasen des Planungsprozesses Eingang finden.

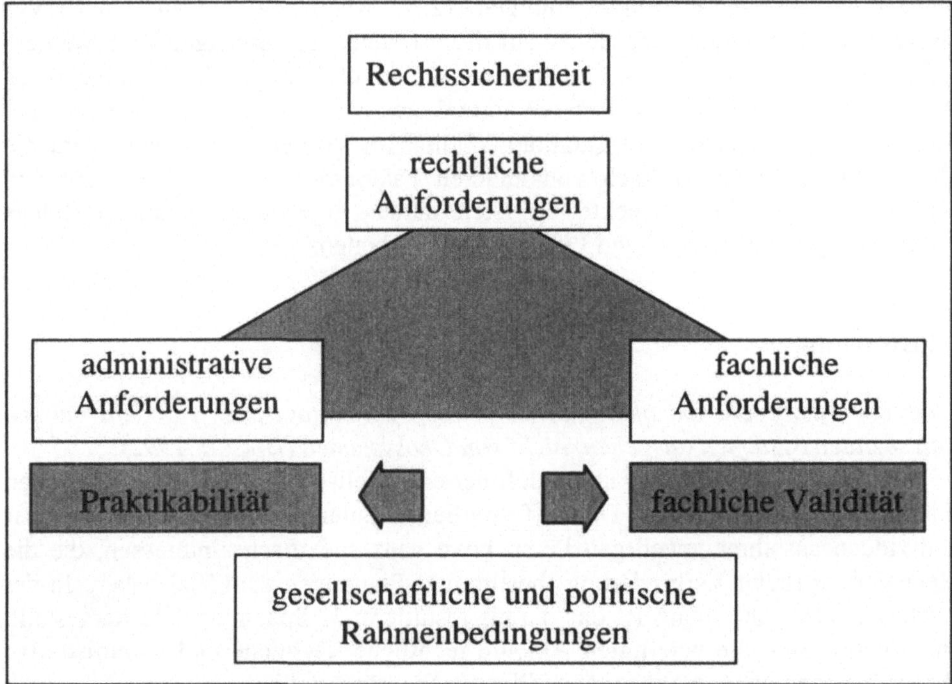

Abb. 1: Das Spannungsfeld zwischen Rechtssicherheit, Praktikabilität und fachlicher Validität bei umweltbezogenen Planungen (verändert nach OTT, 1997)

[1] Bei Werturteilen wird in der Fachliteratur bzw. Rechtsprechung unterschieden zwischen „fachlicher Beurteilung" - i.d.R. durch Planer bzw. Gutachter - und „rechtlicher Bewertung" durch Verwaltungsjuristen (vgl. hierzu e.g. auch die Trennung zw. § 6 und § 12 UVPG [Gesetz über die Umweltverträglichkeitsprüfung 1990])

2 Der Begriff „Bewertung“

Die Ökologie und andere umweltrelevante Wissenschaftsdisziplinen können Sachverhalte beschreiben, bestehende Ursachen und Wirkungszusammenhänge erklären sowie künftige Wirkungen und Entwicklungen prognostizieren. Die Wissenschaft liefert jedoch keine Bewertungsmaßstäbe. Diese sind allein umweltbezogene Ziele (HÜBLER & ZIMMERMANN, 1992).

Welche Bestandteile der Umwelt in welchem Umfang schützenswert sind, läßt sich rein wissenschaftlich nicht begründen. „Von deskriptiven Aussagen über einen „Ist“-Zustand kann nicht unmittelbar präskriptiv auf ein ‘Soll’ geschlossen werden. Einen solchen direkten Schluß vom ‘Ist’ zum ‘Soll’ bezeichnet man [...] als naturalistischen Fehlschluß“ (SRU, 1994). Das Anspruchsniveau an den Schutz der Umwelt ist demnach abhängig von der unterschiedlichen Werthaltung der Betroffenen, die als wesentliche Komponente den Planungsablauf mitbestimmt. Die Verknüpfung von Wert(„Soll“)- und Sach(„Ist“)-Dimension erfolgt durch den Bewertungsvorgang. Dabei schließt die Sachebene alle Seins-Aussagen ein, die in Form von Ergebnissen der „wertfreien“ empirischen Wissenschaften (Geographie, Ökologie, empirische Sozialwissenschaften) bereitgestellt werden. Hierzu gehören u.a. Beschreibungen empirischer Gegebenheiten, statistische Zusammenhänge, Naturgesetze, Hypothesen und Prognosen. Die Wertebene steht demgegenüber in Zusammenhang mit menschlichem Handeln, das durch Planung - als „gedankliche Vorwegnahme künftigen Handelns“ (SCHNEEWEISS, 1991) - nach bestimmten Regeln strukturiert wird. Die Wertdimension umfaßt normative Sätze wie Sollensforderungen, Empfehlungen, Vorschriften, persönliche oder Gruppen-Interessen, Zielsetzungen, wertende Stellungnahmen bzw. wertende Urteile (vgl. AG „Bewertungsmethodik in der UVP“,1997).

3 Zum Planungsverständnis

„When, in a decision making process, there is uncertainty in the `EIA[2] approach' (being related to values), further scientific research only helps decision makers by providing an alibi for delay. When decision makers are faced with a difficult political decision, the tendency to ask for more scientific research, while understandable, is not a logic way of solving the problem“ (DE JONGH, 1988; zitiert in: SCHOLLES 1997).

Planung ist auf Entscheidung und Handlung ausgerichtet. Aus diesem Grund ist es „insbesondere für Planungszwecke [...] erforderlich, Daten zielgerichtet zu erheben, um Datenfriedhöfe mit geringem Nutzen für die Wirkungsvorhersage

[2] Environmental impact assessment - das US-amerikanische Pendant zur deutschen Umweltverträglichkeits-prüfung (UVP)

und die Beurteilung von Vorhabenswirkungen zu vermeiden und eher analytische als enzyklopädische Untersuchungen hervorzubringen" (RUNGE, 1998, 114). Hinsichtlich der Datenauswahl tritt also das Prinzip der Selektivität an die Stelle der Vollständigkeit. Die nachfolgende Gegenüberstellung (Tabelle 1) zeigt anhand weiterer Kriterien die Unterschiede zwischen einer eher lösungsorientierten Vorgehensweise, wie sie in der (Verwaltungs-)Praxis üblich ist, und einer problemorientierten, wissenschaftlichen Ausrichtung auf. Die Darstellung soll jedoch nicht Anlaß zu der Vermutung geben, wissenschaftlichen Kriterien müsse in der Praxis keine Beachtung geschenkt werden. Gleichwohl laufen Planungsprozesse unter anderen Randbedingungen ab: der Vorgabe von Zeit- und Kostenrahmen, der Einbindung von Planungsabläufen in Verwaltungsverfahren und der Beachtung des Rechtsgrundsatzes der Verhältnismäßigkeit.

Tab. 1: Kriterien zur Charakterisierung der wissenschaftlichen bzw. pragmatischen Vorgehensweise zur Problemlösung

problemorientiertes Vorgehen	lösungsorientiertes Vorgehen
• Objektivität	• Erforderlichkeit (des Verfahrens)
• Reliabilität	• Rechtssicherheit
• Vollständigkeit	• Zumutbarkeit (für den Vorhabenträger)
• Transparenz (Nachvollziehbarkeit)	• Effizienz (Kosten-Nutzen-Verhältnis)
	• Verständlichkeit für Laien (Akzeptanz)

Diskrepanzen, die in diesem Kontext Anlaß zu Problemen geben und planerisch bewältigt werden müssen, sind nach RITTEL (1992, 67) solche „zwischen zwei Situationen, der sogenannten Ist-Situation und der Soll-Situation der Welt oder eines ihrer Teile." Die Lösung besteht nach RITTEL (a.a.O.) darin, „eine Folge von Operationen und Manipulationen zu finden, die den Ist-Zustand in einen anderen Zustand überführen, der mit dem Soll-Zustand wenigstens vereinbar, verträglich ist. Der Soll-Zustand wird nie genau eintreten, weil man sich bei jeder Situationsbeschreibung notwendig auf einige wenige Merkmale beschränken muß. Der Problemlöser verfügt über viele Maßnahmen, die jeweils unter bestimmten Bedingungen anwendbar sind." Planung umfaßt also eine Reihe von Maßnahmen, die den Ist-Zustand in jeden Zustand überführen, der mit dem Soll-Zustand kompatibel ist. Wie der jeweilige Soll-Zustand auszusehen hat, ist eine (gesellschafts-)politische Frage[3] und mit entsprechenden Ungewißheiten behaftet. Hierzu sind Instrumente zur Etablierung von Zielsystemen mit problemadäquatem Konkretisierungsniveau[4] zu entwickeln.

[3] Vgl. hierzu die aktuelle 'Leitbild-Diskussion', u.a. Ansätze zur 'diskursiven Leitbildfindung' (WIEGLEB, 1997).

[4] Dazu zählt auch die inhaltliche Konkretisierung unbestimmter Rechtsbegriffe („Leistungsfähigkeit

SCHOLLES (1997) unterscheidet in Anlehnung an SUTER II et al. (1987) verschiedene Kategorien von Unsicherheiten. Neben analytischen Unsicherheiten, die überwiegend Probleme der Modellbildung[5] betreffen, existieren auch die genannten Unbestimmtheiten in Zusammenhang mit Werthaltungen (Abstraktionsgrad, Zielausrichtung/Bezugsobjekt bzw. -subjekt, Zielbegründung). Vorgehensweisen, diesem Typ von Unsicherheit durch mehr und genauere (bessere) Information auf der „Sachebene", v.a. durch 'bessere' Modelle und Prognosemethoden, zu begegnen (SCHOLLES, 1997, 20), sind hierfür ungeeignet. Denn in jedem Arbeitsschritt des Planungsprozesses sind unter einer Vielzahl von Möglichkeiten Auswahlentscheidungen zu treffen, d.h. „bestimmte Tatbestände werden anderen vorgezogen" (SCHNEEWEISS, 1992, 246). Damit sind Wertungen (Gewichtungen, Prioritätensetzungen) immanenter Bestandteil jedes einzelnen Planungsschrittes und bleiben nicht auf „die Bewertung" im engeren Sinne als einmaligem Vorgang beschränkt. Welche Prozeduren innerhalb von Planungsabläufen jeweils subjektive (normative) Elemente enthalten, demonstrieren die „W-Fragen" (WIEGLEB, 1997) in Tabelle 2 (Identifikation wertender Elemente).

4 Arbeitsschritte des Planungsprozesses

Planungsabläufe beginnen i.d.R. mit der *Problemdefinition* (Tabelle 2) bzw. mit dem Entwickeln der Fragestellung oder in den Worten RITTELS (1992, 19) mit dem Wissen darum, was den Unterschied zwischen einem beobachteten und einem gewünschten Zustand ausmacht. Wesentliche Voraussetzung hierfür ist die Ermittlung entsprechender Soll-Zustände in einem ***Zielfindungsprozeß***. Im anschließenden Arbeitsschritt wird ein auf die Fragestellung zugeschnittenes Modell der Wirklichkeit konstruiert. Hierbei lassen sich zwei Teilprozesse unterscheiden. Zur Frage der ***Definition des Untersuchungsgegenstands*** stellen sowohl HORMANN (1981) als hier auch zitiert (1996) fest: „Wichtig festzustellen ist, daß es per se existierende Raumindividuen nicht gibt und daß der Geograph [...] nur einen [...] subjektiven Gliederungsvorschlag anbieten kann, subjektiv vor allem in der Auswahl der Abgrenzungskriterien. Regionalisierungen sind demnach zweckgebunden, weshalb sich die Auswahl der zu ihrer Ableitung herangezogenen Merkmale nach der [...] zu lösenden Problemsituation richtet."

---

des Naturhaushalts") und abstrakter Zielvorgaben („Nachhaltigkeit").

[5] Zu den bei SCHOLLES (1997) aufgeführten analytischen Unsicherheiten (Modellstrukturfehler, natürliche Variabilität hochaggregierter ökologischer Systeme, Modellparameterfehler) kommen die in diesem Tagungsband von einzelnen Autor/innen thematisierten Aspekte (Probleme bei einem Maßstabswechsel bzw. bei Änderung der Betrachtungsebene und Fragen der Regionalisierung) hinzu.

Bei der ***Informationsgewinnung,*** konstatiert SCHRÖDER weiter, „besteht das Abstrahieren darin, aus der Vielfalt wahrgenommener Sachverhalte die zu beobachtenden zu selektieren und zu klassifizieren." Eine weitere ***Reduktion der komplexen Information*** erfolgt im Rahmen der Anwendung von Wirkungs- bzw. Prognosemodellen. Prognosen liefern Aussagen über Art, Ausmaß und Eintrittswahrscheinlichkeit bestimmter Sachverhalte (z.B. Konsequenzen für die Gesundheit einzelner Bevölkerungsgruppen bei Inhalation gewisser gasförmiger Stoffe). Sie beantworten jedoch nicht die Frage, ob bzw. in welchem Umfang diese Folgen toleriert werden sollen. Dies ist eine gesellschaftliche Frage, die politisch entschieden wird (SCHOLLES, 1997). Prognosemodelle beschreiben demnach bestehende bzw. künftige Zustände (eines Systems) und zeigen Kausalzusammenhänge auf, bleiben in ihrem Charakter jedoch rein deskriptiv, enthalten also keine wertenden Aussagen. Basierend auf diesen Feststellungen schließt sich in der Arbeitsschritt-Abfolge der eigentliche Bewertungsvorgang, ein ***Ist-Soll-Abgleich*** anhand zuvor definierter Zielgrößen, an. SCHRÖDER (1996) differenziert zwischen: klassifikatorischen ('X ist umweltverträglich'), komparativen ('X ist umweltverträglicher als Y') und metrischen ('X hat das Toxizitätsäquivalent 0,8') Werturteilen. Klassifikatorische Urteile bedürfen eindeutiger Wertmaßstäbe, um ***absolute*** Aussagen zuzulassen - so etwa die Frage nach der „Umwelt-verträglichkeit" eines ganz bestimmten Vorhabens. „Erst nach der Formulierung eines ökologischen Sollzustandes der Landschaft und ihrer Untereinheiten ist es möglich, die Eingriffsreaktionen als „belastend" oder „nicht belastend" für das gesamte Untersuchungssystem einzustufen" (RINGLER, 1978). Neben der Schwierigkeit, daß es sich hierbei um eine hochaggregierte Feststellung handelt, stellt sich das Problem fehlender ordinal oder zumindest nominal skalierter Wertungsbereiche, z.B. Angaben zur Zulässigkeitsgrenze. Ein methodisches Instrument hierfür stellt das von BECHMANN (1997) entwickelte Mantelskalenkonzept (vgl. Tabelle 3) dar.

Tab.2: Arbeitsschritte des Planungsprozesses

Arbeitsschritt	relevante Aspekte (Auswahl, nicht abschließend)	Identifikation wertender Elemente („W" - Fragen)
Problemdefinition	(normative) Vorstellung über die Bedeutung einzelner Schutzgüter (z.B. Gefährdungsgrad)	
Zielsystem **Zielfindungsprozeß**	Werthaltung Zielhierarchie ein-/mehrdimensionales Zielsystem Zielausrichtung Zweck-Mittel-Beziehung Zielkonkretisierung/-operationalisierung Zielrelevanz/Raumbezug Geltung und Gültigkeit Soll-Zustand Norm	was will ich mit der Planung erreichen? weshalb will ich das Ziel erreichen? welche - z.T. gegenläufigen -Umweltziele sind von dem Vorhaben berührt?
Definition des Untersuchungsgegenstands **Konstitution der Wirklichkeit**	Untersuchungsrahmen (inhaltlich, räumlich, methodisch) Problemorientierung Aussageschärfe/Maßstabsfrage Operationalisierung Datenerhebung (-auswahl)	was soll untersucht werden? wie grenze ich den Untersuchungsgegenstand ab, nach welchen Kriterien? welche Vorgehensweise ist dem Untersuchungsgegenstand bzw. der Fragestellung angemessen?
Wirkungs-/Prognosemodell **Reduktion komplexer Information**	Wirkungsintensität Parameterauswahl Systemeigenschaften Modellkontext Datenauswertung, -interpretation Aussagegenauigkeit Analogieschluß Wahrscheinlichkeit Zeithorizont Szenarien	welches der zur Verfügung stehenden Modelle bildet das Problem adäquat ab?
Bewertung **Definition von Zielgrößen** **Ist-Soll-Abgleich**	Verknüpfung von Sach- und Wertebene (Bewertung) Bewertungsmaßstab Bewertungskriterium Entscheidungserheblichkeit Erheblichkeitsschwelle Belastung Beeinträchtigung	wie weit bin ich vom Ziel entfernt?
Entscheidung **Regulierungsoptionen**	Zielkonflikt Aggregation Gewichtung Abwägung (ausgleichend, vorziehend)	um welchen Preis will ich das Ziel erreichen? welchem übergeordneten Zweck dient die Erreichung des Ziels? (Zielbegründung; Abwägungsbedarf; vgl. primäres/abgeleitetes Ziel) welche Mittel sind zur Zielerreichung geeignet (Operationalisierung des gegebenen [= Erhaltungs-], anzustrebenden [=Gestaltungs-] bzw. unerwünschten [= Vermeidungsziel] Zustands) was tue ich zuerst, z.B. angesichts beschränkter Ressourcen (u.a. finanzielle Rahmenbedingungen)?
Handlungsempfehlung **Problemlösung**	Zielerreichungsgrad Strategien/Instrumente Konzepte	wie erreiche ich das vorgegebene Ziel am besten (Effizienz)?

Tab. 3: Mantelskalenkonzept (verändert nach BECHMANN 1997)

Stufe	Bezeichnung der Wertstufe (9-stufig)	Wertungs-Bereich	Bezeichnung der Wertstufe (3-stufig)
9	Starker Schadens-bereich	Verbots-Bereich	Verbotsbereich
8	Standard-Schadens-bereich		
7	Zulässigkeits-Grenz-Bereich	Zulässigkeits-Grenze	Rechtmäßigkeits-grenzbereich
6	Oberer Präventiv-Bereich	Prophylaxe-Bereich	Tolerierbarkeitsbereich
5	Normal-Bereich		
4	Unterer Präventiv-Bereich		
3	Oberer Vorsorge-Bereich	Vorsorge-Bereich	
2	Unterer Vorsorge-Bereich		
1	Optimum	Optimal-Bereich	

Relative Werturteile unterliegen grundsätzlich denselben Rahmenbedingungen, lassen aber vergleichende Aussagen im Sinne von „besser" oder „schlechter" zu, sofern die Aussageschärfe der zugrundeliegenden Wertmaßstäbe dies zuläßt.
Im Rahmen der sich anschließenden *Entscheidung* werden Zielkonflikte durch ausgleichende oder vorziehende Abwägung[6] gelöst. Der eigentliche Beitrag zur *Problemlösung* besteht nach RITTEL (1992) in der „Identifikation jener Handlungen, die die Lücke zwischen dem, was ist, und dem, was sein soll, wirkungsvoll verkleinern könnten."

5 Unterschiede in der Herangehensweise zur Problemlösung

Im Unterschied zu Problemen in den Naturwissenschaften, die definierbar und separierbar sind, und für die sich Lösungen finden lassen, sind Probleme der Verwaltungsplanung - speziell solche sozialer und politischer Planung - schlecht definiert, und sie beruhen auf einer unzuverlässigen politischen Entscheidung für einen Lösungsbeschluß. [...] Viele Probleme haben viele Lösungen. Andere Pro-

[6] Rechtsgrundsatz, wonach Zielkonflikte entweder dadurch gelöst werden, daß allen gegenläufigen Zielen ein bestimmtes Gewicht beigemessen wird („Kompromißlösung" im Falle ausgleichender Abwägung) oder daß ein Belang optimiert wird (vorziehende Abwägung)

bleme haben gar keine Lösung, und fast kein Problem hat genau eine Lösung (RITTEL, 1992).

Die bereits erwähnten, z.T. divergierenden Erwartungen und Zielsetzungen der einzelnen an Planungsprozessen beteiligten Akteure aus Wissenschaft und Verwaltungspraxis führen zu unterschiedlich gelagerten Problemschwerpunkten. Ein Vergleich der Herangehensweise zur Problemlösung in Verwaltungspraxis und Wissenschaft[7] ist in den nachfolgender Abbildung 2 und Tabelle 4 dargestellt. Danach konzentrieren sich Planungsbeiträge aus anwendungsorientierten Wissenschaftsdisziplinen auf die Bereitstellung problemadäquater (Prognose-)Modelle als wesentliche Komponente auf der „Sachebene" (vgl. Abbildung 2 und Anmerkungen in Kapitel 2). Für die Praxis problematisch ist in diesem Zusammenhang der Verweis auf den „Stand der Technik" (Tabelle 4), da aus wissenschaftlicher Sicht die Kontextabhängigkeit einen „Modellpluralismus" erfordert und es *den* Stand der Technik demnach nicht geben kann.

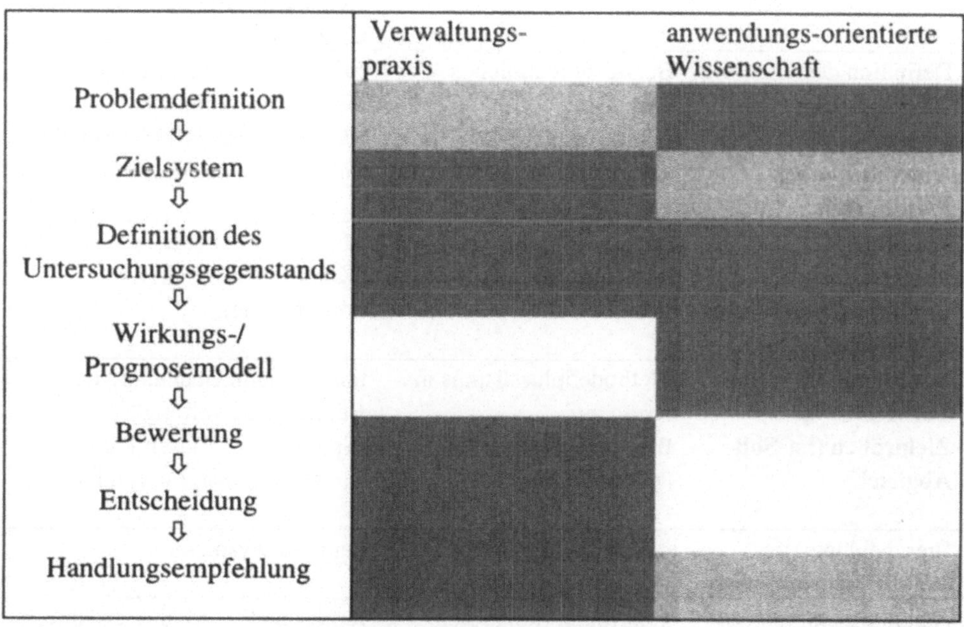

Abb. 2: Hauptbetätigungsfelder von Wissenschaft und Verwaltung im Planungsprozeß (Schwerpunkte jeweils grau unterlegt)

[7] Zur Unterscheidung zwischen erklärenden und handlungsorientierten Wissenschaften vgl. GAEDE (in Bearbeitung).

Tab. 4: Planungsbeiträge von Wissenschaft und Verwaltung im Planungsprozeß

Arbeitsschritt	Verwaltungspraxis	Wissenschaft
Problemdefinition	praxisgeleitet, lösungsorientiert (Antragsbewilligung, -versagung)	theoriegeleitet, problemorientiert (Hypothese)
Zielsystem **Zielfindungsprozeß**	Beachtung des rechtlichen Überbaus und einzeldisziplinärer Zielvorstellungen	Unterscheidung von zwei Ebenen: z.Zt. Diskussionsprozeß (z.B. Leitbildfindung: „Nachhaltigkeit") Definition der Zielgruppe (Anwendungsbezug) für Bewertungsanleitungen, Leitfäden, Checklisten etc.
Definition des Untersuchungs-gegenstands **Konstitution der Wirklichkeit**	Bezug zu rechtlichen Vorgaben: Schutzgut (UVPG) Naturhaushalt (BNatSchG)	Erkenntnisobjekte (im Sinne der Naturwissenschaften) Mensch als soziales Wesen (im Sinne der Sozialwissenschaften)
Wirkungs-/ Prognosemodell **Reduktion komplexer Information**	Stand von Wissenschaft und Technik	Modellpluralismus (Kontextabhängigkeit von Modellen)
Bewertung **Definition von Zielgrößen (Ist-Soll-Abgleich)**	Methodenpluralismus in bezug auf Bewertungsverfahren (z.B. BA LVL)	unterschiedl. Bedeutung des Begriffs „Bewertung" (Spannweite: Klassifikation ----► Naturalist. Fehlschluß)
Entscheidung **Regulierungsoptionen**	politische Grundlage	keine Relevanz
Handlungsempfehlung **Problemlösung**	individuell (konkreter Einzelfallbezug)	repräsentativ (Analogieschluß)
	interessenübergreifend (Ergebnis der Abwägung)	sektoral (Expertenmeinung)

Die Funktion von Verwaltungsverfahren besteht hingegen darin, Sachverhalte angemessen zu „bewerten“, unter Berücksichtigung aller im Einzelfall relevanten Aspekte zu „entscheiden“ und entsprechende „Handlungsempfehlungen“ auszusprechen. Die von Verwaltungsseite hierfür zur Verfügung gestellten Instrumente[8] zur Strukturierung dieser Vorgänge befassen sich dabei i.d.R. weniger mit Werttheorie und Entscheidungslogik als mit einer möglichst umfassenden Darstellung grundsätzlich in Frage kommender Erhebungsmethoden, Projektwirkungen, Maßnahmenkonzepte etc. Gefragt sind darüberhinaus jedoch methodische Hilfsmittel zur Ableitung entscheidungserheblicher Aspekte für den konkreten Einzelfall[9].

6 Validierung

Die hier vorgestellte Problemanalyse und die in Kapitel 7 formulierten Hinweise basieren neben eigenen Untersuchungen u.a. auf einer *Evaluierung* von Umfrage- und Interviewergebnissen auf Regierungspräsidiumsebene unter Einbezug landesweiter Fragestellungen. Desweiteren fließen in die Betrachtung die Ergebnisse mehrjähriger Forschungsarbeiten zwischen Verwaltung und der Universität mit ein (vgl. u.a. ARBEITSGRUPPE BEWERTUNGSMETHODIK IN DER UVP, 1997).

7 Konsequenzen und mögliche Lösungsansätze

Chancen für einen konstruktiven Umgang mit den aufgezeigten Problemfeldern bieten sich u.a. durch eine

- Verbesserung der Kommunikation zwischen anwendungsorientiert arbeitenden Wissenschaftlern und Anwendern (Definition der Schnittstelle, interdisziplinärer und institutionalisierter Erfahrungsaustausch, Etablierung einer gemeinsamen Plattform auf unterschiedlichen Ebenen);
- Evaluierung von Leitfäden und Anleitungen (z.B. GÖK/BA LVL) im Rahmen von Pilotprojekten (mit dem Ziel der Entwicklung „anwendungsreifer Versionen“ und der Definition des „Stands der Technik“ im Anschluß an die durchgeführte Pilotphase); vgl. hierzu auch POTSCHIN et al. (1998);
- Einbeziehung von Praxiserfahrungen zur Qualitätssicherung (feedback) und

---

[8] Hierbei handelt es sich i.d.R. um von (natur-)wissenschaftlicher Seite erarbeitete Leitfäden und Checklisten.

[9] Wesentliche Voraussetzung hierfür ist u.a. eine „Regionalisierung auf der Wertseite“ (vgl. Tagungsthema), d.h. die Entwicklung regionalisierter Zielsysteme.

- Optimierung des zuvor beschriebenen Planungsprozesses durch Einbezug aller Akteure (vgl. z.B: WERNER, dieser Band).

Einzelne Mosaiksteine liefern hierzu bereits der AK „Angewandte Physische Geographie und Landschaftsökologie" (Leitung: TH. MOSIMANN) oder das von BMU bzw. BfN veranstaltete Fachgespräch „Ziele des Naturschutzes und einer nachhaltigen Naturnutzung in Deutschland", das am 24./25. März 1998 in Bonn durchgeführt wurde und an dem 320 Teilnehmer aus Politik, Bundes- und Landesverwaltungen, Wissenschaft und Verbänden vertreten waren. Will man alle o.g. Akteure sowohl in den Planungs- als auch Evaluierungsprozeß mit einbeziehen, bleibt die Finanzierung das wesentlich zu lösende Problem.

8 Zusammenfassung und Ausblick

Von anwendungsorientierten Wissenschaften werden seit längerem „Reglements" (vgl. Leitbilddiskussion, Checklisten, Leitfäden u.a.) für die Praxis angeboten. Diese Hilfsmittel ersetzen jedoch nicht eine systematische „Abarbeitung" einzelner Arbeitsschritte eines Planungsprozesses, sondern stellen lediglich methodische Bausteine dar. Sie sind in einen konkreten Gesamtkontext unter Beachtung der Umstände des Einzelfalls[10] einzubinden. Ein besonderes Problemfeld stellen in diesem Zusammenhang Aspekte der Bewertung dar. Neben der Bereitstellung der notwendigen Standards unter Angabe ihrer spezifischen Anwendungsbereiche liegt ein breites Aufgabenfeld der geographischen Fachwelt in der Strukturierung des zuvor angesprochenen Prozesses, um sowohl dem wissenschaftlichen Anspruch als auch den administrativen Anforderungen gerecht zu werden.

Literatur

AG (ARBEITSGRUPPE) BEWERTUNGSMETHODIK IN DER UVP (1997): Hinweise und Empfehlungen zur fachlichen Beurteilung und Bewertung in der UVP. Herausgegeben vom Regierungspräsidium Freiburg.

BECHMANN, A. (1981): Grundlagen der Planungstheorie und Planungsmethodik. Stuttgart.

BECHMANN, A. (1997): Fachliche Bewertung und politische Bewertung nach § 12 UVPG - Praxisbeispiele/Bewertung -. UTECH Berlin 1997.

[10] Diese juristische Formulierung bereitet in der Praxis erhebliche Probleme, da Einzelfallbetrachtungen definitionsgemäß die Besonderheiten in den Vordergrund stellen. Welche das sind, ist im Rahmen einer iterativen Vorgehensweise durch Konsens aller Beteiligten jeweils problembezogen festzulegen. Gleichzeitig läßt die damit einhergehende Konzentration auf die Abweichung vom „Typischen" eine Standardisierung nur in begrenztem Umfang zu.

ESER, U. & T. POTTHAST (1997): Bewertungsproblem und Normbegriff in Ökologie und Naturschutz aus wissenschaftsethischer Perspektive. Z. Ökologie u. Naturschutz 6 (1997): 181-189.

GAEDE, M. (in Bearbeitung): Der Bewertungsvorgang im Rahmen umweltbezogener Planungen. Dissertation am Institut für Physische Geographie der Universität Freiburg.

HIRSCH, G. (1992): Wieso ist ökologisches Handeln mehr als eine Anwendung ökologischen Wissens? Überlegungen zur Umsetzung ökologischen Wissens in ökologisches Handeln. Vortrag auf der Jahrestagung der Gesellschaft für Ökologie (GfÖ) in Zürich.

HÜBLER, K.-H. & M. ZIMMERNANN (1992): UVP am Wendepunkt - Wege zu einer vorsorgenden Umweltpolitik. Bonn.

JESSEL, B. (1998): Landschaften als Gegenstand von Planung. Betrachtungen über die Theorie ökologisch orientierten Planens. Dissertation TU München.

KRIZ, J.; LÜCK, H. E. & H. HEIDBRINK (1996): Wissenschafts- und Erkenntnistheorie. Eine Einführung für Psychologen und Humanwissenschaftler. Opladen.

LANA/LÄNDERARBEITSGEMEINSCHAFT NATURSCHUTZ, LANDSCHAFTSPFLEGE UND ERHOLUNG (Hrsg.: Ministerium für Umwelt Baden-Württemberg 1995/1996): Methodik der Eingriffsregelung - Gutachten zur Ermittlung, Beschreibung und Bewertung von Eingriffen in Natur und Landschaft. Teil I Synopse, Teil II Analyse, Teil III Vorschläge.

LEHNES, P. & J.W. HÄRTLING (1997): Der logische Aufbau von Umweltzielsystemen. Zielkategorien und Transparenz von Abwägungen am Beispiel der „nachhaltigen Entwicklung". - In: Gesellschaft für Umweltwissenschaftlern (Hrsg.): Umweltqualitätsziele. Schritte der Umsetzung. Berlin: Springer: 9-50.

LEHNES, P. (1996): Umweltziele als Grundlage der Umweltschadensbewertung. Waffenwirkung und Umwelt. Einzelstudie IV (= IFHV-Studien, Forschungshefte zur Friedenssicherung und zum Humanitären Völkerrecht). Bochum.

LESER, H. (1997): Landschaftsökologie. Ansatz, Modelle, Methodik, Anwendung. 4. Aufl. Stuttgart.

LESER, H. & H.-J. KLINK (Hrsg.) (1988): Handbuch und Kartieranleitung Geoökologische Karte 1:25'000 (KA GÖK 25). In: Forschung zur Deutschen Landeskunde, Bd. 228. Trier: Zentralausschuss für deutsche Landeskunde.

MARKS, R.; MÜLLER, M.J.; LESER, H. & H.-J. KLINK (Hrsg.) (1989): Anleitung zur Bewertung des Leistungsvermögens des Landschaftshaushaltes (BA LVL). In: Forschung zur Deutschen Landeskunde, Bd. 229. Trier: Zentralausschuss für deutsche Landeskunde.

OTT, S. (1997): Methodik der Eingriffsregelung - Vorschläge zur bundeseinheitlichen Anwendung der Eingriffsregelung nach § 8 Bundesnaturschutzgesetz. NNA-Berichte 3/97.

POTSCHIN, M.; WAFFENSCHMIDT, C. & F. WEISSER (1998): Anwendung der „BA LVL" - eine kritische Methodenanalyse. Berichte zur deutschen Landeskunde (eingereicht).

RINGLER, A. (1978): Nutzungsspezifische Empfindlichkeitskarten in der Landschaftsplanung. Natur und Landschaft 53, 3.

RITTEL, H.W. (1992): Planen, Entwerfen, Design: Ausgewählte Schriften zu Theorie und Methodik. Facility Management 5. Stuttgart, Berlin.

RUNGE, K. (1998): Die Umweltverträglichkeitsuntersuchung. Internationale Entwicklungstendenzen und Planungspraxis. Berlin, Heidelberg.

SCHNEEWEISS, CH. (1991): Planung 1 - Systemanalytische und entscheidungstheoretische Grundlagen. Berlin, Heidelberg.

SCHNEEWEISS, CH. (1992): Planung 2 - Konzepte der Prozeß- und Modellgestaltung. Berlin, Heidelberg.

SCHOLLES, (1997): Abschätzen, Einschätzen und Bewerten in der UVP. Dortmund.

SCHRÖDER, W. (1996): Ökologie und Umweltrecht in Forschung und Lehre - Grundlagen einer interdisziplinären Methodologie. Habilitationsschrift für das Fach Geographie. Kiel.

SCHRÖDER, W. (1996): Einsatz von Biosphärenreservaten für Integrative Umweltbeobachtung und -bewertung sowie Naturschutz. - In: AKADEMIE FÜR NATUR- UND UMWELTSCHUTZ BADEN-WÜRTTEMBERG (Hrsg.; 1996): Bewertung im Naturschutz.

SRU/Sachverständigenrat für Umweltfragen (1994): Umweltgutachten 1994. Für eine dauerhaft-umweltgerechte Entwicklung.

SRU/SACHVERSTÄNDIGENRAT FÜR UMWELTFRAGEN (1996): Umweltgutachten 1996. Zur Umsetzung einer dauerhaft-umweltgerechten Entwicklung.

SUTER II, G.W.; BARNTHOUSE, L:W. & R.V. O´NEILL (1987): Treatment of risk in environmental impact analysis. Environmental management 11 (3): 295-303.

WERNER, C. (1998): Ergängung und Aktualisierung der Biotop- und Nutzungstypenkartierung in Sachsen-Anhalt mit hochauflösenden Satellitendaten. Dieser Band.

WIEGLEB, G. (1997): Beziehungen zwischen naturschutzfachlichen Bewertungsverfahren und Leitbildentwicklung. NNA-Berichte 3/97.

WIEGLEB, G. (1997): Leitbildmethode und naturschutzfachliche Bewertung. Z. Ökologie u. Naturschutz 6 (1997): 43-62.

Fazit: Akzeptanz regionaler Bewertungsverfahren aus der Forschung bei relevanten Behörden

Martin Volk und Uta Steinhardt

Allein die geringe Beteiligung mit nur einem Beitrag im Themenblock „Akzeptanz regionaler Bewertungsverfahren aus der Forschung bei relevanten Behörden" zeigt deutlich, daß man hier noch sehr weit von einer Annäherung zwischen Forschung und Praxis entfernt ist.

Eine Aufgabe der landschaftsökologischen Forschung muß es aber sein, Grundlagendaten und Verfahren bereitzustellen, die in Planungsprozesse einfließen. Zumeist werden Daten jedoch zweckgerichtet erhoben, und sind folglich nicht „wertneutral" Im Rahmen von anwendungsorientierten Fragestellungen wird jedoch auf diese Grundlagendaten zurückgegriffen. Während in der Wissenschaft Anforderungen an Qualität und Validität im Vordergrund stehen, ist man in der Praxis von vielen anderen Faktoren abhängig. Dadurch entsteht ein Spannungsfeld zwischen Forschung und Praxis. Die beiden Ansprüche treffen unter anderem bei der Formulierung des Zielsystems, der Definition des Untersuchungsgegenstandes, bei der Entwicklung der Wirkungs- und Prognosemodelle, den Bewertungsmethoden und dem -umfang, sowie den Entscheidungs- und Handlungsempfehlungen aufeinander.

Das Problem besteht dabei in der *Anwendbarkeit* von Verfahren, die in Forschungseinrichtungen ohne expliziten Praxisbezug erarbeitet wurden (vgl dazu auch MÜLLER & VOLK 1998). FINKE (1994) betont, daß es sich bei der landschaftsökologischen Raumgliederung von HAASE (1968) um eine der wenigen aus der Geographie handelt, die die Zielsetzung einer praktischen Verwendbarkeit, im genannten Beispiel in der Agrarplanung, verfolgt. Im Gegensatz zur rein wissenschaftlich orientierten landschaftsökologischen Grundlagenforschung, die heute eine "holistische" Herangehensweise (Berücksichtigung möglichst aller ökologischen und ökonomischen Parameter bzw. deren Interaktionen innerhalb und zwischen Landschaftsökosystemen) anstrebt, erfolgt im Rahmen praxisorientierter Arbeiten bereits eine bewußte Auswahl der zu erhebenden Daten. Dabei beschränkt man sich auch aus Kosten- und Zeitgründen auf das Wesentliche , wobei ökologische Gesichtpunkte dann oft vernachlässigt werden. KLEYER et al. (1992) bemerken dazu, daß die Landschaftsplanung deshalb so häufig in der Abwägung mit anderen Nutzungsinteressen unterliegt, weil der Nachweis der Beeinträchtigung von Umweltbelangen nicht flächenhaft, exakt und mit den wesentlichen Wechselwirkungen durchgeführt werden kann. Dazu führt allerdings KIEMSTEDT (1979) an, daß eine ökologische Orientierung der Raumplanung im Sinne einer umfassenden Steuerung ökologischer

Gesamtsysteme den Handlungsrahmen unserer gesellschaftlich-politischen Verhältnisse überschreiten würde. So sind z. B. integrierte Ansätze in der Umweltleitplanung weder als klassische Raumplanung noch als Fachplanung definiert: Sie geht nach PETERS (1996, in DURWEN 1997) vielmehr vom Wirkungsgefüge aus und bewertet und definiert Umweltstandards. Innerhalb der planerischen Abwägung wird ein Optimierungsgebot formuliert, bei dem örtliche und regionale Umweltleitpläne zu erarbeiten sind. Zudem stellt sich nach FINKE (1994) in der Praxis immer deutlicher heraus, daß Bewertungsverfahren "möglichst einfach und nachvollziehbar sein müssen, damit auch der interessierte Bürger die Ergebnisse rekonstruieren und damit begründete Entscheidungen nachvollziehen kann." Aus den o.g. gegensätzlichen Anforderungen wird deutlich, daß ein Kompromiß zwischen der "wissenschaftlich exakten, holistischen" Herangehensweise der Forschung und der "übersichtlichen, wirtschaftlichen und nachvollziehbaren" Methodik für den Anwender in der Praxis gefunden werden muß. Dieses Problem kann nur gemeinsam im Dialog zwischen Forschung und Planungspraxis gelöst werden. Beispiele hierfür sind u.a. in diesem Band erwähnt oder auch bei VOLK & STEINHARDT (1998) zu finden.

Literaturhinweise

DURWEN, K.-J. (1997): Landschaftsökologisches Informations-System und digitaler CD-Atlas Baden-Württemberg: Nutzung für großflächige Schutzkonzepte. - In: KRATZ, R. & F. SUHLING (Hrsg., 1997): GIS im Naturschutz: Forschung, Planung, Praxis, S. 223-233.

FINKE, L. (1994): Landschaftsökologie. - Das Geographische Seminar, Westermann, 2. Auflage, 232 S.

HAASE, G. (1968): Inhalt und Methodik einer umfassenden landwirtschaftlichen Standortkartierung auf der Grundlage landschaftsökologischer Erkundung. - Wiss. Veröff. Dt. Inst. F. Länderkunde, N. F. 25/26, S. 309-349.

KIEMSTEDT, H. (1979): Methodischer Stand und Durchsetzungsprobleme ökologischer Planung. - FuS 131, S. 46-62.

KLEYER, M. et al. (1992): Landschaftsbezogene Ökosystemforschung für die Umwelt- und Landschaftsplaunng. Ökologie u. Landschaftsplanung 1, S. 35-50.

MÜLLER, E. & M. VOLK (1998): Entwicklung, Stand und Perspektiven der Landschaftsbewertung. - In: GRABAUM, R. & U. STEINHARDT (Hrsg., 1998): Landschaftsbewertung unter Verwendung analytischer Verfahren und Fuzzy-Logic, UFZ-Bericht 6/98, S. 10-26.

PETERS, H.-J. (1996): Die Einführung einer Umweltleitplanung durch das Umweltgesetzbuch. - Unveröff. Manusk., 7 S.

VOLK, M. & U. STEINHARDT (1998): Integration unterschiedlich erhobener Datenebenen in GIS für landschaftsökologische Bewertungen im mitteldeutschen Raum. - PFG 6/98 (im Druck).

Autorenverzeichnis

Bach, Martin, Universität Gießen, Institut für Landeskultur, Senckenbergstraße 3, 35390 Gießen

Bastian, Olaf, Sächsische Akademie der Wissenschaften, AG Naturhaushalt und Gebietscharakter, Neustädter Markt 19, 01097 Dresden

Bortt, Wolfgang, Fachhochschule Nürtingen, Institut für Angewandte Forschung, Schelmenwasen 4-8, 72622 Nürtingen

Durwen, Karl-Josef, Fachhochschule Nürtingen, Institut für Angewandte Forschung, Schelmenwasen 4-8, 72622 Nürtingen

Diekkrüger, Bernd, Universität Bonn, Geographische Institute, Meckenheimer Allee 166, 53115 Bonn

Eckert, Sabine, Universität Rostock, FB Landeskultur und Umweltschutz, Justus-v.-Liebig-Weg 6, 18051 Rostock

Frede, Hans-Georg, Universität Gießen, Institut für Landeskultur, Senckenbergstraße 3, 35390 Gießen

Frielinghaus, Monika, ZALF - Zentrum für Agrarlandschafts- und Landnutzungsforschung, Institut für Bodenlandschaftsforschung, Eberswalder Straße 84, 15374 Müncheberg

Fohrer, Nicola, Universität Gießen, Institut für Landeskultur, Senckenbergstraße 3, 35390 Gießen

Gaede, Michael, Gaede + Gilcher Partnerschaft, Schillerstraße 42, 79102 Freiburg

Gerold, Gerhard, Universität Göttingen, Geographisches Institut, Goldschmidtstraße 5, 37077 Göttingen

Grühn, Dietwald, Technische Universität Berlin, Institut für Landschaftsentwicklung, Franklinstraße 28/29, 10587 Berlin

Grunewald, Karsten, Technische Universität Dresden, Institut für Geographie, 01062 Dresden

Helming, Katharina, ZALF - Zentrum für Agrarlandschafts- und Landnutzungsforschung, Institut für Bodenlandschaftsforschung, Eberswalder Straße 84, 15374 Müncheberg

Lausch, Angela, UFZ - Umweltforschungszentrum Leipzig-Halle, Sektion Angewandte Landschaftsökologie, PF 2, 04301 Leipzig

Kempel-Eggenberger, Christa, Universität Basel, Geographisches Institut, Spalenring 145, CH - 4055 Basel

Krönert, Rudolf, UFZ - Umweltforschungszentrum Leipzig-Halle, Sektion Angewandte Landschaftsökologie, PF 2, 04301 Leipzig

Lenz, Roman, Fachhochschule Nürtingen, Institut für Angewandte Forschung, Schelmenwasen 4-8, 72622 Nürtingen

Mathey, Juliane, Institut für ökologische Raumentwicklung e.V. Dresden, Weberplatz 1, 01217 Dresden

Menz, Marius, Universität Basel, Geographisches Institut, Spalenring 145, CH - 4055 Basel

Moevius, Regine, Ingenieurbüro Murschel & Borkowski, Wilhelmstr. 46, 71229 Leonberg

Müller, Monika, Universität Gießen, Institut für Agrarpolitik und Marktforschung, Diezstraße 15, 35390 Gießen

Murschel, Bernd, Ingenieurbüro Murschel & Borkowski, Wilhelmstr. 46, 71229 Leonberg

Potschin, Marion, Universität Basel, Geographisches Institut, Spalenring 145, CH - 4055 Basel

Sandner, Eberhard, Sächsische Akademie der Wissenschaften, AG Naturhaushalt und Gebietscharakter, Neustädter Markt 19, 01097 Dresden

Schmitz, P. Michael, Universität Gießen, Institut für Agrarpolitik und Marktforschung, Diezstraße 15, 35390 Gießen

Schönfelder, Günther, Sächsische Akademie der Wissenschaften, Kommission für sächsisch-thüringische Landeskultur, Postfach 100440, 04004 Leipzig

Schultz, Alfred, ZALF - Zentrum für Agrarlandschafts- und Landnutzungsforschung, Institutu für Landschaftsmodellierung, Eberswalder Straße 84, 15374 Müncheberg

Steinhardt, Uta, UFZ - Umweltforschungszentrum Leipzig-Halle, Sektion Angewandte Landschaftsökologie, PF 2, 04301 Leipzig

Stüdemann, Otto, Universität Rostock, FB Landeskultur und Umweltschutz, Justus-v.-Liebig-Weg 6, 18051 Rostock

Syrbe, Ralf-Uwe, Sächsische Akademie der Wissenschaften, AG Naturhaushalt und Gebietscharakter, Neustädter Markt 19, 01097 Dresden

Thiele, Holger, Universität Gießen, Institut für Agrarpolitik und Marktforschung, Diezstraße 15, 35390 Gießen

Volk, Martin, UFZ - Umweltforschungszentrum Leipzig-Halle, Sektion Angewandte Landschaftsökologie, PF 2, 04301 Leipzig

Walz, Ulrich, Institut für ökologische Raumentwicklung e.V. Dresden, Weberplatz 1, 01217 Dresden

Wegehenkel, Martin, ZALF - Zentrum für Agrarlandschafts- und Landnutzungsforschung, Institutu für Landschaftsmodellierung, Eberswalder Straße 84, 15374 Müncheberg

Wenkel, Karl-Otto, ZALF - Zentrum für Agrarlandschafts- und Landnutzungsforschung, Institutu für Landschaftsmodellierung, Eberswalder Straße 84, 15374 Müncheberg

Werner, Claudia, Technische Universität Berlin, Institut für Landschaftsentwicklung, Franklinstraße 28/29, 10587 Berlin

Wulf, Monika, ZALF - Zentrum für Agrarlandschafts- und Landnutzungsforschung, Institut für Landnutzungssysteme und Landschaftsökologie, Eberswalder Straße 84, 15374 Müncheberg